普通高等教育“十一五”国家级规划教材
普通高等学校电气类一流本科专业建设系列教材

自动控制原理

（第五版）

何 朕　赵林辉　梅 林　梅晓榕　主编

科 学 出 版 社
北 京

内 容 简 介

本书在哈尔滨工业大学“自动控制原理”课程历届教材的基础上编写，并进行了四次修订。内容包括系统的数学模型、时域分析法、根轨迹法、频率特性法、典型非线性环节、计算机控制系统、现代控制理论基础。最后按照全书内容逐章介绍 MATLAB 的应用，包括系统分析、设计和仿真框图等。

本书可作为高等院校“自动控制原理”课程（50～90 学时）的教材，适用于电气类、自动化类、电子信息类、计算机类、机械类、航空航天类、能源动力类以及工商管理类等专业，也可供从事控制工程的技术人员参考。

图书在版编目（CIP）数据

自动控制原理 / 何朕等主编. -- 5 版. -- 北京 ：科学出版社，2024. 11. --（普通高等教育“十一五”国家级规划教材）（普通高等学校电气类一流本科专业建设系列教材）. -- ISBN 978-7-03-080308-5

Ⅰ. TP13

中国国家版本馆 CIP 数据核字第 20247G9A17 号

责任编辑：余　江 / 责任校对：王　瑞
责任印制：赵　博 / 封面设计：马晓敏

科学出版社 出版
北京东黄城根北街 16 号
邮政编码：100717
http://www.sciencep.com
三河市春园印刷有限公司印刷
科学出版社发行　各地新华书店经销
*
2002 年 9 月第一版
2007 年 2 月第二版　开本：787×1092　1/16
2013 年 8 月第三版　印张：18 3/4
2017 年 6 月第四版　字数：468 000
2024 年 11 月第五版　2024 年 11 月第 33 次印刷

定价：59.80 元

（如有印装质量问题，我社负责调换）

前　　言

哈尔滨工业大学控制科学与工程系从 1980 年以来一直承担着本校各专业的“自动控制原理”课程的教学与实验工作，并完成了很多重大科研项目。本书就是在历届所用教材的基础上重新编写而成的，饱含着几代教师的教学经验和科研工作体会。哈尔滨工业大学“自动控制原理”课程自 2002 年以来一直使用本教材，并于 2005 年评为黑龙江省精品课程；2020 年“自动控制理论(1)”评为国家级一流本科课程；2023 年金课验收时建设成效优秀，列入推荐典型案例。与本课程相关的教改项目获黑龙江省教学成果一等奖 2 项、二等奖 1 项。

本书自 2002 年 9 月第一版出版以来，已经修订再版 3 次，得到全国众多高校的采用，累计销量超过 10 万册。在此期间被评为普通高等教育“十一五”国家级规划教材、哈尔滨工业大学“十二五”规划教材。本次是第五版，修订内容如下：

(1)增加了与课程匹配的微课视频资源，对书中的重要内容与知识点进行了解释、补充以及说明，帮助读者理解重点难点知识，并为授课教师提供一定参考。

(2)增加了习题参考答案和部分知识点的详细解释。

(3)对教材第 1 章到第 8 章做了少量的修订。

本书内容包括经典控制理论、计算机控制系统、现代控制理论基础，以及 MATLAB 在控制系统分析、设计和仿真中的应用等，可满足“自动控制原理”课程 50～90 学时的教学要求，供不同专业选用。学时少的(50 学时左右)，可只讲第 1、2、3、5 章，这是本书基本的和最实用的内容。70 学时左右，可在第 7 章“计算机控制系统”和第 8 章“现代控制理论基础”中再选讲一章。第 4 章和第 6 章，可根据学时数进行取舍。第 9 章可安排在相应章节选讲。书中选学内容用小字号排版。

本书有以下特点：

(1)注重控制理论在工程中的应用，对在实际工程中应用较多的章节进行详细讨论。

(2)保持控制原理的完整性，内容全面且简明扼要。

(3)设有“基于 MATLAB 的系统分析、设计和仿真”一章。注重 Simulink 的应用，因为它和方框图相似。希望读者能通过仿真对基本原理和方法有更深刻的认识与理解。

(4)配备主要知识点和习题的视频讲解，便于读者自主学习。

本书由何朕、赵林辉、梅林、梅晓榕主编。教材中使用的微课视频是由哈尔滨工业大学自动控制原理教学团队中的何朕、史小平、张广莹、林玉荣、强盛、王毅、马明达、赵林辉、张淼、王松艳、井后华等多位老师共同录制。(说明：读者购买正版教材以后，需要激活封底的学习码，才能获得本书的数字资源。)

在本书编写过程中参考了很多优秀教材和著作，在此向参考文献中的各位作者表示真诚的谢意。

书中不当之处，敬请读者批评指正。

编　者

2024 年 6 月

目　录

第 1 章　自动控制概述

1.1 引　　言

过去的一百年是科学和工程技术发展最迅速的一个世纪。人类的许多希望和梦想，被科学和技术变成现实；其中，自动控制技术所取得的成就和起到的作用给各行各业的人们留下了深刻的印象。控制的目的是使物理量（变量）按要求变化或保持不变。从最初的机械转速、位移的控制到工业过程中温度、压力、流量、物位的控制，从远洋巨轮到深水潜艇的控制，从电动假肢到机器人的控制，自动控制技术的应用几乎无处不在。从电气、机械、航空、化工、核反应到经济管理、生物工程，自动控制理论和技术已经介入到许多学科，渗透到各个工程领域。所以，大多数工程技术人员和科学工作者都希望具备一定的自动控制知识，以便能够理解和设计自动控制系统。

自动控制原理主要讲述自动控制的基本理论和分析、设计控制系统的基本方法。控制原理包括经典控制理论和现代控制理论。经典控制理论主要以传递函数为工具和基础，以时域法、根轨迹和频域法为核心，研究单变量控制系统的分析和设计。经典控制理论在 20 世纪 50 年代就已经发展成熟，至今在工程实践中仍得到广泛的应用。现代控制理论从 1960 年开始得到迅速发展。它以状态空间方法作为标志和基础，研究多变量控制系统和复杂系统的分析和设计，以便满足军事、空间技术和复杂的工业领域对精度、速度、重量、加速度、成本等的严格要求。

1.2　自动控制系统的初步概念

1.2 节

所谓自动控制就是在没有人直接操作的情况下，通过控制器使一个装置或过程（统称为控制对象）自动的按照给定的规律运行，使被控变量能按照给定的规律变化。系统是指按照某些规律结合在一起的物体（元部件）的组合，它们互相作用、互相依存，并能完成一定的任务。能够实现自动控制的系统就可称为自动控制系统。

图 1-2-1 表示采用空调器的室内温度控制系统的元件框图。图中方框代表元部件，方框之间的带箭头的线段代表信号（或变量）及传递方向。室内温度是要被控制的物理量，它由热泵直接控制。电位器输出电压 r 代表设定或希望的室内温度。实际温度 c 由热敏电阻组成的温度传感器检测并转换成电压 y。电子放大器的输出电压 a 代表设定温度与实际温度之差。

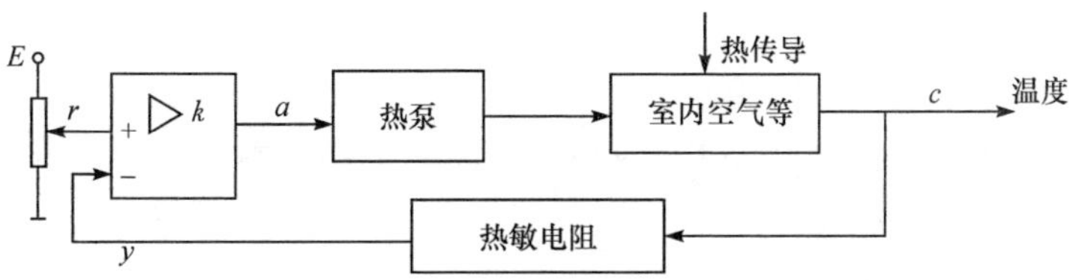

图 1-2-1　室温控制系统元件框图

当这个差值大于某个设定的阈值时，热泵就通电运行，使室内温度朝设定值变化。当室内温度达到设定值后，放大器输出电压 a 使热泵断电而停止运行。于是室内温度就被控制在设定值附近。

在自动化领域，被控制的装置、物理系统或过程称为控制对象。这个“过程”包括化学反应过程、核反应过程、热传导过程等。控制对象还可以属于生物领域或其他领域。对控制对象产生控制作用的装置称为控制器。直接改变被控变量的元件称为执行元件。能将一种物理量检测出来并转换成另一种容易处理和使用的物理量的装置称为传感器或测量元件。图 1-2-1 中，室内的空气等物体就是控制对象，热泵是执行元件，放大器属于控制器，热敏电阻属于传感器或测量元件。于是图 1-2-1 的元件方框图就可抽象成图 1-2-2 的功能框图。

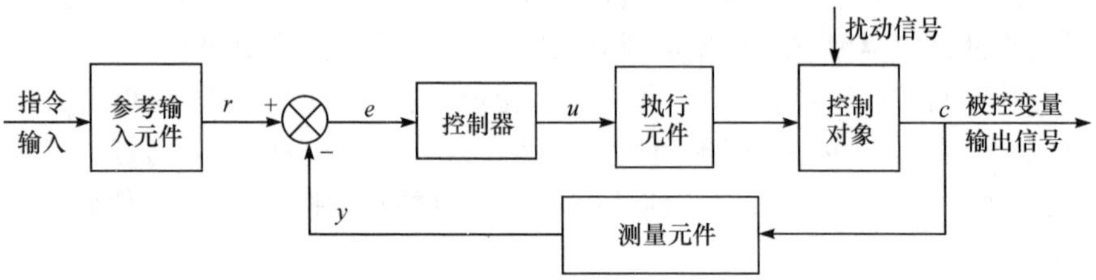

图 1-2-2　室温控制系统功能框图

下面介绍几个关于变量的术语。

由外部加到系统中的变量称为输入信号，它不受系统中其他变量的影响和控制。由系统或元件产生的变量称为输出信号，系统的输出信号又称为被控变量。由某一个输入信号产生的输出信号又称为该输入信号的响应。控制器输出的信号称为控制变量，它作用在控制对象(执行元件，功率放大器)上，影响和改变被控变量。反馈信号是被控变量经由传感器等元件变换并返回到输入端的信号，它要与输入信号进行比较(相减)以便产生偏差信号。反馈信号一般与被控变量成正比。给定值又称为指令输入信号，它与被控变量是同一物理单位，用来表示被控变量的设定值。代表指令输入信号与反馈信号进行比较的基准信号称为参考输入信号。参考输入信号与反馈信号之差称为偏差信号。扰动(信号)是加于系统上的不希望的外来信号，它对被控变量产生不利影响。将指令输入信号变成参考输入信号的元件可称为参考输入元件。

在图 1-2-1 和图 1-2-2 所示系统中，室内温度的设定值就是给定值，或称为指令输入。室内的实际温度 c 就是被控变量，也是系统的输出信号。电位器的输出电压 r 是参考输入信号，热敏电阻即温度传感器的输出信号 y 是反馈信号，$e=r-y$ 称为偏差信号。图 1-2-1 中的放大器(控制器)输出信号 u 也就是加到热泵上的信号，它就是控制变量。电位器就是参考输入元件，它将设定的温度值转换成电压。周围环境温度的变化及房间散热条件的变化等都属于扰动信号。

1.3 节

1.3　自动控制系统的分类

1.3.1　开环控制和闭环控制

按照控制方式和策略，系统可分为开环控制和闭环控制两大类。

图 1-2-1 和图 1-2-2 所示系统，输出信号不仅受到输入信号的控制，而且还受到与输出信

号成比例的反馈信号的控制。从框图看，代表信号传递路线和方向的信号流线按箭头方向形成闭合的环路，所以这种控制方式称为闭环控制，对应的系统就是闭环控制系统。准确地说，闭环系统中的被控量是受偏差量控制。闭环控制方式中总是要用到反馈信号，所以又称为反馈控制。

如果图 1-2-2 的系统中没有测量元件，不使用反馈信号，系统就如图 1-3-1 所示。系统输出信号只取决于输入信号，与输出信号无关。框图中的信号流线没有形成闭合回路，所以这种控制方式被称为开环控制，对应的系统就是开环控制系统。采用集中供热方式的室内供热系统是典型的开环控制系统。供热锅炉按预定的时间向暖气管道中送去规定温度的热水以实现供热，而不监测各房间的温度。

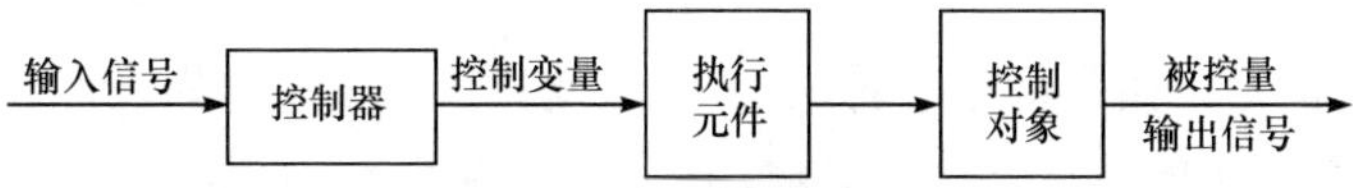

图 1-3-1　开环控制系统

开环控制的主要优点是，系统结构简单，调试容易。主要缺点是，当工作环境和系统本身的元部件性能参数发生变化或受到外来扰动时，开环系统的被控变量会受到较大影响，即抗干扰能力差。一般说，高精度的开环控制系统要求所有的元部件都有较高的精度和很稳定的性能。所以要求精度高时，相对闭环控制，开环控制对环境和元件的要求比较严格。

闭环控制系统本身能检测出被控量的设定值与实际值之差，实际上是用偏差量去减小和消除偏差。对于参数变化和扰动信号引起的偏差，都有很强的抑制能力。所以闭环系统的最大优点就是精度高，抗干扰能力强。闭环系统的缺点是，结构复杂(增加了测量元件和一条反馈通路)，设计和调试技术也复杂；闭环系统还会产生一种失控现象——不稳定。本书主要研究闭环控制系统。

内容补充

1.3.2　伺服系统、定值控制系统和程序控制系统

按输入信号的变化规律分类，控制系统可分为定值控制系统、伺服系统、程序控制系统。

定值控制系统的输入信号是恒值，要求被控变量保持相对应的数值不变。室温控制系统，直流电机转速控制系统，发电厂的电压频率控制系统，高精度稳压电源装置中的电压控制系统就是典型的定值控制系统。

伺服系统的输入信号是变化规律未知的任意时间函数，系统的任务是使被控变量按同样规律变化并与输入信号的误差保持在规定范围内。火炮控制系统、导弹发射架控制系统、雷达天线控制系统都是典型的伺服系统。伺服系统又称为随动系统。

程序控制系统中的输入信号按已知的规律(事先规定的程序)变化，要求被控变量也按相应的规律随输入信号变化，误差不超过规定值。热处理炉的温控系统、机床的数控加工系统和仿形控制系统就是典型的程序控制系统。

1.3.3　控制系统的其他类型

控制系统还有很多种分类方法。例如，按照系统是否满足叠加原理可分为线性系统和非线性系统。对于线性系统，初始条件为零时，几个输入信号同时作用在系统上所产生的输出信号，等于各输入信号单独作用时所产生的输出信号之和。按照系统控制器是否采用

计算机,可分为计算机(数字)控制系统和模拟系统。按照控制对象的范畴可分为运动控制系统、过程控制系统等。按照系统参数是否随时间变化可分为时变系统和定常系统。本书主要研究线性定常系统。

1.4节

1.4 控制系统的组成及对控制系统的基本要求

1.4.1 控制系统的基本组成

控制系统中控制对象以外的元部件统称为控制元件。由于控制对象的不同,控制系统也是各种各样的。但是根据控制元件在系统中的功能和作用,可将控制元件分成 4 大类。

1. 执行元件

执行元件的功能是直接带动控制对象,直接改变被控变量。例如,机电控制系统中的各种电动机,液动控制系统中的液压马达,温度控制系统中的热泵等都属于执行元件。执行元件有时也被归入控制对象中。

2. 放大元件

放大元件的功能是将微弱信号放大,使信号具有足够大的幅值或功率。放大元件又分为前置放大器和功率放大器两类。前置放大器能放大一个信号的数值,但功率并不大,它靠近系统的输入(前)端。如由运算放大器构成的前置放大器只能放大电压信号,而能输出的电流却很小。功率放大器输出的功率大,它输出的信号可直接带动执行元件运转和动作。例如,由电力电子器件组成的功率放大器同时输出足够大的电压和电流,能直接带动直流电动机转动。

3. 测量元件

测量元件的功能是将一种物理量检测出来,并且按照某种规律转换成容易处理和使用的另一种物理量输出。测量元件一般称为传感器。过程控制中的变送器、敏感元件都属于测量元件。图 1-2-1 中的热敏电阻的功能就是将温度转变成电压信号。

热敏电阻、热电偶、温度变送器、流量变送器、测速发电机、电位器、光电码盘、旋转变压器、感应同步器等元件包括它们的信号处理电路都属于测量元件。

测量元件的精度直接影响到系统的精度,所以高精度的系统必须采用高精度的测量元件(包括可靠的线路)。

4. 补偿元件

由上述三大类元件与控制对象组成的系统往往不能满足技术要求。为了保证系统能正常工作(稳定)并提高系统的性能,控制系统中还要另外补充一些元件,这些元件统称为补偿元件,又称为校正元件,有时也称为控制器。如何选择补偿方法,补偿元件应当具有什么样的性能,这是本书将要讨论的主要问题。最常见的补偿方法有串联补偿、反馈补偿,如图 1-4-1 所示。

常用的补偿元件有模拟电子线路、计算机、部分测量元件(如测速发电机)等。

从系统工作原理和框图看,控制系统中还有比较元件,它把两个信号相减,比较它们的大小,产生偏差信号。但比较元件一般不是一个单独的实际元件,电子放大器就具有比较元件的功能,有些测量元件也包含比较元件的功能。

由控制元件和控制对象组成的控制系统的典型功能框图。如图 1-4-1 所示。

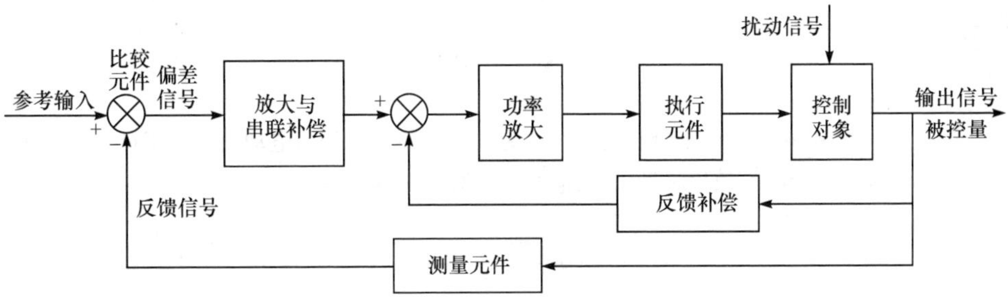

图 1-4-1　控制系统的典型功能框图

1.4.2　对控制系统的基本要求

对闭环控制系统的基本要求可归纳为 3 个方面：稳定性、准确性（稳态精度）、快速性与平稳性（动态性能）。

1. 稳定性

闭环控制存在着稳定与不稳定的问题。所谓不稳定，就是指系统失控，被控变量不是趋于所希望的数值，而是趋于所能达到的最大值，或在两个较大的量值之间剧烈波动和振荡。系统不稳定就表明系统不能正常运行，此时常常会损伤设备，甚至造成系统的彻底损坏，引起重大事故。所以稳定是对系统最基本又是最重要的要求。稳定性是系统的重要特性，同时也是控制原理中的一个基本概念。本书将对稳定性的问题做多次详细的分析和讨论。

2. 准确性

准确性就是要求被控变量与设定值之间的误差达到所要求的精度范围。要求被控变量在任何时刻、任何情况下都不超出规定的误差范围，对于高精度控制系统，实现起来是困难的。控制的准确性有时是用稳态精度来度量。对于稳定的系统，时间足够长时就达到了稳态，此时的精度就是稳态精度。稳态精度属于系统的稳态性能。

3. 快速性与平稳性

系统的被控变量由一个值改变到另一个值总是需要一段时间，总是有一个变化过程，这个过程就称为过渡过程，此时系统表现出的特性称为动态性能。人们自然希望过渡过程既快速又平稳，所以快速性和平稳性就是动态性能包含的主要内容。

如果要求一个系统中的被控变量 $c(t)$ 由 0 变到 1，加入对应的输入信号后，输出信号 $c(t)$ 的典型变化曲线如图 1-4-2 所示。图中曲线①和②表示稳定系统的响应，③和④是不稳定系统的响应。

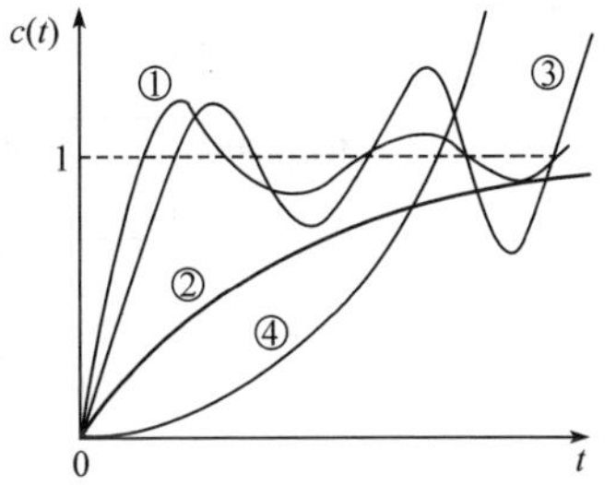

图 1-4-2　系统的典型响应曲线

在实际应用和控制理论中，对系统的要求有更具体的表述和定量的表示，称为性能指标。

对控制系统的研究，按顺序可分为理解、分析和设计三个步骤。理解系统是控制这个系统的基础，理解系统的标志就是建立系统的数学模型。分析系统就是探讨系统的性能。设计系统就是使系统满足性能指标要求。自动控制原理的基本内容，首先是研究如何求系统的数学模型，然后针对数学模型，分析系统的性能，设计

动态图 1-4-2

系统的补偿元件(控制器),使系统满足性能指标要求。

参考答案 1

习　题

1-1　题 1-1 图所示为一液位控制系统。图中 K 为放大器,SM 为伺服电动机。分析该系统的工作原理,在系统中找出参考输入、扰动量、被控制量、控制器及控制对象,并画出系统的元件框图 。

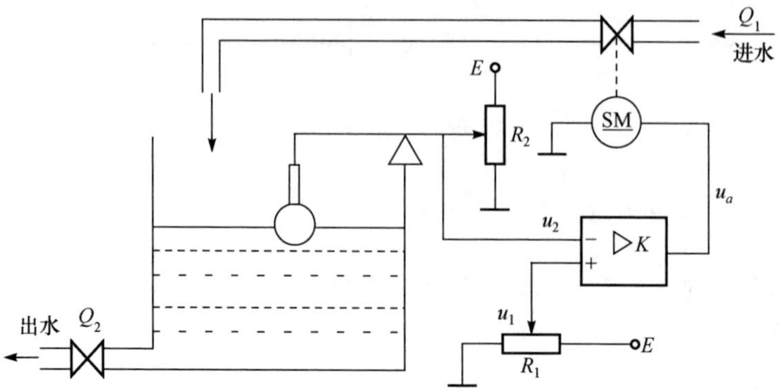

题 1-1 图

1-2　题 1-2 图所示为一液位控制系统,说明它的工作原理。

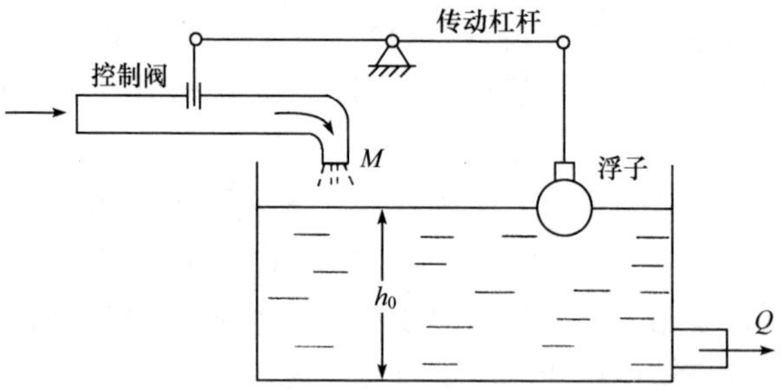

题 1-2 图

1-3　题 1-3 图表示一个导弹发射架控制系统,它用来控制导弹发射架的方位转角 θ。图中 M 表示直流电动机。简述该系统的工作原理,说明它属于什么类型的控制系统,指出它的参考输入信号、被控变量、反馈信号、控制变量以及测量元件、执行元件。

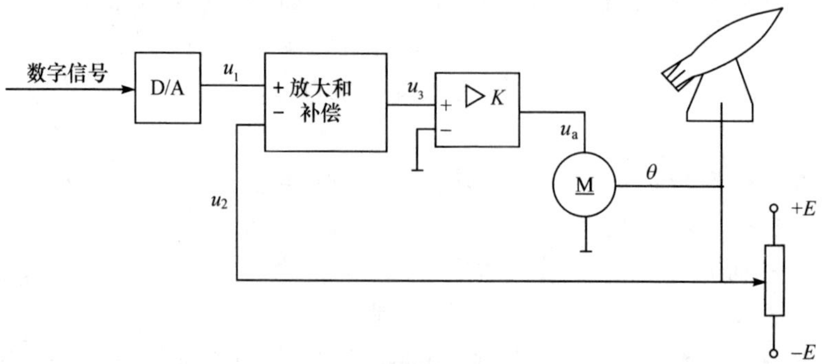

题 1-3 图

1-4　题 1-4 图表示一个机床控制系统,用来控制切削刀具的位移 x。说明它属于什么类型的控制系统,指出它的控制器、执行元件和被控变量。

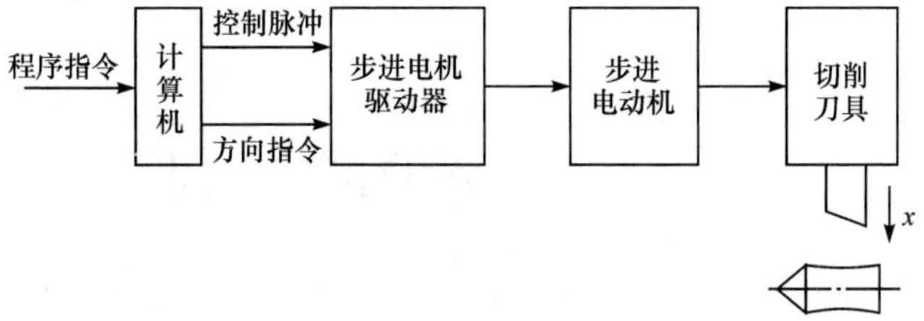

题 1-4 图

1-5 判定下列方程描述的系统是线性定常系统、线性时变系统还是非线性系统。式中 $r(t)$ 是输入信号，$c(t)$ 是输出信号。

(1) $c(t)=3r(t)+6\dfrac{\mathrm{d}r(t)}{\mathrm{d}t}+5\int_0^t r(\tau)\mathrm{d}\tau$

(2) $c(t)=2r(t)+t\dfrac{\mathrm{d}^2r(t)}{\mathrm{d}t^2}$

(3) $c(t)=[r(t)]^2$

(4) $c(t)=5+r(t)\cos\omega t$

(5) $\dfrac{\mathrm{d}^3c(t)}{\mathrm{d}t^3}+3\dfrac{\mathrm{d}^2c(t)}{\mathrm{d}t^2}+6\dfrac{\mathrm{d}c(t)}{\mathrm{d}t}+c(t)=r(t)$

(6) $t\dfrac{\mathrm{d}c(t)}{\mathrm{d}t}+c(t)=r(t)+3\dfrac{\mathrm{d}r(t)}{\mathrm{d}t}$

1-6 简述开环控制和闭环控制的主要优缺点。

第 2 章　系统的数学模型

系统的数学模型就是描述系统中各变量间的数学关系。经典控制理论和现代控制理论都以数学模型为基础。数学模型的建立和简化是定量分析和设计控制系统的基础，也是目前许多学科向纵深发展需要解决的问题。

系统中变量的关系分为静态关系和动态关系两种。如果系统中各变量随时间变化缓慢，对时间的导数可忽略不计，就称系统处于静态。表示静态关系的数学表达式中没有变量对时间的导数项。处于静态的系统，知道了系统的输入量即可确定系统的输出量及其他变量。当系统中的变量对时间的导数不可忽略时，称系统处于运动状态或动态，相应的系统称为动态系统或动力学系统。对于动态系统，为了确定输出量和其他变量，仅仅知道输入量是不够的，还必须知道一组变量的初始值。

控制理论研究的是动态系统。动态系统数学模型的基础是微分方程，又称为动态方程或运动方程。

数学模型有很多种形式，它们各有特点和最适用的场所。本章只介绍常微分方程、传递函数和动态框图，其余的几种数学模型将在后续章节介绍。

建立系统数学模型的方法有分析法(又称理论建模)和实验法(又称系统辨识)。分析法是根据系统中各元件所遵循的客观(物理、化学、生物等)规律和运行机理，列出微分方程式。实验法是人为地给系统施加某种测试信号，记录其输出响应，并用适当的数学模型去逼近。本章只介绍分析法。

系统的物理参数不随时间变化的系统称为定常系统，系统的物理参数不随空间位置变化的系统称为集总参数系统。本章研究定常、集总参数系统。

许多表面上完全不同的系统(如机械系统、电气系统、液压系统和经济学系统等)却可能具有完全相同的数学模型，数学模型表达了这些系统的共性，所以研究透了一种数学模型，也就能完全了解具有这种数学模型的各种各样系统的特点。因此数学模型建立以后，研究系统主要是以数学模型为基础，分析和设计系统，而不再涉及实际系统的物理性质和具体特点。

2.1　控制系统微分方程的建立

控制系统中的输出量和输入量通常都是时间 t 的函数。很多常见的元件或系统的输出量和输入量之间的关系都可以用一个微分方程表示，方程中含有输出量、输入量及它们对时间的导数或积分。这种微分方程又称为动态方程或运动方程。微分方程的阶数一般是指方程中最高导数项的阶数，又称为系统的阶数。

对于单变量线性定常系统，微分方程为

$$\begin{aligned}&c^{(n)}(t)+a_1c^{(n-1)}(t)+a_2c^{(n-2)}(t)+\cdots+a_{n-1}\dot{c}(t)+a_nc(t)\\&=b_0r^{(n)}(t)+b_1r^{(n-1)}(t)+b_2r^{(n-2)}(t)+\cdots+b_{n-1}\dot{r}(t)+b_nr(t)\end{aligned}\tag{2-1-1}$$

式中，$r(t)$ 是输入信号，$c(t)$ 是输出信号，$c^{(n)}(t)$ 表示 $c(t)$ 对 t 的 n 阶导数。$a_i(i=1,2,\cdots,n)$，$b_i(i=0,1,\cdots,n)$都是由系统结构参数决定的系数。

这里介绍用解析法列写微分方程，其一般步骤如下：

1）根据要求，确定输入量和输出量。

2）根据系统中元件的具体情况，按照它们所遵循的科学规律，围绕输入量、输出量及有关中间量，列写原始方程式，它们一般构成微分方程组。对于复杂的系统，不能直接写出输出量和输入量之间的关系式时，可以增设中间变量。方程的个数一般要比中间变量的个数多1。为了下一步整理方便起见，列写方程时可以从输入量开始，也可以从输出量开始，按照顺序列写。

3）消去中间变量，整理出只含有输入量和输出量及其各阶导数的方程。

4）标准化，一般将输出量及其导数放在方程式左边，将输入量及其导数放在方程式右边，各阶导数项按阶次由高到低的顺序排列。可以将各项系数归化成具有一定物理意义的形式。

列写微分方程的关键是要了解元件或系统所属学科领域的有关规律而不是数学本身，当然，求解微分方程还是需要数学工具。

下面以电气系统和机械系统为例，说明如何列写系统或元件的微分方程式。这里所举的例子都属于简单系统，而实际系统往往是很复杂的，本章后面将介绍如何建立复杂系统的数学模型。

1. 电气系统

电气系统中最常见的装置是由电阻、电感、电容、运算放大器等元件组成的电路，又称电气网络。像电阻、电感、电容这类本身不含有电源的器件称为无源器件，像运算放大器这种本身包含电源的器件称为有源器件。仅由无源器件组成的电气网络称为无源网络。如果电气网络中包含有源器件或电源，就称为有源网络。

列写电气网络的微分方程式时都要用到基尔霍夫电流定律和电压定律，它们可用下面两式表示：

$$\sum i=0 \tag{2-1-2}$$

$$\sum u=0 \tag{2-1-3}$$

列写方程时还经常用到理想电阻、电感、电容两端电压、电流与元件参数的关系，它们分别用下面各式表示：

$$u=Ri \tag{2-1-4}$$

$$u=L\frac{\mathrm{d}i}{\mathrm{d}t} \tag{2-1-5}$$

$$i=C\frac{\mathrm{d}u}{\mathrm{d}t} \tag{2-1-6}$$

例 2-1-1　在图 2-1-1 所示的电路中，电压 $u_\mathrm{i}(t)$ 为输入量，$u_\mathrm{o}(t)$ 为输出量，列写该装置的微分方程式。

解　设电流 $i(t)$ 如图所示。由基尔霍夫电压定律可得到

$$L\frac{\mathrm{d}i(t)}{\mathrm{d}t}+Ri(t)+u_\mathrm{o}(t)=u_\mathrm{i}(t) \tag{2-1-7}$$

式中，$i(t)$ 是中间变量。$i(t)$ 和 $u_\mathrm{o}(t)$ 的关系为

$$i(t)=C\frac{\mathrm{d}u_\mathrm{o}(t)}{\mathrm{d}t} \tag{2-1-8}$$

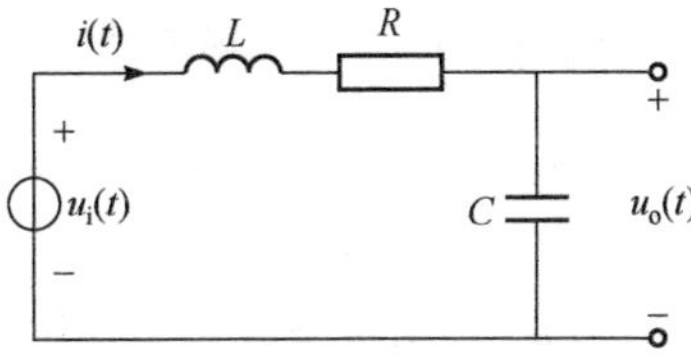

图 2-1-1　LRC 电路

将式(2-1-8)代入式(2-1-7)消去中间变量 $i(t)$，可得

$$LC\frac{d^2u_o(t)}{dt^2}+RC\frac{du_o(t)}{dt}+u_o(t)=u_i(t) \tag{2-1-9}$$

上式又可写成

$$T_1T_2\frac{d^2u_o(t)}{dt^2}+T_2\frac{du_o(t)}{dt}+u_o(t)=u_i(t) \tag{2-1-10}$$

其中，$T_1=L/R$，$T_2=RC$。式(2-1-9)、式(2-1-10)就是所求的微分方程式。这是一个典型的二阶线性常系数微分方程，对应的系统也称为二阶线性定常系统。

例 2-1-2 由理想运算放大器组成的电路如图 2-1-2 所示，电压 $u_i(t)$ 为输入量，电压 $u_o(t)$ 为输出量，求它的微分方程式。

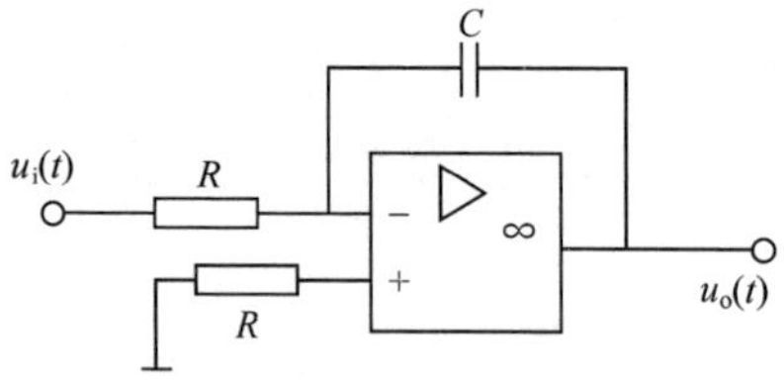

图 2-1-2 电容负反馈电路

解 理想运算放大器正、反相输入端的电位相同，且输入电流为零。根据基尔霍夫电流定律有

$$\frac{u_i(t)}{R}+C\frac{du_o(t)}{dt}=0$$

整理后得

$$RC\frac{du_o(t)}{dt}=-u_i(t) \tag{2-1-11}$$

或

$$T\frac{du_o(t)}{dt}=-u_i(t) \tag{2-1-12}$$

式中，$T=RC$ 称为时间常数。式(2-1-11)、式(2-1-12)就是该系统的微分方程式。这是一阶系统。

2. 机械系统

机械系统指的是存在机械运动的装置，它们遵循物理学的力学定律。机械运动包括直线运动(相应的位移称为线位移)和转动(相应的位移称为角位移)两种。

做直线运动的物体要遵循的基本力学定律是牛顿第二定律：

$$\sum F=m\frac{d^2x}{dt^2} \tag{2-1-13}$$

式中，F 为物体所受到的力，m 为物体质量，x 是线位移，t 是时间。

转动的物体要遵循如下的牛顿转动定律：

$$\sum T=J\frac{d^2\theta}{dt^2} \tag{2-1-14}$$

式中，T 为物体所受到的力矩，J 为物体的转动惯量，θ 为角位移。

运动着的物体，一般都要受到摩擦力的作用，摩擦力 F_c 可表示为

$$F_c=F_B+F_f=f\frac{dx}{dt}+F_f \tag{2-1-15}$$

式中，x 为位移，$F_B=f\frac{dx}{dt}$ 称为黏性摩擦力，它与运动速度成正比，而 f 称为黏性阻尼系数。F_f 表示恒值摩擦力，又称库仑摩擦力。

对于转动的物体，摩擦力的作用体现为如下的摩擦力矩 T_c

$$T_c = T_B + T_f = K_c \frac{d\theta}{dt} + T_f \tag{2-1-16}$$

式中，$T_B = K_c \frac{d\theta}{dt}$是黏性摩擦力矩，$K_c$ 称为黏性阻尼系数，T_f 为恒值摩擦力矩。

例 2-1-3 一个由弹簧-质量-阻尼器组成的机械平移系统如图 2-1-3 所示。m 为物体质量，k 为弹簧系数，f 为黏性阻尼系数，外力 $F(t)$为输入量，位移 $y(t)$为输出量。列写系统的运动方程。

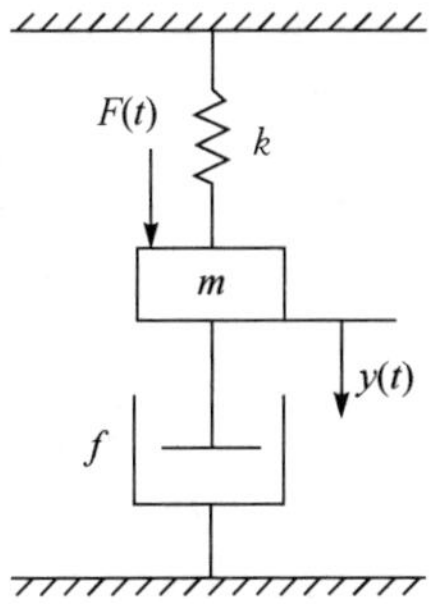

图 2-1-3 机械平移系统

解 取向下为外力和位移的正方向。当 $F(t)=0$ 时物体的平衡位置为位移 y 的零点。该物体 m 受到四个力的作用：外力 $F(t)$，弹簧的弹力 F_k，黏性摩擦力 F_B 及重力 mg。F_k、F_B 向上为正方向。由牛顿第二定律知

$$F(t) - F_k - F_B + mg = m\frac{d^2 y(t)}{dt^2} \tag{2-1-17}$$

且

$$F_B = f\frac{dy(t)}{dt} \tag{2-1-18}$$

$$F_k = k[y(t) + y_0] \tag{2-1-19}$$

$$mg = ky_0 \tag{2-1-20}$$

式中，y_0 为 $F=0$、物体处于静平衡位置时弹簧的伸长量，将式(2-1-18)～式(2-1-20)代入式(2-1-17)，得到该系统的运动方程式

$$m\frac{d^2 y(t)}{dt^2} + f\frac{dy(t)}{dt} + ky(t) = F(t) \tag{2-1-21}$$

或写成

$$\frac{m}{k}\frac{d^2 y(t)}{dt^2} + \frac{f}{k}\frac{dy(t)}{dt} + y(t) = \frac{1}{k}F(t) \tag{2-1-22}$$

该系统是二阶线性定常系统。

从该例还可看出，因为 $y(t)$代表增量[见式(2-1-19)]，所以物体的重力不出现在运动方程中，重力对物体的运动形式没有影响。

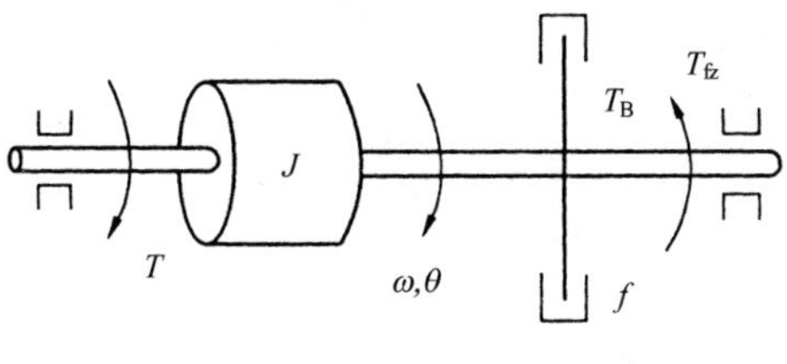

图 2-1-4 机械转动系统

例 2-1-4 图 2-1-4 所示的机械转动系统包括一个惯性负载和一个黏性摩擦阻尼器，J 为转动惯量，f 为黏性摩擦系数，ω、θ 为角速度和角位移，T_{fz} 为作用在该轴上的负载阻转矩，T 为作用在该轴上的主动外力矩。以 T 为输入量，分别列出以 ω 为输出量和以 θ 为输出量的运动方程。

解 根据牛顿转动定律有

$$J\frac{d\omega}{dt} = T - T_B - T_{fz} \tag{2-1-23}$$

T_B 为黏性摩擦力矩，且

$$T_B = f\omega \tag{2-1-24}$$

将上式代入式(2-1-23)可得

$$J\frac{d\omega}{dt}+f\omega=T-T_{fz} \tag{2-1-25}$$

将 $\omega=d\theta/dt$ 代入上式可得

$$J\frac{d^2\theta}{dt^2}+f\frac{d\theta}{dt}=T-T_{fz} \tag{2-1-26}$$

式(2-1-25)和式(2-1-26)分别是以 ω 为输出量和以 θ 为输出量的运动方程式。该装置有两个输入量 T 和 T_{fz}。

机械系统中除了上例的单轴转动系统外，常常碰到多轴传动系统，各轴之间以齿轮、皮带、丝杠-螺母等形式连接在一起，以实现转速和力矩的改变。这种多轴传动装置一般称为机械传动系。这里以图 2-1-5 所示齿轮传动系统为例说明如何建立机械传动系统的运动方程式。

例 2-1-5 图 2-1-5 表示一个具有 2 级减速的齿轮传动系统，它有 3 个轴和 4 个齿轮。T 为电动机输出的机械力矩，它作用在轴 1(输入轴)上，T_{fz} 是作用在轴 3(输出轴)的负载转矩。(J_1,f_1)、(J_2,f_2)、(J_3,f_3)分别代表相应轴的转动惯量与黏性摩擦系数，θ_1、θ_2、θ_3 分别表示相应轴的转角。i_1、i_2 分别为两级减速器的传动比，即 $i_1=\theta_1/\theta_2$，$i_2=\theta_2/\theta_3$。试列写以转矩 T 为输入量，以转角 θ_1 为输出量的运动方程式。

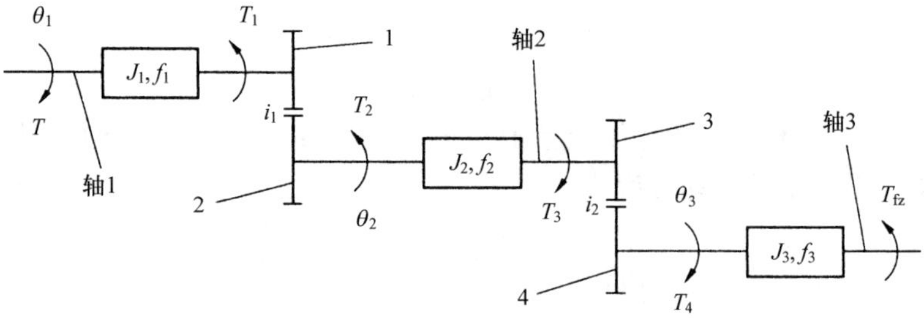

图 2-1-5 齿轮传动系统

解 设 T_1 为齿轮 2 作用于齿轮 1 的力矩，T_2、T_3、T_4 分别为齿轮 2、3、4 所受到的力矩。对于轴 1 有

$$J_1\frac{d^2\theta_1}{dt^2}+f_1\frac{d\theta_1}{dt}=T-T_1 \tag{2-1-27}$$

对于轴 2 有

$$J_2\frac{d^2\theta_2}{dt^2}+f_2\frac{d\theta_2}{dt}=T_2-T_3 \tag{2-1-28}$$

对于轴 3 有

$$J_3\frac{d^2\theta_3}{dt^2}+f_3\frac{d\theta_3}{dt}=T_4-T_{fz} \tag{2-1-29}$$

上述各式中，θ_2、θ_3 及 T_1、T_2、T_3、T_4 为中间变量，根据已知条件有

$$\theta_2=\frac{\theta_1}{i_1} \tag{2-1-30}$$

$$\theta_3=\frac{\theta_2}{i_2} \tag{2-1-31}$$

由齿轮工作原理可得

$$T_1\theta_1=T_2\theta_2 \tag{2-1-32}$$

$$T_3\theta_2 = T_4\theta_3 \tag{2-1-33}$$

即

$$T_2 = i_1 T_1 \tag{2-1-34}$$

$$T_4 = i_2 T_3 \tag{2-1-35}$$

将式(2-1-27)～式(2-1-31)、式(2-1-34)、式(2-1-35)整理后，可得该传动系统的运动方程式：

$$\left(J_1+\frac{J_2}{i_1^2}+\frac{J_3}{i_1^2 i_2^2}\right)\frac{\mathrm{d}^2\theta_1}{\mathrm{d}t^2}+\left(f_1+\frac{f_2}{i_1^2}+\frac{f_3}{i_1^2 i_2^2}\right)\frac{\mathrm{d}\theta_1}{\mathrm{d}t}=T-\frac{T_{\mathrm{fz}}}{i_1 i_2} \tag{2-1-36}$$

把式(2-1-36)和例 2-1-4 的式(2-1-26)进行比较可以发现，单轴转动系统和多轴传动系统的运动方程式相似。在式(2-1-36)中，一般把 J_2/i_1^2 和 $J_3/(i_1^2 i_2^2)$ 分别称为轴 2 和轴 3 折算到轴 1 的转动惯量，而把 f_2/i_1^2 和 $f_3/(i_1^2 i_2^2)$ 分别称为轴 2 和轴 3 折算到轴 1 的阻尼系数，把 $T_{\mathrm{fz}}/(i_1 i_2)$ 称为轴 3 折算到轴 1 的负载力矩。

可以看出，折算转动惯量和折算阻尼系数都等于原数值除以传动比的平方 i^2，而折算力矩等于原数值除以传动比 i，这是普遍规律。有了折算值的概念后，如果不考虑传动系统的刚度，利用单轴转动系统的运动方程式，就很容易写出复杂的机械传动系统的运动方程式。

2.2 传递函数

2.2 节

经典控制理论研究的主要内容之一，就是系统输出和输入的关系，或者说如何由已知的输入量求输出量。微分方程虽然可以表示出输出和输入之间的关系，但由于微分方程的求解比较困难，所以微分方程所表示的变量间的关系总是显得很复杂。以拉普拉斯变换(简称拉氏变换)为基础所得出的传递函数这个概念，则把控制系统输出和输入的关系表示得简单明了。

2.2.1 传递函数的定义

拉普拉斯变换简介

设线性定常系统的输入信号和输出信号分别为 $r(t)$ 和 $c(t)$，则这个系统的动态方程可用下列线性常系数微分方程表示。

$$\begin{aligned}&c^{(n)}(t)+a_1c^{(n-1)}(t)+a_2c^{(n-2)}(t)+\cdots+a_{n-1}\dot{c}(t)+a_nc(t)\\&=b_0r^{(n)}(t)+b_1r^{(n-1)}(t)+\cdots+b_{n-1}\dot{r}(t)+b_nr(t)\end{aligned} \tag{2-2-1}$$

式中，a_i、b_i 都是由系统结构决定的常数，$c^{(n)}(t)$ 表示 $\mathrm{d}^n c(t)/\mathrm{d}t^n$。线性微分方程中，各变量及其各阶导数的幂次数不超过 1。

令 $r(t)$ 和 $c(t)$ 及其各阶导数的初始条件为零，即

$$r^{(i)}(0)=0 \quad (i=0,1,2,\cdots,n-1)$$

$$c^{(i)}(0)=0 \quad (i=0,1,2,\cdots,n-1)$$

当变量或其导数在 $t=0$ 时发生突变，初始条件指 $t<0$ 且 $t\to 0$(记为 0^-)时的值。

对式(2-2-1)取拉氏变换得

$$\begin{aligned}&(s^n+a_1s^{n-1}+a_2s^{n-2}+\cdots+a_{n-1}s+a_n)C(s)\\&=(b_0s^n+b_1s^{n-1}+\cdots+b_{n-1}s+b_n)R(s)\end{aligned} \tag{2-2-2}$$

式中，s 为拉氏变换中的复数参变量。变量的拉氏变换式用大写字母表示。于是有

$$\frac{C(s)}{R(s)}=\frac{b_0s^n+b_1s^{n-1}+\cdots+b_{n-1}s+b_n}{s^n+a_1s^{n-1}+a_2s^{n-2}+\cdots+a_{n-1}s+a_n}=\frac{N(s)}{D(s)} \tag{2-2-3}$$

式中

$$N(s)=b_0s^n+b_1s^{n-1}+\cdots+b_{n-1}s+b_n$$

$$D(s)=s^n+a_1s^{n-1}+a_2s^{n-2}+\cdots+a_{n-1}s+a_n$$

可见，对于线性定常系统，输出信号的拉氏变换式 $C(s)$ 和输入信号的拉氏变换式 $R(s)$ 之比是一个只取决于系统结构的 s 的函数。这个函数把输出信号与输入信号联系起来。于是，可以引入下述定义：

在初始条件为零时，线性定常系统或元件输出信号的拉氏变换式 $C(s)$ 与输入信号的拉氏变换式 $R(s)$ 之比，称为该系统或元件的传递函数，通常记为 $G(s)$。因此有

$$G(s)=\frac{C(s)}{R(s)} \tag{2-2-4}$$

所以

$$C(s)=G(s)R(s) \tag{2-2-5}$$

因此，知道了系统的传递函数和输入信号的拉氏变换式，就很容易求得初始条件为零时系统输出信号的拉氏变换式。

由上述可见，求系统传递函数的一个方法，就是利用它的微分方程式并取拉氏变换。

例 2-2-1 求图 2-1-1 所示的 LRC 电路的传递函数 $G(s)=U_o(s)/U_i(s)$。

解 由例 2-1-1 知该电路的微分方程是

$$LC\frac{d^2u_o(t)}{dt^2}+RC\frac{du_o(t)}{dt}+u_o(t)=u_i(t)$$

在零初始条件下对上式取拉氏变换得

$$(LCs^2+RCs+1)U_o(s)=U_i(s) \tag{2-2-6}$$

因此有

$$G(s)=\frac{U_o(s)}{U_i(s)}=\frac{1}{LCs^2+RCs+1}$$

例 2-2-2 求图 2-1-2 所示运算放大器电路的传递函数 $G(s)=U_o(s)/U_i(s)$。

解 由例 2-1-2 知，该电路的微分方程是

$$RC\frac{dU_oy(t)}{dt}=-u_i(t)$$

在零初始条件下对上式取拉氏变换得

$$RCsU_o(s)=-U_i(s)$$

所以

$$G(s)=\frac{U_o(s)}{U_i(s)}=-\frac{1}{RCs} \tag{2-2-7}$$

例 2-2-3 求图 2-1-3 所示机械系统的传递函数 $G(s)=Y(s)/F(s)$。

解 由例 2-1-3 知，该系统的动态微分方程是

$$m\frac{d^2y(t)}{dt^2}+f\frac{dy(t)}{dt}+ky(t)=F(t)$$

在零初始条件下取拉氏变换得

$$(ms^2+fs+k)Y(s)=F(s)$$

故

$$G(s)=\frac{Y(s)}{F(s)}=\frac{1}{ms^2+fs+k}=\frac{\frac{1}{k}}{\frac{m}{k}s^2+\frac{f}{k}s+1} \tag{2-2-8}$$

2.2.2 关于传递函数的几点说明

第一，传递函数的概念适用于线性定常系统，它与线性常系数微分方程一一对应，传递函数的结构和各项系数(包括常数项)完全取决于系统本身结构，因此，它是系统的动态数学模型，而与输入信号的具体形式和大小无关。

但是同一个系统若选择不同的变量做输入信号和输出信号，所得到的传递函数可能不同。所以谈到传递函数，必须指明输入量和输出量。本书中传递函数的概念主要用于单输入、单输出的情况。若系统有多个输入信号，在求传递函数时，除了一个有关的输入量以外，其他输入量(包括常值输入量)一概视为零。

第二，传递函数不能反映系统或元件的学科属性和物理性质。物理性质和学科类别截然不同的系统可能具有完全相同的传递函数。例如，例 2-1-1 的 LRC 电路与例 2-1-3 的机械平移系统具有相似的传递函数，但却分属电气和机械两个不同的领域。另一方面，研究某一种传递函数所得到的结论，可以适用于具有这种传递函数的各种系统，不管它们的学科类别和工作机理如何不同。这就极大地提高了控制工作者的效率。

今后，在确定了系统或元件的传递函数以后，将不再考虑系统的具体属性，而只研究传递函数本身。

第三，对于实际的元件和系统，传递函数是复变量 s(拉氏变换的复数参变量)的有理分式，其分子 $N(s)$和分母 $D(s)$都是 s 的有理多项式，即它们的各项系数均是实数。式(2-2-3)可称为传递函数的有理分式形式。

传递函数除了写成式(2-2-3)所示的形式以外，还常写成如下两种形式

$$G(s)=\frac{N(s)}{D(s)}=k\,\frac{(s-z_1)(s-z_2)\cdots(s-z_m)}{(s-p_1)(s-p_2)\cdots(s-p_n)} \tag{2-2-9}$$

及

$$G(s)=\frac{N(s)}{D(s)}=K\,\frac{(\tau_1 s+1)(\tau_2^2 s^2+2\zeta_2\tau_2 s+1)\cdots(\tau_l s+1)}{s^{\upsilon}(T_1 s+1)(T_2^2 s^2+2\xi_2 T_2 s+1)\cdots(T_k s+1)} \tag{2-2-10}$$

式(2-2-9)的特点是各个一次因式项中 s 的系数都是 1。$z_1,z_2,\cdots,z_m$ 为传递函数的零点，$p_1,p_2,\cdots,p_n$ 为传递函数的极点，k 为零极点增益或根轨迹增益，该式为传递函数的零极点表达式。由于 $N(s)$ 和 $D(s)$ 的各项系数都是实数，所以零点和极点是实数或共轭复数。式(2-2-10)可称为传递函数的时间常数形式，它的特点是各个因式项中的常数项(如果不是零)都是 1。τ_i、T_j 为系统中各环节的时间常数，K 为系统的放大系数。式中一次因式对应于实数根，二次因式对应于共轭复数根。可以看出，零极点增益 k 与放大系数 K 成正比。

第四，理论分析和实验都指出，对于实际的物理元件和系统而言，输入量与它所引起的响应(输出量)之间的传递函数，分子多项式 $N(s)$的阶次 m(s 的最高幂次数)总是小于分母多项式 $D(s)$的阶次 n，即 $m<n$。这个结论可以看成是客观物理世界的基本属性。它反映了这样一个基本事实：一个物理系统的输出不能立即完全复现输入信号，只有经过一定的时间过程后，输出量才能达到输入量所要求的数值。

对于具体的控制元件和系统，总可以找到形成上述事实的原因。例如对于机械系统，由于物体都有质量，物体受到外力和外力矩作用时都要产生形变，相互接触并存在相对运动的物体之间总是存在摩擦，这些都是造成机械装置传递函数分母阶次高于分子阶次的原因。电气网络中，由运算放大器组成的电压放大器，如果考虑到其中潜在的电容和电感，输出电压和输入电压间的传递函数，分子阶次一定低于分母阶次。

如果一个传递函数分子的阶次高于分母的阶次，就称它是物理上不可实现的。实际上，有一些元件和电子线路，在一定的范围和一定的工作条件下，可以认为其传递函数分子的阶次高于分母的阶次。因此，这种传递函数虽然从原理上不可实现，但在实际中还是可以近似实现的。但实现起来总是要困难一些，并有明显的适用范围和限制条件，且有较大的误差。此情况，也可认为是忽略了小的时间常数。此外，采用计算机实现这种传递函数，往往具有较高的精度。

第五，在传递函数 $G(s)$ 中，自变量是复变量 s，称传递函数是系统的复域描述；这时系统中各变量都以 s 为自变量，称它们处于复域；而在微分方程中，自变量是时间 t，称微分方程是系统的时域描述；而各变量以时间 t 为自变量时，称它们处于时域。

第六，令系统传递函数分母等于零所得方程称为特征方程，即 $D(s)=0$。特征方程的根称为特征根。特征根就是传递函数的极点。

2.2.3 基本环节及其传递函数

实际的系统往往是很复杂的。为了分析方便起见，一般把一个复杂的控制系统分成一个个小部分，称为环节。从动态方程、传递函数和运动特性的角度看，不宜再分的最小环节称为基本环节。控制系统虽然是各种各样的，但是常见的典型基本环节并不多。下面介绍最常见的典型基本环节。

以下叙述中设 $r(t)$ 为环节的输入信号，$c(t)$ 为输出信号，$G(s)$ 为传递函数。

1. 放大环节(比例环节)

放大环节的动态方程是

$$c(t)=Kr(t) \tag{2-2-11}$$

由上式可求得放大环节的传递函数

$$G(s)=\frac{C(s)}{R(s)}=K \tag{2-2-12}$$

式中，K 为常数，称为放大系数。放大环节又称为比例环节，它的输出量与输入量成比例，它的传递函数是一个常数。

几乎每一个控制系统中都有放大环节。由电子线路组成的放大器是最常见的放大环节。机械系统中的齿轮减速器，以输入轴和输出轴的角位移(或角速度)作为输入量和输出量，也是一个放大环节。

伺服系统中使用的绝大部分测量元件，如电位器、旋转变压器、感应同步器、光电码盘、光栅等，都可以看成是放大环节。

2. 惯性环节

惯性环节的微分方程是

$$T\frac{\mathrm{d}c(t)}{\mathrm{d}t}+c(t)=r(t) \tag{2-2-13}$$

由上式可求得惯性环节的传递函数

$$G(s)=\frac{C(s)}{R(s)}=\frac{1}{Ts+1} \tag{2-2-14}$$

式中，T 称为惯性环节的时间常数。若 $T=0$，该环节就变成放大环节。

3. 积分环节

积分环节的动态方程是

$$c(t)=\int r(t)\mathrm{d}t \tag{2-2-15}$$

由上式可求得积分环节的传递函数

$$G(s)=\frac{C(s)}{R(s)}=\frac{1}{s} \tag{2-2-16}$$

积分环节的输出量等于输入量的积分。例 2-2-2 的传递函数就包含一个积分环节。

当输入信号变为零后，积分环节的输出信号将保持输入信号变为零时刻的值不变。

4. 振荡环节

振荡环节的微分方程是

$$T^2\frac{\mathrm{d}^2c(t)}{\mathrm{d}t^2}+2\zeta T\frac{\mathrm{d}c(t)}{\mathrm{d}t}+c(t)=r(t)\quad(0\leqslant\zeta<1) \tag{2-2-17}$$

振荡环节的传递函数是

$$G(s)=\frac{C(s)}{R(s)}=\frac{1}{T^2s^2+2\zeta Ts+1}=\frac{\omega_{\mathrm{n}}^2}{s^2+2\zeta\omega_{\mathrm{n}}s+\omega_{\mathrm{n}}^2}\quad(0\leqslant\zeta<1) \tag{2-2-18}$$

式中，T、ζ、ω_{n} 皆为常数，且 $\omega_{\mathrm{n}}=1/T$。T 为该环节的时间常数，ω_{n} 为无阻尼自振角频率，ζ 为阻尼比。上述传递函数属于二阶环节，当 $0\leqslant\zeta<1$ 时，该环节称为振荡环节，因为这时它的输出信号具有振荡的形式。例 2-1-1 的 LRC 电路在阻尼比小于 1 时就是一个振荡环节，例 2-1-3 中的机械平移系统在阻尼比小于 1 时也包含一个振荡环节。

5. 纯微分环节

纯微分环节往往简称为微分环节，它的微分方程是

$$c(t)=\frac{\mathrm{d}r(t)}{\mathrm{d}(t)} \tag{2-2-19}$$

纯微分环节的传递函数是

$$G(s)=\frac{C(s)}{R(s)}=s \tag{2-2-20}$$

纯微分环节的输出信号是输入信号的微分。

6. 一阶微分环节

一阶微分环节的微分方程是

$$c(t)=\tau\frac{\mathrm{d}r(t)}{\mathrm{d}t}+r(t) \tag{2-2-21}$$

式中，τ 称为该环节的时间常数。一阶微分环节的传递函数为

$$G(s)=\frac{C(s)}{R(s)}=\tau s+1 \tag{2-2-22}$$

7. 二阶微分环节

二阶微分环节的微分方程为

$$c(t)=\tau^2\frac{\mathrm{d}^2 r(t)}{\mathrm{d}t^2}+2\zeta\tau\frac{\mathrm{d}r(t)}{\mathrm{d}t}+r(t) \tag{2-2-23}$$

二阶微分环节的传递函数是

$$G(s)=\frac{C(s)}{R(s)}=\tau^2 s^2+2\zeta\tau s+1 \tag{2-2-24}$$

τ 和 ζ 是常数，称 τ 为该环节的时间常数。

8. 延迟环节

延迟环节的动态方程是

$$c(t)=r(t-\tau) \tag{2-2-25}$$

式中，τ 是常数，称为该环节的延迟时间。由上式可见，延迟环节任意时刻的输出值等于 τ 时刻以前的输入值，也就是说，输出信号比输入信号延迟了 τ 个时间单位。

延迟环节的传递函数是

$$G(s)=\frac{C(s)}{R(s)}=\mathrm{e}^{-\tau s} \tag{2-2-26}$$

2.2.4 电气网络的运算阻抗与传递函数

求传递函数一般都要先列写微分方程式。然而对于电气网络，采用电路理论中的运算阻抗的概念和方法，不列写微分方程式也可以方便地求出相应的传递函数。

首先介绍运算阻抗的概念。电阻 R 的运算阻抗就是电阻 R 本身。电感 L 的运算阻抗是 Ls，电容 C 的运算阻抗是 $1/(Cs)$，其中，s 是拉氏变换的复参量。把普通电路中的电阻 R、电感 L、电容 C 全换成相应的运算阻抗，把电流 $i(t)$ 和电压 $u(t)$ 全换成相应的拉氏变换式 $I(s)$ 和 $U(s)$，把运算阻抗当做普通电阻。那么从形式上看，在零初始条件下，电路中的运算阻抗和电流、电压的拉氏变换式 $I(s)$、$U(s)$ 之间的关系满足各种电路定律，如欧姆定律、基尔霍夫电流定律和电压定律。这个结论从式(2-1-2)～式(2-1-6)可以看出。于是，采用普通的电路定律，经过简单的代数运算，就可能求解 $I(s)$、$U(s)$ 及相应的传递函数。采用运算阻抗的方法又称为运算法，相应的电路图称为运算电路。

例 2-2-4 在图 2-2-1(a)中，电压 u_1 和 u_2 分别是输入量和输出量，求该电路的传递函数 $G(s)=U_2(s)/U_1(s)$。

解 将电路图 2-2-1(a)变成运算电路图 2-2-1(b)，R 与 $1/(Cs)$ 组成简单的串联电路，于是

$$G(s)=\frac{U_2(s)}{U_1(s)}=\frac{\frac{1}{Cs}}{R+\frac{1}{Cs}}=\frac{1}{RCs+1}$$

这是一个惯性环节。

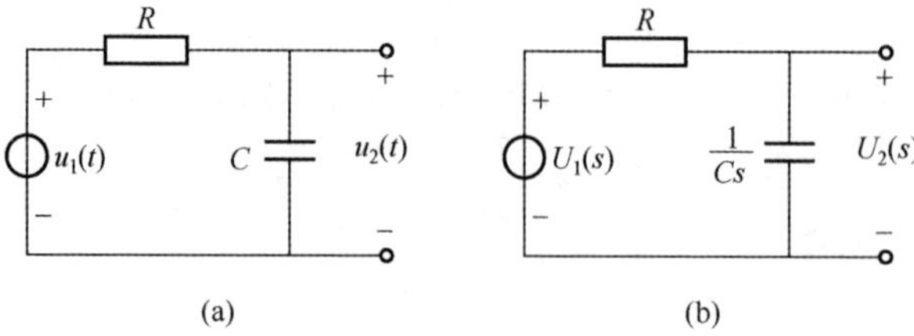

图 2-2-1　RC 电路

例 2-2-5 在图 2-2-2(a)中，电压 $u_1(t)$、$u_2(t)$分别为输入量和输出量，求传递函数 $G(s)=U_2(s)/U_1(s)$。

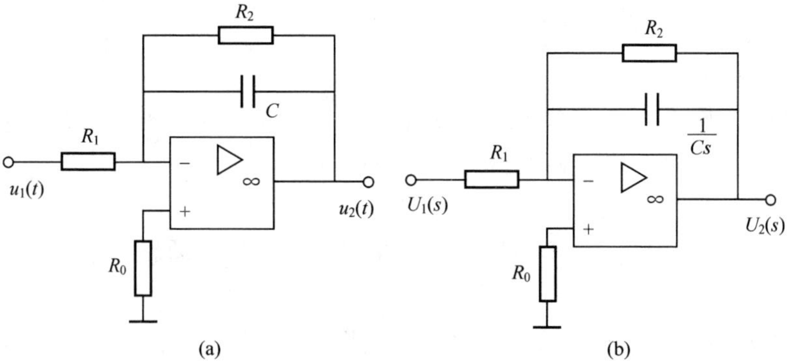

图 2-2-2 运放电路

解 将图 2-2-2(a)变换成运算电路图 2-2-2(b)。设 R_2 与 $1/(Cs)$的并联电路的运算阻抗为 Z_1，则

$$Z_1=\frac{R_2\dfrac{1}{Cs}}{R_2+\dfrac{1}{Cs}}=\frac{R_2}{R_2Cs+1}$$

根据理想运算放大器反相输入时的特性，有

$$G(s)=\frac{U_2(s)}{U_1(s)}=-\frac{Z_1}{R_1}=-\frac{R_2}{R_1(R_2Cs+1)}$$

这个传递函数含有一个惯性环节和一个放大环节。

例 2-2-6 图 2-2-3 中电压 u_1、u_2 是输入量和输出量，求传递函数 $G(s)=U_2(s)/U_1(s)$。

解 C 的运算阻抗是 $1/(Cs)$。这是运算放大器的反相输入，故有

$$G(s)=\frac{U_2(s)}{U_1(s)}=-\frac{\dfrac{1}{Cs}}{R}=-\frac{1}{RCs}$$

该电路包含一个积分环节，故称为积分电路。

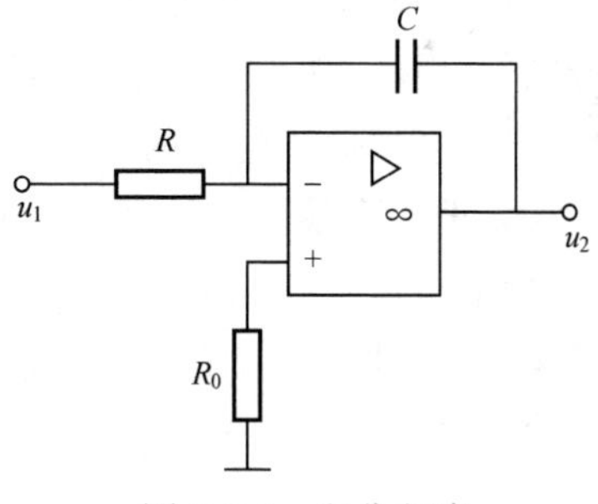

图 2-2-3 积分电路

例 2-2-7 图 2-2-4 中，电压 u_1、u_2 是输入量和输出量，求传递函数 $G(s)=U_2(s)/U_1(s)$。

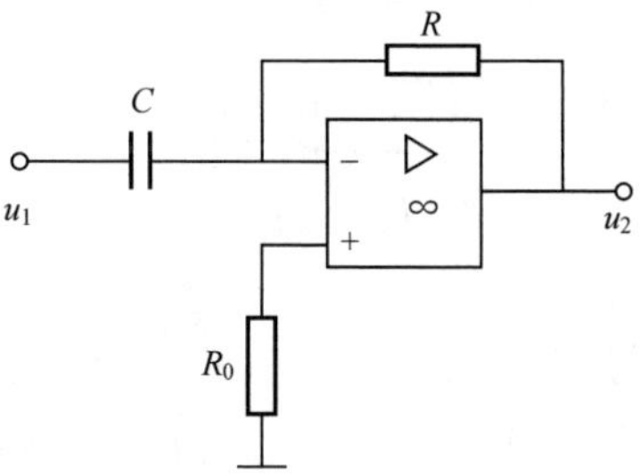

图 2-2-4 微分电路

解
$$G(s)=\frac{U_2(s)}{U_1(s)}=-\frac{R}{\dfrac{1}{Cs}}=-RCs$$

这个环节是由纯微分环节和放大环节组成，称为理想微分环节。

这个传递函数是在理想运算放大器及理想的电阻、电容基础上推导出来的，对于实际元件来说，它只是在一定的限制条件下才成立。

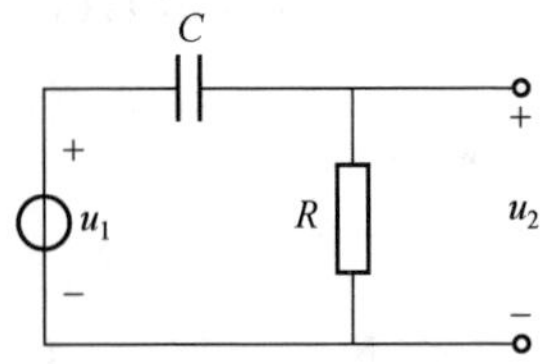

图 2-2-5　CR 电路

例 2-2-8　图 2-2-5 中，电压 u_1、u_2 是输入量和输出量，求传递函数 $G(s)=U_2(s)/U_1(s)$。

解

$$G(s)=\frac{U_2(s)}{U_1(s)}=\frac{R}{\frac{1}{Cs}+R}=\frac{RCs}{RCs+1}$$

这个环节包括一个放大环节、一个纯微分环节和一个惯性环节，被称为带有明显惯性的实际微分环节。

2.3 节

2.3　控制系统的框图和传递函数

控制系统的传递函数方框图又称为动态结构图，简称框图，它们是以图形表示的数学模型。框图能够非常清楚地表示出输入信号在系统各元件之间的传递过程，利用框图又可以方便地求出复杂系统的传递函数。框图是分析控制系统的一个简明而又有效的工具。本节介绍如何绘制系统框图以及如何利用框图求传递函数。

2.3.1　框图的概念和绘制

系统的框图包括函数方框、信号流线、相加点、分支点等图形符号。框图是传递函数的图解化，框图中各变量均以 s 为自变量。把一个环节的传递函数写在一个方框里面所组成的图形就叫函数方框。在方框的外面画上带箭头的线段表示这个环节的输入信号(箭头指向方框)和输出信号(箭头离开方框)。这些带箭头的线段称为信号流线。函数方框和它的信号流线就代表系统中的一个环节。如图 2-3-1(a)就表示一个惯性环节。输出信号等于方框中的传递函数乘以输入信号。如果 3 个变量 $U_1(s)$、$U_2(s)$ 及 $U_3(s)$ 之间的关系是 $U_1(s)-U_2(s)=U_3(s)$，在框图中就用符号⊗表示，如图 2-3-1(b)所示。符号⊗称为相加点或综合点，它表示求信号的代数和。箭头指向⊗的信号流线表示它的输入信号，箭头离开它的信号流线表示它的输出信号，⊗里面或附近的＋、－号表示信号之间的运算关系是相加还是相减。

如果把一个系统的各个环节全用函数方框表示，并且根据实际系统中各环节信号的相互关系，用信号流线和相加点把各个函数方框连接起来，这样形成的一个完整图形就是系统的动态结构框图。图 2-3-2 是一个负反馈系统的框图。图中 $R(s)$ 和 $C(s)$ 分别是整个系统的输入量和输出量。

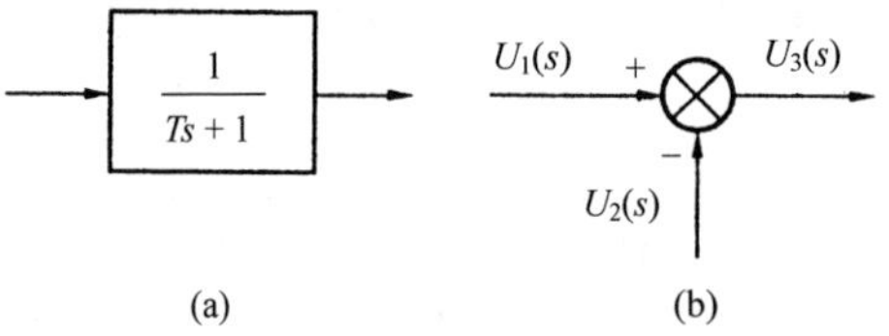

图 2-3-1　函数方框与相加点

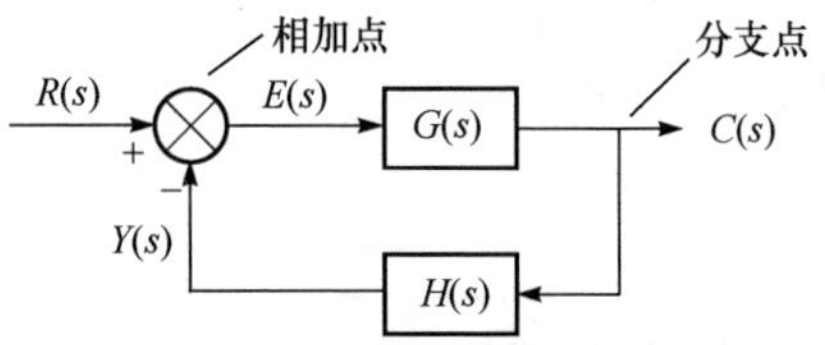

图 2-3-2　负反馈系统

在框图中，可以从一条信号流线上引出另一条或几条信号流线，而信号引出的位置称为分支点或引出点。需注意的是，无论从一条信号流线或一个分支点引出多少条信号流线，它们都代表一个信号，就等于原信号的大小。例如图 2-3-2 中，无论从分支点引出几条信号线，它们

都代表 $C(s)$。

绘制系统框图的根据就是系统各个环节的动态微分方程式(系统的动态微分方程组)及其拉氏变换式。

对于复杂系统,列写系统方程组时可按下述顺序整理方程组:

1) 从输出量开始写,以系统输出量作为第一个方程左边的量。

2) 每个方程左边只有一个量。从第二个方程开始,每个方程左边的量是前面方程右边的中间变量。

3) 列写方程时尽量用已出现过的中间变量。

4) 输入量至少要在一个方程的右边出现;除输入量外,在方程右边出现过的中间变量一定要在某个方程的左边出现。

一个系统可以具有不同的框图,但输出和输入信号的关系都是相同的。

例 2-3-1 在图 2-3-3(a)中,电压 $u_1(t)$、$u_2(t)$分别为输入量和输出量,绘制它的框图。

解 图 2-3-3(a)所对应的运算电路如图 2-3-3(b)所示。设中间变量 $I_1(s)$、$I_2(s)$和$U_3(s)$如图所示。从输出量 $U_2(s)$开始按上述步骤列写系统方程式:

$$U_2(s)=\frac{1}{C_2 s}I_2(s)$$

$$I_2(s)=\frac{1}{R_2}[U_3(s)-U_2(s)]$$

$$U_3(s)=\frac{1}{C_1 s}[I_1(s)-I_2(s)]$$

$$I_1(s)=\frac{1}{R_1}[U_1(s)-U_3(s)]$$

按着上述方程的顺序,从输出量开始绘制的系统框图,如图 2-3-3(c)所示。

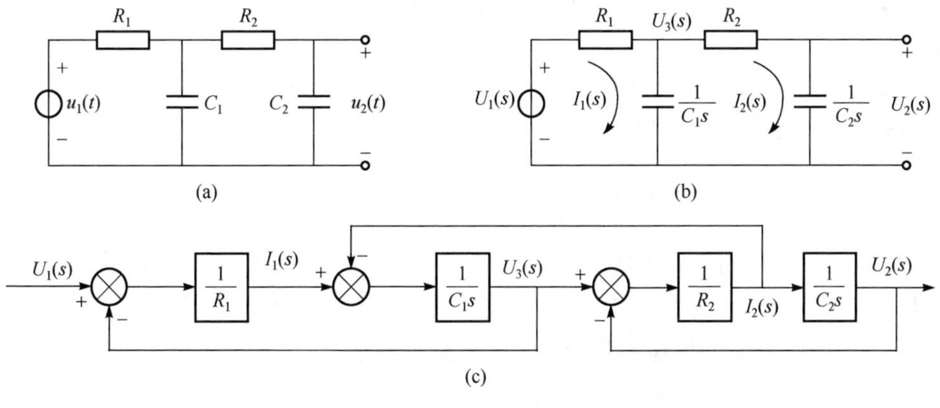

图 2-3-3 RC 滤波电路框图

2.3.2 框图的变换规则

利用框图分析和设计系统时,常常要对框图的结构进行适当的改动。用框图求系统的传递函数时,总是要对框图进行简化。这些统称为框图的变换或运算。对框图进行变换所要遵循的基本原则是等效原则，即对框图的任一部分进行变换时，变换前后该部分的输入量、输出量及其相互之间的数学关系应保持不变。

下面根据等效原则推导几条框图变换规则。

1. 串联环节的简化

如果几个函数方框首尾相连，前一个方框的输出是后一个方框的输入，称这种结构为串联环节。图 2-3-4(a)是 3 个环节串联的结构。

根据框图可知

$$X_1(s)=G_1(s)X_0(s)$$
$$X_2(s)=G_2(s)X_1(s)$$
$$X_3(s)=G_3(s)X_2(s)$$

消去 $X_1(s)$和 $X_2(s)$后得

$$X_3(s)=G_3(s)G_2(s)G_1(s)X_0(s)$$

所以，3 个环节串联后的等效传递函数为

$$G(s)=\frac{X_3(s)}{X_0(s)}=G_1(s)G_2(s)G_3(s) \tag{2-3-1}$$

因此，3 个环节串联的等效传递函数是它们各自传递函数的乘积。根据式(2-3-1)就可画出串联环节简化后的框图，如图 2-3-4(b)所示，原来的 3 个环节简化成一个环节。

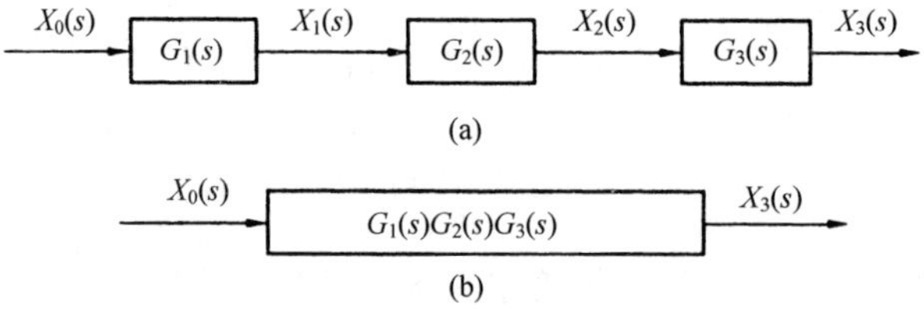

图 2-3-4　3 个环节串联

显然，上述结论可以推广到任意 n 个环节的串联。如图 2-3-5 所示，n 个环节串联的等效传递函数等于 n 个传递函数相乘

$$G(s)=\frac{X_n(s)}{X_0(s)}=G_1(s)G_2(s)\cdots G_n(s) \tag{2-3-2}$$

一个环节的输出接到下一个环节的输入端后，如果本身的传递函数不变，称环节间无负载效应，否则称环节间有负载效应。在框图中，总是认为无负载效应。若实际环节间存在负载效应，则式(2-3-2)中各环节的传递函数指的是带载后的传递函数。

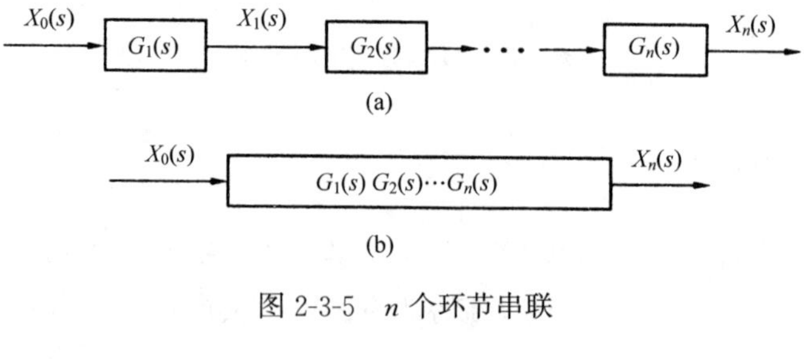

图 2-3-5　n 个环节串联

2. 并联环节的简化

两个或多个环节具有同一个输入信号，而以各自环节输出信号的代数和作为总的输出信号，这种结构称为并联。图 2-3-6(a)表示三个环节并联的结构，根据框图可知

$$
\begin{aligned}
X_4(s) &= X_1(s) - X_2(s) + X_3(s) \\
&= G_1(s)X_0(s) - G_2(s)X_0(s) + G_3(s)X_0(s) \\
&= [G_1(s) - G_2(s) + G_3(s)]X_0(s)
\end{aligned}
$$

所以整个结构的等效传递函数为

$$
G(s) = \frac{X_4(s)}{X_0(s)} = G_1(s) - G_2(s) + G_3(s) \tag{2-3-3}
$$

根据式(2-3-3)可画出 3 个环节并联的结构的简化框图，如图 2-3-6(b)所示，原来的 3 个函数方框和一个相加点简化成了一个函数方框。

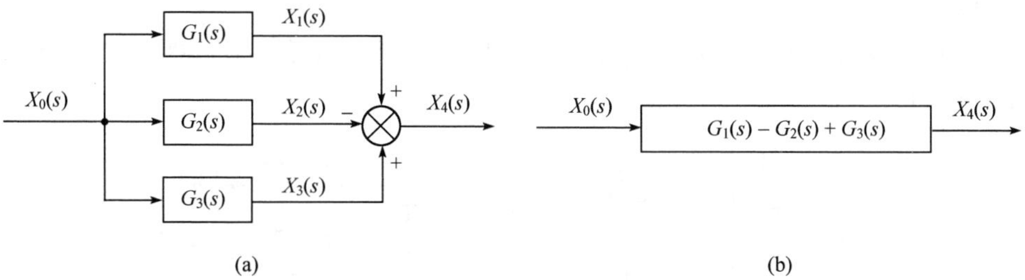

图 2-3-6　3 个环节并联

上述结论可推广到任意 n 个环节并联的结构，所以 n 个环节并联，其总的等效传递函数是各环节传递函数的代数和。

3. 反馈回路的简化

图 2-3-7(a)所示结构表示一个基本反馈回路。图中 $R(s)$和 $C(s)$分别为该环节的输入信号和输出信号，$Y(s)$称为反馈信号，$E(s)$称为偏差信号。A 端称为输入端，D 端称为输出端。由偏差信号 $E(s)$至输出信号 $C(s)$，这条通路的传递函数 $G(s)$称为前向通路传递函数。由输出信号 $C(s)$至反馈信号 $Y(s)$，这条通路的传递函数 $H(s)$称为反馈通路传递函数。一般输入信号 $R(s)$在相加点前取“＋”号。此时，若反馈信号 $Y(s)$在相加点前取“＋”，称为正反馈；取“－”，称为负反馈。负反馈是自动控制系统中常碰到的基本结构形式。

由图 2-3-7(a)可知

$$
\begin{aligned}
C(s) &= G(s)E(s) = G(s)[R(s) \mp Y(s)] \\
&= G(s)[R(s) \mp H(s)C(s)] \\
&= G(s)R(s) \mp G(s)H(s)C(s)
\end{aligned}
$$

于是可得反馈回路的等效传递函数为

$$
\Phi(s) = \frac{C(s)}{R(s)} = \frac{G(s)}{1 \pm G(s)H(s)} \tag{2-3-4}
$$

上式分母中的“＋”号适用于负反馈系统，“－”号适用于正反馈系统。上式是最常用的公式，根据这个公式可绘出反馈回路简化后的框图，如图 2-3-7(b)所示。

在反馈环节中，称 $\Phi(s)=C(s)/R(s)$为闭环传递函数，称前向通路与反馈通路传递函数

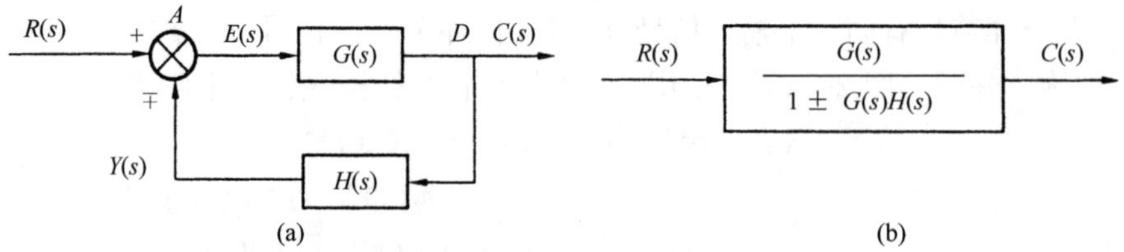

图 2-3-7 基本反馈回路的简化

之积 $G(s)H(s)$ 为该环节的开环传递函数，它等于把反馈通路在输入端的相加点之前断开后，所形成的开环结构的传递函数。

4. 相加点和分支点的移动

在框图的变换中，常常需要改变相加点和分支点的位置。

(1) 相加点前移

将一个相加点从一个函数方框的输出端移到输入端称为前移。图 2-3-8(a)为变换前的框图，图 2-3-8(b)为相加点前移后的框图。

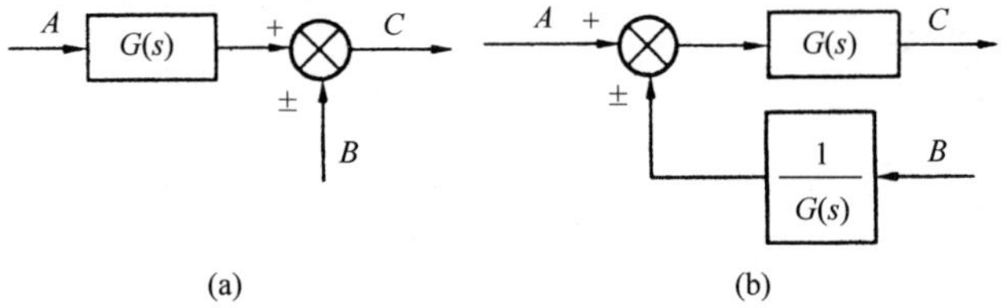

图 2-3-8 相加点前移

由图 2-3-8(a)可知

$$C=AG\pm B=G\left(A\pm\frac{1}{G}B\right)$$

所以，图 2-3-8(b)中在 B 信号和相加点之前应加一个传递函数 $1/G(s)$。

(2) 相加点之间的移动

图 2-3-9(a)中有两个相加点，希望把这两个相加点先后的位置交换一下。由该图和加法交换律知

$$D=A\pm B\pm C=A\pm C\pm B$$

于是由图(a)可得到图(b)。可见，两个相邻的相加点之间可以相互交换位置而不改变该结构输入和输出信号间的关系。这个结论对于相邻的多个相加点也是适用的。

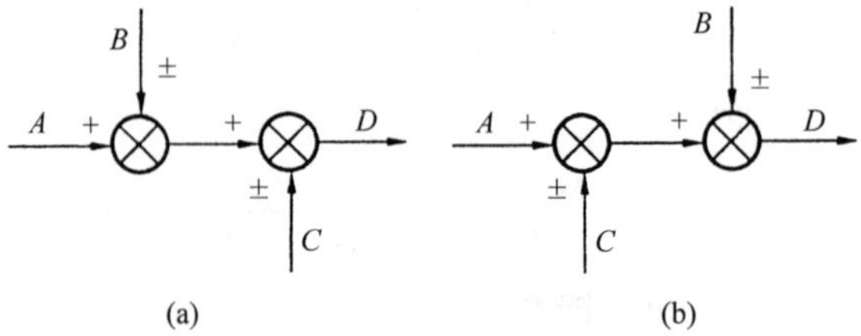

图 2-3-9 相加点之间的移动

(3) 分支点后移

将分支点由函数方框的输入端移到输出端，称为分支点后移。图 2-3-10(a)表示变换前的结构，图 2-3-10(b)表示分支点后移之后的结构。因为

$$A = AG(s)\frac{1}{G(s)}$$

所以分支点后移时，应在被移动的通路上串入 $1/G(s)$的函数方框，如图 2-3-10(b)所示。从另一个角度分析，设被移动的通路上应串入 $G_1(s)$，则由图(b)知 $G_1(s) = A/(AG(s)) = 1/G(s)$。

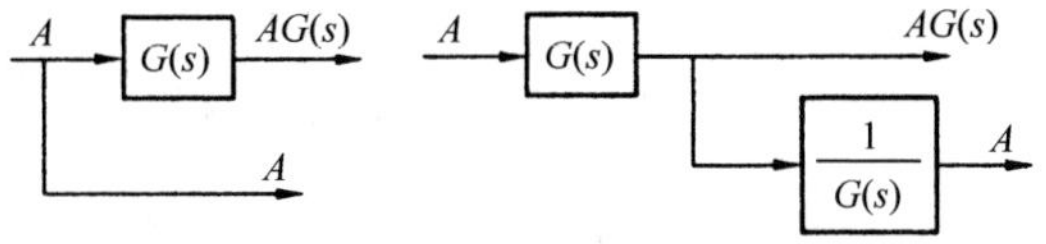

(a) (b)

图 2-3-10 分支点后移

(4) 相邻分支点之间的移动

从一条信号流线上无论分出多少条信号线，它们都是代表同一个信号。所以在一条信号流线上的各分支点之间可以随意改变位置，不必作任何其他改动，如图 2-3-11(a)、(b)所示。

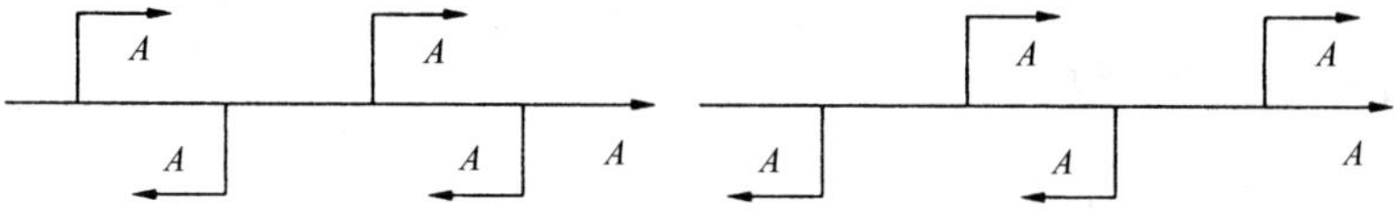

(a) (b)

图 2-3-11 相邻分支点的移动

框图变换时经常碰到的变换规则如表 2-3-1 所示。

表 2-3-1 框图变换规则

变换		原框图	等效框图
1	分支点前移	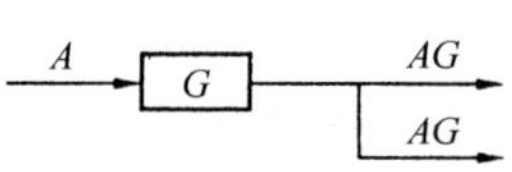	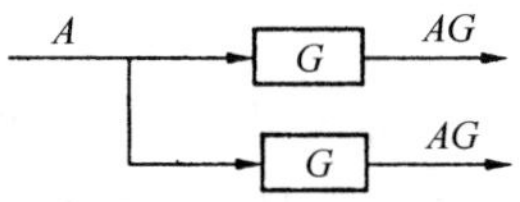
2	分支点后移	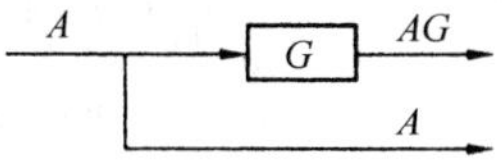	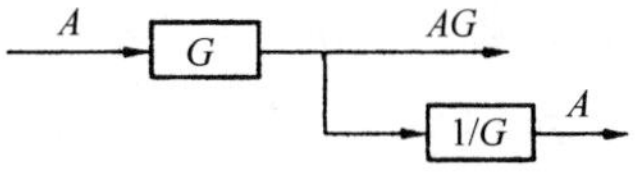
3	相加点前移	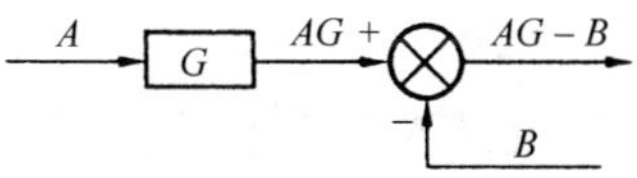	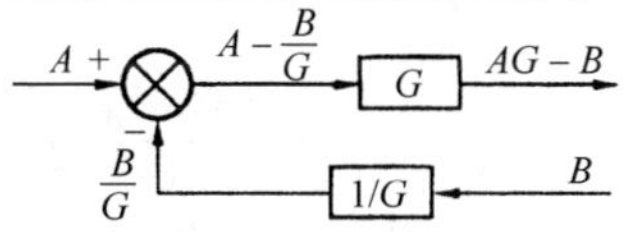
4	相加点后移	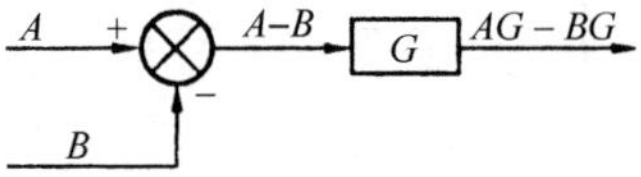	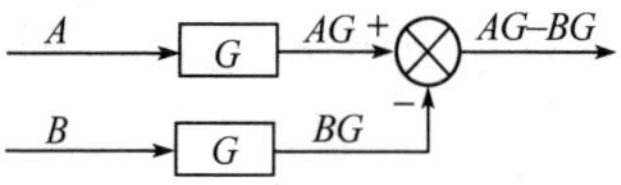

续表

变换		原框图	等效框图
5	变单位反馈	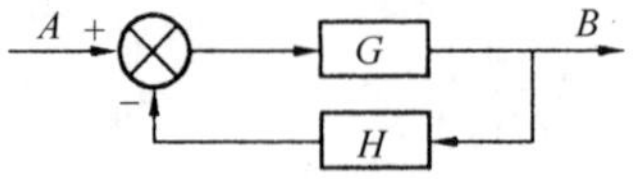	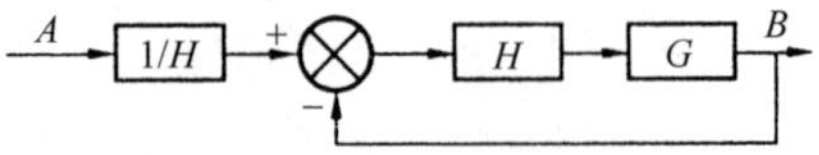
6	相加点变位	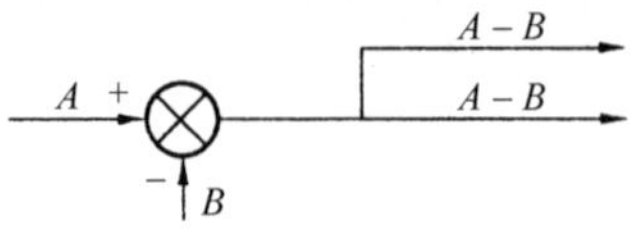	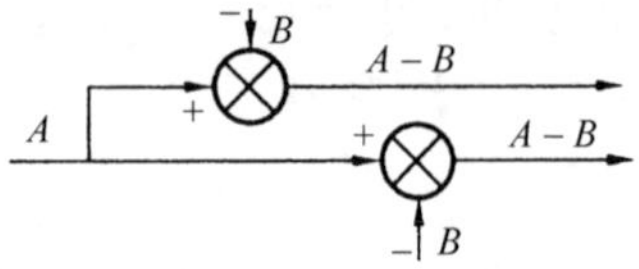
		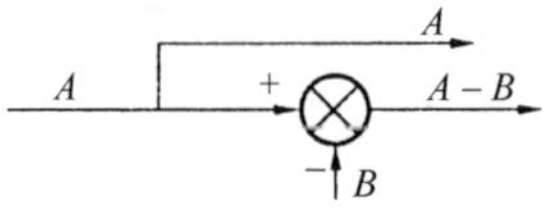	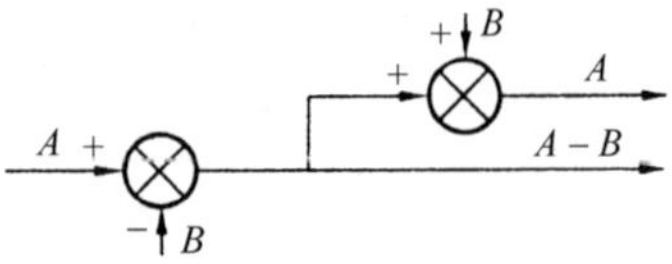
		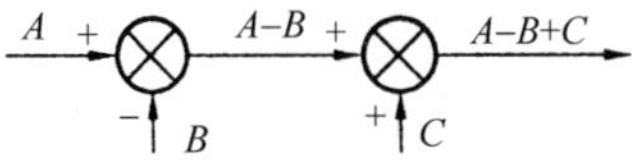	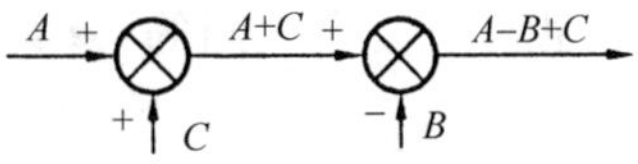

2.3.3 闭环系统的传递函数

自动控制系统在实际工作中会受到两类信号的作用。一类是有用信号，包括参考输入、控制输入、指令输入及给定值；另一类就是扰动信号。参考输入通常是加在系统的输入端。而扰动信号一般是作用在控制对象上，也可能出现在其他元部件中，甚至夹杂在指令信号之中。

图 2-3-12 就是模拟这种实际情况的典型控制系统框图。图中 $R(s)$ 为参考输入信号。$F(s)$ 为扰动输入信号。$Y(s)$ 为反馈信号，$E(s)$ 为偏差信号。这个系统的前向通路中包含两个函数方框和一个相加点，前向通路的传递函数 $G(s)$ 为

$$G(s)=G_1(s)G_2(s) \tag{2-3-5}$$

基于后面章节的需要，下面介绍几个系统传递函数的概念。

(1) 系统的开环传递函数

在反馈控制系统中，定义前向通路的传递函数与反馈通路的传递函数之积为开环传递函数。图 2-3-12 所示系统的开环传递函数等于 $G_1(s)G_2(s)H(s)$，即 $G(s)H(s)$。显然，在框图

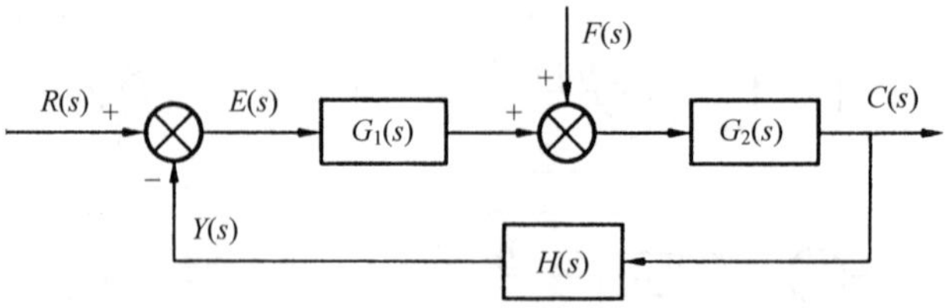

图 2-3-12 典型系统框图

中，将反馈信号 $Y(s)$ 在相加点前断开后，反馈信号与偏差信号之比 $\frac{Y(s)}{E(s)}$ 就是该系统的开环传递函数。

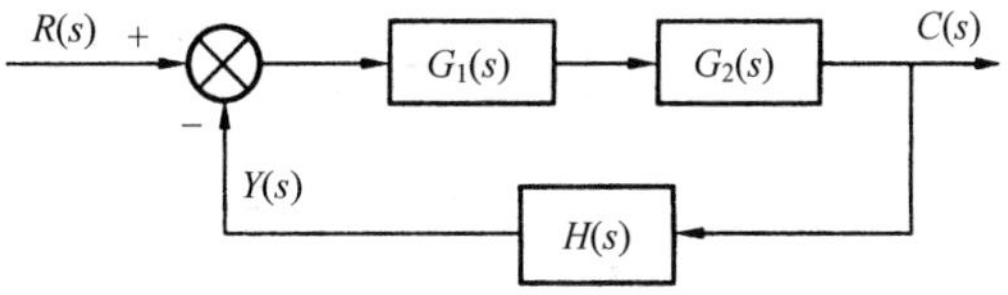

图 2-3-13　$F(s)$ 为零时的框图

(2) 输出对于参考输入的闭环传递函数

令 $F(s)=0$，称 $\Phi(s)=C(s)/R(s)$ 为输出对于参考输入的闭环传递函数。这时图 2-3-12 可变成图 2-3-13。于是有

$$\Phi(s)=\frac{C(s)}{R(s)}=\frac{G_1(s)G_2(s)}{1+G_1(s)G_2(s)H(s)}=\frac{G(s)}{1+G(s)H(s)} \tag{2-3-6}$$

$$C(s)=\Phi(s)R(s)=\frac{G_1(s)G_2(s)}{1+G_1(s)G_2(s)H(s)}R(s)=\frac{G(s)}{1+G(s)H(s)}R(s) \tag{2-3-7}$$

当 $H(s)=1$ 时，称为单位反馈，这时有

$$\Phi(s)=\frac{G_1(s)G_2(s)}{1+G_1(s)G_2(s)}=\frac{G(s)}{1+G(s)} \tag{2-3-8}$$

(3) 输出对于扰动输入的闭环传递函数

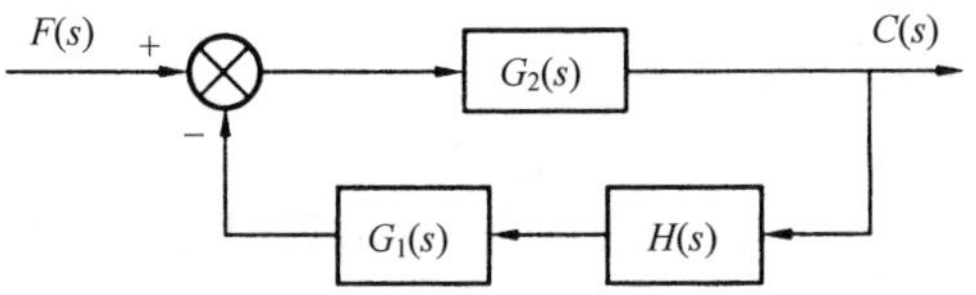

图 2-3-14　$R(s)$ 为零时的框图

为了解扰动对系统的影响，需要求出输出信号 $C(s)$ 与扰动信号 $F(s)$ 之间的关系。令 $R(s)=0$，称 $\Phi_F(s)=C(s)/F(s)$ 为输出对扰动输入的闭环传递函数。这时是把扰动输入信号 $F(s)$ 看成输入信号，由于 $R(s)=0$，故图 2-3-12 可变成图 2-3-14。因此有

$$\Phi_F(s)=\frac{C(s)}{F(s)}=\frac{G_2(s)}{1+G_1(s)G_2(s)H(s)}=\frac{G_2(s)}{1+G(s)H(s)} \tag{2-3-9}$$

$$C(s)=\Phi_F(s)F(s)=\frac{G_2(s)}{1+G_1(s)G_2(s)H(s)}F(s)=\frac{G_2(s)}{1+G(s)H(s)}F(s) \tag{2-3-10}$$

(4) 系统的总输出

根据线性系统的叠加原理，当 $R(s)\neq0$、$F(s)\neq0$ 时，系统输出 $C(s)$ 应等于它们各自单独作用时输出之和。故有

$$\begin{aligned}C(s)&=\Phi(s)R(s)+\Phi_F(s)F(s)\\&=\frac{G_1(s)G_2(s)}{1+G_1(s)G_2(s)H(s)}R(s)+\frac{G_2(s)}{1+G_1(s)G_2(s)H(s)}F(s)\end{aligned} \tag{2-3-11}$$

(5) 偏差信号对于参考输入的闭环传递函数

偏差信号 $E(s)$ 的大小反映误差的大小，所以有必要了解偏差信号与参考输入和扰动信号的关系。令 $F(s)=0$，则称 $\Phi_E(s)=E(s)/R(s)$ 为偏差信号对于参考输入的闭环传递函数。这时，图 2-3-12 可变换成图 2-3-15，$R(s)$ 是输入量，$E(s)$ 是输出量，前向通路传递函数是 1。

$$\Phi_E(s)=\frac{E(s)}{R(s)}=\frac{1}{1+G_1(s)G_2(s)H(s)}=\frac{1}{1+G(s)H(s)} \tag{2-3-12}$$

(6) 偏差信号对于扰动输入的闭环传递函数

令 $R(s)=0$，称 $\Phi_{EF}(s)=E(s)/F(s)$ 为偏差信号对于扰动输入的闭环传递函数。这时

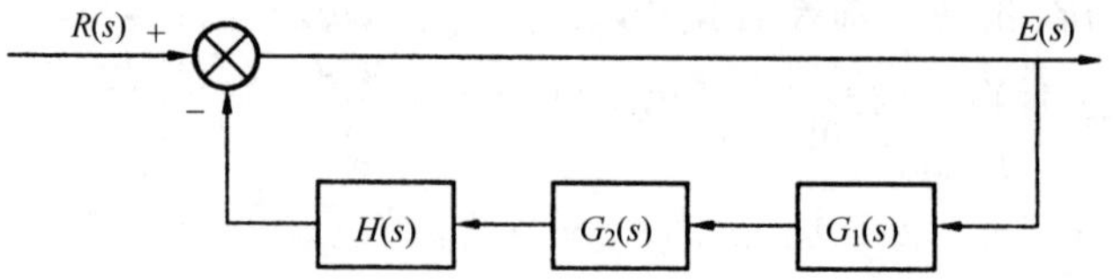

图 2-3-15　$E(s)$与$R(s)$的框图

图 2-3-12 可以变换成图 2-3-16，$E(s)$为输出，$F(s)$为输入。

$$\Phi_{EF}(s)=\frac{E(s)}{F(s)}=\frac{-G_2(s)H(s)}{1+G_1(s)G_2(s)H(s)}=\frac{-G_2(s)H(s)}{1+G(s)H(s)} \tag{2-3-13}$$

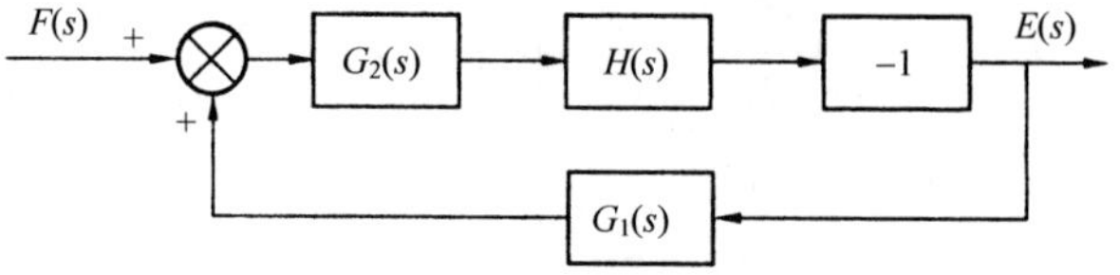

图 2-3-16　$E(s)$与$F(s)$的框图

(7) 系统的总偏差

根据叠加原理，当$R(s)\neq 0$，$F(s)\neq 0$时，系统的总偏差为

$$E(s)=\Phi_E(s)R(s)+\Phi_{EF}(s)F(s) \tag{2-3-14}$$

比较上面的几个闭环传递函数$\Phi(s)$、$\Phi_F(s)$、$\Phi_E(s)$、$\Phi_{EF}(s)$，可以看出它们的分母是相同的，都是$1+G_1(s)G_2(s)H(s)=1+G(s)H(s)$，这是闭环传递函数的普遍规律。

2.3.4　框图的化简

任何复杂的框图都可以看成是由串联、并联和反馈三种基本结构交织组成的。化简框图时，首先将框图中显而易见的串联、并联环节和基本反馈回路(参见图 2-3-7(a))用一个等效的函数方框代替，简称串联简化、并联简化和反馈简化，然后再将框图逐步变换成串联、并联环节和基本反馈回路，再逐步用等效环节代替。

如果一个反馈回路内部存在分支点(它向回路外引出信号流线)，或存在一个相加点(它的输入信号来自回路之外)，就称这个回路与其他回路有交叉连接，这种结构又称交叉结构。化简框图的关键就是解除交叉结构，形成无交叉的多回路结构。解除交叉连接的办法就是移动分支点或相加点。

例 2-3-2　简化图 2-3-17(a)所示的多回路系统，求闭环传递函数$C(s)/R(s)$及$E(s)/R(s)$。

解　该框图有 3 个反馈回路，由$H_1(s)$组成的回路称为主回路，另 2 个回路是副回路。由于存在着由分支点和相加点形成的交叉点A和B，首先要解除交叉。可以将分支点A后移到$G_4(s)$的输出端，或将相加点B前移到$G_2(s)$的输入端后再交换相邻相加点的位置，或同时移动A、B。这里采用将A点后移的方法将图 2-3-17(a)化为图 2-3-17(b)。化简G_3、G_4、H_3副回路后得到图 2-3-17(c)。对于图 2-3-17(c)中的副回路再进行串联和反馈简化得到图 2-3-17(d)。由该图可求得

$$\frac{C(s)}{R(s)}=\frac{\dfrac{G_1G_2G_3G_4}{1+G_2G_3H_2+G_3G_4H_3}}{1+\dfrac{G_1G_2G_3G_4H_1}{1+G_2G_3H_2+G_3G_4H_3}}$$

$$=\frac{G_1G_2G_3G_4}{1+G_2G_3H_2+G_3G_4H_3+G_1G_2G_3G_4H_1} \tag{2-3-15}$$

$$\frac{E(s)}{R(s)}=\frac{1}{1+\dfrac{G_1G_2G_3G_4H_1}{1+G_2G_3H_2+G_3G_4H_3}}$$

$$=\frac{1+G_2G_3H_2+G_3G_4H_3}{1+G_2G_3H_2+G_3G_4H_3+G_1G_2G_3G_4H_1} \tag{2-3-16}$$

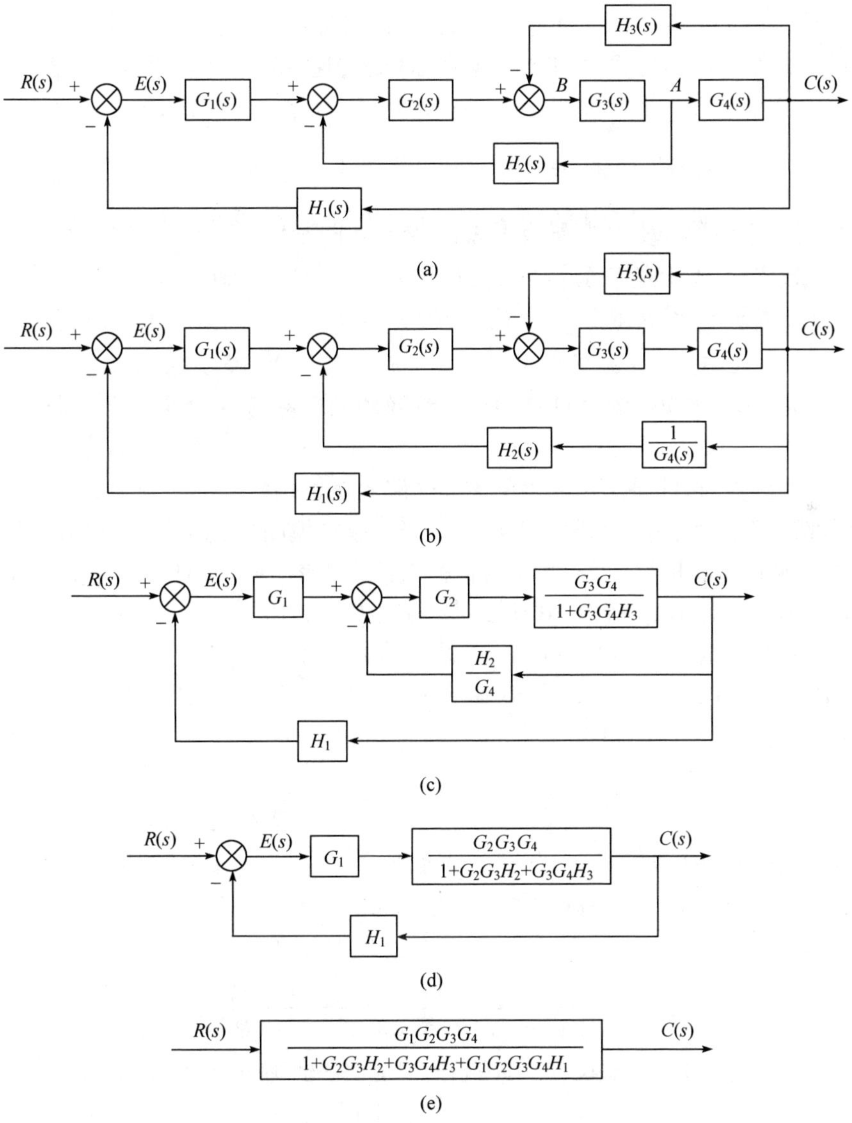

图 2-3-17　多回路框图的化简

由式(2-3-15)可得到图 2-3-1 7(e)。利用式(2-3-15)和图 2-3-17(d)也可求 $E(s)/R(s)$。由图知

$$\frac{E(s)}{R(s)}=\frac{R(s)-H_1(s)C(s)}{R(s)}=1-H_1(s)\frac{C(s)}{R(s)}$$

将式(2-3-15)代入上式就可以求出 $E(s)/R(s)$,结果与式(2-3-16)相同。

2.3.5节

2.3.5 梅森增益公式

如果已知系统的框图,应用下面的梅森(Mason)增益公式不进行任何结构变换就可以直接写出系统的传递函数。

梅森增益公式的一般形式为

$$\Phi(s)=\frac{\sum_{k=1}^{n}P_k\Delta_k}{\Delta} \tag{2-3-17}$$

式中,$\Phi(s)$就是系统的输出信号和输入信号之间的传递函数,Δ 称为特征式,且

$$\Delta=1-\sum L_i+\sum L_iL_j-\sum L_iL_jL_k+\cdots \tag{2-3-18}$$

式中,$\sum L_i$—— 所有各回路的"回路传递函数"之和;

$\sum L_iL_j$—— 两两互不接触的回路,其"回路传递函数"乘积之和;

$\sum L_iL_jL_k$—— 所有的三个互不接触的回路,其"回路传递函数"乘积之和;

n——系统前向通路个数;

P_k——从输入端到输出端的第 k 条前向通路上各传递函数之积;

Δ_k——在 Δ 中,将与第 k 条前向通路"相接触"的回路所在项除去后所余下的部分,称余因子式。

"回路传递函数"指的是反馈回路的前向通路和反馈通路的传递函数的乘积,并且包括相加点前的代表反馈极性的正、负号。"相接触"指的是在框图上具有共同的重合部分,包括共同的函数方框,或共同的相加点,或共同的信号流线。框图中的任何一个变量均可作为输出信号,但输入信号必须是不受框图中其他变量影响的量。

例 2-3-3 对于图 2-3-3(c)的框图,求 $\Phi(s)=U_2(s)/U_1(s)$及 $\Phi_E(s)=E(s)/U_1(s)$。其中 $E(s)=U_1(s)-U_3(s)$。

解 该图有 3 个反馈回路

$$\sum_{i=1}^{3}L_i=L_1+L_2+L_3=-\frac{1}{R_1C_1s}-\frac{1}{R_2C_1s}-\frac{1}{R_2C_2s}$$

回路 1 和回路 3 不接触,所以

$$\sum L_iL_j=L_1L_3=\frac{1}{R_1R_2C_1C_2s^2}$$

$$\Delta=1+\frac{1}{R_1C_1s}+\frac{1}{R_2C_1s}+\frac{1}{R_2C_2s}+\frac{1}{R_1R_2C_1C_2s^2} \tag{2-3-19}$$

以 $U_2(s)$ 作为输出信号时,该系统只有一条前向通路。且有

$$P_1=\frac{1}{R_1R_2C_1C_2s^2}$$

这条前向通路与各回路都有接触，所以

$$\Delta_1 = 1$$

故

$$\Phi(s) = \frac{U_2(s)}{U_1(s)} = \frac{\dfrac{1}{R_1R_2C_1C_2s^2}}{1+\dfrac{1}{R_1C_1s}+\dfrac{1}{R_2C_1s}+\dfrac{1}{R_2C_2s}+\dfrac{1}{R_1R_2C_1C_2s^2}}$$

$$= \frac{1}{R_1R_2C_1C_2s^2+(R_1C_1+R_1C_2+R_2C_2)s+1} \tag{2-3-20}$$

以 $E(s)$ 为输出时，该系统也是只有一条前向通路，且

$$P_1 = 1$$

这条前向通路与回路 1 相接触，故

$$\Delta_1 = 1+\frac{1}{R_2C_1s}+\frac{1}{R_2C_2s}$$

故

$$\Phi_E(s) = \frac{E(s)}{U_1(s)} = \frac{1+\dfrac{1}{R_2C_1s}+\dfrac{1}{R_2C_2s}}{1+\dfrac{1}{R_1C_1s}+\dfrac{1}{R_2C_1s}+\dfrac{1}{R_2C_2s}+\dfrac{1}{R_1R_2C_1C_2s^2}}$$

$$= \frac{R_1R_2C_1C_2s^2+(R_1C_1+R_1C_2)s}{R_1R_2C_1C_2s^2+(R_1C_1+R_1C_2+R_2C_2)s+1} \tag{2-3-21}$$

2.3.6 机电装置的传递函数

下面以直流电动机及其调速系统为例，说明如何求较复杂的实际装置和系统的传递函数。

1. 直流电动机的传递函数

直流电动机是一个典型的机电装置，其结构包括定子和转子。定子上有磁极，用电流产生磁场的电机称为电磁式，用永磁体产生磁场的称为永磁式。转子是电机中转动的部分，包括电枢铁心和电枢绕组。换向器和电刷也是直流电动机的关键部件，它们把外电源的直流电变为绕组内的交流电，使每个磁极下电枢导体的电流方向保持不变，从而产生恒定方向的电磁转矩。图 2-3-18 表示直流电动机的图形符号。

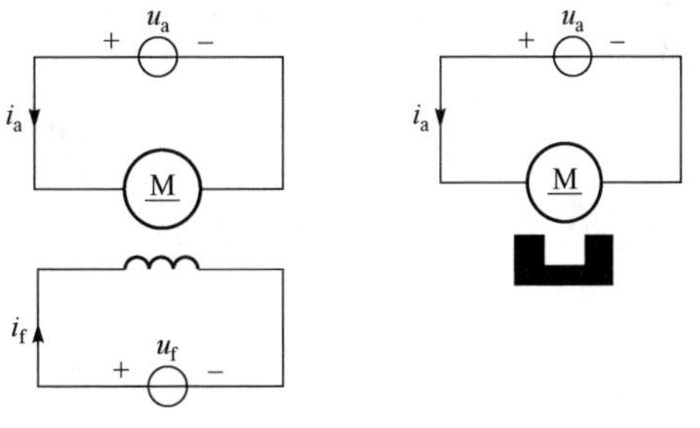

(a) 电磁式直流电动机　　(b) 永磁式直流电动机

图 2-3-18　直流电动机的图形符号

根据电磁力定律，直流电动机电枢通电后，电枢导线在磁场中要受到电磁力的作用，从而在转子上产生电磁力矩 T_{em}：

$$T_{em} = K_t i_a \tag{2-3-22}$$

式中，i_a 为电枢电流；K_t 为电机参数，称为转矩灵敏度或转矩系数。

当电机转动时，电枢导线切割磁力线。根据电磁感应定律，电枢绕组中产生感应电势 E_a（在电动机中称为反电势）

$$E_a = K_e\omega \tag{2-3-23}$$

式中，K_e 为电机参数，称为反电势系数；ω 为电机转速。可以证明，在国际单位制中，有

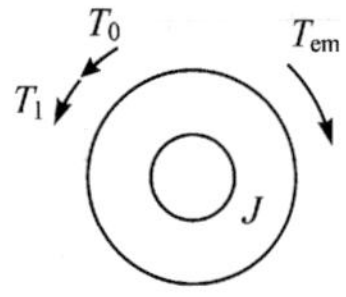

图 2-3-19　直流电动机的转矩

$$K_e = K_t \tag{2-3-24}$$

电机转子上受到的转矩如图 2-3-19 所示。图中 T_0 是电机本身的阻转矩，包括由摩擦力、电枢铁心中的涡流、磁滞损耗等引起的阻转矩，T_1 为负载阻转矩。设电机轴上总的转动惯量为 J。根据转动定律有

$$T_{em} = T_0 + T_1 + J\frac{d\omega}{dt} \tag{2-3-25}$$

在电路计算中，直流电机的电枢用电枢电感 L_a、电阻 R_a 和感应电势 E_a 表示，见图 2-3-20。图中 u_a 为外加的电枢电压。根据基尔霍夫电压定律有

$$u_a = L_a\frac{di_a}{dt} + R_a i_a + E_a \tag{2-3-26}$$

对式(2-3-22)、式(2-3-23)、式(2-3-25)、式(2-3-26)取拉氏变换并经适当整理后得

$$\Omega(s) = \frac{1}{Js}[T_{em}(s) - T_c(s)] \tag{2-3-27}$$

$$T_{em}(s) = K_t I_a(s) \tag{2-3-28}$$

$$I_a(s) = \frac{U_a(s) - E_a(s)}{L_a s + R_a} \tag{2-3-29}$$

$$E_a(s) = K_e \Omega(s) \tag{2-3-30}$$

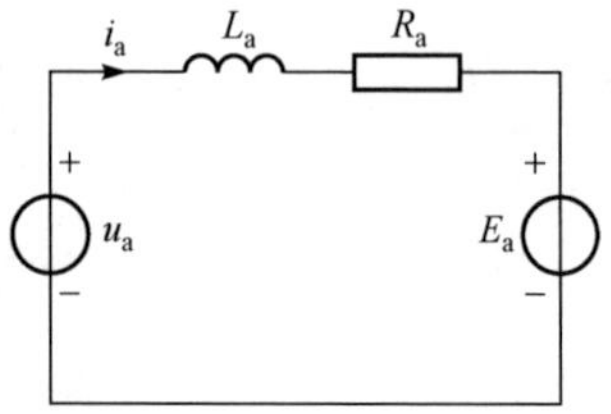

图 2-3-20　电枢等效电路

式中，$T_c = T_0 + T_1$ 称为总阻转矩，又称干扰力矩。

由式(2-3-27)～式(2-3-30)可绘出直流电动机的动态框图，如图 2-3-21 所示。

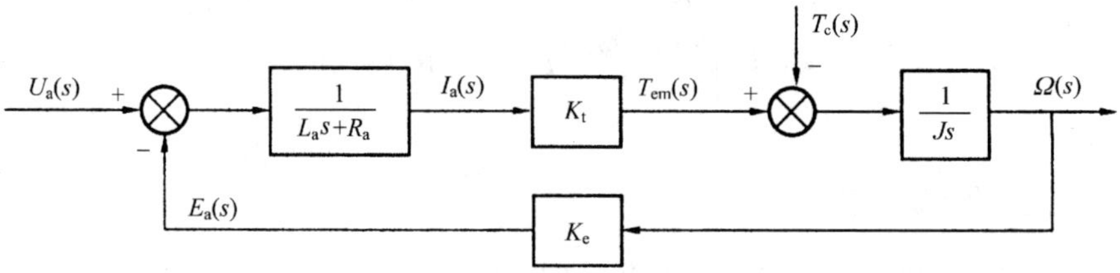

图 2-3-21　直流电动机的动态框图

令 $T_c(s)=0$，则由图 2-3-21 可求出直流电动机的传递函数为

$$\frac{\Omega(s)}{U_a(s)} = \frac{\frac{1}{K_e}}{\tau_m \tau_e s^2 + \tau_m s + 1} \tag{2-3-31}$$

一般情况下有 $\tau_m > 10\tau_e$，此时上式可写成

$$\frac{\Omega(s)}{U_a(s)} = \frac{\frac{1}{K_e}}{(\tau_m s + 1)(\tau_e s + 1)} \tag{2-3-32}$$

当 τ_e 很小，$1/\tau_e$ 远远超过了控制系统的通频带(截止频率或幅值穿越频率，参见第五章)时，直流电动机的传递函数可简化为

$$\frac{\Omega(s)}{U_a(s)} = \frac{\frac{1}{K_e}}{\tau_m s + 1} \tag{2-3-33}$$

一般以式(2-3-33)作为直流电动机的传递函数。上述各式中，τ_m 是电动机的机电时间常数，τ_e 是电动机的电磁时间常数，且有

$$\tau_m = \frac{R_a J}{K_e K_t} \tag{2-3-34}$$

$$\tau_e=\frac{L_a}{R_a} \tag{2-3-35}$$

若以电机轴的转角 $\Theta(s)$ 为输出量，由于 $\omega=\mathrm{d}\theta/\mathrm{d}t$，$\Omega(s)=s\Theta(s)$，由式(2-3-33)可得直流电动机的传递函数为

$$\frac{\Theta(s)}{U_a(s)}=\frac{K}{s(\tau_m s+1)} \tag{2-3-36}$$

式中，$K=1/K_e$。

2. 直流电动机转速控制系统的传递函数

图 2-3-22(a)为直流电动机转速控制系统示意图。图中 u_r 为参考输入电压，M 为直流电动机，TG 为测速发电机，"—"表示直流，u_a 为电动机电枢电压，ω 为角速度。电压放大器的放大倍数是 K_1，代表前置放大器和功率放大器。u_T 为测速机输出电压，K_2 为测速机的输出斜率，即 $u_T=K_2\omega$。下面以 u_r 为输入量，ω 为输出量，绘制系统的动态框图，并求传递函数。

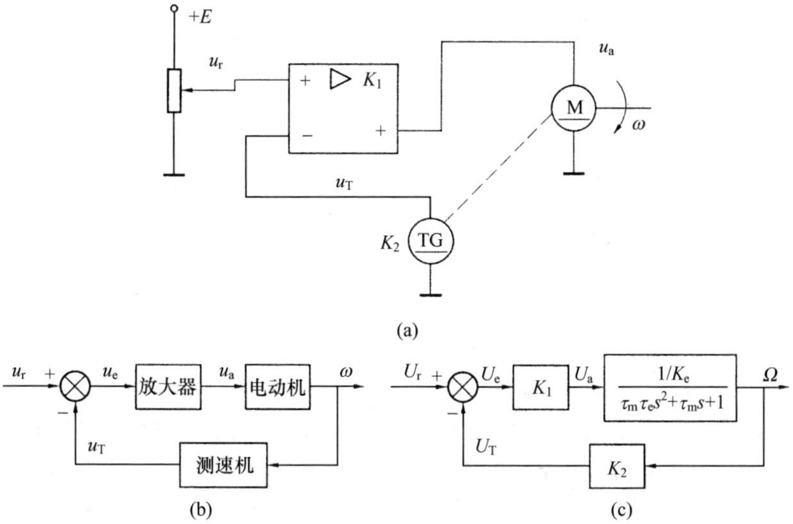

图 2-3-22 转速控制系统

首先，根据图 2-3-22(a)绘出系统的元件框图，如图 2-3-22(b)所示。根据式(2-3-31)，直流电动机的传递函数为

$$\frac{\Omega(s)}{U_a(s)}=\frac{\dfrac{1}{K_e}}{\tau_m\tau_e s^2+\tau_m s+1}$$

式中，τ_m 是电机的机电时间常数，τ_e 是电磁时间常数，K_e 是反电势系数。对于放大器，有

$$U_a=K_1 U_e$$

其中

$$U_e=U_r-U_T$$

对于测速机，有

$$U_T=K_2\Omega$$

由以上 4 个式子可绘出动态框图，如图 2-3-22(c)所示。由该图求得系统的传递函数为

$$\frac{\Omega(s)}{U_r(s)}=\frac{\dfrac{K_1}{K_e}}{\tau_m\tau_e s^2+\tau_m s+\dfrac{K_1K_2}{K_e}+1}$$

2.4 非线性方程的线性化

严格地说,实际元件的输入量和输出量之间都存在不同程度的非线性,因此,它们的动态方程应是非线性微分方程。对于高阶非线性微分方程,在数学上不能求得一般形式的解。因而对非线性元件和系统的研究在理论上很困难。控制工作者采取的一个常用办法,就是在可能的条件下,把非线性方程用近似的线性方程代替,这就是非线性方程的线性化。线性化的关键是将其中的非线性函数线性化。

非线性方程线性化最常用的方法就是小偏差线性化,它主要是利用数学分析中的泰勒级数。如果函数 y 是自变量 x 的非线性函数 $y=f(x)$,只要变量在预期工作点(x_0,y_0)的邻域内有导数(或偏导数)存在,并且变量的工作点与预期工作点偏差不大,就可以将此非线性函数线性化。方法是,首先在预期工作点邻域将非线性函数 $y=f(x)$展开成以偏差量 $\Delta x=x-x_0$ 表示的泰勒级数,然后略去高于 1 次偏差量 Δx 的各项,就获得了以自变量的偏差量 Δx 为自变量的线性方程。上述线性化过程可表示如下:

$$y=f(x)=f(x_0+\Delta x)=f(x_0)+\left.\frac{\mathrm{d}f}{\mathrm{d}x}\right|_{x_0}\Delta x+\frac{1}{2!}\left.\frac{\mathrm{d}^2 f}{\mathrm{d}x^2}\right|_{x_0}(\Delta x)^2+\cdots \tag{2-4-1}$$

略去$(\Delta x)^2$ 及更高次幂的各项,得

$$y=f(x)=f(x_0)+\left.\frac{\mathrm{d}f}{\mathrm{d}x}\right|_{x_0}\Delta x=y_0+\left.\frac{\mathrm{d}f}{\mathrm{d}x}\right|_{x_0}\Delta x \tag{2-4-2}$$

即

$$y=f(x)=f(x_0)-\left.\frac{\mathrm{d}f}{\mathrm{d}x}\right|_{x_0}x_0+\left.\frac{\mathrm{d}f}{\mathrm{d}x}\right|_{x_0}x \tag{2-4-3}$$

及

$$\Delta y=\left.\frac{\mathrm{d}y}{\mathrm{d}x}\right|_{x_0}\Delta x \tag{2-4-4}$$

式中,$\Delta y=y-y_0$。上两式就是对非线性函数 $y=f(x)$在(x_0,y_0)附近线性化后得到的结果。式(2-4-4)称为增量形式的方程,而式(2-4-3)称为变量形式的方程。可见变量形式和增量形式的方程只差一个常数。如果将坐标原点选在预期工作点,即 $x_0=0,y_0=0$,则变量形式和增量形式的方程是相同的。

如果非线性函数是多元函数,就采用多元函数的泰勒级数将其线性化。如果非线性函数中含有自变量的导数,则把这些导数也看成自变量,然后应用多元函数的泰勒级数进行线性化。n 元非线性函数在工作点附近线性化后的变量形式的方程是

$$y=f(x_1,x_2,\cdots,x_n)=\left(\frac{\partial f}{\partial x_1}\right)_0 x_1+\left(\frac{\partial f}{\partial x_2}\right)_0 x_2+\cdots+\left(\frac{\partial f}{\partial x_n}\right)_0 x_n+A \tag{2-4-5}$$

式中,$(\partial f/\partial x_i)_0$ 表示偏导数在工作点处的数值,A 是与工作点有关的数。

将非线性方程中的非线性函数项用对应的线性函数[见式(2-4-5)]代替,就得到了线性化方程。

如果已知静态时变量间的非线性关系式,采用小偏差线性化的最终目的是求变量间的传递函数。这时,可利用数学分析中的全导数公式,先求出函数对时间变量(独立变量)的全导数。认为函数对各变量的偏导数为常数,就得到一个线性常系数微分方程,再在零初始条件下取拉氏变换,并在方程两边约去一个 s,就得到了小偏差线性化后在零初始条件下变量的拉氏变换式之间的关系。

例如,在静态时,函数 y 是变量 x_1、x_2 的非线性函数,即

$$y=f(x_1,x_2) \tag{2-4-6}$$

设在工作点(x_{10},x_{20})附近,$y=f(x_1,x_2)$有连续偏导数,$x_1(t)$、$x_2(t)$有连续导数。根据全导数公式,有

$$\frac{\mathrm{d}y}{\mathrm{d}t}=\frac{\partial f}{\partial x_1}\frac{\mathrm{d}x_1}{\mathrm{d}t}+\frac{\partial f}{\partial x_2}\frac{\mathrm{d}x_2}{\mathrm{d}t}$$

在(x_{10},x_{20})附近,$\partial f/\partial x_1|_{x_0}$ 和$\partial f/\partial x_2|_{x_0}$ 认为是常数,则上式变成

$$\frac{\mathrm{d}y}{\mathrm{d}t}=\left(\frac{\partial f}{\partial x_1}\right)_0\frac{\mathrm{d}x_1}{\mathrm{d}t}+\left(\frac{\partial f}{\partial x_2}\right)_0\frac{\mathrm{d}x_2}{\mathrm{d}t} \tag{2-4-7}$$

上式是一个常系数线性微分方程，在零初始条件下取拉氏变换得

$$sY(s)=\left(\frac{\partial f}{\partial x_1}\right)_0 sX_1(s)+\left(\frac{\partial f}{\partial x_2}\right)_0 sX_2(s)$$

方程两边约去一个 s 后得

$$Y(s)=\left(\frac{\partial f}{\partial x_1}\right)_0 X_1(s)+\left(\frac{\partial f}{\partial x_2}\right)_0 X_2(s) \tag{2-4-8}$$

上式就是对式(2-4-6)进行小偏差线性化后得到的变量的拉氏变换式间的关系式。

上面的结论可推广到二元以上的函数。例如，若非线性函数 $y=f(x_1,x_2,\cdots,x_n)$ 在平衡点 $(x_{10},x_{20},\cdots,x_{n0})$ 附近有连续偏导数和导数存在，则有

$$Y(s)=\left(\frac{\partial f}{\partial x_1}\right)_0 X_1(s)+\left(\frac{\partial f}{\partial x_2}\right)_0 X_2(s)+\cdots+\left(\frac{\partial f}{\partial x_n}\right)_0 X_n(s) \tag{2-4-9}$$

对于线性化问题有如下两点说明：

1）采用上述小偏差线性化的条件是在预期工作点的邻域内存在关于变量的各阶导数或偏导数。符合这个条件的非线性特性称为非本质非线性。不符合这个条件的非线性函数不能展开成泰勒级数，因此不能采用小偏差线性化方法，这种非线性特性称为本质非线性。本质非线性特性在控制系统中也常碰到。控制原理采用其他方法分析和研究本质非线性特性。

2）在很多情况下，对于不同的预期工作点，线性化后的方程的形式是一样的，但各项系数及常数项可能不同。

下面以两相伺服电动机和液压伺服马达为例，说明如何对非线性模型进行线性化处理。

1. 两相伺服电动机

两相伺服电动机属于微型交流异步电动机，使用交流电源。两相伺服电动机最常用的控制方法是幅相控制，又称电容控制。它的接线方法如图 2-4-1 所示。图中 SM 2～表示两相伺服电动机，它有两个绕组：激磁绕组和控制绕组。i_f、i_c 为激磁绕组和控制绕组的电流，u_f、u_c 为两绕组电压。电容 C 称为移相电容，它与激磁绕组串联后接到交流电源上。串接电容 C 的目的是使激磁绕组和控制绕组的电压相位相差 90°左右，以便产生旋转磁场。电容控制是通过改变控制绕组电压的大小控制电动机。

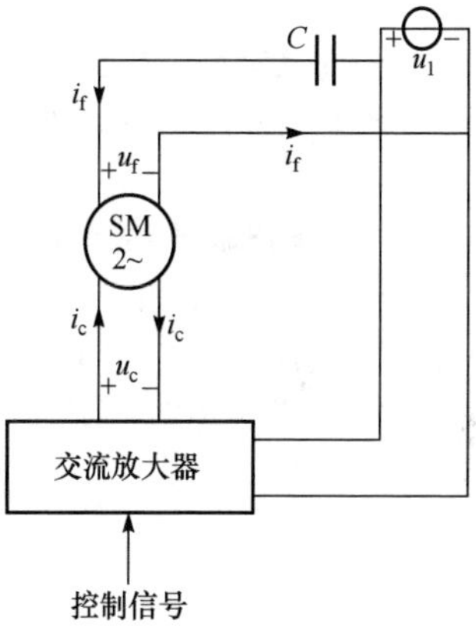

图 2-4-1　两相伺服电动机的电容控制

两相伺服电动机的电磁耦合关系复杂，要想从电磁角度出发去分析和推导动态数学模型是困难的。下面我们根据电机的静态特性曲线、力学原理和小偏差线性化的概念推导两相伺服电动机的传递函数。

当电动机的电流和转速不变时，称电机处于静态。实验表明，静态时两相伺服电动机的转速 ω 是控制绕组的电压 U(有效值)和电磁转矩 T 的函数，即

$$\omega=\omega(U,T) \tag{2-4-10}$$

以 U 为参变量时，ω 和 T 的关系曲线称为机械特性，如图 2-4-2(a)所示。以 T 为参变量时，ω 和 U 的关系曲线称为调节特性，如图 2-4-2(b)所示。由图可知，两相伺服电动机的机械特性和调节特性具有明显的非线性，在不同的位置有不同的斜率。

对式(2-4-10)取对时间变量 t 的导数，得

$$\frac{d\omega}{dt}=\frac{\partial\omega}{\partial U}\frac{dU}{dt}+\frac{\partial\omega}{\partial T}\frac{dT}{dt} \tag{2-4-11}$$

在工作点附近，$\partial\omega/\partial U$ 及 $\partial\omega/\partial T$ 视为常数，则在零初始条件下对上式两边取拉氏变换并约去 s 后得

$$\Omega(s)=\frac{\partial\omega}{\partial U}U(s)+\frac{\partial\omega}{\partial T}T(s) \tag{2-4-12}$$

下面进行力学分析以求出 T 与 ω 的关系。把电机轴上的总阻转矩当做是扰动力矩，把它看成是系统的另一个输入量。在求 $\Omega(s)$ 与 $U(s)$ 之间的传递函数时，令扰动力矩为零，于是有

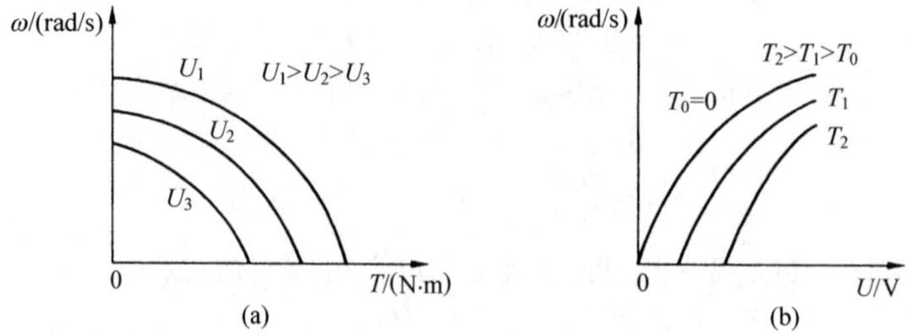

图 2-4-2 静态特性

$$T=J\frac{\mathrm{d}\omega}{\mathrm{d}t} \tag{2-4-13}$$

取拉氏变换后得

$$T(s)=Js\Omega(s) \tag{2-4-14}$$

将上式代入式(2-4-12)得

$$\Omega(s)=\frac{\partial\omega}{\partial U}U(s)+\frac{\partial\omega}{\partial T}Js\Omega(s) \tag{2-4-15}$$

于是可得两相伺服电动机的传递函数

$$G(s)=\frac{\Omega(s)}{U(s)}=\frac{\dfrac{\partial\omega}{\partial U}}{-J\dfrac{\partial\omega}{\partial T}s+1}=\frac{K}{\tau_{\mathrm{m}}s+1} \tag{2-4-16}$$

式中，$K=\partial\omega/\partial U$，它是调节特性的斜率；$\tau_{\mathrm{m}}=-J\partial\omega/\partial T$，其中$\partial\omega/\partial T$是机械特性的斜率。因$\partial\omega/\partial T<0$，故$\tau_{\mathrm{m}}>0$。

因静态特性的非线性，当两相伺服电动机在较大转速范围内运行时，K与τ_{m}不是固定的，K与τ_{m}变化2～4倍。

2. 液压伺服马达与电液伺服阀

液压伺服马达是控制系统中常用的液动执行元件，其工作原理如图 2-4-3 所示。当滑阀向右移动时，腔 1 和高压供油源接通，腔 2 和低压回油槽接通。于是，高压油进入动力油缸活塞的左侧，而活塞右侧的油液从回油管路流出。腔 1 的油压高于腔 2 的油压，所以活塞向右方运动。当滑阀向左移动时，动力油缸活塞也将向左移动。

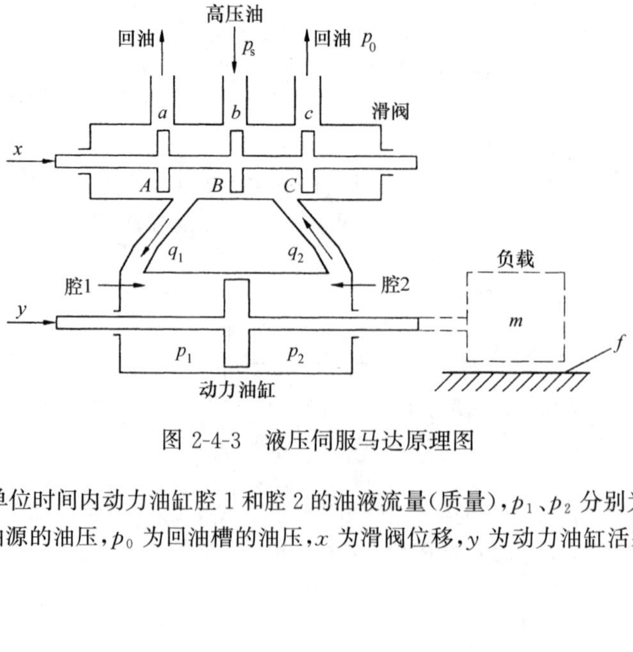

图 2-4-3 液压伺服马达原理图

设q_1、q_2分别为单位时间内动力油缸腔 1 和腔 2 的油液流量(质量)，p_1、p_2分别为油缸腔 1 和腔 2 的油液压力，p_{s}为高压供油源的油压，p_0为回油槽的油压，x为滑阀位移，y为动力油缸活塞位移。液体流量q_1、

q_2 是滑阀位移 x 与各自油压差的非线性函数

$$q_1=f(x,p_s-p_1) \tag{2-4-17}$$

$$q_2=f(x,p_2-p_0) \tag{2-4-18}$$

忽略液体的可压缩性，于是 $q_1=q_2=q$，故 $p_s-p_1=p_2-p_0$。类似式(2-4-8)，对上述方程进行线性化处理，可得如下的拉氏变换式

$$Q(s)=a_1X(s)-a_2P_1(s) \tag{2-4-19}$$

$$Q(s)=a_1X(s)+a_2P_2(s) \tag{2-4-20}$$

其中，$a_1>0$，$a_2>0$。将上两式相加可得

$$Q(s)=a_1X(s)-a_3[P_1(s)-P_2(s)] \tag{2-4-21}$$

设 A 为活塞面积，油缸单位时间漏油量为 q_0，a_4 为漏油系数，即 $q_0=a_4(p_1-p_2)$，故有

$$q=A\frac{\mathrm{d}y}{\mathrm{d}t}+q_0=A\frac{\mathrm{d}y}{\mathrm{d}t}+a_4(p_1-p_2) \tag{2-4-22}$$

在零初始条件下取拉氏变换可得

$$Q(s)=AsY(s)+a_4[P_1(s)-P_2(s)] \tag{2-4-23}$$

将式(2-4-21)代入式(2-4-23)可得

$$a_1X(s)=AsY(s)+(a_3+a_4)[P_1(s)-P_2(s)] \tag{2-4-24}$$

设负载质量为 m，黏性摩擦系数为 f，根据力学的牛顿第二定律可得

$$(p_1-p_2)A=m\frac{\mathrm{d}^2y}{\mathrm{d}t^2}+f\frac{\mathrm{d}y}{\mathrm{d}t} \tag{2-4-25}$$

零初始条件下取拉氏变换得

$$A[P_1(s)-P_2(s)]=ms^2Y(s)+fsY(s) \tag{2-4-26}$$

在式(2-4-24)、式(2-4-26)中消去$[P_1(s)-P_2(s)]$，可得液压马达的传递函数

$$\frac{Y(s)}{X(s)}=\frac{k_g}{s(T_gs+1)} \tag{2-4-27}$$

其中

$$T_g=\frac{m(a_3+a_4)}{A^2+(a_3+a_4)f} \tag{2-4-28}$$

$$k_g=\frac{Aa_1}{A^2+(a_3+a_4)f} \tag{2-4-29}$$

若 m 和 f 接近零，则 $T_g=0$，$k_g=a_1/A$，上式简化为

$$\frac{Y(s)}{X(s)}=\frac{k_g}{s} \tag{2-4-30}$$

在液动控制系统中，还经常使用电液伺服阀，它是靠一种特殊的直流力矩电动机使滑阀移动。加给电机绕组的电流 $I(s)$和滑阀位移 $X(s)$之间的关系可用下面的式子表示(推导从略)

$$\frac{X(s)}{I(s)}=\frac{k_e}{\frac{1}{\omega_n^2}s^2+\frac{2\zeta}{\omega_n}s+1} \tag{2-4-31}$$

或

$$\frac{X(s)}{I(s)}=\frac{k_e}{T_es+1} \tag{2-4-32}$$

其中，ω_n、ζ、k_e、T_e 为电液伺服阀的参数。

根据式(2-4-27)或式(2-4-30)及式(2-4-31)或式(2-4-32)，很容易推出电液伺服阀-液压马达的几个传递函数 $Y(s)/I(s)$。

参考答案 2

习　题

2-1　求题 2-1 图所示机械系统的微分方程式和传递函数。图中力 $F(t)$为输入量，位移 $x(t)$为输出量，

m 为质量，k 为弹簧的弹性系数，f 为黏滞阻尼系数。

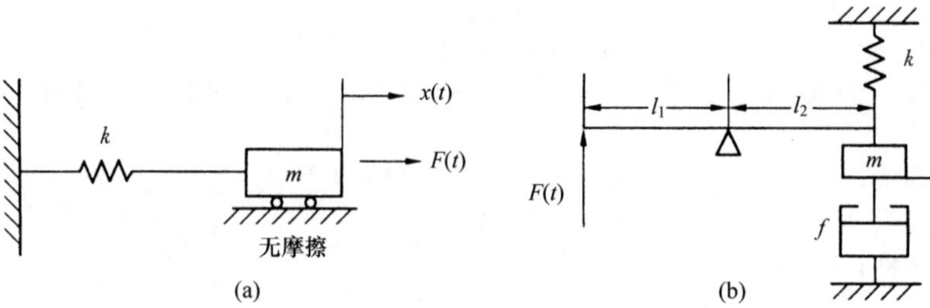

题 2-1 图

2-2 求题 2-2 图所示机械系统的微分方程式和传递函数。图中位移 x_i 为输入量，位移 x_o 为输出量，m 为质量，k 为弹簧的弹性系数，f 为黏滞阻尼系数，图(a)的重力忽略不计。

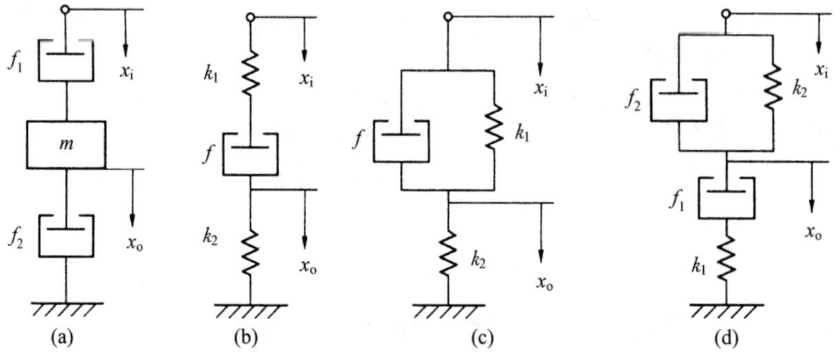

题 2-2 图

2-3 列写题 2-3 图所示机械系统的运动微分方程式，图中力 F 是输入量，位移 y_1、y_2 是输出量，m 是质量，f 是黏滞阻尼系数，k 是弹簧的弹性系数。

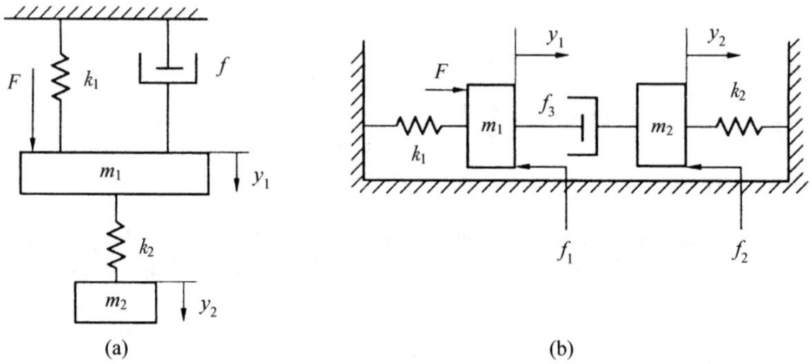

题 2-3 图

2-4 在题 2-4 图所示的齿轮系中，z_1、z_2、z_3、z_4 分别为齿轮的齿数，J_1、J_2、J_3 分别为齿轮和轴（J_3 中包括负载）的转动惯量，θ_1、θ_2、θ_3 分别为各齿轮轴的角位移，T_m 是电动机输出转矩。以 T_m 为输入量，θ_1 为输出量，列写折算到电动机轴上的齿轮系运动方程式（忽略各级黏性摩擦）。

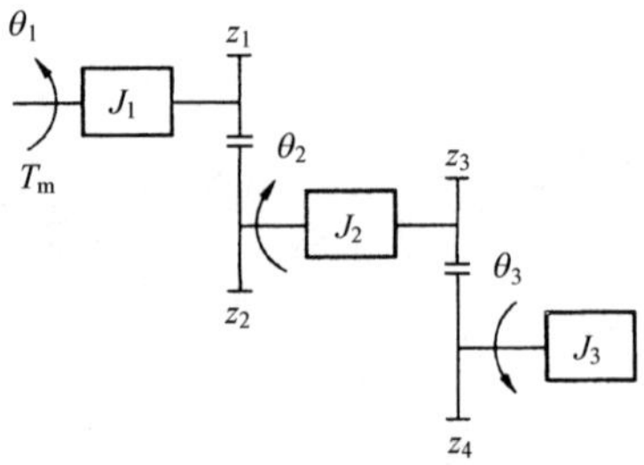

题 2-4 图

2-5 求题 2-5 图所示无源电网络的传递函数，图中电压 $u_1(t)$ 是输入量，电压 $u_2(t)$ 是输出量。

2-6 求题 2-6 图所示有源电网络的传递函数，图中电压

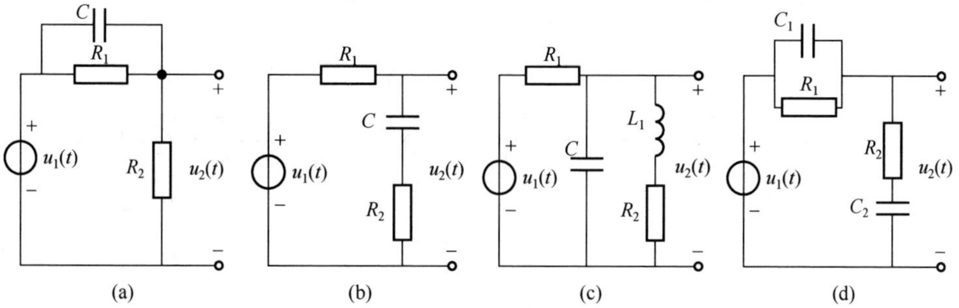

题 2-5 图

$u_1(t)$是输入量,电压 $u_2(t)$是输出量。

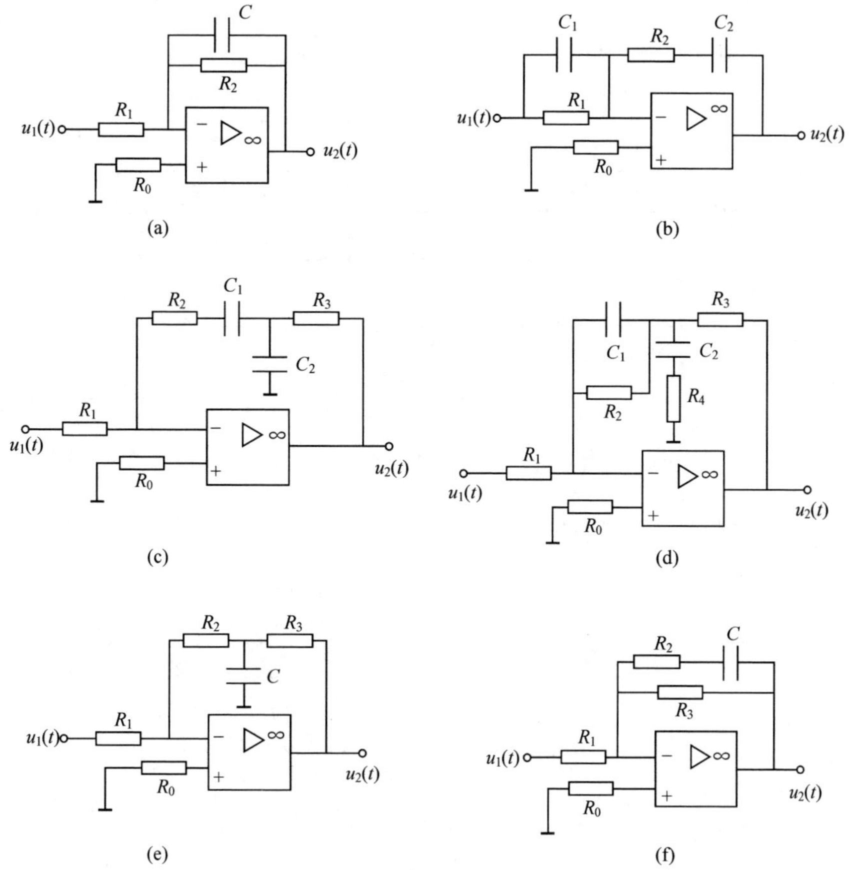

题 2-6 图

2-7 无源网络如题 2-7 图所示,电压 $u_1(t)$为输入量,电压 $u_2(t)$为输出量,绘制动态框图并求传递函数。

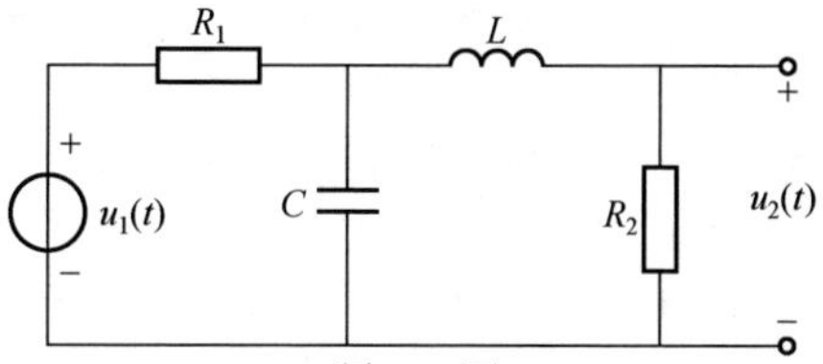

题 2-7 图

2-8 求题 2-8 图所示系统的传递函数 $C(s)/R(s)$和 $E(s)/R(s)$。

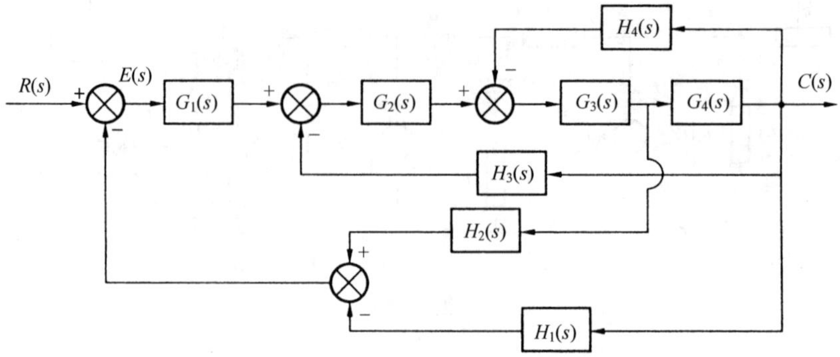

题 2-8 图

2-9 求题 2-9 图所示系统的传递函数 $C(s)/R(s)$和 $E(s)/R(s)$。

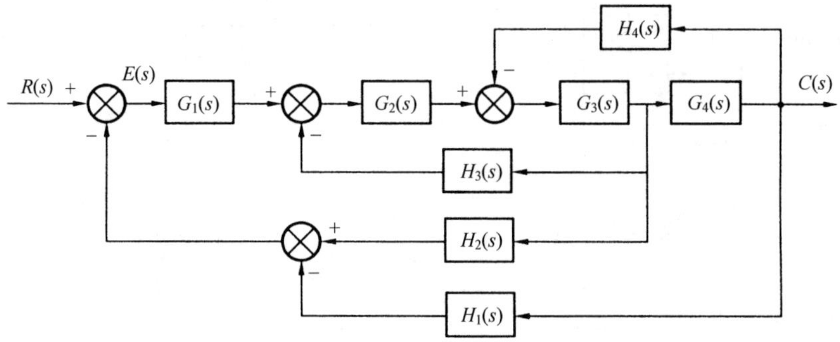

题 2-9 图

2-10 求题 2-10 图所示系统的传递函数 $C(s)/R(s)$。

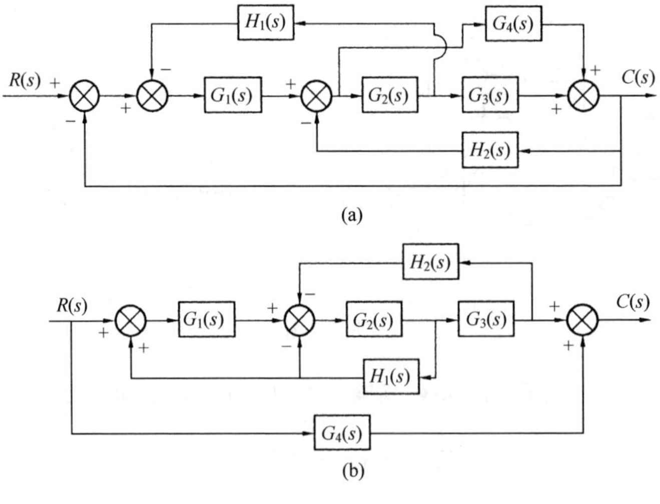

题 2-10 图

2-11 求题 2-11 图所示系统的传递函数 $C(s)/R(s)$和 $E(s)/R(s)$。

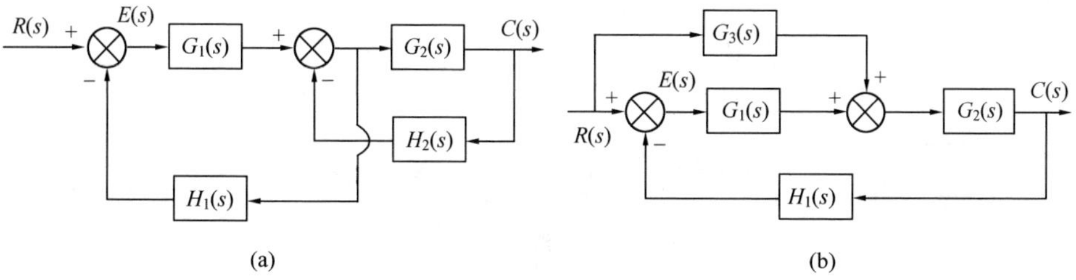

题 2-11 图

2-12 题 2-12 图是一个电机轴转角的伺服系统原理图。SM 为直流伺服电动机，TG 为直流测速发电机，u_i 为输入的电压量，θ 为输出的电机轴角位移。直流电动机的机电时间常数为 τ_m，反电势系数为 k_e。$u_T=k_5\mathrm{d}\theta/\mathrm{d}t$，$u_{T1}=k_3u_T$，$u_o=k_4\theta$，$u_a$ 为电机电枢电压。忽略电机的电磁时间常数，绘制该系统的动态框图，并求传递函数 $G(s)=\Theta(s)/U_i(s)$。

2-13 题 2-13 图是液体加热器。冷液体进入箱内被加热和搅拌均匀后流出。箱内液体的温度就是热液体出口温度$\theta(t)$。液体比热为 c，流量(单位时间内流过的液体质量)是常值 q，箱内液体质量是 m，液体入口温度是常值 θ_0。以热液体的出口温度 $\theta(t)$为输出量，以加热器单位时间内产生的热量 $h(t)$为输入量，求系统微分方程和传递函数。

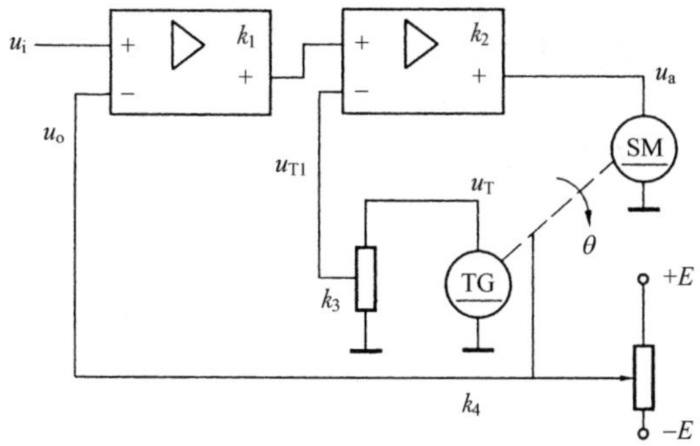

题 2-12 图

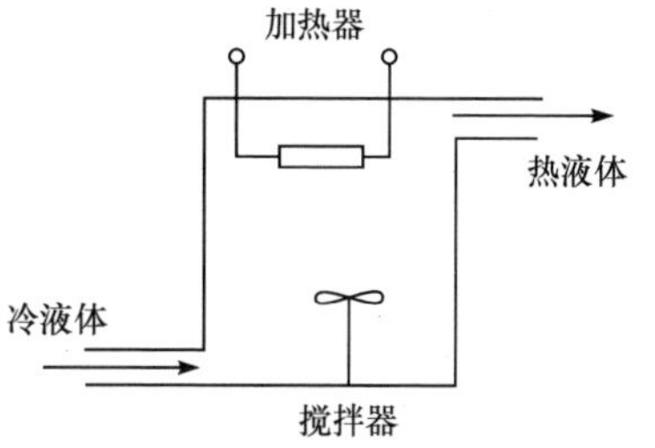

题 2-13 图

2-14 将非线性方程 $y=\ddot{x}+0.5\dot{x}+2x+x^2$ 在 $x=0$ 处线性化。

2-15 将非线性方程

$$u(t)=a\ddot{x}(t)+b\cos\theta(t)\ddot{\theta}(t)-c[\dot{\theta}(t)]^2\sin\theta(t)$$

在 $\theta=0,\dot{\theta}=0,\ddot{\theta}=0$ 附近线性化。

2-16 题 2-16 图表示一个电炉。输入量是加在电炉丝上的电压 u_r，输出量是炉温 θ_c。电炉丝的电阻是 r。电炉的热阻是 R，热容量是 C，环境温度为 θ_i。求电炉的动态微分方程，并求出在工作点 u_{r0} 处线性化的微分方程和对应的传递函数。

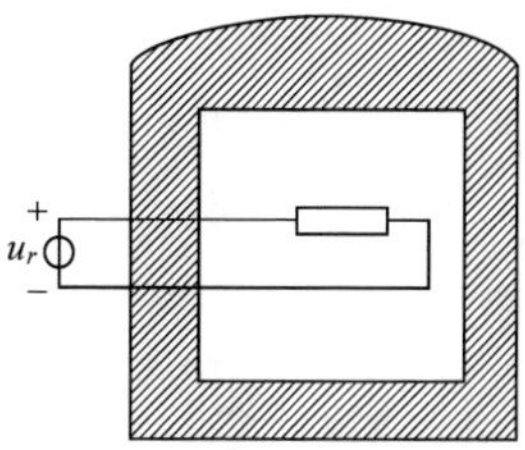

题 2-16 图

2-17 国民收入、管理政策、私人投资、商品生产、纳税、消费者开支等经济关系可用题 2-17 图表示。设 $G_1(s)=C+Ds$，$G_2(s)=1/(Ts+1)$，$G_3(s)=-(A+Bs)$。求期望国民收入 $R(s)$与实际国民收入 $C(s)$之间的传递函数。

题 2-16 提示

2-18 一个机械转动系统包括两个转盘和一个弹性轴，受力图如题 2-18 图所示。其中，两个转盘的转角、转动惯量、黏性摩擦系数分别为 $\theta_1(t)$、θ_2

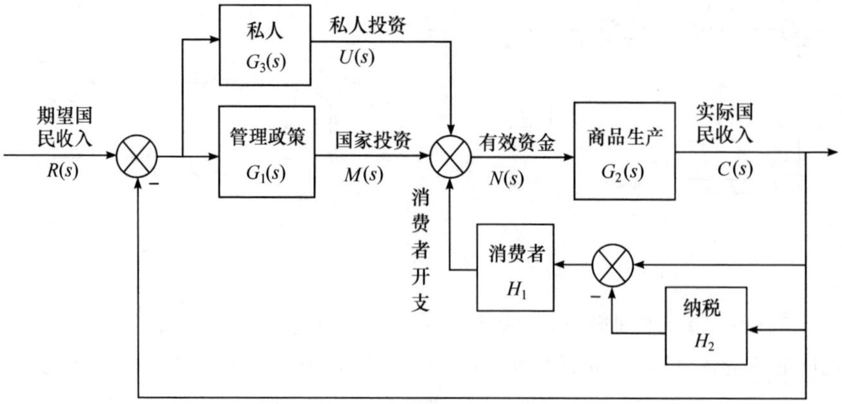

题 2-17 图

(t)，J_1、J_2，f_1、f_2，轴的刚度为 k。$T(t)$为外加转矩。以 $T(t)$为输入，分别以 $\theta_1(t)$和 $\theta_2(t)$为输出，求传递函数。

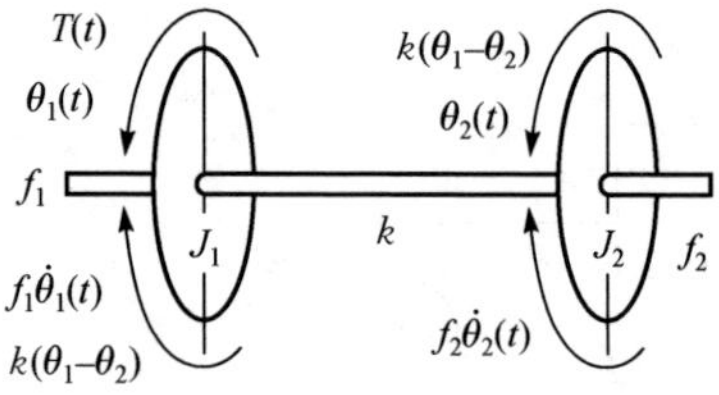

题 2-18 图

第 3 章　控制系统的时域分析法

3.1 引　　言

3.1 节

系统分析就是根据系统的数学模型研究它是否稳定，它的动态性能和稳态性能是否满足性能指标。经典控制理论中常用的系统分析方法有时域法、根轨迹法和频域法。时域分析法取时间 t 作为自变量，研究输出量的时间表达式。它具有直观、准确的优点，可提供时间响应的信息。本章使用时域法进行系统分析，并研究减少误差、提高系统稳态性能的方法。

3.1.1　典型输入信号

对各种控制系统的性能进行测试和评价时，人们习惯选择下述 5 种典型函数作为系统的输入信号。对于一个实际系统，测试信号的形式应接近或反映系统工作时最常见的输入信号形式，同时应注意选取对系统工作最不利的信号做测试信号。

1. 阶跃函数

阶跃函数的图形见图 3-1-1(a)，时域表达式为

$$r(t)=\begin{cases}R & (t\geqslant 0)\\ 0 & (t<0)\end{cases} \tag{3-1-1}$$

式中，R 为常数。当 $R=1$ 时称为单位阶跃函数，记为 $1(t)$，它的拉氏变换为 $1/s$。$R\neq 1$ 时记为 $R\cdot 1(t)$。以阶跃函数作为输入信号时系统的输出就称为阶跃响应。阶跃函数的数值在 $t=0$ 时发生突变，所以常用阶跃函数作为输入信号来反映和评价系统的动态性能。当 $t>0$ 时阶跃函数保持不变的数值。若系统工作时输入信号常常是固定不变的数值，就用阶跃响应来评价该系统的稳态性能。

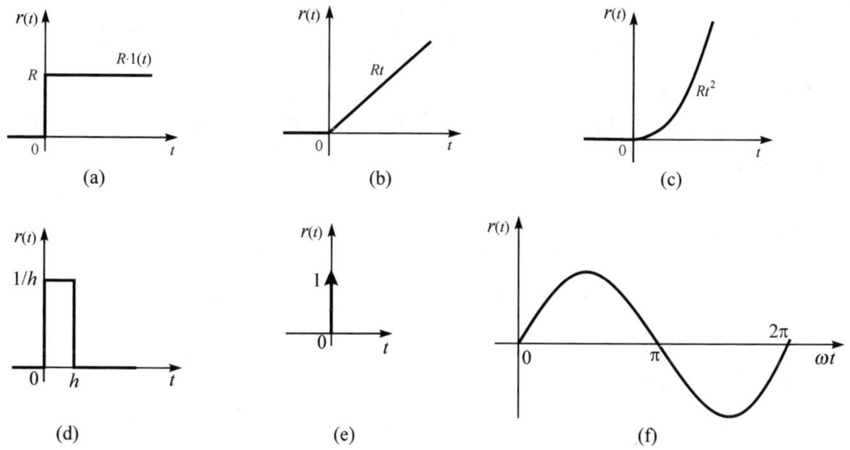

图 3-1-1　典型输入信号

2. 斜坡函数

斜坡函数也称速度函数，它的图形见图 3-1-1(b)，时域表达式为

$$r(t)=\begin{cases}Rt & (t\geqslant 0)\\ 0 & (t<0)\end{cases} \tag{3-1-2}$$

式中，R 是常数。因 $\mathrm{d}(Rt)/\mathrm{d}t=R$，所以斜坡函数代表匀速变化的信号。当 $R=1$ 时，$r(t)=t$，称为单位斜坡函数，它的拉氏变换式是 $1/s^2$。

3. 加速度函数

加速度函数的图形见图 3-1-1(c)，时域表达式为

$$r(t)=\begin{cases}Rt^2 & (t\geqslant 0)\\ 0 & (t<0)\end{cases} \tag{3-1-3}$$

式中，R 是常数。因 $\mathrm{d}^2(Rt^2)/\mathrm{d}t^2=2R$，所以加速度函数代表匀加速变化的信号。当 $R=1/2$ 时，$r(t)=t^2/2$，称为单位加速度信号。它的拉氏变换是 $1/s^3$。

4. 单位脉冲函数与单位冲激函数

单位脉冲函数的图形见图 3-1-1(d)，其表达式为

$$\delta_h(t)=\begin{cases}1/h & (0\leqslant t\leqslant h)\\ 0 & (t<0, t>h)\end{cases} \tag{3-1-4}$$

式中，h 称为脉冲宽度，脉冲的面积为 1。当 h 很小时，$\delta_h(t)$表示一个短时间内的较大信号。

冲激函数过去称为脉冲函数。单位冲激函数又称 δ 函数，其定义为

$$\delta(t)=\lim_{h\to 0}\delta_h(t) \tag{3-1-5}$$

及

$$\int_{-\infty}^{+\infty}\delta(t)\mathrm{d}t=1 \tag{3-1-6}$$

单位冲激函数的图形见图 3-1-1(e)，用单位长度的有向线段表示。它的拉式变换是常数 1。单位冲激函数有下述重要性质。若 $f(t)$为连续函数，则有

$$\int_{-\infty}^{+\infty}f(t)\delta(t)\mathrm{d}t=f(0) \tag{3-1-7}$$

$$\int_{-\infty}^{+\infty}f(t)\delta(t-t_0)\mathrm{d}t=f(t_0) \tag{3-1-8}$$

单位冲激函数在近代物理和工程技术中有着较广泛的应用。它是理论上的函数，需要使用单位冲激函数作为测试信号时，实际上总是采用宽度很小的单位脉冲函数代替。

5. 正弦函数

正弦函数 $r(t)=R\sin\omega t$ 也是常用的典型输入信号。其中，R 称为振幅或幅值，ω 为角频率。正弦函数图形见图 3-1-1(f)。

3.1.2 单位冲激响应

设系统的输入信号 $R(s)$与输出信号 $C(s)$之间的传递函数是 $G(s)$，则有

$$C(s)=G(s)R(s) \tag{3-1-9}$$

若输入信号是单位冲激函数 $\delta(t)$，即 $r(t)=\delta(t)$，则

$$R(s)=\mathscr{L}[\delta(t)]=1 \tag{3-1-10}$$

$$C(s)=G(s) \tag{3-1-11}$$

$$c(t)=\mathscr{L}^{-1}[G(s)]=g(t) \tag{3-1-12}$$

在零初始条件下，当系统的输入信号是单位冲激函数 $\delta(t)$时，系统的输出信号称为系统的单位冲激响应。由式(3-1-12)知，系统的单位冲激响应就是系统传递函数 $G(s)$的拉氏反变

换 $g(t)$。同传递函数一样，单位冲激响应也是系统的数学模型。

对式(3-1-9)两边取拉氏反变换，并利用拉氏变换的卷积定理可得

$$c(t)=g(t)*r(t)=\int_0^t g(\tau)r(t-\tau)\mathrm{d}\tau=\int_0^t g(t-\tau)r(\tau)\mathrm{d}\tau \tag{3-1-13}$$

可见输出信号 $c(t)$ 等于单位冲激响应 $g(t)$ 与输入信号 $r(t)$ 的卷积。

3.1.3 系统的时间响应

若系统的输入信号是 $R(s)$，传递函数是 $G(s)$，则零初始条件下有

$$C(s)=G(s)R(s) \tag{3-1-14}$$

如果有非零初始条件，求输出信号的拉氏变换式时，要先求出系统的微分方程。然后考虑初始条件，对微分方程取拉氏变换，再求输出信号的拉氏变换式。此时的输出表达式和上式的分母相同，分子不同。

系统的时间响应 $c(t)$ 是

$$c(t)=\mathscr{L}^{-1}[C(s)] \tag{3-1-15}$$

由式(3-1-14)可知，输出信号拉氏变换式的极点是由传递函数的极点和输入信号拉氏变换式的极点组成的。通常把传递函数极点所对应的运动模态称为该系统的自由运动模态或振型，或称为该传递函数或微分方程的模态或振型。系统的自由运动模态与输入信号无关，也与输出信号的选择无关。传递函数的零点并不形成运动模态，但它们却影响各模态在响应中所占的比重，因而也影响时间响应及其曲线形状。

系统的时间响应中，与传递函数极点对应的时间响应分量称为瞬(暂)态分量，与输入信号极点对应的时间响应分量称为稳态分量。稳态响应分量取决于输入量及系统传递函数的放大系数，瞬态响应分量的运动模态取决于传递函数的极点，见表 3-1-1。其中参数 σ、ω 是极点的实部和虚部，而 k 和 ϕ 与传递函数零点和初始条件有关。

表 3-1-1 极点与运动模态

极点	运动模态
实数单极点 σ	$k\mathrm{e}^{\sigma t}$
m 重实数单极点 σ	$(k_1+k_2t+\cdots+k_mt^{m-1})\mathrm{e}^{\sigma t}$
一对复数单极点 $\sigma\pm\mathrm{j}\omega$	$k\mathrm{e}^{\sigma t}\sin(\omega t+\phi)$
m 重复数极点 $\sigma\pm\mathrm{j}\omega$	$\mathrm{e}^{\sigma t}[k_1\sin(\omega t+\phi_1)+k_2t\sin(\omega t+\phi_2)+\cdots+k_mt^{m-1}\sin(\omega t+\phi_m)]$

根据数学中拉普拉斯变换的微分性质和积分性质可以推导出线性定常系统的下述重要特性：系统对输入信号导数的响应，等于系统对该输入信号响应的导数；系统对输入信号积分的响应，等于系统对该输入信号响应的积分。由初始时刻输出为零这个条件决定积分常数。可见，一个系统的单位阶跃响应，单位冲激响应和单位斜坡响应中，只要知道一个，就可通过微分或积分运算求出另外两个。

数学解释

3.1.4 时间响应的性能指标

当系统的时间响应 $c(t)$ 中的瞬态分量较大而不能忽略时，称系统处于动态或过渡过程中，这时系统的特性称为动态性能。动态性能指标通常根据系统的阶跃响应曲线去定义。设系

统阶跃响应曲线如图 3-1-2，图中 $c(\infty)=\lim\limits_{t\to\infty}c(t)$ 称为稳态值。动态性能指标通常有以下几种：

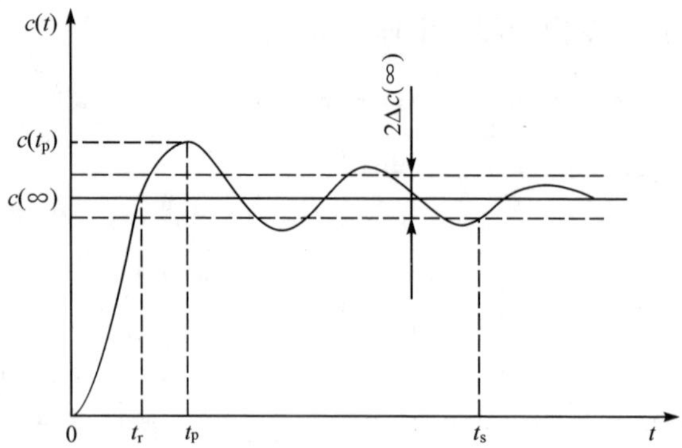

图 3-1-2　动态性能指标

(1) 上升时间 t_r

阶跃响应曲线从零第一次上升到稳态值所需的时间为上升时间。若阶跃响应曲线不超过稳态值（称为过阻尼系统），则定义阶跃响应曲线从稳态值的 10% 上升到 90% 所需时间为上升时间。

(2) 峰值时间 t_p

阶跃响应曲线（超过稳态值）到达第 1 个峰值所需的时间称为峰值时间。

(3) 最大超调（量）σ_p

设阶跃响应曲线的最大值为 $c(t_p)$，则最大超调 σ_p 为

$$\sigma_p=\frac{c(t_p)-c(\infty)}{c(\infty)}\times 100\% \tag{3-1-16}$$

σ_p 值大，称系统阻尼小。

(4) 过渡过程时间 t_s

阶跃响应曲线进入并保持在允许误差范围所对应的时间称为过渡过程时间，或称调节（整）时间。这个误差范围通常为稳态值的 Δ 倍，Δ 称为误差带，Δ 为 5% 或 2%。

(5) 振荡次数 N

在 $0\leqslant t\leqslant t_s$ 内，阶跃响应曲线振荡的周期数，或该曲线穿越其稳态值 $c(\infty)$ 次数的一半，称为振荡次数。

上述动态性能指标中，t_r 和 t_p 反映系统的响应速度，σ_p 和 N 反映系统的运行平稳性或阻尼程度，一般认为 t_s 能同时反映响应速度和阻尼程度。

当系统的时间响应 $c(t)$ 中的瞬态分量很小可以忽略不计时，称系统处于稳态。通常当 $t<t_s$ 时称系统处于动态，而 $t>t_s$ 时称系统处于稳态。系统的稳态性能指标一般是指它在稳态时的误差。

3.2 节

3.2　一阶系统的时域分析

控制系统的输出信号 $c(t)$ 与输入信号 $r(t)$ 的关系凡可用一阶微分方程表示的，称为一阶系统。一阶系统的基本和典型结构对应的微分方程为

$$T\frac{\mathrm{d}c(t)}{\mathrm{d}t}+c(t)=r(t) \tag{3-2-1}$$

式中，T 是一阶系统的时间常数。式(3-2-1)对应的传递函数为

$$\Phi(s)=\frac{C(s)}{R(s)}=\frac{1}{Ts+1} \tag{3-2-2}$$

式(3-2-2)的放大系数是 1，对应的框图见图 3-2-1(a)，又称为惯性环节。图 3-2-1(b)的闭环传递函数也是同样的惯性环节。

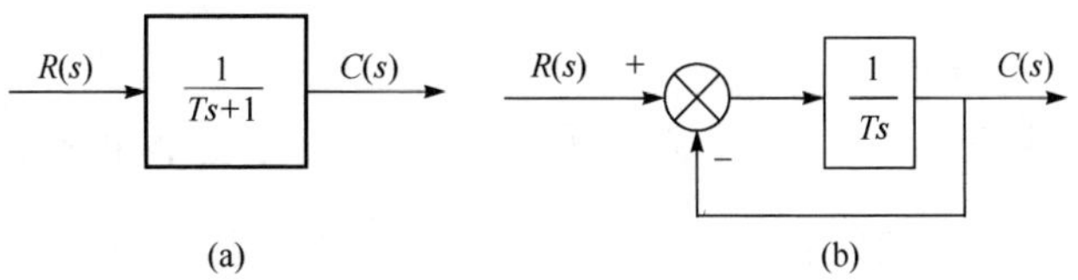

图 3-2-1 一阶系统框图

例 2-2-4 的 RC 电路，常见的温度控制系统和液位控制系统中的控制对象都属于一阶系统。

3.2.1 一阶系统的单位阶跃响应

设 $r(t)=1(t)$，则 $R(s)=1/s$。于是有

$$C(s)=\Phi(s)R(s)=\frac{1}{Ts+1}\cdot\frac{1}{s}=\frac{1}{s}-\frac{T}{Ts+1}$$

对上式求拉氏反变换可求得单位阶跃响应是

$$c(t)=c_{\mathrm{s}}(t)+c_{\mathrm{t}}(t)=1-\mathrm{e}^{-\frac{t}{T}}\quad(t\geqslant 0)\tag{3-2-3}$$

式中，$c_{\mathrm{s}}(t)=1$ 是稳态分量，由输入信号决定。$c_{\mathrm{t}}(t)=-\mathrm{e}^{-\frac{t}{T}}$ 是瞬态分量，它的变化规律由传递函数极点 $s=-1/T$ 决定。当 $t\to\infty$ 时，瞬态分量按指数规律衰减到零，$c(t)$ 中只剩下稳态分量。

下面是单位阶跃响应的典型数值。

$$c(0)=1-\mathrm{e}^{0}=0,\quad c(T)=1-\mathrm{e}^{-1}=0.632,\quad c(2T)=1-\mathrm{e}^{-2}=0.865$$

$$c(3T)=1-\mathrm{e}^{-3}=0.95,\quad c(4T)=1-\mathrm{e}^{-4}=0.982,\quad c(\infty)=1$$

可见，式(3-2-2)表示的一阶系统的单位阶跃响应是一条从零开始，按指数规律上升到终值 1 的曲线，见图 3-2-2。

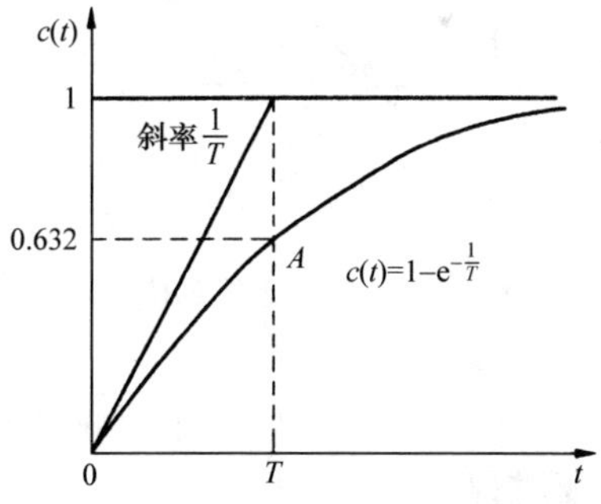

图 3-2-2 一阶系统单位阶跃响应曲线

$c(T)=0.632$，表明 $c(T)$ 的数值是稳态输出值的 63.2%，见图中 A 点。它是用实验方法求一阶系统时间常数的重要特征点。

$c(3T)=0.95$。若取容许误差带 $\Delta=0.05$，则过渡过程时间 $t_{\mathrm{s}}=3T$。$c(4T)=0.982$，若取 $\Delta=0.02$，则 $t_{\mathrm{s}}=4T$。t_{s} 与 T 成正比。

由式(3-2-3)可知

$$\dot{c}(0)=\frac{1}{T}\mathrm{e}^{-\frac{t}{T}}\Big|_{t=0}=\frac{1}{T}\tag{3-2-4}$$

上式表明单位阶跃响应曲线的初始斜率是 $1/T$，如图 3-2-2 所示。由此也可求出时间常数 T。

3.2.2 一阶系统的单位斜坡响应

令 $r(t)=t$，则有 $R(s)=1/s^2$，可求得输出信号的拉氏变换式：

$$c(t)=\frac{1}{Ts+1}\cdot\frac{1}{s^2}=\frac{1}{s^2}-\frac{T}{s}+\frac{T^2}{Ts+1}$$

取拉氏反变换可得单位斜坡响应为

$$c(t)=c_s(t)+c_t(t)=(t-T)+Te^{-\frac{t}{T}} \quad (t\geqslant 0) \tag{3-2-5}$$

式中，$c_s(t)=t-T$ 是稳态分量，它也是斜坡函数，与输入信号斜率相同，时间上滞后一个时间常数 T。$c_t(t)=Te^{-\frac{t}{T}}$ 是瞬态分量，当 $t\to\infty$ 时，$c_t(t)$ 按指数规律衰减到零，衰减速度由极点 $s=-1/T$ 决定。单位斜坡响应也可由单位阶跃响应积分得到，其中初始条件为零。

系统的误差信号 $e(t)$ 为

$$e(t)=r(t)-c(t)=T(1-e^{-\frac{t}{T}}) \tag{3-2-6}$$

当 $t\to\infty$ 时，$e(\infty)=\lim\limits_{t\to\infty}e(t)=T$。这表明一阶系统的单位斜坡响应在过渡过程结束后存在常值误差，其值等于时间常数 T。

一阶系统单位斜坡响应曲线见图 3-2-3。时间常数越小，响应越快，跟踪误差越小，输出信号的滞后时间也越短。

3.2.3 一阶系统的单位冲激响应

令 $r(t)=\delta(t)$，则 $R(s)=1$，输出信号为

$$C(s)=\frac{1}{Ts+1}$$

一阶系统的单位冲激响应为

$$g(t)=c(t)=\mathscr{L}^{-1}\left(\frac{1}{Ts+1}\right)=\frac{1}{T}e^{-\frac{t}{T}} \quad (t\geqslant 0) \tag{3-2-7}$$

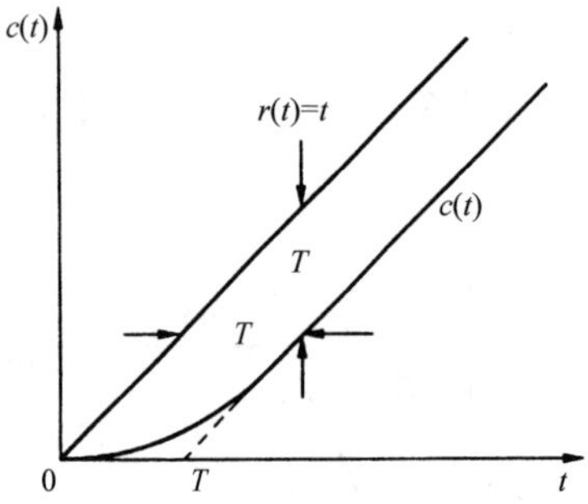

图 3-2-3 一阶系统单位斜坡响应

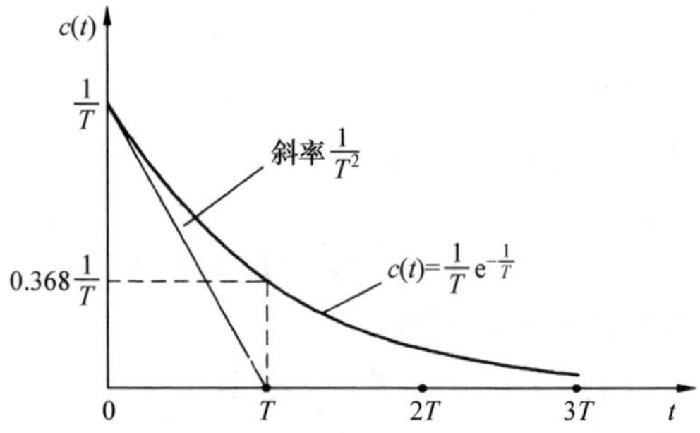

图 3-2-4 一阶系统单位冲激响应

关于一阶系统的补充说明

单位冲激响应中只包含瞬态分量 $\frac{1}{T}e^{-\frac{t}{T}}$，见图 3-2-4。单位冲激响应也可通过对单位阶跃响应求导获得。

实际测试单位冲激响应时，为了得到较高的精度，希望实际脉冲函数的宽度 h（见图 3-1-1(d)）比系统的时间常数 T 足够小，一般 $h<0.1T$。

3.3 二阶系统的时域分析

3.3.1 二阶系统的参数和特征根

3.3.1 节

设输入信号为 $r(t)$、输出信号为 $c(t)$。基本和典型的二阶系统的微分方程是

$$\ddot{c}(t)+2\zeta\omega_n\dot{c}(t)+\omega_n^2c(t)=\omega_n^2r(t) \tag{3-3-1}$$

传递函数

$$\frac{C(s)}{R(s)}=\frac{\omega_n^2}{s^2+2\zeta\omega_n s+\omega_n^2} \tag{3-3-2}$$

式中，$\zeta>0$，$\omega_n>0$，ζ 称为阻尼比，ω_n 称为无阻尼自振角频率。

式(3-3-2)的传递函数的特点是，分子为常数(没有零点)，且放大系数是 1。

图 3-3-1 和图 3-3-2 所示单位反馈的闭环系统就具有上述典型形式。其中，$\omega_n=\sqrt{\frac{K}{T}}$，$\zeta=\frac{1}{2\sqrt{KT}}$。

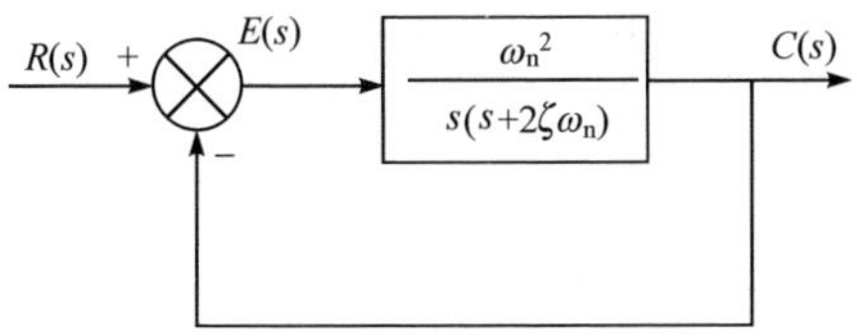

图 3-3-1　二阶系统

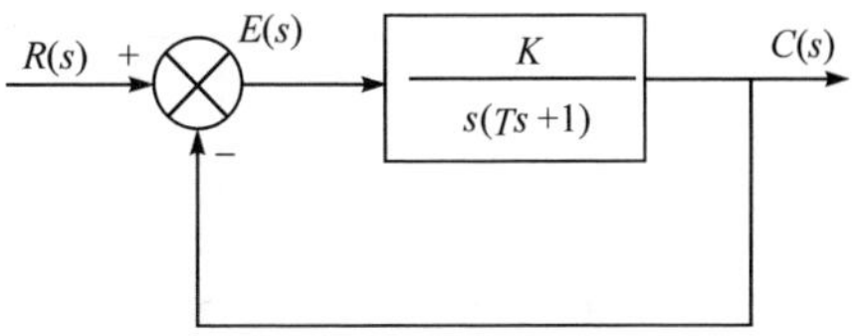

图 3-3-2　二阶系统

例 2-1-1 的 LRC 电路，例 2-1-3 的机械平移系统都是二阶系统。

由式(3-3-2)求得二阶系统的特征方程

$$s^2+2\zeta\omega_n s+\omega_n^2=0 \tag{3-3-3}$$

由上式解得二阶系统的二个特征根(即极点)为

$$s_{1,2}=-\zeta\omega_n\pm\omega_n\sqrt{\zeta^2-1} \tag{3-3-4}$$

随着阻尼比 ζ 取值的不同，二阶系统的特征根(极点)也不相同。下面逐一加以说明。

1. 欠阻尼($0<\zeta<1$)

当 $0<\zeta<1$ 时，两个特征根为

$$s_{1,2}=-\zeta\omega_n\pm j\omega_n\sqrt{1-\zeta^2}$$

是一对共轭复数根，如图 3-3-3(a)所示。

2. 临界阻尼($\zeta=1$)

当 $\zeta=1$ 时，特征方程有两个相同的负实根，即

$$s_{1,2}=-\omega_n$$

此时的 s_1、s_2 如图 3-3-3(b)所示。

3. 过阻尼($\zeta>1$)

当 $\zeta>1$ 时，两个特征根为

$$s_{1,2}=-\zeta\omega_n\pm\omega_n\sqrt{\zeta^2-1}$$

是两个不同的负实根，如图 3-3-3(c)所示。

4. 欠阻尼的特殊情况——无阻尼($\zeta=0$)

当 $\zeta=0$ 时，特征方程具有一对共轭纯虚根，即 $s_{1,2}=\pm j\omega_n$，如图 3-3-3(d)所示。

下面研究二阶系统的过渡过程。无特殊说明时，系统的初始条件为零。

3.3.2　二阶系统的单位阶跃响应

令 $r(t)=1(t)$，则有 $R(s)=\frac{1}{s}$，由式(3-3-2)求得二阶系统在单位阶跃函数作用下输出信

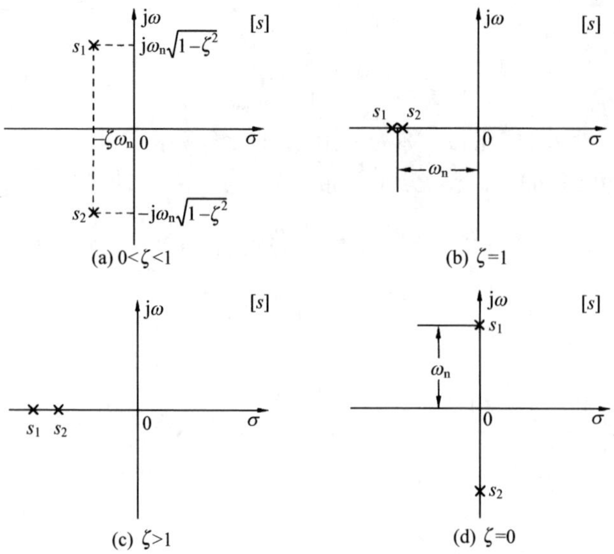

图 3-3-3 [s]平面上二阶系统的闭环极点分布

号的拉氏变换

$$C(s)=\frac{\omega_n^2}{s^2+2\zeta\omega_n s+\omega_n^2}\cdot\frac{1}{s} \tag{3-3-5}$$

对上式进行拉氏反变换,便得二阶系统的单位阶跃响应是

$$c(t)=\mathscr{L}^{-1}[C(s)]$$

1. 欠阻尼状态($0<\zeta<1$)

这时,式(3-3-5)可以展成如下的部分分式:

$$\begin{aligned}C(s)&=\frac{1}{s}-\frac{s+2\zeta\omega_n}{(s+\zeta\omega_n+j\omega_d)(s+\zeta\omega_n-j\omega_d)}\\&=\frac{1}{s}-\frac{s+\zeta\omega_n}{(s+\zeta\omega_n)^2+\omega_d{}^2}-\frac{\zeta\omega_n}{\omega_d}\cdot\frac{\omega_d}{(s+\zeta\omega_n)^2+\omega_d^2}\end{aligned} \tag{3-3-6}$$

式中,$\omega_d=\omega_n\sqrt{1-\zeta^2}$,称为有阻尼自振角频率,$\omega_d<\omega_n$,且随着 ζ 值增大,ω_d 将减小。

对式(3-3-6)进行拉氏反变换,得

$$\begin{aligned}c(t)&=1-e^{-\zeta\omega_n t}\cos\omega_d t-\frac{\zeta\omega_n}{\omega_d}\cdot e^{-\zeta\omega_n t}\sin\omega_d t\\&=1-e^{-\zeta\omega_n t}\left(\cos\omega_d t+\frac{\zeta}{\sqrt{1-\zeta^2}}\sin\omega_d t\right)\quad(t\geqslant 0)\end{aligned} \tag{3-3-7}$$

上式还可改写为

$$\begin{aligned}c(t)&=1-\frac{e^{-\zeta\omega_n t}}{\sqrt{1-\zeta^2}}(\sqrt{1-\zeta^2}\cos\omega_d t+\zeta\sin\omega_d t)\\&=1-\frac{e^{-\zeta\omega_n t}}{\sqrt{1-\zeta^2}}\sin(\omega_d t+\phi)\quad(t\geqslant 0)\end{aligned} \tag{3-3-8}$$

式中 ϕ 如图 3-3-4 所示,且有

$$\phi=\arctan\frac{\sqrt{1-\zeta^2}}{\zeta}=\arccos\zeta=\arcsin\sqrt{1-\zeta^2} \tag{3-3-9}$$

单位阶跃响应中，稳态分量 $c_s(t)=1$，瞬态分量为

$$c_t(t)=-\frac{e^{-\zeta\omega_n t}}{\sqrt{1-\zeta^2}}\sin(\omega_d t+\phi) \tag{3-3-10}$$

由式(3-3-8)可知，$0<\zeta<1$ 时的单位阶跃响应是衰减的正弦振荡曲线，见图 3-3-5。衰减速度取决于特征根实部绝对值 $\zeta\omega_n$ 的大小，振荡的角频率是特征根虚部的绝对值，即有阻尼自振角频率 ω_d，振荡周期为

$$T_d=\frac{2\pi}{\omega_d}=\frac{2\pi}{\omega_n\sqrt{1-\zeta^2}} \tag{3-3-11}$$

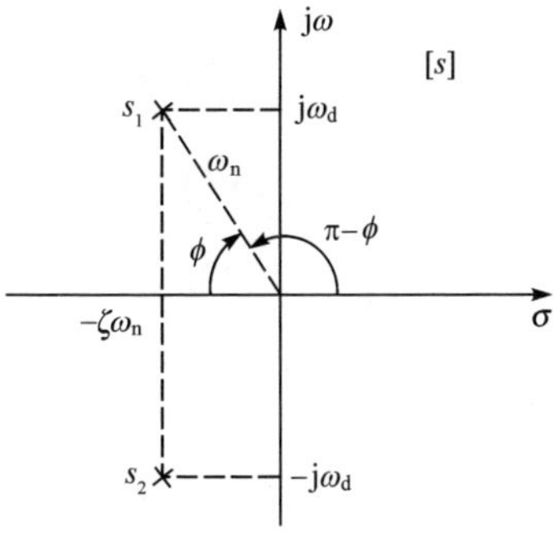

图 3-3-4　二阶系统极点及 ϕ 角

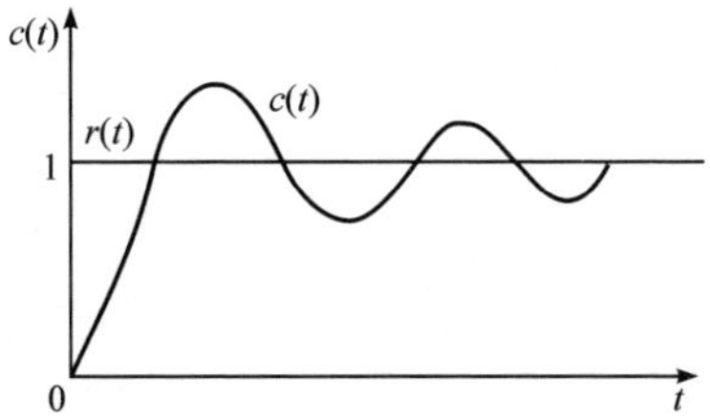

图 3-3-5　二阶系统的单位阶跃响应(欠阻尼状态)

2. 无阻尼状态($\zeta=0$)

当 $\zeta=0$ 时可求得

$$c(t)=1-\cos\omega_n t\quad (t\geqslant 0) \tag{3-3-12}$$

可见，无阻尼($\zeta=0$)时二阶系统的阶跃响应是等幅正(余)弦振荡曲线，见图 3-3-6。振荡角频率是 ω_n。

3. 临界阻尼状态($\zeta=1$)

这时，由式(3-3-5)可得

$$C(s)=\frac{\omega_n^2}{s(s+\omega_n)^2}=\frac{1}{s}-\frac{\omega_n}{(s+\omega_n)^2}-\frac{1}{s+\omega_n} \tag{3-3-13}$$

对上式进行拉氏反变换，得

$$c(t)=1-(\omega_n t+1)e^{-\omega_n t}\quad (t\geqslant 0) \tag{3-3-14}$$

二阶系统阻尼比 $\zeta=1$ 时的单位阶跃响应是一条无超调的单调上升的曲线，如图 3-3-6 所示。

4. 过阻尼状态($\zeta>1$)

这时二阶系统具有两个不相同的负实根，即

$$s_1=-(\zeta+\sqrt{\zeta^2-1})\omega_n$$
$$s_2=-(\zeta-\sqrt{\zeta^2-1})\omega_n$$

式(3-3-5)可以写成

$$C(s)=\frac{s_1 s_2}{(s-s_1)(s-s_2)}\cdot\frac{1}{s}=\frac{1}{s}+\frac{A_1}{s-s_1}+\frac{A_2}{s-s_2}$$

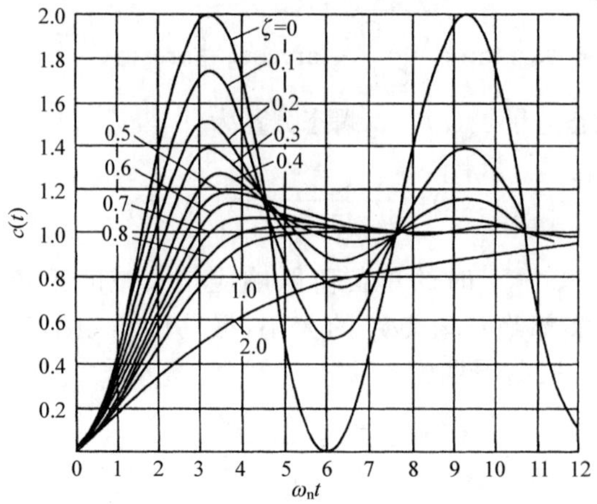

图 3-3-6　二阶系统的单位阶跃响应曲线

取上式的拉氏反变换，得

$$c(t)=1+A_1 e^{s_1 t}+A_2 e^{s_2 t} \tag{3-3-15}$$

其中

$$A_1=\frac{1}{2\sqrt{\zeta^2-1}(\zeta+\sqrt{\zeta^2-1})}$$

$$A_2=-\frac{1}{2\sqrt{\zeta^2-1}(\zeta-\sqrt{\zeta^2-1})}$$

即

$$c(t)=1+\frac{\omega_n}{2\sqrt{\zeta^2-1}}\left(\frac{e^{s_1 t}}{-s_1}-\frac{e^{s_2 t}}{-s_2}\right)\quad(t\geqslant 0) \tag{3-3-16}$$

显然，这时系统的过渡过程 $c(t)$ 包含着两个衰减的指数项，其过渡过程曲线见图 3-3-6。此时的二阶系统就是两个一阶环节串联。分析还表明，当 $\zeta\geqslant 2$ 时，两个极点 s_1 和 s_2 与虚轴的距离相差很大。与虚轴近的极点所对应的一阶环节的时间响应与原二阶系统非常相近。此时二阶系统可用该一阶系统代替。

不同阻尼比的二阶系统的单位阶跃响应曲线见图 3-3-6。由该图可看出，随着阻尼比 ζ 的减小，阶跃响应的振荡程度加重。$\zeta=0$ 时是等幅振荡。当 $\zeta\geqslant 1$ 时，阶跃响应是无振荡的单调上升曲线，其中以 $\zeta=1$ 时的过渡过程时间 t_s 最短。在欠阻尼（$0<\zeta<1$）状态，当 $0.4<\zeta<0.8$ 时，过渡过程时间 t_s 比 $\zeta=1$ 时更短，振荡也不严重。因此在控制工程中，除了那些不容许产生超调和振荡的情况外，通常都希望二阶系统工作在 $0.4<\zeta<0.8$ 的欠阻尼状态。

3.3.3　二阶欠阻尼系统的动态性能指标

下面推导式(3-3-2)所示二阶欠阻尼系统的动态性能指标计算公式。

1. 上升时间 t_r 的计算

根据定义，当 $t=t_r$ 时，$c(t_r)=1$。由式(3-3-8)得

$$c(t_r)=1-\frac{e^{-\zeta\omega_n t_r}}{\sqrt{1-\zeta^2}}\sin(\omega_d t_r+\phi)=1$$

即

$$-\frac{e^{-\zeta\omega_n t_r}}{\sqrt{1-\zeta^2}}\sin(\omega_d t_r+\phi)=0$$

因为

$$e^{-\zeta\omega_n t_r}\neq 0\Rightarrow\sin(\omega_d t_r+\phi)=0\Rightarrow\omega_d t_r+\phi=\pi$$

所以上升时间为

$$t_r=\frac{\pi-\phi}{\omega_d}=\frac{\pi-\phi}{\omega_n\sqrt{1-\zeta^2}} \tag{3-3-17}$$

2. 峰值时间 t_p 的计算

将式(3-3-8)对时间求导,并令其等于零,即

$$\left.\frac{dc(t)}{dt}\right|_{t=t_p}=0$$

得

$$\frac{\zeta\omega_n e^{-\zeta\omega_n t_p}}{\sqrt{1-\zeta^2}}\sin(\omega_d t_p+\phi)-\frac{\omega_d e^{-\zeta\omega_n t_p}}{\sqrt{1-\zeta^2}}\cos(\omega_d t_p+\phi)=0$$

整理得

$$\sin(\omega_d t_p+\phi)=\frac{\sqrt{1-\zeta^2}}{\zeta}\cos(\omega_d t_p+\phi)$$

将上式变换为

$$\tan(\omega_d t_p+\phi)=\tan\phi$$

所以

$$\omega_d t_p=0,\pi,2\pi,3\pi,\cdots$$

由于峰值时间 t_p 是过渡过程 $c(t)$ 达到第一个峰值所对应的时间,故取 $\omega_d t_p=\pi$,考虑到式(3-3-11),有

$$t_p=\frac{\pi}{\omega_d}=\frac{\pi}{\omega_n\sqrt{1-\zeta^2}}=\frac{1}{2}T_d \tag{3-3-18}$$

3. 最大超调 σ_p 的计算

由定义及式(3-3-8)可得

$$\begin{aligned}\sigma_p&=\frac{c(t_p)-c(\infty)}{c(\infty)}\times 100\%=-\frac{e^{-\zeta\omega_n t_p}}{\sqrt{1-\zeta^2}}\sin(\omega_d t_p+\phi)\times 100\%\\&=\frac{e^{-\zeta\omega_n t_p}}{\sqrt{1-\zeta^2}}\sin\phi\times 100\%=e^{-\zeta\omega_n t_p}\times 100\%\end{aligned}$$

即

$$\sigma_p=e^{-\zeta\pi/\sqrt{1-\zeta^2}}\times 100\%=e^{-\pi\cot\phi} \tag{3-3-19}$$

4. 过渡过程时间 t_s 的计算

由式(3-3-8)可知,二阶欠阻尼系统单位阶跃响应曲线 $c(t)$ 位于一对曲线 $1\pm\frac{e^{-\zeta\omega_n t}}{\sqrt{1-\zeta^2}}$ 之内,如图 3-3-7 所示,这对曲线就称为响应曲线的包络线。可见,可以采用包络线代替实际响应曲线估算过渡过程时间 t_s,所得结果一般略偏大。若允许误差带是 Δ,可认为 t_s 就是包络

线衰减到 Δ 区域所需的时间，则有

$$\frac{e^{-\zeta\omega_n t_s}}{\sqrt{1-\zeta^2}}=\Delta$$

解得

$$t_s=\frac{1}{\zeta\omega_n}\left(\ln\frac{1}{\Delta}+\ln\frac{1}{\sqrt{1-\zeta^2}}\right) \quad (3\text{-}3\text{-}20)$$

若取 $\Delta=5\%$，并忽略 $\ln\frac{1}{\sqrt{1-\zeta^2}}$ $(0<\zeta<0.9)$ 时，则得

$$t_s\approx\frac{3}{\zeta\omega_n} \quad (3\text{-}3\text{-}21)$$

若取 $\Delta=2\%$，并忽略 $\ln\frac{1}{\sqrt{1-\zeta^2}}$，则得

$$t_s\approx\frac{4}{\zeta\omega_n} \quad (3\text{-}3\text{-}22)$$

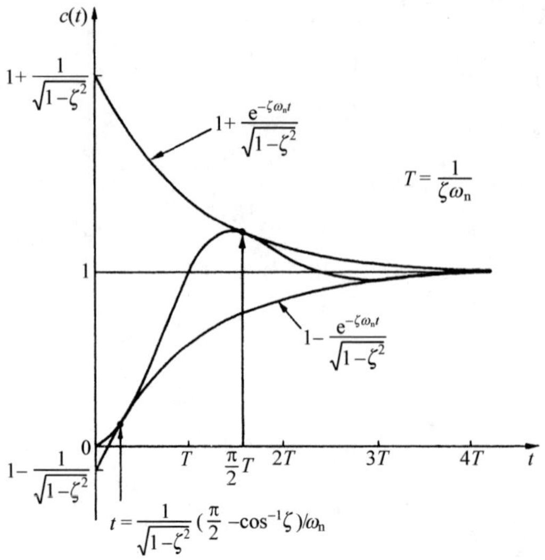

图 3-3-7　二阶系统单位阶跃响应的一对包络线

5. 振荡次数 N 的计算

根据振荡次数的定义，有

$$N=\frac{t_s}{T_d}=\frac{t_s}{2t_p} \quad (3\text{-}3\text{-}23)$$

当 $\Delta=2\%$ 时 $t_s=\frac{4}{\zeta\omega_n}$，则有

$$N=\frac{2\sqrt{1-\zeta^2}}{\pi\zeta} \quad (3\text{-}3\text{-}24)$$

当 $\Delta=5\%$ 时，$t_s=\frac{3}{\zeta\omega_n}$，则有

$$N=\frac{1.5\sqrt{1-\zeta^2}}{\pi\zeta} \quad (3\text{-}3\text{-}25)$$

若已知 σ_p，考虑到 $\sigma_p=e^{-\pi\zeta/\sqrt{1-\zeta^2}}$，即

$$\ln\sigma_p=-\frac{\pi\zeta}{\sqrt{1-\zeta^2}}$$

求得振荡次数 N 与最大超调 σ_p 的关系为

$$N=\frac{-2}{\ln\sigma_p}\quad (\Delta=2\%) \quad (3\text{-}3\text{-}26)$$

$$N=\frac{-1.5}{\ln\sigma_p}\quad (\Delta=5\%) \quad (3\text{-}3\text{-}27)$$

由以上各式可知，σ_p 和 N 只与阻尼比 ζ 有关，与 ω_n 无关。它们与 ζ 的关系曲线见图 3-3-8 和图 3-3-9。当 $0.4<\zeta<0.8$ 时，$25\%>\sigma_p>1.5\%$。由图 3-3-4 还可知，t_s 及瞬态分量衰减速度取决于极点的实部，阻尼比 ζ 和 σ_p 取决于角 ϕ。$\zeta=0.707$ 也称为最佳阻尼比。

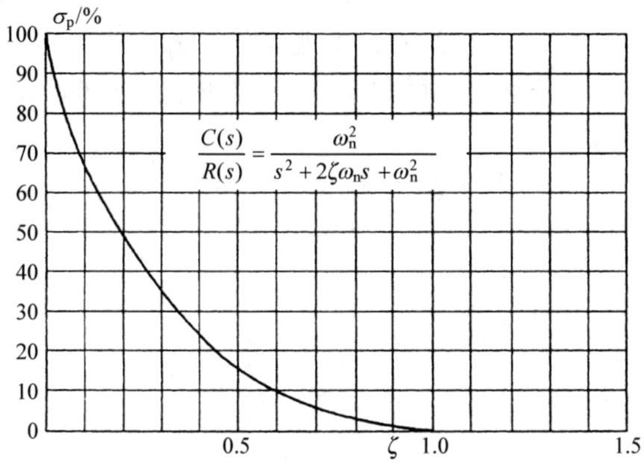

图 3-3-8　σ_p 与 ζ 的关系曲线

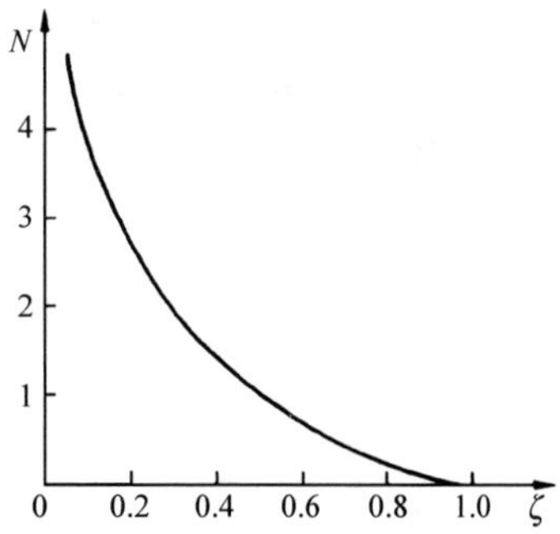

图 3-3-9　振荡次数 N 与 ζ 的关系曲线

t_r、t_p、t_s 与 ζ 及 ω_n 都有关。设计二阶系统时，可以先根据对 σ_p 的要求求出 ζ，再根据对 t_s 等指标的要求确定 ω_n。

前述动态性能指标的计算公式，适用于传递函数分子为常数的二阶系统。传递函数的零点和初始条件都会影响和改变动态性能，如上升时间 t_r，峰值时间 t_p，最大超调 σ_p 等，但不改变振荡周期。单位阶跃响应曲线第 3 次和第 1 次穿越稳态值的时间之差就是振荡周期。

3.3.4　二阶系统计算举例

例 3-3-1　二阶系统如图 3-3-1 所示，其中 $\zeta=0.6$，$\omega_n=5\text{rad/s}$。当 $r(t)=1(t)$ 时，求性能指标 t_r、t_p、t_s、σ_p 和 N 的数值。

解

$$\sqrt{1-\zeta^2}=\sqrt{1-0.6^2}=0.8,\quad \omega_d=\omega_n\sqrt{1-\zeta^2}=5\times0.8=4$$

$$\zeta\omega_n=0.6\times5=3,\quad \phi=\arctan\frac{\sqrt{1-\zeta^2}}{\zeta}=\arctan\frac{0.8}{0.6}=0.93\text{rad}$$

$$t_r=\frac{\pi-\phi}{\omega_d}=\frac{\pi-0.93}{4}=0.55\text{s}$$

$$t_p=\frac{\pi}{\omega_d}=\frac{3.14}{4}=0.785\text{s}$$

$$\sigma_p=e^{-\frac{\pi\zeta}{\sqrt{1-\zeta^2}}}\times100\%=e^{-\frac{3.14\times0.6}{0.8}}\times100\%=9.5\%$$

$$t_s\approx\frac{3}{\zeta\omega_n}=1\text{s}\quad(\Delta=5\%)$$

$$t_s\approx\frac{4}{\zeta\omega_n}=1.33\text{s}\quad(\Delta=2\%)$$

椐式(3-3-23)及式(3-3-24)有

$$N=\frac{t_s}{2t_p}=\frac{1.33}{2\times0.785}=0.8\quad(\Delta=2\%)$$

$$N=\frac{t_s}{2t_p}=\frac{1}{2\times0.785}=0.6\quad(\Delta=5\%)$$

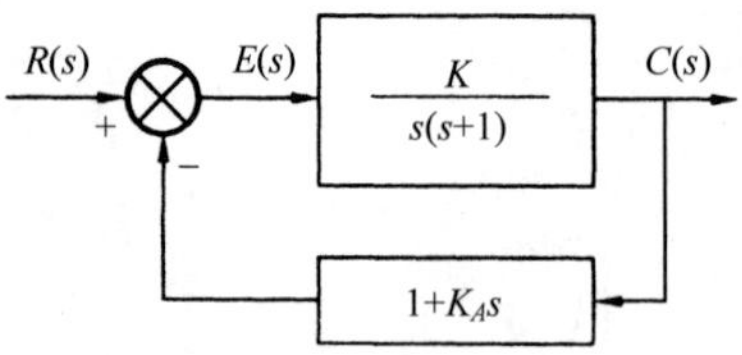

图 3-3-10　控制系统框图

例 3-3-2　设一个带速度反馈的伺服系统，其框图如图 3-3-10 所示。要求系统的性能指标为 $\sigma_p=20\%$，$t_p=1s$。试确定系统的 K 值和 K_A 值，并计算性能指标 t_r、t_s 及 N 的值。

解　首先，根据要求的 σ_p 求取相应的阻尼比 ζ：

$$\sigma_p=e^{-\frac{\pi\zeta}{\sqrt{1-\zeta^2}}}$$

$$\frac{\pi\zeta}{\sqrt{1-\zeta^2}}=\ln\frac{1}{\sigma_p}=\ln\frac{1}{0.2}=1.61$$

解得

$$\zeta=0.456$$

其次，由已知条件 $t_p=1s$ 及已求出的 $\zeta=0.456$ 求无阻尼自振频率 ω_n，即

$$t_p=\frac{\pi}{\omega_n\sqrt{1-\zeta^2}}$$

解得

$$\omega_n=\frac{\pi}{t_p\sqrt{1-\zeta^2}}=3.53\text{rad/s}$$

将此二阶系统的闭环传递函数与典型形式进行比较，求 K 及 K_A 值。由图 3-3-10 得

$$\frac{C(s)}{R(s)}=\frac{K}{s^2+(1+KK_A)s+K}=\frac{\omega_n^2}{s^2+2\zeta\omega_n s+\omega_n}$$

比较上式两端，得

$$\omega_n^2=K,\quad 2\zeta\omega_n=(1+KK_A)$$

所以

$$K=\omega_n^2=3.53^2=12.5$$

$$K_A=\frac{2\zeta\omega_n-1}{K}=0.178$$

最后计算 t_r、t_s 及 N

$$t_r=\frac{\pi-\phi}{\omega_n\sqrt{1-\zeta^2}}$$

式中

$$\phi=\arctan\frac{\sqrt{1-\zeta^2}}{\zeta}=1.1\text{rad}$$

解得

$$t_r=0.65s$$

$$t_s=\frac{3}{\zeta\omega_n}=1.86s\quad（取\ \Delta=5\%）$$

$$N=\frac{t_s}{2t_p}=0.93\ 次\quad（取\ \Delta=5\%）$$

$$t_s=\frac{4}{\zeta\omega_n}=2.48s\quad（取\ \Delta=2\%）$$

$$N=\frac{t_s}{2t_p}=1.2\text{次}\quad(\text{取}\Delta=2\%)$$

例 3-3-3 图 3-3-11(a)是一个机械平移系统，当有 3N 的力(阶跃输入)作用于系统时，系统中的质量 M 作图 3-3-11(b)所示的运动。根据这个过渡过程曲线，确定质量 M、黏性摩擦系数 f 和弹簧刚度 K 的数值。

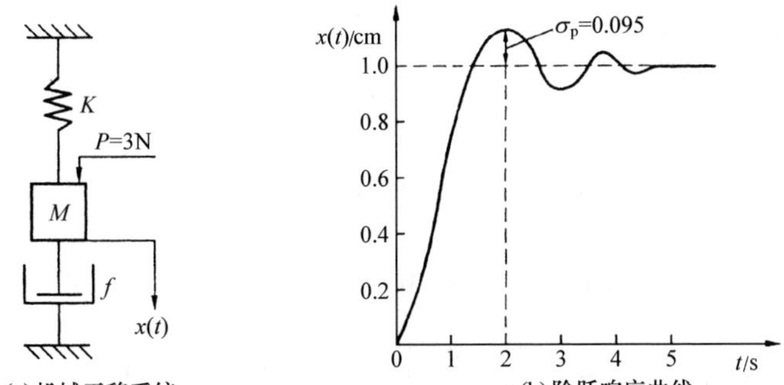

(a)机械平移系统　　(b)阶跃响应曲线

图 3-3-11　机械平移系统

解　由图知 $\sigma_p=0.095$，　$t_p=2\text{s}$，　$x(\infty)=\lim\limits_{t\to\infty}x(t)=1\text{cm}=0.01\text{m}$

根据牛顿第二定律有

$$M\frac{\mathrm{d}^2x}{\mathrm{d}t^2}+f\frac{\mathrm{d}x}{\mathrm{d}t}+Kx=P$$

取拉氏变换后可得

$$\frac{X(s)}{P(s)}=\frac{1}{Ms^2+fs+K}=\frac{1}{K}\cdot\frac{\frac{K}{M}}{s^2+\frac{f}{M}s+\frac{K}{M}}$$

故有 $\omega_n^2=K/M$，$2\zeta\omega_n=f/M$。由 σ_p、t_p 可求出 ζ、ω_n。为了求出 K、M、f，关键是找出 $x(\infty)$ 与系统参数的关系。当 $P(t)=3\cdot1(t)$时，输出为

$$X(s)=\frac{1}{Ms^2+fs+K}\cdot\frac{3}{s}$$

$$x(\infty)=\lim_{t\to\infty}x(t)=\lim_{s\to0}s\cdot X(s)=\lim_{s\to0}s\cdot\frac{1}{Ms^2+fs+K}\cdot\frac{3}{s}=\frac{3}{K}=0.01$$

$$K=300\text{N/m}$$

由 $\sigma_p=9.5\%$可求得 $\zeta=0.6\text{s}$。由 $t_p=\dfrac{\pi}{\omega_n\sqrt{1-\zeta^2}}=2$ 可求得 $\omega_n=1.96\text{rad/s}$

$$\omega_n^2=K/M\Rightarrow300/M=1.96^2\Rightarrow M=78\text{kg}$$

$$2\zeta\omega_n=f/M\Rightarrow2\times0.6\times1.96=f/78\Rightarrow f=180\text{Ns/m}$$

3.3.5　二阶系统的单位冲激响应

3.3.5 节

令 $r(t)=\delta(t)$，则有 $R(s)=1$。因此，对于具有式(3-3-2)的传递函数的二阶系统，输出信号的拉氏变换式为

$$C(s)=\frac{\omega_n^2}{s^2+2\zeta\omega_n s+\omega_n^2}$$

取上式的拉氏反变换，或者通过单位阶跃响应对时间求导数，就可得到下列各种情况下的单位冲激响应。

欠阻尼（$0<\zeta<1$）时的单位冲激响应为

$$g(t)=c(t)=\frac{\omega_n}{\sqrt{1-\zeta^2}}e^{-\zeta\omega_n t}\sin\omega_n\sqrt{1-\zeta^2}\,t \quad (t\geqslant 0) \tag{3-3-28}$$

无阻尼（$\zeta=0$）时的单位冲激响应为

$$g(t)=c(t)=\omega_n\sin\omega_n t \quad (t\geqslant 0) \tag{3-3-29}$$

临界阻尼（$\zeta=1$）时的单位冲激响应为

$$g(t)=c(t)=\omega_n^2 t e^{-\omega_n t} \quad (t\geqslant 0) \tag{3-3-30}$$

过阻尼（$\zeta>1$）时的单位冲激响应为

$$g(t)=c(t)=\frac{\omega_n}{2\sqrt{\zeta^2-1}}\left[e^{-(\zeta-\sqrt{\zeta^2-1})\omega_n t}-e^{-(\zeta+\sqrt{\zeta^2-1})\omega_n t}\right] \quad (t\geqslant 0) \tag{3-3-31}$$

上述各种情况下的单位冲激响应曲线示于图 3-3-12 中。

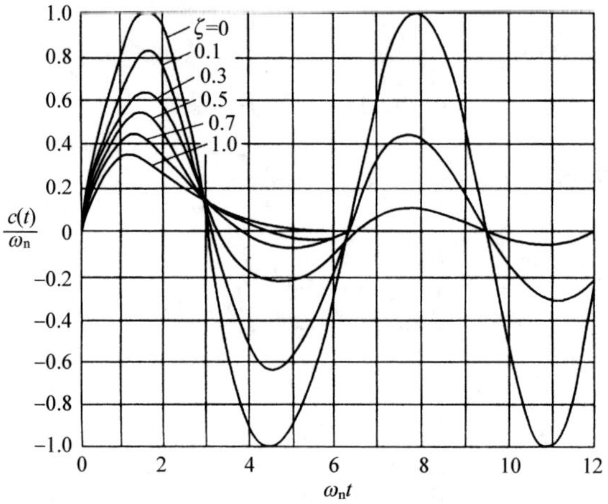

图 3-3-12　二阶系统的单位冲激响应

3.3.6　二阶系统的单位斜坡响应

令 $r(t)=t$，则有 $R(s)=\frac{1}{s^2}$，单位斜坡响应的拉氏变换式为

$$C(s)=\frac{\omega_n^2}{s^2+2\zeta\omega_n s+\omega_n^2}\cdot\frac{1}{s^2} \tag{3-3-32}$$

1. 欠阻尼（$0<\zeta<1$）时的单位斜坡响应

这时式(3-3-32)可以展成如下的部分分式

$$C(s)=\frac{1}{s^2}-\frac{\frac{2\zeta}{\omega_n}}{s}+\frac{\frac{2\zeta}{\omega_n}(s+\zeta\omega_n)+(2\zeta^2-1)}{s^2+2\zeta\omega_n s+\omega_n^2}$$

取上式的拉氏反变换得

$$\begin{aligned}c(t)&=t-\frac{2\zeta}{\omega_n}+e^{-\zeta\omega_n t}\left(\frac{2\zeta}{\omega_n}\cos\omega_d t+\frac{2\zeta^2-1}{\omega_n\sqrt{1-\zeta^2}}\sin\omega_d t\right)\\&=t-\frac{2\zeta}{\omega_n}+\frac{e^{-\zeta\omega_n t}}{\omega_n\sqrt{1-\zeta^2}}\sin\left(\omega_d t+\arctan\frac{2\zeta\sqrt{1-\zeta^2}}{2\zeta^2-1}\right) \quad (t\geqslant 0)\end{aligned} \tag{3-3-33}$$

式中

$$\omega_d=\omega_n\sqrt{1-\zeta^2}$$

$$\arctan\frac{2\zeta\sqrt{1-\zeta^2}}{2\zeta^2-1}=2\arctan\frac{\sqrt{1-\zeta^2}}{\zeta}=2\phi$$

2. 临界阻尼($\zeta=1$)时的单位斜坡响应

对于临界阻尼情况,式(3-3-32)可以展成如下的部分分式

$$C(s)=\frac{1}{s^2}-\frac{\frac{2}{\omega_n}}{s}+\frac{1}{(s+\omega_n)^2}+\frac{\frac{2}{\omega_n}}{s+\omega_n}$$

对上式取拉氏反变换得

$$c(t)=t-\frac{2}{\omega_n}+\frac{2}{\omega_n}(1+\frac{\omega_n}{2}t)e^{-\omega_n t}\quad(t\geqslant 0)\tag{3-3-34}$$

3. 过阻尼($\zeta>1$)时的单位斜坡响应

$$c(t)=t-\frac{2\zeta}{\omega_n}-\frac{2\zeta^2-1-2\zeta\sqrt{\zeta^2-1}}{2\omega_n\sqrt{\zeta^2-1}}e^{-(\zeta+\sqrt{\zeta^2-1})\omega_n t}$$

$$+\frac{2\zeta^2-1+2\zeta\sqrt{\zeta^2-1}}{2\omega_n\sqrt{\zeta^2-1}}e^{-(\zeta-\sqrt{\zeta^2-1})\omega_n t}\quad(t\geqslant 0)\tag{3-3-35}$$

二阶系统单位斜坡响应还可以通过对单位阶跃响应求积分求得,其中积分常数可根据$t=0$时$c(t)$的初始条件来确定。

单位斜坡响应$c(t)$由稳定分量$c_s(t)$和瞬态分量$c_t(t)$组成,由式(3-3-33)～式(3-3-35)可知

$$c_s(t)=t-\frac{2\zeta}{\omega_n}\tag{3-3-36}$$

$$c_t(\infty)=\lim_{t\to\infty}c_t(t)=0\tag{3-3-37}$$

所以输入信号$r(t)=t$与输出信号$c(t)$之差$e(t)$为

$$\begin{aligned}e(t)&=r(t)-c(t)\\&=r(t)-c_s(t)-c_t(t)\\&=\frac{2\zeta}{\omega_n}-c_t(t)\end{aligned}$$

$$e(\infty)=\lim_{t\to\infty}e(t)=\frac{2\zeta}{\omega_n}\tag{3-3-38}$$

式(3-3-38)说明,当$t\to\infty$时,式(3-3-2)所示的二阶系统的单位斜坡响应与输入信号之间存在误差。

二阶系统的单位斜坡响应如图3-3-13所示,图中$K=\omega_n/(2\zeta)$。

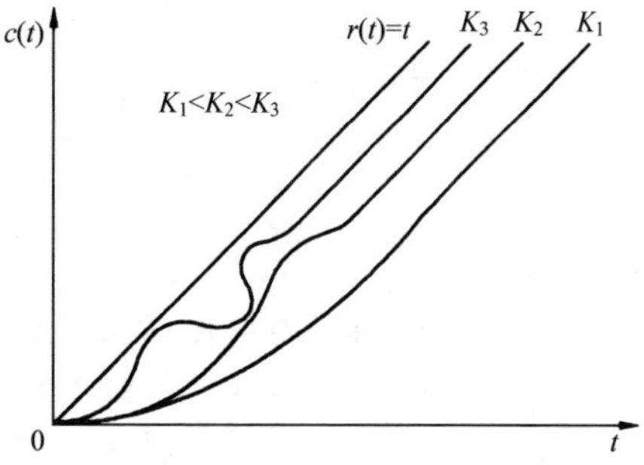

图 3-3-13　二阶系统的单位斜坡响应

3.3.7　初始条件不为零时二阶系统的时间响应

上面分析时间响应时一直假设系统的初始条件为零。下面分析非零初始条件下二阶系统的时间响应。

对于式(3-3-1)所示典型的二阶系统微分方程,即

$$\ddot{c}(t)+2\zeta\omega_n\dot{c}(t)+\omega_n^2c(t)=\omega_n^2r(t)$$

取拉氏变换,并考虑初始条件,得

$$s^2C(s)-sc(0)-\dot{c}(0)+2\zeta\omega_n[sC(s)-c(0)]+\omega_n^2C(s)=\omega_n^2R(s)$$

$$C(s)=\frac{\omega_n^2}{s^2+2\zeta\omega_n s+\omega_n^2}R(s)+\frac{c(0)(s+2\zeta\omega_n)+\dot{c}(0)}{s^2+2\zeta\omega_n s+\omega_n^2}\tag{3-3-39}$$

式(3-3-39)等号右边的第二项表示初始条件$c(0)$、$\dot{c}(0)$对系统时间响应的影响。

对式(3-3-39)取拉氏反变换,便得到初始条件不为零时系统的时间响应:

$$c(t)=c_1(t)+c_2(t)$$

其中，$c_1(t)$就是前面讨论的零初始条件响应分量；$c_2(t)$称为(非零)初始条件响应分量，又称为零输入响应分量。

当$0<\zeta<1$时，由式(3-3-39)求得

$$
\begin{aligned}
c_2(t)&=\mathscr{L}^{-1}\left[\frac{c(0)(s+2\zeta\omega_n)+\dot{c}(0)}{s^2+2\zeta\omega_n s+\omega_n^2}\right]\\
&=e^{-\zeta\omega_n t}\left[c(0)\cos\omega_d t+\frac{c(0)\zeta\omega_n+\dot{c}(0)}{\omega_n\sqrt{1-\zeta^2}}\sin\omega_d t\right]\\
&=\sqrt{[c(0)]^2+\left[\frac{c(0)\zeta\omega_n+\dot{c}(0)}{\omega_n\sqrt{1-\zeta^2}}\right]^2}\,e^{-\zeta\omega_n t}\sin(\omega_d t+\theta)\quad(t\geqslant 0)
\end{aligned}
\tag{3-3-40}
$$

式中

$$
\theta=\arctan\frac{\omega_n\sqrt{1-\zeta^2}}{\zeta\omega_n+\dfrac{\dot{c}(0)}{c(0)}}\quad(0<\zeta<1)
$$

当$\zeta=0$时，由式(3-3-40)直接得

$$
c_2(t)=\sqrt{[c(0)]^2+\left[\frac{\dot{c}(0)}{\omega_n}\right]^2}\sin\left[\omega_n t+\arctan\frac{\omega_n}{\dfrac{\dot{c}(0)}{c(0)}}\right]\quad(t\geqslant 0)
\tag{3-3-41}
$$

初始条件与初始值

由式(3-3-39)～式(3-3-41)可知，非零初始条件响应分量完全由系统的瞬态分量组成，各运动模态的系数和相位与初始条件有关。初始条件只影响系统的瞬态分量。

3.3.8 单位阶跃响应的一般表达式

前面3.3.2节给出的单位阶跃响应表达式适用于传递函数分子是1且初始条件为零的二阶系统。更一般的二阶系统的单位阶跃响应表达式都可写为如下形式：

$$
c(t)=A_0+A_1e^{-\zeta\omega_n t}\sin(\omega_d t+\theta)\quad(0<\zeta<1)
\tag{3-3-42}
$$

或

$$
c(t)=A_0+A_2e^{s_1 t}+A_3e^{s_2 t}\quad(\zeta>1)
\tag{3-3-43}
$$

其中稳态分量A_0取决于传递函数的放大系数。瞬态分量中的$-\zeta\omega_n$、ω_d是传递函数复数极点的实部和虚部，s_1、s_2是传递函数实数极点。而参数A_1、θ、A_2、A_3与传递函数零点和放大系数(分子)以及初始条件有关。由上述两式求得的$c(0)$是系统阶跃响应的初始值(0^+时刻对应的值)。传递函数分子为常数时，系统阶跃响应初始值(0^+时刻对应的值)与初始条件(0^-时刻对应的值)相等。

应用

3.4 高阶系统的时间响应及简化

3.4节

高于二阶的系统称为高阶系统。严格地说，大多数系统都是高阶系统。高阶系统的时间响应虽然复杂，但正如3.1.3节所述，它的时间响应也可分为稳态分量和瞬态分量两部分。稳态分量时间响应项的形式由输入信号拉氏变换式的极点决定，即由输入信号决定，它们与输入信号的形式相同或相似。瞬态分量就是系统的自由运动模态，它们的形式由传递函数极点决定，和一阶系统、二阶系统瞬态分量的形式是一样的。

关于时间响应的瞬态分量，有以下结论：

1）瞬态分量的各个运动模态衰减的快慢，取决于对应的极点和虚轴的距离，离虚轴越远

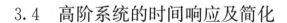

的极点对应的运动模态衰减得越快。

2）各模态所对应的系数和初相角取决于零、极点的分布。若某一极点越靠近零点，且远离其他极点和原点，则相应的系数越小。若一对零、极点相距很近，该极点对应的系数就非常小。若某一极点远离零点，它越靠近原点或其他极点，则相应的系数越大。

3）系统的零点和极点共同决定了系统响应曲线的形状。对系数很小的运动模态或远离虚轴衰减很快的运动模态可以忽略，这时高阶系统就近似为较低阶的系统。

4）高阶系统中离虚轴最近的极点，如果它与虚轴的距离比其他极点距离的1/5还小，并且该极点附近没有零点，则可以认为系统的响应主要由该极点决定。这种对系统响应起主导作用的极点称为系统的主导极点。非主导极点所对应的时间响应在上升时间 t_r 之前能基本衰减完毕，只影响 $0 \sim t_r$ 一段的响应曲线，对过渡过程时间 t_s 等性能指标基本无影响。主导极点可以是一个实数，更常常是一对共轭复数。具有一对共轭复数主导极点的高阶系统可当做二阶系统来分析。

5）非零初始条件下高阶系统的响应同样可以认为是由两部分组成：零初始条件下输入信号产生的响应，与零输入时由非零初始条件引起的响应。其中纯粹由初始条件引起的响应又称零输入响应，它是系统所有的运动模态的线性组合。

对于高阶系统进行理论上的定量分析一般是复杂而又困难的。数字仿真是分析高阶系统时间响应最有效的方法。另一种常用的分析方法就是将高阶系统简化为低阶系统，简化后的系统的时间响应与原高阶系统相接近。

在下述几种情况下，高阶系统的传递函数可忽略负数极点而简化为较低阶的传递函数。具有主导极点的传递函数，可保留主导极点而忽略非主导极点，但应保持放大系数不变。当传递函数是零极点表达式时，大小相近的一对零极点可对消，远离虚轴的极点可忽略，同时改变零极点增益使传递函数放大系数不变。当传递函数是时间常数表达式时，时间常数接近的分子分母一次多项式可对消，时间常数很小的分母一次多项式可忽略，时间常数很大的分子分母一次多项式也可对消，传递函数放大系数应保持不变。

3.5 控制系统的稳定性

3.5节

稳定是对控制系统最基本的要求。本节介绍关于稳定的初步概念、线性定常系统稳定的条件和劳斯稳定判据。

3.5.1 稳定的概念

下面以力学系统为例，首先说明平衡位置的稳定性。

力学系统中，位移保持不变的位置（点）称为平衡位置（点），此时位移对时间的各阶导数是零。当所有的外部作用力为零时，位移保持不变的位置又称为原始平衡位置。

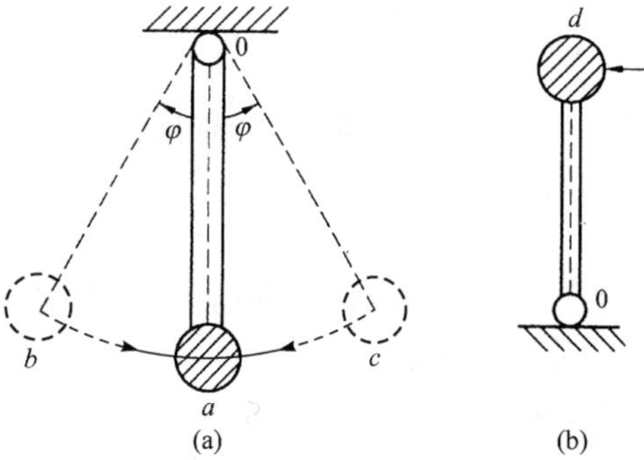

图 3-5-1　单摆

图 3-5-1(a)表示一个悬挂的单摆，其垂直位置 a 是原始平衡位置。若在外力作用下，摆偏离了原始平衡位置 a 到达新位置 b 或 c。当

外力去掉后，在系统内部作用力(重力)作用下，摆将向原始平衡位置 a 运动。由于有摩擦力、空气阻力等作用，摆最后将回到原始平衡位置 a。这时，a 为稳定平衡位置。图 3-5-1(b)表示的摆的支撑点在下方，称倒立的摆。垂直位置 d 也是一个原始平衡位置。但是，若外力 f 使其偏离垂直位置，当外力消失时，依靠自身的能力，摆不可能回到原始平衡位置 d。这样的平衡位置称为不稳定平衡位置。

图 3-5-2 表示一个曲面和小球装置。对于小球来说，b、c 为不稳定平衡点，a 为稳定平衡点。

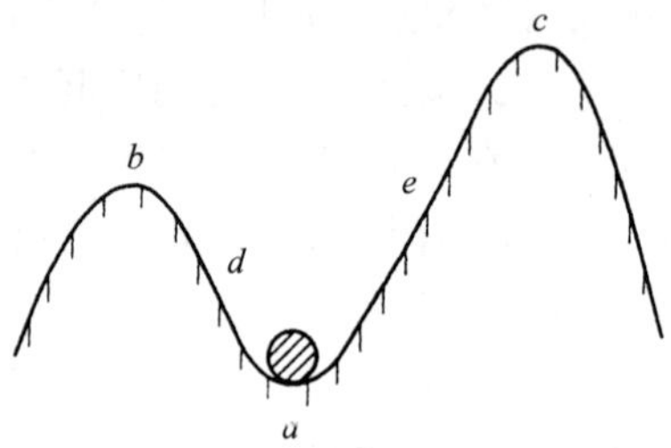

图 3-5-2　曲面和小球

与上述力学系统相似，一般的自动控制系统中也存在平衡位置。平衡位置的稳定性取决于输入信号为零时的系统在非零初始条件作用下是否能自行返回到原平衡位置。

对于一个控制系统，当所有的输入信号为零，而系统输出信号保持不变的点(位置)称为平衡点(位置)。设线性系统有一个平衡点，并取平衡点时系统的输出信号为零。当系统所有的输入信号为零时，在非零初始条件作用下，如果系统的输出信号随时间的推移而趋于零(即系统能够自行回到原平衡点)，则称系统是稳定的。否则，称系统是不稳定的。或者说，如果系统时间响应中的初始条件分量(零输入响应)趋于零，则系统是稳定的，否则系统是不稳定的。

3.5.2　线性定常系统稳定的充分必要条件

线性定常系统的微分方程可表示成下述一般形式：

$$\begin{aligned}&c^{(n)}(t)+a_1c^{(n-1)}(t)+a_2c^{(n-2)}(t)+\cdots+a_{n-1}\dot{c}(t)+a_nc(t)\\&=b_0r^{(n)}(t)+b_1r^{(n-1)}(t)+\cdots+b_{n-1}\dot{r}(t)+b_nr(t)\end{aligned}\tag{3-5-1}$$

设输入信号 $r(t)=0$ 且保持不变，若输出信号 $c(t)$ 也保持不变，则有 $c(t)=0$。可见 $c(t)=0$ 是该系统唯一的平衡点。

考虑初始条件，对上式取拉氏变换后得

$$\begin{aligned}C(s)=&\frac{b_0s^n+b_1s^{n-1}+\cdots+b_{n-1}s+b_n}{s^n+a_1s^{n-1}+a_2s^{n-2}+\cdots+a_{n-1}s+a_n}R(s)\\&+\frac{N_0(s)}{s^n+a_1s^{n-1}+\cdots+a_{n-1}s+a_n}\end{aligned}\tag{3-5-2}$$

式中，$N_0(s)$ 是由初始条件 $c^{(i)}(0)$ 及系数 a_i 决定的 s 的多项式。该系统的闭环传递函数为

$$\Phi(s)=\frac{C(s)}{R(s)}=\frac{b_0s^n+b_1s^{n-1}+\cdots+b_{n-1}s+b_n}{s^n+a_1s^{n-1}+\cdots+a_{n-1}s+a_n}\tag{3-5-3}$$

根据系统稳定性的定义，应研究 $r(t)=0$ 时系统的响应 $c_0(t)$。由式(3-5-2)得

$$C_0(s)=\frac{N_0(s)}{s^n+a_1s^{n-1}+\cdots+a_{n-1}s+a_n}\tag{3-5-4}$$

$C_0(s)$ 的分母就是系统闭环传递函数的分母，$C_0(s)$ 的极点就是闭环传递函数的极点，也就是系统的特征根。根据 3.1.3 节可知，$c_0(t)$ 是系统闭环极点(特征根)所对应的运动模态的线性组合，它包括下述 4 种形式

$$e^{\sigma t},t^i e^{\sigma t},e^{\sigma t}\sin(\omega t+\phi),e^{\sigma t}t^i\sin(\omega t+\phi_{i+1})$$

其中，σ 和 ω 表示闭环极点(特征根)的实部和虚部。当 $t\to\infty$ 时，上述各项趋于零的充要条件

是$\sigma<0$。由此可知，线性定常系统稳定的充分必要条件是，系统的闭环极点（特征根）全都具有负实部，它们全都分布在[s]平面的左半部。

稳定系统的阶跃响应的终值（稳态分量）与对应的输入量之比就是系统（传递函数）的放大系数。

对于系统的稳定性有下面几点推论和说明：

1）线性系统的稳定性是其本身固有的特性，与外界输入信号无关，而非线性系统则不同，常常与外界信号有关。

2）由于单位冲激响应和输出信号中的瞬态分量都是由闭环极点所决定的运动模态的线性组合，对于稳定的系统，这些运动模态随时间的推移而趋于零。所以稳定的系统，单位冲激响应及输出信号中的瞬态分量都趋于零。

3）对于线性定常系统的数学模型而言，若系统不稳定，其输出信号将随时间的推移而无限增大。对于实际物理系统而言，如系统不稳定，其物理变量不会无限增大，而是要受到非线性因素的影响和限制，往往形成大幅值的等幅振荡，或趋于所能达到的最大值。

4）闭环极点（特征根）中，如果有的极点实部为零（位于虚轴上），而其余的极点都具有负实部，这时称系统为临界稳定。此时系统的输出信号将出现等幅振荡，振荡的角频率就是纯虚根的正虚部。或者，这个极点是零，输出信号将是常数。在工程上，临界稳定属于不稳定，因为参数的微小变化就会使极点具有正实部而导致系统不稳定。

3.5.3 劳斯稳定判据

应用上述关于系统稳定的充要条件时需要求解系统特征方程的根，但特征方程往往是高次代数方程，手工求解比较困难。采用劳斯稳定判据，不用求解方程，只要根据方程的系数做简单的运算，就可确定方程是否有（以及有几个）正实部的根，从而判定系统是否稳定。

下面介绍劳斯稳定判据的具体内容。设控制系统的特征方程式为

$$D(s)=a_0 s^n+a_1 s^{n-1}+a_2 s^{n-2}+\cdots+a_{n-1} s+a_n=0 \tag{3-5-5}$$

首先，劳斯稳定判据给出控制系统稳定的必要条件是：控制系统特征方程式(3-5-5)的所有系数$a_i(i=0,1,2,\cdots,n)$均为正值或同符号，且特征方程式不缺项。

然后，劳斯稳定判据要求将多项式的系数排成下面形式的劳斯表：

$$\begin{array}{llllll}
s^n & a_0 & a_2 & a_4 & a_6 & \cdots \\
s^{n-1} & a_1 & a_3 & a_5 & a_7 & \cdots \\
s^{n-2} & b_1 & b_2 & b_3 & b_4 & \cdots \\
s^{n-3} & c_1 & c_2 & c_3 & c_4 & \cdots \\
s^{n-4} & d_1 & d_2 & d_3 & d_4 & \cdots \\
\cdots & \cdots & \cdots & & & \\
s^2 & e_1 & e_2 & & & \\
s^1 & f_1 & & & & \\
s^0 & g_1 & & & &
\end{array}$$

其中，b_1、b_2、b_3等系数可以根据下列公式进行计算：

$$b_1=\frac{a_1 a_2-a_0 a_3}{a_1};\qquad b_2=\frac{a_1 a_4-a_0 a_5}{a_1};\qquad b_3=\frac{a_1 a_6-a_0 a_7}{a_1};\qquad \cdots$$

系数 b_i 的计算，一直进行到其余的 b_i 值全部等于零时为止，同样用上面两行系数交叉相乘的方法，可以计算 c、d、e 等各行的系数，即

$$c_1=\frac{b_1a_3-a_1b_2}{b_1};\quad c_2=\frac{b_1a_5-a_1b_3}{b_1};\quad c_3=\frac{b_1a_7-a_1b_4}{b_1};\quad \cdots$$

$$d_1=\frac{c_1b_2-b_1c_2}{c_1};\quad d_2=\frac{c_1b_3-b_1c_3}{c_1};\quad \cdots$$

这种过程一直进行到第 $n+1$ 行算完为止。其中第 $n+1$ 行仅第 1 列有值，且正好是方程最后一项系数 a_n。劳斯表是三角形。列表时为了简化数值运算，可以用一个正数去除或乘某一整个行，这时并不改变结论。

劳斯稳定判据的结论是，由特征方程(3-5-5)所表示的系统稳定的充分必要条件是：劳斯表第 1 列各项元素均为正数，并且方程中实部为正数的根的个数，等于劳斯表中第一列的元素符号改变的次数。

例 3-5-1 设控制系统的特征方程为

$$D(s)=s^4+2s^3+3s^2+4s+5=0$$

应用劳斯稳定判据判断系统的稳定性。

解 方程中各项系数均为正值，满足稳定的必要条件。列劳斯表：

s^4	1	3	5
s^3	2	4	0
s^2	1	5	
s^1	-6		
s^0	5		

劳斯表第 1 列元素不全是正数，符号改变两次(从 $+1\to-6\to+5$)，说明闭环系统有两个正实部的根，即在[s]右半平面有两个闭环极点，所以系统不稳定。

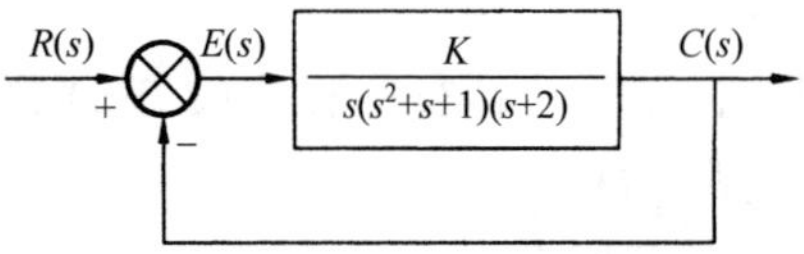

图 3-5-3 控制系统框图

例 3-5-2 已知控制系统的框图如图 3-5-3 所示，确定使系统稳定时 K 的取值范围。

解 系统的闭环传递函数为

$$\frac{C(s)}{R(s)}=\frac{K}{s(s^2+s+1)(s+2)+K}$$

由上式得系统的特征方程为

$$D(s)=s^4+3s^3+3s^2+2s+K=0$$

欲满足稳定的必要条件，必须使 $K>0$。列劳斯表：

s^4	1	3	K
s^3	3	2	0
s^2	$\frac{7}{3}$	K	
s^1	$2-\frac{9}{7}K$		
s^0	K		

要满足稳定的条件，必须使

$$\begin{cases}K>0\\2-\dfrac{9}{7}K>0\end{cases}$$

由此，求得欲使系统稳定，K 的取值范围是

$$0<K<\frac{14}{9}$$

当 $K=\dfrac{14}{9}$ 时，系统处于临界稳定状态，出现等幅振荡。

运用劳斯稳定判据分析系统的稳定性时，有时会遇到下列两种特殊情况：

1）在劳斯表的任一行中，出现第一个元素为零，而其余各元素均不为零，或部分不为零的情况。

2）在劳斯表的任一行中，出现所有元素均为零的情况。

在这两种情况下，表明系统在[s]平面内存在正实部根或存在两个大小相等符号相反的实根或存在两个共轭虚根，系统处在不稳定状态或临界稳定状态。

下面通过实例说明这时应如何列劳斯表。若遇到第一种情况，可用一个很小的正数 ε 代替为零的元素，然后继续进行计算，完成劳斯表。

例如，系统的特征方程为

$$D(s)=s^4+2s^3+3s^2+6s+1=0$$

其劳斯表为

s^4	1	3	1
s^3	2	6	
s^2	$0\to\varepsilon$	1	
s^1	$\dfrac{6\varepsilon-2}{\varepsilon}\to-\infty$		
s^0	1		

因为劳斯表第一列元素符号改变两次，所以系统不稳定，且有两个正实部的特征根。

若遇到第二种情况，表明方程中存在一对大小相等、符号相反的实根，或一对纯虚根，或对称于 s 平面原点的共轭复根。此时，先用全零行的上一行元素构成一个辅助方程，它的次数总是偶数，它的根就是这些特殊根。再将上述辅助方程对 s 求导，用求导后的方程系数代替全零行的元素，继续完成劳斯表。

例如，系统的特征方程为

$$D(s)=s^3+2s^2+s+2=0$$

其劳斯表为

s^3	1	1	
s^2	2	2	→辅助方程 $2s^2+2=0$
s^1	4	0	←辅助方程求导后的系数
s^0	2		

由上看出，劳斯表第一列元素符号相同，故系统不含具有正实部的根，而含一对纯虚根，可由辅助方程 $2s^2+2=0$ 解出 $\pm j$。

例 3-5-3 已知系统的特征方程为

$$D(s)=s^5+2s^4+3s^3+6s^2-4s-8=0$$

根据辅助方程求特征根。

解 劳斯表为

s^5	1	3	-4	
s^4	2	6	-8	→辅助方程 $2s^4+6s^2-8=0$
s^3	8	12	0	←辅助方程求导后的系数
s^2	3	-8		
s^1	33.3	0		
s^0	-8			

第一列变号一次，说明有一个正实部的根，可根据辅助方程

$$2s^4+6s^2-8=(2s^2-2)(s^2+4)=0$$

解得

$$s=\pm 1;\quad s=\pm j2$$

3.6 控制系统的稳态误差

3.6.1 节

3.6.1 稳态误差的基本概念

控制系统的框图如图 3-6-1 所示。图中 $G_1(s)$代表放大元件、补偿元件的传递函数，$G_2(s)$代表功率放大元件、执行元件和控制对象的传递函数，$F(s)$代表扰动信号。$R(s)$为参考输入信号，$C(s)$为输出信号，也是被控变量。另外，定义 $C_r(s)$为控制系统工作时的期望输出信号。

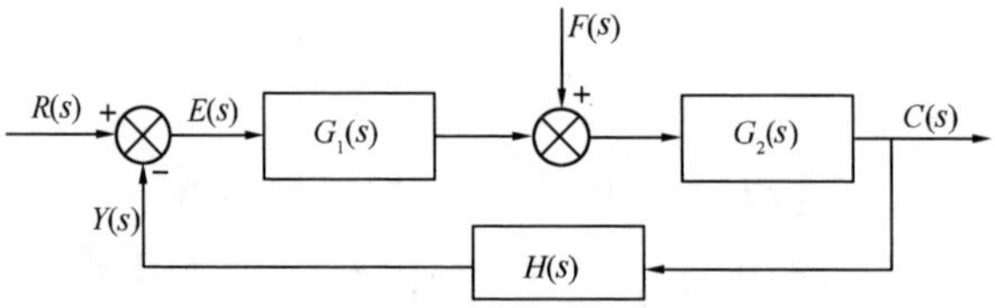

图 3-6-1 控制系统框图

1. 误差

本书定义误差 $e_1(t)$为期望输出信号与实际输出信号的差值：

$$e_1(t)=c_r(t)-c(t) \tag{3-6-1}$$

有：

$$E_1(s)=C_r(s)-C(s) \tag{3-6-2}$$

令图 3-6-1 所示系统中扰动信号 $F(s)=0$，仅考虑参考输入 $R(s)$作用。当 $H(s)=1$ 时，即系统为单位负反馈系统，此时系统的期望输出信号 $C_r(s)$即为系统的参考输入信号 $R(s)$，误差即为偏差。当 $H(s)\neq 1$ 时，图 3-6-1 所示系统可以等效变换为图 3-6-2 所示的系统，期望输出信号 $C_r(s)$可以在此系统框图中直观地表现出来。

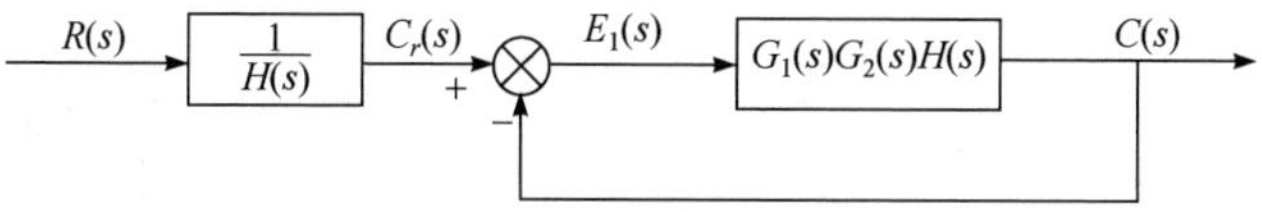

图 3-6-2　控制系统等效框图

2. 稳态误差

误差信号的稳态分量定义为控制系统的稳态误差，记为 $e_{1\,ss}(t)$。

在工程实践中，元部件的制造误差，参数变动，以及摩擦、间隙、死区等非线性因素都会引起系统的稳态误差，但这些原因产生的误差不是本节研究的内容。本节研究由参考输入信号 $r(t)$ 和扰动信号 $f(t)$ 引起的稳态误差，它们与系统的结构和参数、信号的函数形式（阶跃、斜坡或加速度）以及信号进入系统的位置有关。这些误差又称原理性误差。

对于不稳定的系统，误差的瞬态分量很大，这时研究和减小稳态误差就没有实际意义。所以只研究稳定系统的稳态误差。

3. 误差与偏差

结合图 3-6-2，可以得到系统误差 $E_1(s)$：

$$E_1(s)=\frac{R(s)}{H(s)}-C(s) \tag{3-6-3}$$

由

$$E(s)=R(s)-H(s)C(s) \tag{3-6-4}$$

可以得到系统误差 $E_1(s)$ 与偏差 $E(s)$ 之间的转换关系：

$$E_1(s)=\frac{1}{H(s)}E(s) \tag{3-6-5}$$

对于单位负反馈系统，$H(s)=1$，偏差信号就是误差信号。对于非单位负反馈系统，$H(s)\neq1$。求稳态误差时，一般先求偏差信号的稳态分量——稳态偏差，再利用式(3-6-5)求误差信号。求偏差信号的方法见 2.3 节，当参考输入信号 $R(s)$ 和扰动信号 $F(s)$ 都存在时，可以采用叠加原理求总的偏差。

3.6.2　利用终值定理求稳态误差

求稳态误差时，常常只求稳态误差的终值 $e_{1ss}(\infty)=\lim\limits_{t\to\infty}e_{1ss}(t)$。这时可利用拉普拉斯变换的终值定理。

设 $E_1(s)$ 为误差信号，若 $\lim\limits_{t\to\infty}e_{1\,ss}(t)$ 存在，或当 $sE_1(s)$ 的全部极点（除原点外）都具有负实部，根据拉普拉斯变换的终值定理，有

$$e_{1\,ss}(\infty)=\lim_{t\to\infty}e_{1\,ss}(t)=\lim_{t\to\infty}e_1(t)=\lim_{s\to0}sE_1(s) \tag{3-6-6}$$

上述结论同样适用于求稳态偏差的终值 $e_{ss}(\infty)=\lim\limits_{t\to\infty}e(t)$。当稳态误差和它的终值相同时，“终值”二字常常被省略。

例 3-6-1　系统如图 3-6-3 所示，已知 $r(t)=t$，$f(t)=-1(t)$，求系统的稳态误差终值。

解　系统是单位负反馈系统，所以误差信号就是偏差信号 $E(s)$。设 $E_R(s)$ 和 $E_F(s)$ 分别为 $R(s)$、$F(s)$ 产生的误差信号，则有

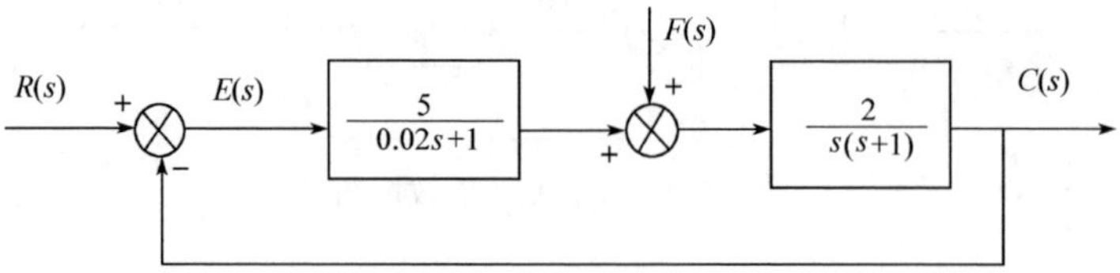

图 3-6-3　系统框图

$$E_R(s)=\frac{1}{1+\frac{5}{0.02s+1}\cdot\frac{2}{s(s+1)}}R(s)=\frac{s(0.02s+1)(s+1)}{s(0.02s+1)(s+1)+10}R(s)$$

$$E_F(s)=\frac{-\frac{2}{s(s+1)}}{1+\frac{5}{0.02s+1}\cdot\frac{2}{s(s+1)}}F(s)=\frac{-2(0.02s+1)}{s(0.02s+1)(s+1)+10}F(s)$$

按题意

$$R(s)=\frac{1}{s^2},\quad F(s)=-\frac{1}{s}$$

$$E(s)=E_R(s)+E_F(s)$$

$$\begin{aligned}sE(s)&=sE_R(s)+sE_F(s)\\&=s\cdot\frac{s(0.02s+1)(s+1)}{s(0.02s+1)(s+1)+10}\cdot\frac{1}{s^2}+s\cdot\frac{-2(0.02s+1)}{s(0.02s+1)(s+1)+10}\left(-\frac{1}{s}\right)\\&=\frac{(0.02s+1)(s+1)}{s(0.02s+1)(s+1)+10}+\frac{2(0.02s+1)}{s(0.02s+1)(s+1)+10}\end{aligned}$$

$sE(s)$的极点就是系统的闭环极点，用劳斯稳定判据可知系统是稳定的，$sE(s)$的极点全都具有负实部，按照终值定理有

$$e_{ss}(\infty)=\lim_{s\to 0}sE(s)=\frac{1}{10}+\frac{2}{10}=0.3$$

3.6.3　系统的型别与参考输入的稳态误差

设系统的开环传递函数$G(s)H(s)$为

$$G(s)H(s)=\frac{KN(s)}{s^{\nu}D(s)} \tag{3-6-7}$$

式中，$N(0)=D(0)=1$，K是开环放大系数。

ν是开环传递函数所含$s=0$的极点的个数，也是所含的积分环节的数目。当$\nu=0,1,2,\cdots$时，系统就称为0型，1型，2型，…系统。之所以按ν的数值进行分类，是因为ν的数值反映了系统跟踪参考输入信号的能力。$\nu>2$的系统很少使用，因为使它们稳定相当困难。系统型别的另一种定义是，系统偏差信号$E(s)$对参考输入信号$R(s)$的闭环传递函数$\Phi_e(s)$中，$s=0$的零点的个数ν就是系统型别数。因为

$$\Phi_e(s)=\frac{1}{1+G(s)H(s)}=\frac{s^{\nu}D(s)}{s^{\nu}D(s)+KN(s)}$$

可见，开环传递函数中 $s=0$ 的极点个数 ν 就是 $\Phi_e(s)$ 中 $s=0$ 的零点个数。

下面的推导针对单位负反馈系统，如图 3-6-4 所示，于是偏差信号 $e(t)$ 就是误差信号。

因

$$E(s)=\frac{1}{1+G(s)}R(s) \tag{3-6-8}$$

故

$$sE(s)=s\frac{1}{1+G(s)}R(s) \tag{3-6-9}$$

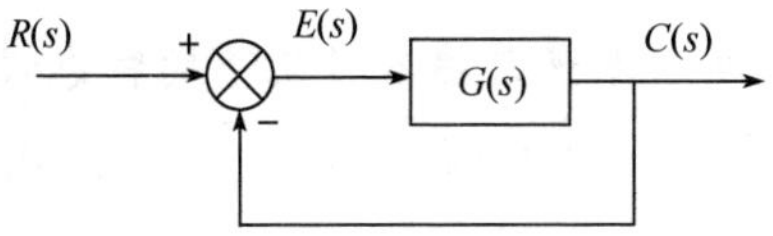

图 3-6-4　单位反馈系统

下面用拉氏变换终值定理分析 3 种典型输入信号作用下系统稳态误差终值 $e_{ss}(\infty)$。设系统是稳定的。

1. 单位阶跃输入作用下的稳态误差

由于 $r(t)=1(t)$，$R(s)=\frac{1}{s}$，由式(3-6-9)得

$$sE(s)=s\frac{1}{1+G(s)}\cdot\frac{1}{s}=\frac{1}{1+G(s)} \tag{3-6-10}$$

只要系统是稳定的，$1+G(s)=0$ 的根全都具有负实部，故有

$$e_{ss}(\infty)=\lim_{s\to 0}sE(s)=\frac{1}{1+\lim\limits_{s\to 0}G(s)}=\frac{1}{1+K_p} \tag{3-6-11}$$

式中，$K_p=\lim\limits_{s\to 0}G(s)$ 称为稳态位置误差系数。由式(3-6-7)知

$$K_p=\begin{cases}K & \nu=0\\ \infty & \nu\geqslant 1\end{cases} \tag{3-6-12}$$

故有

$$e_{ss}(\infty)=\begin{cases}\dfrac{1}{1+K}=\text{常数} & \nu=0\\ 0 & \nu\geqslant 1\end{cases} \tag{3-6-13}$$

如果要求系统对于阶跃输入信号的稳态误差为零，则必须选用 1 型及 1 型以上的系统。0 型系统也称为有差系统。

2. 单位斜坡输入作用下的稳态误差

由于 $r(t)=t$，$R(s)=\frac{1}{s^2}$，由式(3-6-9)得

$$sE(s)=s\frac{1}{1+G(s)}\cdot\frac{1}{s^2}=\frac{1}{s(1+G(s))}=\frac{1}{s+sG(s)} \tag{3-6-14}$$

只要系统稳定，就有

$$e_{ss}(\infty)=\lim_{s\to 0}sE(s)=\frac{1}{\lim\limits_{s\to 0}sG(s)}=\frac{1}{K_v} \tag{3-6-15}$$

式中，$K_v=\lim\limits_{s\to 0}sG(s)$ 称为稳态速度误差系数，且有

$$K_v=\begin{cases}0 & \nu=0\\ K & \nu=1\\ \infty & \nu\geqslant 2\end{cases} \tag{3-6-16}$$

$$e_{ss}(\infty)=\begin{cases}\infty & \nu=0\\ 1/K=\text{常数} & \nu=1\\ 0 & \nu\geqslant 2\end{cases} \tag{3-6-17}$$

3. 单位加速度输入作用下的稳态误差

由于 $r(t)=t^2/2, R(s)=1/s^3$，由式(3-6-9)得

$$sE(s)=s\cdot\frac{1}{1+G(s)}\cdot\frac{1}{s^3}=\frac{1}{s^2(1+G(s))}=\frac{1}{s^2+s^2G(s)} \tag{3-6-18}$$

系统稳定时有

$$e_{ss}(\infty)=\lim_{s\to 0}sE(s)=\frac{1}{\lim\limits_{s\to 0}s^2G(s)}=\frac{1}{K_a} \tag{3-6-19}$$

式中，$K_a=\lim\limits_{s\to 0}s^2G(s)$ 称为稳态加速度误差系数，且有

$$K_a=\begin{cases}0 & \nu=0,1\\ K & \nu=2\\ \infty & \nu\geqslant 3\end{cases} \tag{3-6-20}$$

$$e_{ss}(\infty)=\begin{cases}\infty & \nu=0,1\\ 1/K & \nu=2\\ 0 & \nu\geqslant 3\end{cases} \tag{3-6-21}$$

以上的分析结果列于表 3-6-1 中。对于单位负反馈系统，$e_{ss}(\infty)$ 是稳态偏差，也是稳态误差，对于非单位反馈系统，$e_{ss}(\infty)$ 只是稳态偏差。

采用上述稳态误差系数求稳态误差的方法适用于求误差的终值，适用于输入信号是阶跃函数、斜坡函数、加速度函数及它们的线性组合的情况。

由以上的分析可知，减小或消除参考输入信号引起的稳态误差的有效方法是：提高系统的开环放大系数和提高系统的型别数，但这两种方法都影响甚至破坏系统的稳定性，因而受到系统稳定性的限制。

表 3-6-1　参考输入的稳态误差

$r(t)$		$1(t)$	t	$\frac{1}{2}t^2$
系统型别	0	$\frac{1}{1+K_p}=\frac{1}{1+K}$	∞	∞
	1	0	$\frac{1}{K_v}=\frac{1}{K}$	∞
	2	0	0	$\frac{1}{K_a}=\frac{1}{K}$

例 3-6-2　单位负反馈系统的开环传递函数 $G(s)=\frac{1}{Ts}$，求输入 $r(t)=t$ 时系统的稳态误差终值 $e_{1ss}(\infty)$。

解　系统是 1 型单位负反馈稳定系统。

$$K_v=\lim_{s\to 0}sG(s)=\lim_{s\to 0}s\cdot\frac{1}{Ts}=\frac{1}{T}$$

$$e_{1ss}(\infty)=e_{ss}(\infty)=\frac{1}{K_v}=T$$

该系统的闭环传递函数 $\Phi(s)=\frac{1}{Ts+1}$。本题误差与 3.2.2 节结论相同。

例 3-6-3 单位负反馈系统的开环传递函数 $G(s)=\frac{\omega_n^2}{s(s+2\zeta\omega_n)}$，求输入 $r(t)=t$ 时系统的稳态误差终值 $e_{1ss}(\infty)$。

解 系统是 1 型单位负反馈稳定系统，$K_v=\lim\limits_{s\to 0}sG(s)=\frac{\omega_n}{2\zeta}$

$$e_{1ss}(\infty)=e_{ss}(\infty)=\frac{1}{K_v}=\frac{2\zeta}{\omega_n}$$

本题结果与 3.3.6 节结论相同。

例 3-6-4 已知单位负反馈系统的开环传递函数为

$$G(s)=\frac{10}{(0.1s+1)(0.5s+1)}$$

分别求出输入信号 $r(t)=1(t)$、t 时的稳态误差终值 $e_{ss}(\infty)$。

解 该系统是稳定的，系统为 0 型系统，$K_p=\lim\limits_{s\to 0}G(s)=10$

当 $r(t)=1(t)$ 时，$e_{ss}(\infty)=\frac{1}{1+K_p}=\frac{1}{1+10}=\frac{1}{11}=0.091$

当 $r(t)=t$ 时，$e_{ss}(\infty)=\infty$

例 3-6-5 单位负反馈系统的开环传递函数 $G(s)=\frac{5}{s(s+1)(s+2)}$，分别求输入信号 $r(t)=1(t)$、$10t$、$3t^2$ 时的稳态误差终值 $e_{ss}(\infty)$。

解 采用劳斯稳定判据可知闭环系统是稳定的。

1）这是 1 型系统，故当 $r(t)=1(t)$ 时，$e_{ss}(\infty)=0$

2）$K_v=\lim\limits_{s\to 0}sG(s)=\lim\limits_{s\to 0}s\frac{5}{s(s+1)(s+2)}=2.5$

当 $r(t)=10t$ 时，$e_{ss}(\infty)=10\times\frac{1}{K_v}=10\times\frac{1}{2.5}=4$

3）这是 1 型系统，当 $r(t)=3t^2$ 时，$e_{ss}(\infty)=\infty$

例 3-6-6 调速系统的框图如图 3-6-5 所示。输出信号为 $c(t)$ r/min。$k_c=0.05$V/(r/min)。求 $r(t)=1(t)$V 时的稳态误差。

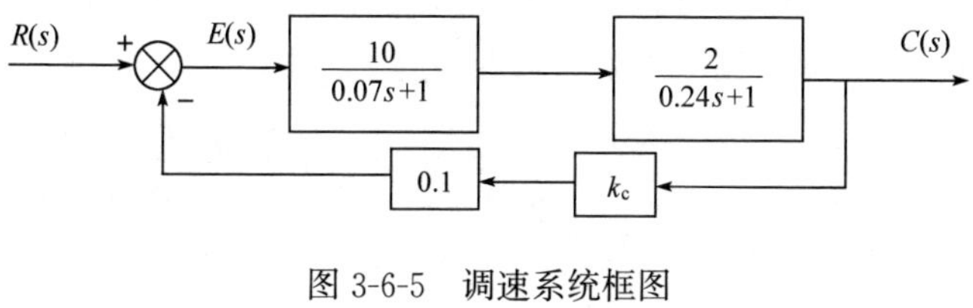

图 3-6-5 调速系统框图

解 系统开环传递函数为

$$G(s)=\frac{10}{0.07s+1}\times\frac{2}{0.24s+1}\times 0.1\times 0.05=\frac{0.1}{(0.07s+1)(0.24s+1)}$$

系统是 0 型稳定系统，$K_{\mathrm{p}}=\lim\limits_{s\to 0}G(s)=0.1$

当 $r(t)=1(t)$ 时，系统稳态偏差为

$$e_{\mathrm{ss}}(\infty)=\frac{1}{1+K_{\mathrm{p}}}=\frac{1}{1+0.1}=\frac{1}{1.1}$$

系统反馈通路传递函数为常数，$H=0.1\times 0.05=0.005$

系统稳态误差 $e_{1\mathrm{ss}}(\infty)$ 为

$$e_{1\mathrm{ss}}(\infty)=\frac{e_{\mathrm{ss}}(\infty)}{H}=\frac{1}{0.005\times 1.1}=181.8(\mathrm{r/min})$$

3.6.4 扰动信号的稳态误差

3.6.4 节

对于图 3-6-1 所示系统，偏差信号 $E(s)$ 对于扰动信号 $F(s)$ 的闭环传递函数 $\Phi_{EF}(s)$ 为

$$\Phi_{EF}(s)=\frac{E(s)}{F(s)}=\frac{-G_2(s)H(s)}{1+G_1(s)G_2(s)H(s)} \tag{3-6-22}$$

设

$$G_1(s)=\frac{K_1N_1(s)}{s^{\nu_1}D_1(s)},\quad G_2(s)=\frac{K_2N_2(s)}{s^{\nu_2}D_2(s)}$$

$$N_1(0)=N_2(0)=D_1(0)=D_2(0)=1$$

$H(s)$ 是常数 H，则有

$$\Phi_{EF}(s)=\frac{E(s)}{F(s)}=\frac{-K_2s^{\nu_1}N_2(s)D_1(s)H}{s^{\nu_1+\nu_2}D_1(s)D_2(s)+K_1K_2N_1(s)N_2(s)H} \tag{3-6-23}$$

误差信号 $E_1(s)=E(s)/H$，当 $H=1$ 时有 $E_1(s)=E(s)$，式(3-6-23)的系统被称为是对扰动信号的 ν_1 型系统。

由式(3-6-23)可见，提高 K_1 和 ν_1（偏差信号到扰动信号之间的通路的放大系数和积分环节个数）可以减小扰动信号引起的稳态误差。这种方法同样受到系统稳定性的限制。

例 3-6-7 系统框图如图 3-6-1 所示。设 $G_1(s)=\dfrac{K_1}{T_1s+1}$，$G_2(s)=\dfrac{K_2}{T_2s+1}$，$H(s)=1$。若 $f(t)=1(t)$，求扰动信号引起的稳态误差终值 $e_{1\,\mathrm{ssf}}(\infty)$。

解 由于扰动信号 $F(s)$ 引起的偏差信号为 $E_F(s)$。$F(s)=\dfrac{1}{s}$，故有

$$E_F(s)=\frac{-G_2(s)}{1+G_1(s)G_2(s)}F(s)=\frac{-K_2(T_1s+1)}{(T_1s+1)(T_2s+1)+K_1K_2}\cdot\frac{1}{s}$$

此二阶系统是单位负反馈的稳定系统，故稳态误差为

$$e_{1\,\mathrm{ssf}}(\infty)=e_{\mathrm{ssf}}(\infty)=\lim_{s\to 0}s\cdot E_F(s)=-\frac{K_2}{1+K_1K_2}$$

可见，提高 K_1 可以减小系统的稳态误差。

3.6.5 动态误差系数法

用动态误差系数法求稳态误差的关键是将偏差（或误差）传递函数展开成 s 的幂级数。这种方法的特点

是能求出稳态误差的时间表达式 $e_{1ss}(t)$。

对于图 3-6-1 所示系统，由参考输入引起的偏差记为 $E_R(s)$，将偏差传递函数 $\Phi_E(s)=E_R(s)/R(s)$ 在 $s=0$ 的邻域内展开成泰勒级数，得

$$\begin{aligned}\Phi_E(s)&=\frac{E_R(s)}{R(s)}=\frac{1}{1+G_1(s)G_2(s)H(s)}\\&=\Phi_E(0)+\dot{\Phi}_E(0)s+\frac{1}{2!}\ddot{\Phi}_E(0)s^2+\cdots+\frac{1}{l!}\Phi_E^{(l)}(0)s^l+\cdots\end{aligned}\tag{3-6-24}$$

式中

$$\Phi_E^{(l)}(0)=\left.\frac{\mathrm{d}^l\Phi_E(s)}{\mathrm{d}s^l}\right|_{s=0}$$

于是偏差信号 $E_R(s)$ 可以表示为如下级数：

$$\begin{aligned}E_R(s)=&\Phi_E(0)R(s)+\dot{\Phi}_E(0)sR(s)+\frac{1}{2!}\ddot{\Phi}_E(0)s^2R(s)\\&+\cdots+\frac{1}{l!}\Phi_E^{(l)}(0)s^lR(s)+\cdots\end{aligned}\tag{3-6-25}$$

上述无穷级数收敛于 $s=0$ 的邻域，相当于在时间域 $t\to\infty$ 时成立。设初始条件均为零，并忽略 $t=0$ 时的脉冲，对式(3-6-25)取拉氏反变换，便得到偏差信号稳态分量(稳态偏差)的时间函数(证明从略)

$$e_{ssr}(t)=c_0r(t)+c_1\dot{r}(t)+c_2\ddot{r}(t)+\cdots=\sum_{i=0}^{\infty}c_ir^{(i)}(t)\tag{3-6-26}$$

式中

$$c_i=\frac{1}{i!}\Phi_E^{(i)}(0)\quad i=0,1,2,\cdots\tag{3-6-27}$$

当系统是单位负反馈系统时，偏差就是误差。系数 c_i 称为动态误差系数。用同样的方法可以求出由于扰动信号引起的偏差和误差。其中的关键也是将有关的偏差传递函数展开成 s 的幂级数。

动态误差系数法特别适用于输入信号和扰动信号是时间 t 的有限项的幂级数的情况。此时偏差传递函数的幂级数也只需要取几项就足够了。

利用式(3-6-24)将传递函数展开成幂级数的方法往往很麻烦。常用的方法是采用多项式除法，将传递函数的分子、分母多项式按 s 的升幂排列，再作多项式除法，结果仍按 s 的升幂排列。

例 3-6-8 单位负反馈系统的开环传递函数 $G(s)=\dfrac{10}{(0.1s+1)(0.5s+1)}$，分别求输入信号 $r(t)=1(t)$，t 时的稳态误差的时间函数。

解 单位反馈系统，偏差就是误差。

$$\begin{aligned}\Phi_E(s)&=\frac{E(s)}{R(s)}=\frac{1}{1+G(s)}\\&=\frac{(0.1s+1)(0.5s+1)}{(0.1s+1)(0.5s+1)+10}\\&=\frac{1+0.6s+0.05s^2}{11+0.6s+0.05s^2}\\&=\frac{20+12s+s^2}{220+12s+s^2}\\&=0.091+0.05s+\cdots\end{aligned}$$

$$\begin{array}{r|l}\multicolumn{2}{r}{0.091+0.05s+\cdots}\\220+12s+s^2&20+12s+s^2\\-&20+1.1s+0.091s^2\\\hline\multicolumn{2}{r}{10.9s+0.909s^2}\end{array}$$

$E(s)=0.091R(s)+0.05sR(s)+\cdots$

$e_{ss}(t)=0.091r(t)+0.05\dot{r}(t)+\cdots$

$r(t)=1(t)$，$\dot{r}(t)=0$，$e_{ss}(t)=0.091$，与例 3-6-4 相同。

$r(t)=t, \dot{r}(t)=1, \ddot{r}(t)=0, \cdots, e_{ss}(t)=0.091t+0.05$

本例与例 3-6-4 相似，但那里只求出 $e_{ss}(\infty)$。

例 3-6-9 单位负反馈系统的开环传递函数 $G(s)=\dfrac{5}{s(s+1)(s+2)}$，输入信号 $r(t)=4+6t+3t^2$，求稳态误差的时间函数 $e_{ss}(t)$。

解 系统是单位负反馈的稳定系统，误差就是偏差。

$$\begin{aligned}\Phi_E(s)&=\frac{E(s)}{R(s)}=\frac{1}{1+G(s)}\\&=\frac{s(s+1)(s+2)}{s(s+1)(s+2)+5}\\&=\frac{2s+3s^2+s^3}{5+2s+3s^2+s^3}\\&=0.4s+0.44s^2+\cdots\end{aligned}$$

$$\begin{array}{r|l} & 0.4s+0.44s^2+\cdots \\ 5+2s+3s^2+s^3 & 2s+3s^2+s^3 \\ & -\underline{2s+0.8s^2+1.2s^3+0.4s^4} \\ & 2.2s^2-0.2s^3-0.4s^4 \end{array}$$

$$E(s)=0.4sR(s)+0.44s^2R(s)+\cdots$$

$$e_{ss}(t)=0.4\dot{r}(t)+0.44\ddot{r}(t)+\cdots$$

$$r(t)=4+6t+3t^2,\ \dot{r}(t)=6+6t,\ \ddot{r}(t)=6,\ \dddot{r}(t)=0,\cdots$$

$$e_{ss}(t)=0.4(6+6t)+0.44\times6=5.04+2.4t$$

3.7 节

3.7 复合控制

复合控制是减小和消除稳态误差的有效方法，在高精度伺服系统中有着广泛的应用。复合控制是在负反馈控制的基础上增加了前(顺)馈补偿环节，形成了由输入信号或扰动信号到被控变量的前(顺)馈通路。所以复合控制是反馈控制与前(顺)馈控制的结合，而其中的前馈控制属于开环控制方法。复合控制的优点是不改变系统的稳定性，缺点是要使用微分环节。复合控制包括按输入补偿和按扰动补偿两种情况。

3.7.1 按输入补偿的复合控制

图 3-7-1 是按输入补偿的复合控制系统框图。图中 $G_r(s)$是前馈补偿环节。$G_r(s)R(s)$称为前馈补偿信号。$G_1(s)G_2(s)$是反馈回路的前(正)向通路传递函数。系统采用单位负反馈，系统的偏差信号 $E(s)$也就是它的误差信号。

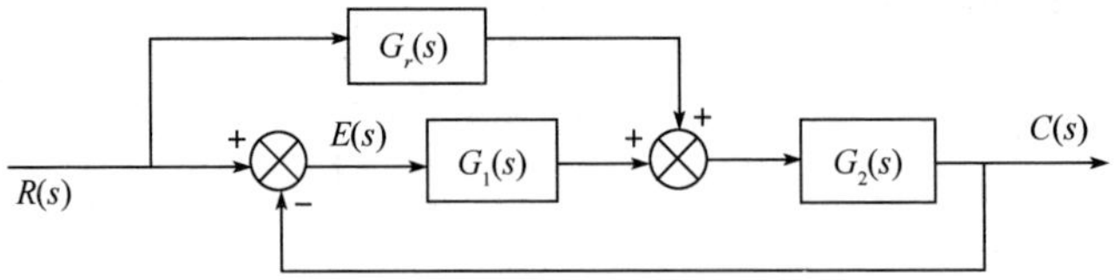

图 3-7-1 复合控制系统框图

系统的误差传递函数为

$$\Phi_E(s)=\frac{E(s)}{R(s)}=\frac{1-G_r(s)G_2(s)}{1+G_1(s)G_2(s)} \tag{3-7-1}$$

当取

$$G_r(s)=\frac{1}{G_2(s)} \tag{3-7-2}$$

时，$\Phi_E(s)=0$，从而 $E(s)=0$。系统的误差为零，这就是对输入信号的误差全补偿，式(3-7-2)就是对应的全补偿条件。

前馈信号也可加到系统的输入端，如图 3-7-2 所示。此时误差传递函数为

$$\Phi_E(s)=\frac{E(s)}{R(s)}=\frac{1-G_r(s)G(s)}{1+G(s)} \tag{3-7-3}$$

全补偿条件为

$$G_r(s)=\frac{1}{G(s)} \tag{3-7-4}$$

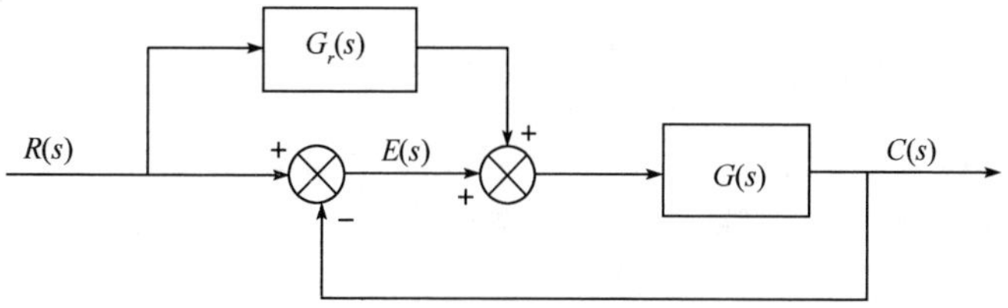

图 3-7-2　复合控制系统框图

从前馈补偿环节传递函数看，在实现全补偿时，框图 3-7-1 的结构对应的传递函数简单。但从功率角度看，需要前馈补偿装置具有较大的输出功率，因而补偿装置的结构较复杂。如果采用图 3-7-2 的结构，并采用下面所述的简单的部分补偿的前馈环节，可以使前馈装置简单。

式(3-7-2)和式(3-7-4)中的 $G_2(s)$和 $G(s)$都是实际元部件的传递函数，分母阶次高于分子阶次。因此 $G_r(s)$分子阶次高于分母阶次，具有微分环节，实现困难，同时也容易把高频噪声信号带进系统中。

由于全补偿的前馈环节结构复杂，不易实现，实践中常常采用部分补偿方法。下面举例说明。

设系统框图如图 3-7-2 所示，并设

$$G(s)=\frac{K}{s(a_n s^n+a_{n-1}s^{n-1}+\cdots+a_1 s+1)} \tag{3-7-5}$$

不采用前馈控制时，系统是 1 型系统。取前馈环节为

$$G_r(s)=\lambda_1 s \tag{3-7-6}$$

则由式(3-7-3)得

$$\begin{aligned}\Phi_E(s)&=\frac{1-\lambda_1 s\dfrac{K}{s(a_n s^n+a_{n-1}s^{n-1}+\cdots+a_1 s+1)}}{1+\dfrac{K}{s(a_n s^n+a_{n-1}s^{n-1}+\cdots+a_1 s+1)}}\\&=\frac{s^2(a_n s^{n-1}+a_{n-1}s^{n-2}+\cdots+a_2 s+a_1)+(1-K\lambda_1)s}{s(a_n s^n+a_{n-1}s^{n-1}+\cdots+a_1 s+1)+K}\end{aligned} \tag{3-7-7}$$

若取

$$\lambda_1=\frac{1}{K} \tag{3-7-8}$$

则有

$$\Phi_E(s)=\frac{s^2(a_n s^{n-1}+a_{n-1}s^{n-2}+\cdots+a_2 s+a_1)}{s(a_n s^n+a_{n-1}s^{n-1}+\cdots+a_1 s+1)+K} \tag{3-7-9}$$

可见，系统的型别由 1 型提高到 2 型。

若取

$$G_r(s)=\lambda_2 s^2+\lambda_1 s \tag{3-7-10}$$

此时，误差传递函数为

$$\Phi_E(s)=\frac{s^3(a_n s^{n-2}+a_{n-1}s^{n-3}+\cdots+a_2)+(a_1-K\lambda_2)s^2+(1-K\lambda_1)s}{s(a_n s^n+a_{n-1}s^{n-1}+\cdots+a_1 s+1)+K} \tag{3-7-11}$$

若取

$$\lambda_1=\frac{1}{K} \tag{3-7-12}$$

$$\lambda_2=\frac{a_1}{K} \tag{3-7-13}$$

则有

$$\Phi_E(s)=\frac{s^3(a_n s^{n-2}+a_{n-1}s^{n-3}+\cdots+a_2)}{s(a_n s^n+a_{n-1}s^{n-1}+\cdots+a_1 s+1)+K} \tag{3-7-14}$$

可见,系统的型别由 1 型提高到 3 型。

式(3-7-6)和式(3-7-10)都是前馈补偿中常用的部分补偿方案。

3.7.2 按扰动补偿的复合控制

若扰动信号可以测量到,也可以采用前馈补偿方法减小和消除误差。图 3-7-3 表示按扰动补偿的复合控制系统框图。由图可见,误差对扰动的传递函数为

$$\Phi_{EF}(s)=\frac{-G_2(s)-G_1(s)G_2(s)G_f(s)}{1+G_1(s)G_2(s)} \tag{3-7-15}$$

若取

$$G_f(s)=-\frac{1}{G_1(s)} \tag{3-7-16}$$

则 $\Phi_{EF}(s)=0$,$E(s)=0$,实现了对扰动的误差全补偿。

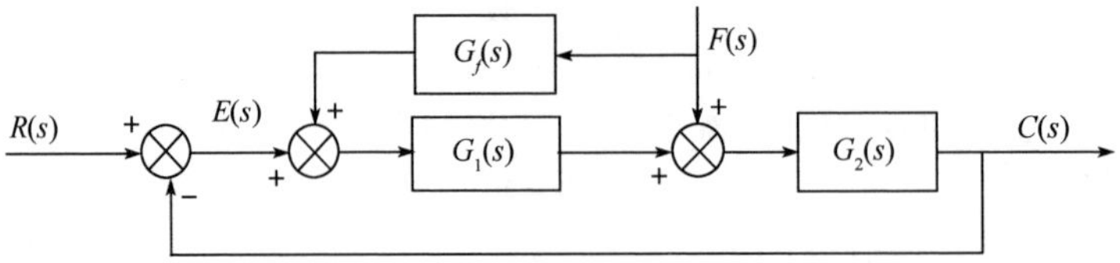

图 3-7-3 复合控制系统框图

由式(3-7-1)、式(3-7-3)、式(3-7-7)、式(3-7-11)、式(3-7-15)可知,前馈控制不改变系统闭环传递函数的分母,不改变特征方程。这是因为前馈环节处于原系统各回路之外,也没有形成新的闭合回路。因此采用前馈补偿的复合控制不改变系统的稳定性。

参考答案 3

习 题

3-1 (1) 系统的微分方程为 $0.2\dot{c}(t)=2r(t)$,求系统的单位冲激响应和单位阶跃响应。

(2) 系统的传递函数为 $\frac{C(s)}{R(s)}=\frac{1}{5s+1}$,求它的过渡过程时间。

(3) 系统的微分方程为 $0.04\ddot{c}(t)+0.24\dot{c}(t)+c(t)=r(t)$,求系统的单位冲激响应,单位阶跃响应,最大超调 σ_p,峰值时间 t_p,过渡过程时间 t_s。

3-2 典型二阶系统的单位阶跃响应为

$$c(t)=1-1.25e^{-1.2t}\sin(1.6t+53.1°)$$

求系统的最大超调 σ_p、峰值时间 t_p、过渡过程时间 t_s。

3-3 系统零初始条件下的单位阶跃响应为

$$c(t)=1+0.2e^{-60t}-1.2e^{-10t}$$

(1) 求该系统的闭环传递函数；

(2) 确定阻尼比 ζ 与无阻尼自振角频率 ω_n。

3-4 已知单位负反馈系统开环传递函数为

$$G(s)=\frac{50}{s(s+10)}$$

求：(1) 系统的单位冲激响应；

(2) 当初始条件 $c(0)=1,\dot{c}(0)=0$ 时系统的输出信号的拉氏变换式；

(3) 初始条件为零时 $r(t)=1(t)$ 的响应；

(4) $c(0)=1,\dot{c}(0)=0$，求 $r(t)=1(t)$ 时系统的响应。

3-5 设单位负反馈系统的开环传递函数为

$$G(s)=\frac{1}{s(s+1)}$$

求系统的上升时间 t_r，峰值时间 t_p，最大超调 σ_p 和过渡过程时间 t_s。

3-6 求题 3-6 图所示系统的阻尼比 ζ、无阻尼自振角频率 ω_n 及峰值时间 t_p、最大超调 σ_p。系统的参数是：

(1) $K_M=10, T_M=0.1$

(2) $K_M=20, T_M=0.1$

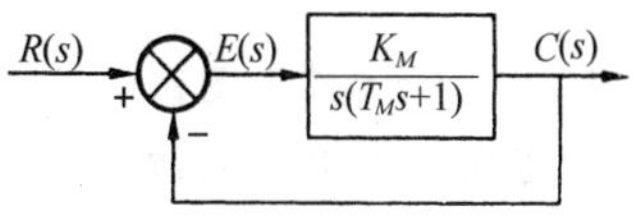

题 3-6 图

3-7 设系统的闭环传递函数为

$$\frac{C(s)}{R(s)}=\frac{\omega_n^2}{s^2+2\zeta\omega_n s+\omega_n^2}$$

要求系统的最大超调为 5%，过渡过程时间为 2s，求 ζ 和 ω_n。

3-8 对由如下闭环传递函数表示的三阶系统

$$\frac{C(s)}{R(s)}=\frac{816}{(s+2.74)(s+0.2+j0.3)(s+0.2-j0.3)}$$

说明该系统是否有主导极点。如有，求出主导极点并用主导极点简化表示该传递函数。

3-9 由实验测得二阶系统的单位阶跃响应曲线 $c(t)$ 如题 3-9 图所示，计算系统参数 ζ 及 ω_n。

3-10 已知控制系统的框图如题 3-10 图所示。要求系统的单位阶跃响应 $c(t)$ 具有最大超调 $\sigma_p=16.3\%$ 和峰值时间 $t_p=1\text{s}$。求前置放大器的增益 K 及局部反馈系数 τ。

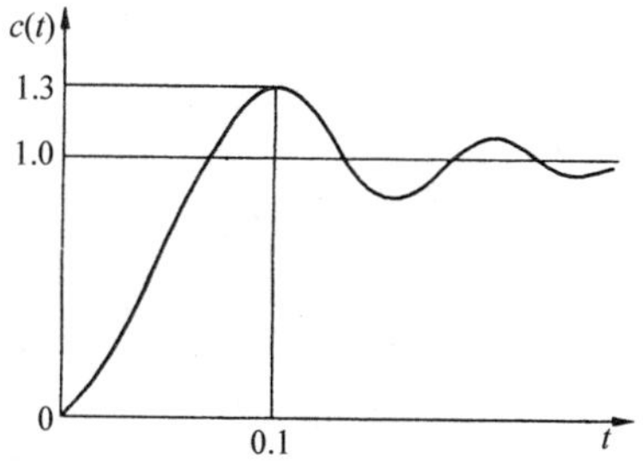

题 3-9 图

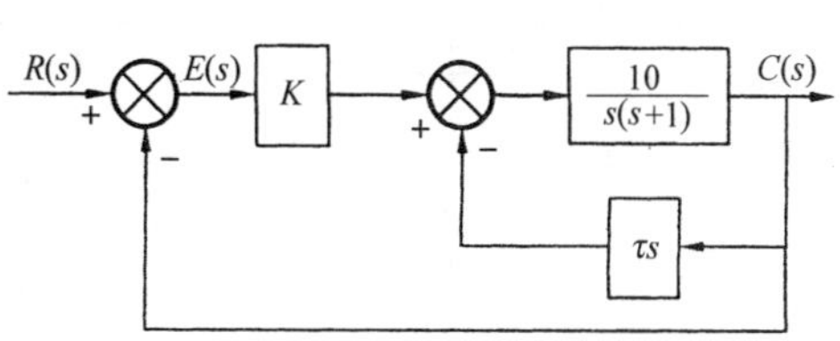

题 3-10 图

3-11 已知系统非零初始条件下的单位阶跃响应为

$$c(t)=1+e^{-t}-e^{-2t}\ (t\geqslant 0)$$

传递函数分子为常数，求该系统的传递函数。

3-12 已知二阶系统的闭环传递函数为 $\Phi(s)=\frac{C(s)}{R(s)}=\frac{\omega_n^2}{s^2+2\zeta\omega_n s+\omega_n^2}$，在同一[$s$]平面上画出对应

题 3-12 图中三条单位阶跃响应曲线的闭环极点相对位置，并简要说明。图中 t_{s1}、t_{s2} 分别是曲线①、曲线②的过渡过程时间，t_{p1}、t_{p2}，t_{p3} 分别是曲线①、②、③的峰值时间。

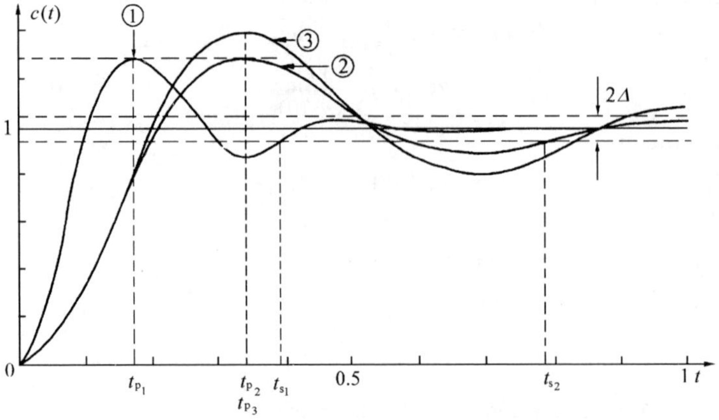

题 3-12 图

3-13 控制系统框图如题 3-13 图所示。要求系统的单位阶跃响应的最大超调 $\sigma_p=20\%$，过渡过程时间 $t_s\leqslant 1.5s$（取 $\Delta=0.05$），求 K 与 b 值。

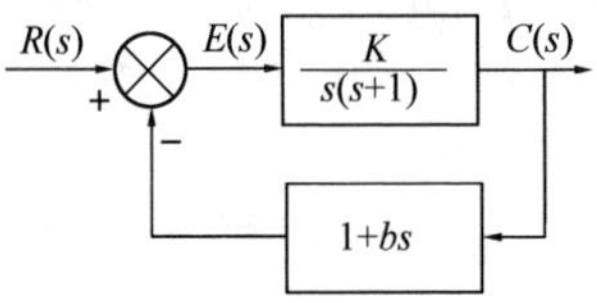

题 3-13 图

3-14 已知控制系统的特征方程为

(1) $s^4+2s^3+s^2+2s+1=0$

(2) $s^6+2s^5+8s^4+12s^3+20s^2+16s+16=0$

分析系统的稳定性。

3-15 已知单位负反馈系统的开环传递函数为

(1) $G(s)=\dfrac{10(s+1)}{s(s-1)(s+5)}$　　(2) $G(s)=\dfrac{10}{s(s-1)(2s+3)}$

(3) $G(s)=\dfrac{24}{s(s+2)(s+4)}$　　(4) $G(s)=\dfrac{100}{(0.1s+1)(s+5)}$

(5) $G(s)=\dfrac{3s+1}{s^2(300s^2+600s+50)}$

分析闭环系统的稳定性。

3-16 分析题 3-16 图(a)、(b)所示系统的稳定性。

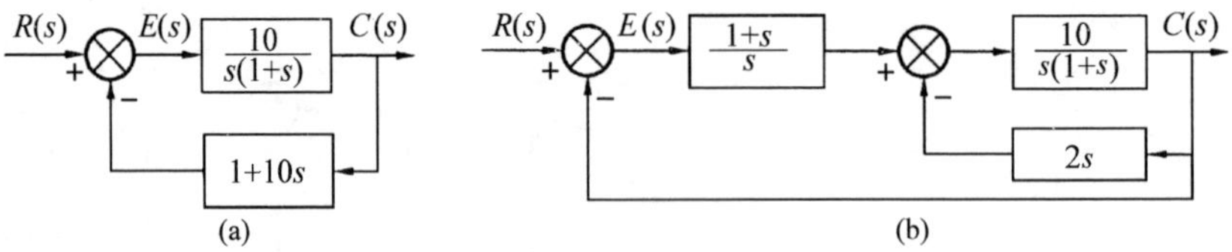

题 3-16 图

3-17 已知单位负反馈系统的开环传递函数为

$$G(s)=\frac{K}{s(s+1)(s+2)}$$

应用劳斯稳定判据确定使闭环系统稳定时 K 的取值范围。

3-18 设单位负反馈系统的开环传递函数为

$$G(s)=\frac{K}{(s+2)(s+4)(s^2+6s+25)}$$

应用劳斯稳定判据确定 K 为多大值时将使系统振荡，并求出振荡频率。

3-19 已知系统框图如题 3-19 图所示，要求：

(1) 当 $r(t)=2t^2$ 时，$e_{ssr}(\infty)\leqslant 0.1$

(2) 当 $f(t)=t$ 时，$e_{ssf}(\infty)\leqslant 0.1$

求 K_1 的值。

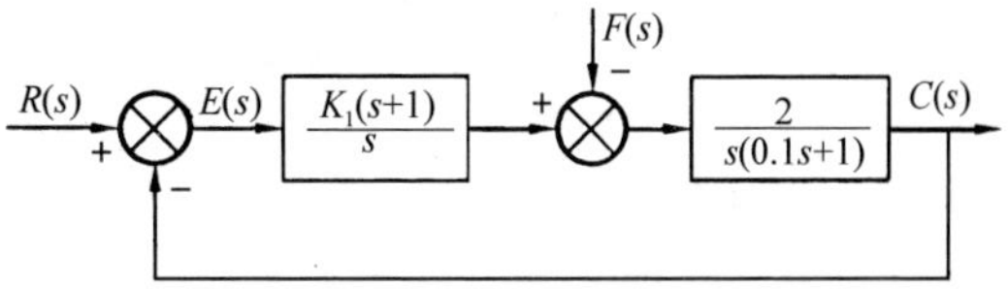

题 3-19 图

3-20 已知单位负反馈系统的开环传递函数为

$$G(s)=\frac{K}{s(s^2+8s+25)}$$

根据下述要求确定 K 的取值范围。

(1) 使闭环系统稳定；

(2) 当 $r(t)=2t$ 时，其稳态误差 $e_{ssr}(t)\leqslant 0.5$。

3-21 题 3-21 图所示为仪表伺服系统框图，求取 $r(t)$ 为下述各种情况时的稳态误差 $e_{ss}(\infty)$ 和 $e_{ss}(t)$。

(1) $r(t)=1(t)$

(2) $r(t)=10\cdot 1(t)$

(3) $r(t)=4+6t+3t^2$

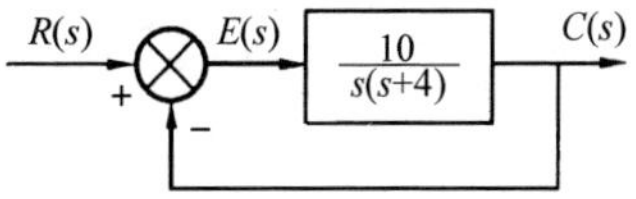

题 3-21 图

3-22 已知单位负反馈系统开环传递函数如下，分别求出当 $r(t)=1(t)$、t、t^2 时系统的稳态误差终值。

(1) $G(s)=\dfrac{100}{(0.1s+1)(0.5s+1)}$　　(2) $G(s)=\dfrac{4(s+3)}{s(s+4)(s^2+2s+2)}$

(3) $G(s)=\dfrac{8(0.5s+1)}{s^2(0.1s+1)}$

3-23 假设可用传递函数 $\dfrac{C(s)}{R(s)}=\dfrac{1}{Ts+1}$ 描述温度计的特性，现在用温度计测量盛在容器内的水温，需要一分钟时间才能指出实际水温的 98% 的数值。如果给容器加热，使水温依 10℃/min 的速度线性变化，温度计的稳态误差有多大？

3-24 设控制系统如题 3-24 图所示，控制信号为 $r(t)=1(t)$(rad)。当 K_h 为 1 和 0.1 时，求系统输出量的位置误差。

3-25 题 3-25 图所示为调速系统框图，图中 $K_h=0.1\text{V}/(\text{rad/s})$。当输入电压为 10V 时，求稳态偏差与稳态误差。

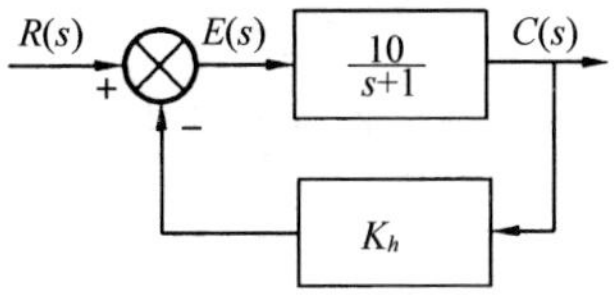

题 3-24 图

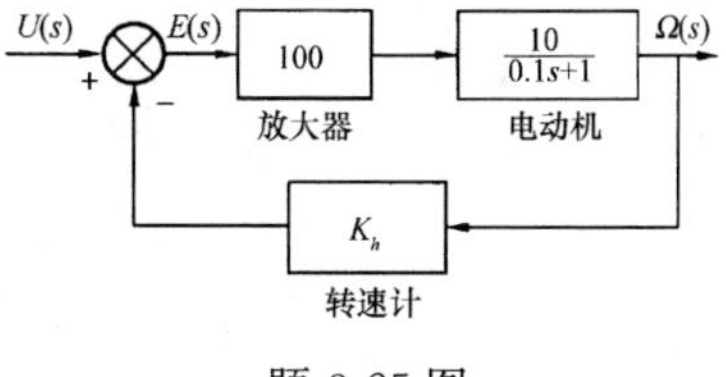

题 3-25 图

3-26 具有扰动 $f(t)$ 的控制系统如题 3-26 图所示。计算扰动产生的系统稳态误差。扰动信号为 $f(t)=R_f\cdot 1(t)$。

3-27 对题 3-27 图所示角位置控制系统。要求：

(1) $r(t)=2t$ 时，$e_{ss}(t)=0.01\text{rad}$

(2) 当 $f(t)=-1(t)$ 时，$e_{ssf}(t)=0.1\text{rad}$

求 K_1、K_2 应满足的关系式，并说明要提高系统控制精度，K_1、K_2 应如何变化。

(3) 若希望过渡过程结束后，$c(t)$ 以 3rad/s 变化，请选择输入信号 $r(t)$。

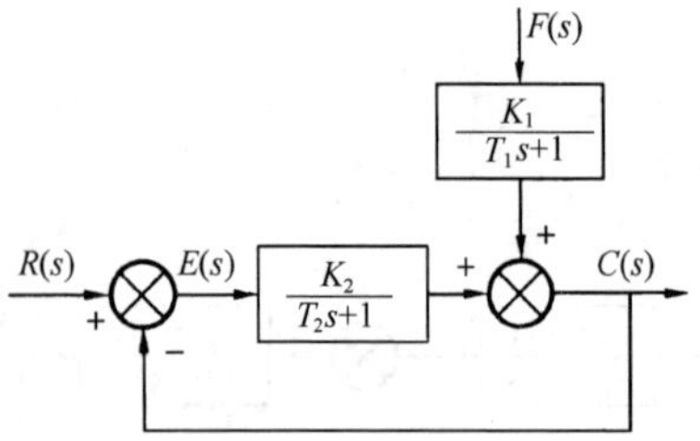

题 3-26 图

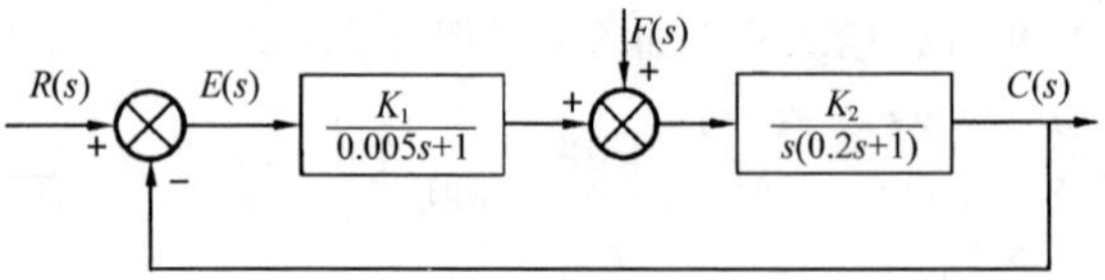

题 3-27 图

3-28 设单位负反馈系统的开环传递函数为

$$G(s)=\frac{100}{s(0.1s+1)}$$

求当输入信号 $r(t)=\sin 5t$ 时,系统的稳态误差。

3-29 控制系统框图如题 3-29 图所示。当扰动信号分别为 $f(t)=1(t)$、$f(t)=t$ 时,计算下列两种情况下扰动信号 $f(t)$产生的稳态误差。

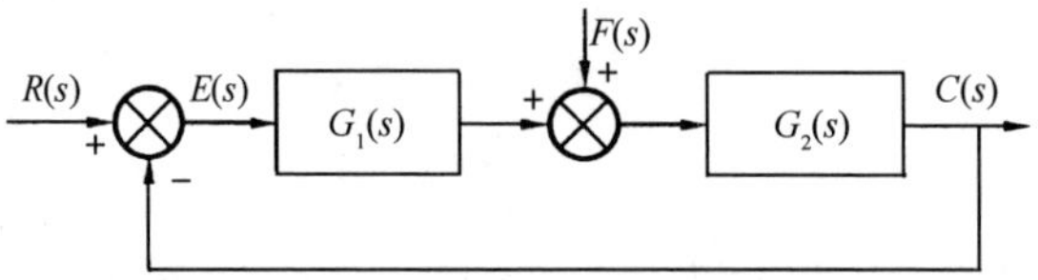

题 3-29 图

(1) $G_1(s)=K_1$　　$G_2(s)=\dfrac{K_2}{s(T_2s+1)}$

(2) $G_1(s)=\dfrac{K_1(T_1s+1)}{s}$　　$G_2(s)=\dfrac{K_2}{s(T_2s+1)}$　$(T_1>T_2)$

3-30 题 3-30 图所示系统中,输入信号为 $r(t)=at$,a 是任意常数。设误差 $e_1(t)=r(t)-c(t)$。证明通过调节 K_i 的值,该系统由斜坡输入信号引起的稳态误差能达到零。

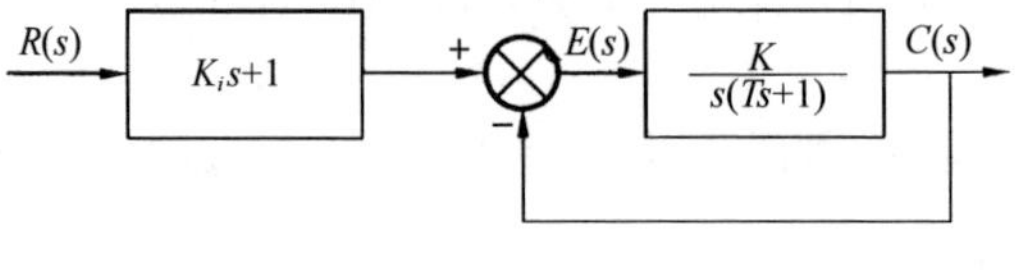

题 3-30 图

3-31 复合控制系统如题 3-31 图所示。若使系统的型别由 1 提高到 2,求 λ 的值。

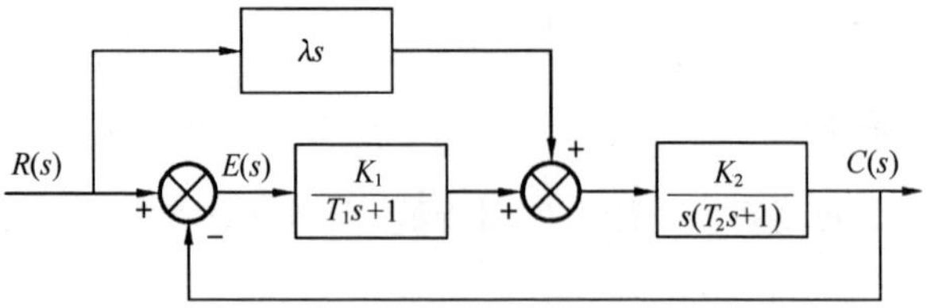

题 3-31 图

3-32 题 3-32 图所示为一复合控制系统,为使系统由原来的 1 型提高到 3 型,设

$$G_3(s)=\frac{\lambda_2 s^2+\lambda_1 s}{Ts+1}$$

已知系统参数 $K_1=2, K_2=50, \zeta=0.5, T=0.2$，求前馈参数 λ_1 及 λ_2。

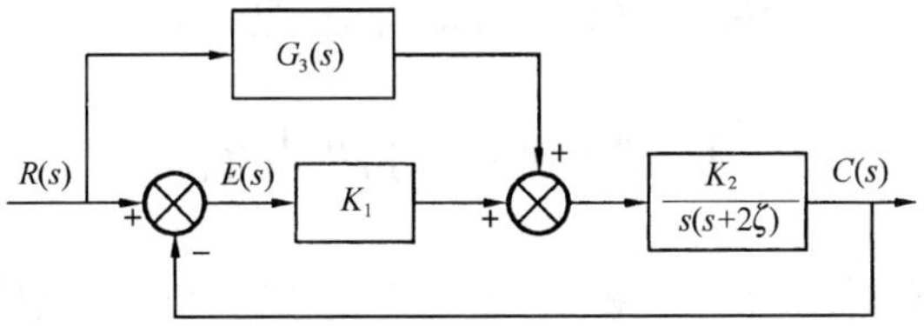

题 3-32 图

3-33 比较题 1-1 图与题 1-2 图所示两个液位控制系统，对于阶跃扰动信号而言，哪个系统存在误差，哪个系统不存在误差？并说明道理。

3-34 一个环节的传递函数为 $G(s)=\dfrac{10}{0.2s+1}$，对其设计如题 3-34 图所示的系统，求 K_0 和 K_1 的值，使系统过渡过程时间 t_s 减小为原环节过渡过程时间的 1/10，且放大系数不变。

3-35 系统的传递函数为 $G(s)=\dfrac{K(T_1 s+1)}{(T_2 s+1)(T_3 s+1)(T_4 s+1)}$。各参数都是正数。当输入量 $r(t)=2\cdot 1(t)$ 时，求输出的终值。

3-36 由实验测得系统零初始条件下的单位阶跃响应曲线 $c(t)$ 如题 3-36 图所示。设系统为二阶系统，且 $\dot{c}(0)=0$，求系统传递函数。

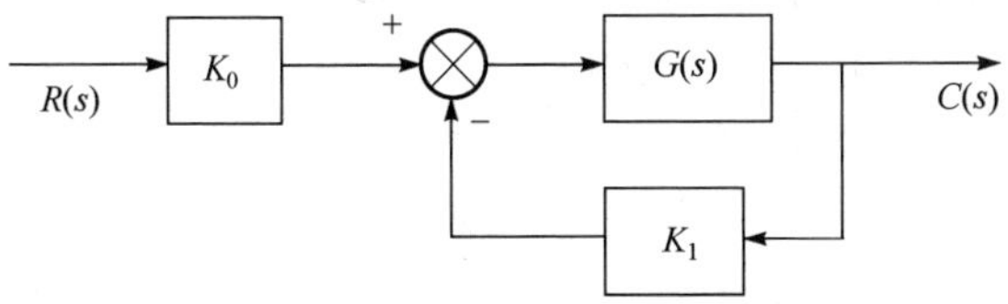

题 3-34 图

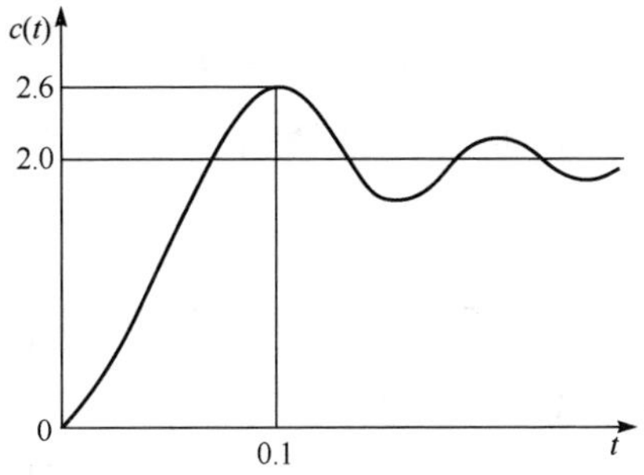

题 3-36 图

3-37 设计一个二阶系统，使其满足下述要求：

(1)最大超调量 $\sigma_p \leqslant 0.05$；

(2)过渡过程时间 $t_s \leqslant 0.5\text{s}(\Delta=0.02)$；

(3)阶跃输入时的稳态误差为零；

(4)单位斜坡输入时的稳态误差小于 0.04。

第 4 章　根 轨 迹 法

4.1　根轨迹的初步概念

4.1 节

控制系统的稳定性和时间响应中瞬态分量的运动模态都由系统特征方程的根即闭环极点决定。因此确定特征根在 s 平面上的位置对于分析系统的性能有重要意义。分析控制系统时，希望了解系统特征根的位置与放大系数的关系。设计系统时，希望通过增加和调整开环极点、零点，使特征根处在 s 平面所希望的位置，以满足性能指标要求。但是当特征方程阶次高时，手工求解方程相当困难。针对这种情况，伊文思(W. R. Evans)在 1948 年提出一种求闭环系统特征根的简便图解法，在控制工程中曾得到广泛应用。这种方法称为根轨迹法。它的主要内容是，当系统的某一参数变化时，根据已知的开环传递函数的极点和零点，利用几条简单规则，绘制闭环系统的特征根的轨迹。现在利用计算机非常容易绘出根轨迹，因此根轨迹法应用起来就更方便了。

例 4-1-1　控制系统框图如图 4-1-1 所示，开环传递函数为

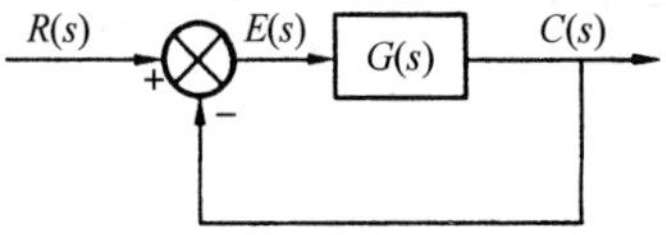

图 4-1-1　控制系统框图

$$G(s)=\frac{k}{s(s+2)} \tag{4-1-1}$$

求出参数 k 由 0 变化到∞时闭环系统特征根的轨迹。

解　由式(4-1-1)可知系统的两个开环极点为：$p_1=0$，$p=-2$。

系统的闭环传递函数为

$$\Phi(s)=\frac{C(s)}{R(s)}=\frac{G(s)}{1+G(s)}=\frac{k}{s(s+2)+k} \tag{4-1-2}$$

闭环系统特征方程为

$$D(s)=s^2+2s+k=0 \tag{4-1-3}$$

特征根为

$$\begin{cases} s_1=-1+\sqrt{1-k} \\ s_2=-1-\sqrt{1-k} \end{cases} \tag{4-1-4}$$

当 $k=0$ 时，$s_1=0$，$s_2=-2$，此时闭环极点就是开环极点。当 $0<k<1$ 时，s_1、s_2 都是负实数，在负实轴(−2，0)上。当 $k=1$ 时，$s_1=s_2=-1$，两个闭环极点重合。

当 $1<k<\infty$ 时，两个闭环极点变为一对共轭复数极点，$s_{1,2}=-1\pm \mathrm{j}\sqrt{k-1}$。可见当 k 增大并趋于∞时，s_1、s_2 位于过(−1，j0)点且平行于虚轴的直线上，并趋于无穷远处。

根据上述讨论，可绘出系统特征根的轨迹如图 4-1-2 所示。

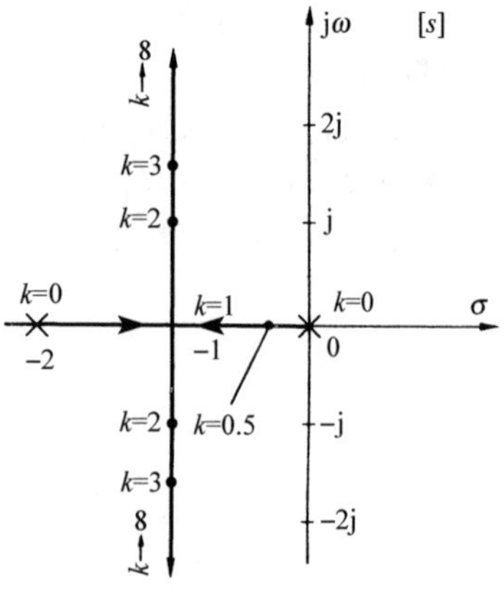

图 4-1-2　二阶系统根轨迹

根轨迹 控制系统的某一参数由零变化到无穷大时,闭环系统的特征根(闭环极点)在[s]平面上形成的轨迹。

在大部分情况下,根轨迹中的可变参数与系统开环放大系数成比例。

下面求根轨迹所满足的条件。设闭环系统的开环传递函数为 $G(s)H(s)$,其中 $G(s)$ 为控制系统前向通路传递函数,$H(s)$ 是控制系统主反馈通路的传递函数,则该负反馈系统的特征方程为

$$1+G(s)H(s)=0 \tag{4-1-5}$$

即

$$G(s)H(s)=-1 \tag{4-1-6}$$

可见根轨迹应满足下述两个条件:

幅值条件

$$|G(s)H(s)|=1 \tag{4-1-7}$$

相角条件

$$\angle G(s)H(s)=\pm 180°+i\cdot 360° \quad (i=0,1,2,\cdots) \tag{4-1-8}$$

实际上满足相角条件的任何一点,一定可以找到对应的可变参数的值,使幅值条件成立。所以相角条件式(4-1-8)也是根轨迹的充要条件。绘制根轨迹时,一般先应用相角条件找出根轨迹,然后利用幅值条件在根轨迹上标出对应的参数值,并用箭头表示随参数值的增加,根轨迹的变化趋势。

可见,绘制根轨迹的基础是闭环系统的开环传递函数或等效开环传递函数。

4.2 绘制根轨迹的基本规则

4.2节

绘制根轨迹时常将开环传递函数写成如下的零极点表达式:

$$G(s)H(s)=k\,\frac{(s-z_1)(s-z_2)\cdots(s-z_m)}{(s-p_1)(s-p_2)\cdots(s-p_n)} \tag{4-2-1}$$

式中,$s=z_j(j=1,2,\cdots,m)$为系统的开环零点;$s=p_i(i=1,2,\cdots,n)$为系统的开环极点;k 称为根轨迹增益或根轨迹放大系数。

一般情况 $k>0$,先讨论 $k>0$ 的根轨迹。

由式(4-1-6)知负反馈系统的根轨迹应满足下述根轨迹方程:

$$G(s)H(s)=k\,\frac{(s-z_1)(s-z_2)\cdots(s-z_m)}{(s-p_1)(s-p_2)\cdots(s-p_n)}=-1 \tag{4-2-2}$$

即

$$(s-p_1)(s-p_2)\cdots(s-p_n)+k(s-z_1)(s-z_2)\cdots(s-z_m)=0 \tag{4-2-3}$$

设系统为 ν 型,即有 ν 个 $s=0$ 的开环极点,则系统开环传递函数可写为

$$\begin{aligned}G(s)H(s)&=k\,\frac{(s-z_1)(s-z_2)\cdots(s-z_m)}{s^{\nu}(s-p_{\nu+1})(s-p_{\nu+2})\cdots(s-p_n)}\\&=\frac{k\prod_{j=1}^{m}(-z_j)\left(-\frac{1}{z_1}s+1\right)\left(-\frac{1}{z_2}s+1\right)\cdots\left(-\frac{1}{z_m}s+1\right)}{\prod_{i=\nu+1}^{n}(-p_i)s^{\nu}\left(-\frac{1}{p_{\nu+1}}s+1\right)\left(-\frac{1}{p_{\nu+2}}s+1\right)\cdots\left(-\frac{1}{p_n}s+1\right)}\end{aligned}$$

$$=\frac{K(\tau_1 s+1)(\tau_2 s+1)\cdots(\tau_m s+1)}{s^{\nu}(T_{\nu+1}s+1)(T_{\nu+2}s+1)\cdots(T_n s+1)} \tag{4-2-4}$$

式中，$K=k\cdot\dfrac{\prod_{j=1}^{m}(-z_j)}{\prod_{i=\nu+1}^{n}(-p_i)}$ 为系统的开环放大系数。无开环零点时取 $\prod(-z_j)=1$。

所以绘制根轨迹时以 k 为可变参数就是以开环放大系数 K 为可变参数。这是绘制根轨迹最常见的情况。也可以用开环传递函数中的其他变量作为可变参数。

4.2.1 根轨迹的分支数

在式(4-2-3)中，当 $n\geqslant m$ 时方程的阶次是 n，有 n 个根。当 k 由 0 趋于∞时，每一个根形成根轨迹的一个分支，共有 n 个分支。

规则一 根轨迹在[s]平面上的分支数等于控制系统特征方程式的阶次，即等于闭环极点数目，也等于开环极点数目。

4.2.2 根轨迹的连续性与对称性

用代数定理可以证明，式(4-2-3)中参数 k 连续变化，特征方程的根便连续变化。

特征方程的系数由实际物理系统结构参数所决定，所以一定是实数，特征方程若有复数根，必是共轭复根。

规则二 根轨迹是连续且对称于实轴的曲线。

4.2.3 根轨迹的起点和终点

根轨迹的起点是指 $k=0$ 时特征根在[s]平面上的位置，根轨迹的终点是指 $k\to\infty$ 时特征根在[s]平面上的位置。

由式(4-2-3)，当 $k=0$，解得

$$(s-p_1)(s-p_2)\cdots(s-p_n)=0$$

即

$$s=p_i \quad (i=1,2,\cdots,n)$$

此时开环极点就是闭环极点，说明根轨迹起于开环极点。将式(4-2-3)改写为

$$\frac{(s-p_1)(s-p_2)\cdots(s-p_n)}{k}+(s-z_1)(s-z_2)\cdots(s-z_m)=0 \tag{4-2-5}$$

当 $k\to\infty$ 时，得

$$(s-z_1)(s-z_2)\cdots(s-z_m)=0$$

即

$$s=z_j \quad (j=1,2,\cdots,m)$$

可见开环零点是根轨迹的终点。当 $n>m$ 时，式(4-2-3)可写为

$$\frac{\left(1-\frac{z_1}{s}\right)\left(1-\frac{z_2}{s}\right)\cdots\left(1-\frac{z_m}{s}\right)}{\left(1-\frac{p_1}{s}\right)\left(1-\frac{p_2}{s}\right)\cdots\left(1-\frac{p_m}{s}\right)(s-p_{m+1})\cdots(s-p_n)}=-\frac{1}{k} \tag{4-2-6}$$

可见,开环零点和无穷远处都是根轨迹的终点。若称系统有 $n-m$ 个无穷大的开环零点,则系统的开环零点数和开环极点数就相同了。

规则三 根轨迹起始于开环极点,终止于开环零点。一般情况下,$n>m$,此时有$(n-m)$条根轨迹终止于[s]平面无穷远处。若 $m>n$,则有$(m-n)$条根轨迹起始于无穷远处。

4.2.4 根轨迹的渐近线

根轨迹渐近线可认为是 $k\to\infty$、$s\to\infty$时的根轨迹。当开环零点数目 m 小于开环极点数目 n 时,$(n-m)$条根轨迹沿渐近线趋于[s]平面无穷远处。

根轨迹从开环极点出发,趋近附近的开环零点,或趋近附近的渐近线,并沿渐近线趋于无穷远。

当 $s\to\infty$时,可以认为式(4-2-2)的分子分母中各个一次因式项相等,即对于渐近线上的点,有

$$s-z_1=s-z_2=\cdots=s-z_m=s-p_1=\cdots=s-p_n=s-\sigma_a \tag{4-2-7}$$

式中,若 σ_a 是实数,则 $s-\sigma_a$ 如图 4-2-1 所示。将上式代入式(4-2-2)可得

$$\frac{k}{(s-\sigma_a)^{n-m}}=-1$$

即

$$(s-\sigma_a)^{n-m}=-k \tag{4-2-8}$$

式(4-2-8)就是渐近线应满足的方程。由此式可得

$$(n-m)\angle(s-\sigma_a)=(2l+1)\pi \quad (l=0,\pm1,\pm2,\cdots)$$

由上式可知$\angle(s-\sigma_a)$有无数个解,但这些解实际上只表示过点$(\sigma_a,\mathrm{j}0)$的 $n-m$ 个不同位置的直线,因此可认为只有 $n-m$ 个不同的解。故有

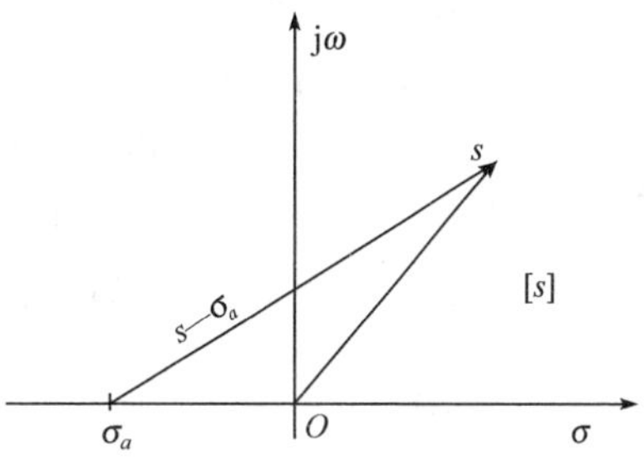

图 4-2-1 $s-\sigma_a$ 的向量图

$$\angle(s-\sigma_a)=\frac{2l+1}{n-m}\pi \quad (l=0,1,2,\cdots,n-m-1) \tag{4-2-9}$$

上式说明根轨迹渐近线是 $n-m$ 条直线,它们有一个公共点$(\sigma_a,\mathrm{j}0)$,与横轴的交角见式(4-2-9)。

下面求 σ_a。利用多项式乘法和除法,由式(4-2-2)可得

$$-k=\frac{s^n-\left(\sum_{i=1}^{n}p_i\right)s^{n-1}+\cdots}{s^m-\left(\sum_{j=1}^{m}z_j\right)s^{m-1}+\cdots}=s^{n-m}+\left(\sum_{j=1}^{m}z_j-\sum_{i=1}^{n}p_i\right)s^{n-m-1}+\cdots$$

将式(4-2-8)代入上式可得

$$(s-\sigma_a)^{n-m}=s^{n-m}+\left(\sum_{j=1}^{m}z_j-\sum_{i=1}^{n}p_i\right)s^{n-m-1}+\cdots$$

利用二项式定理将上式左边展开后得

$$s^{n-m}-(n-m)\sigma_a s^{n-m-1}+\cdots=s^{n-m}+\left(\sum_{j=1}^{m}z_j-\sum_{i=1}^{n}p_i\right)s^{n-m-1}+\cdots$$

上式两边 s^{n-m-1} 的系数应相等,故有

$$\sigma_a = \frac{\sum_{i}^{n} p_i - \sum_{j=1}^{m} z_j}{n-m} \tag{4-2-10}$$

若开环传递函数无零点，取 $\sum z_j = 0$。

规则四 如果控制系统的开环零点数目 m 小于开环极点数目 n，当 $k \to \infty$ 时，伸向无穷远处根轨迹的渐近线共有 $(n-m)$ 条。这些渐近线在实轴上交于一点，其坐标是 $\left(\frac{\sum_{i=1}^{n}(p_i) - \sum_{j=1}^{m}(z_j)}{n-m}, \text{j}0\right)$，而渐近线与实轴正方向的夹角是 $\frac{(2l+1)\pi}{n-m}$ $(l=0,1,2,\cdots,n-m-1)$。

4.2.5 实轴上的根轨迹

先看一个实例。设 $G(s)H(s)=\frac{k(s-z_1)}{(s-p_1)(s-p_2)(s-p_3)}$，其中 p_1、p_2 是共轭复数极点，开环极点、零点在[s]平面上的位置如图 4-2-2 所示。在[s]平面实轴上取试验点，用相角条件检查该试验点是不是根轨迹上的点。首先在 z_1 与 p_3 之间选试验点 s_1，则有

$$\begin{aligned}\angle G(s)H(s) &= \angle(s_1-z_1)-\angle(s_1-p_1)-\angle(s_1-p_2)-\angle(s_1-p_3)\\ &= 0^\circ-(-\theta)-\theta-180^\circ=-180^\circ\end{aligned}$$

可见 s_1 是根轨迹上的点。其次在 $(-\infty, z_1)$ 中间取试验点 s_2，则有

$$\begin{aligned}\angle G(s)H(s) &= \angle(s_2-z_1)-\angle(s_2-p_1)-\angle(s_2-p_2)-\angle(s_2-p_3)\\ &= \angle(s_2-z_1)-\angle(s_2-p_3)=180^\circ-180^\circ=0^\circ\end{aligned}$$

可见 s_2 不是根轨迹上的点。

规则五 实轴上的根轨迹只能是那些在其右侧开环实数极点、实数零点总数为奇数的线段。共轭复数开环极点、零点对确定实轴上的根轨迹无影响。

4.2.6 根轨迹在实轴上的分离点与会合点

图 4-2-3 的根轨迹中的点 A 和点 B 分别是根轨迹在实轴上的分离点与会合点。显然分离点与会合点是特征方程的实数重根。

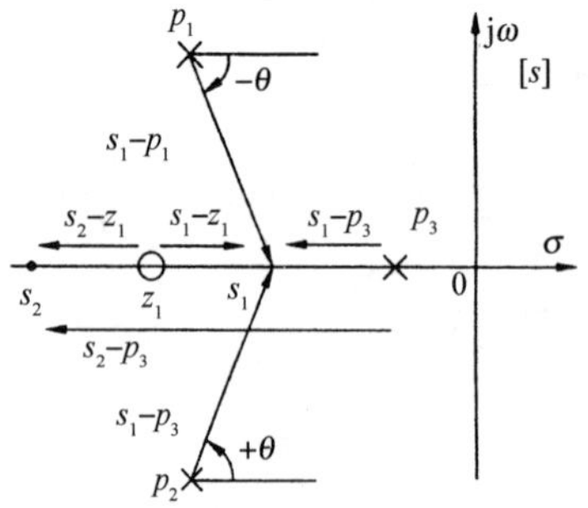

图 4-2-2 确定实轴上的根轨迹

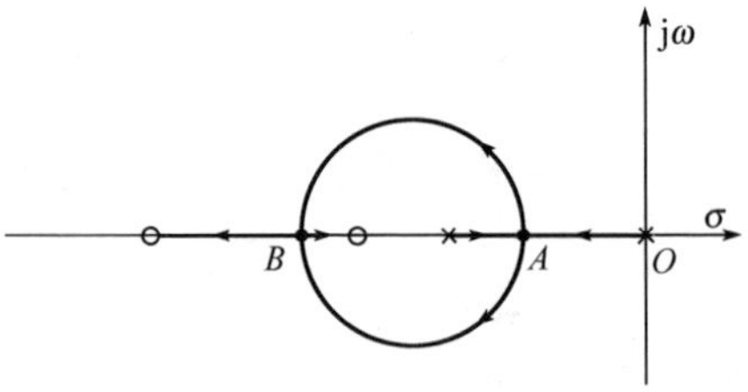

图 4-2-3 分离点与会合点

设开环传递函数为

$$G(s)H(s)=\frac{kN(s)}{D(s)} \tag{4-2-11}$$

其中

$$N(s)=\prod_{j=1}^{m}(s-z_j),\quad D(s)=\prod_{i=1}^{n}(s-p_i)$$

特征方程为

$$f(s)=D(s)+kN(s)=0 \tag{4-2-12}$$

设特征方程有 2 重根 s_1，则有

$$f(s)=D(s)+kN(s)=(s-s_1)^2 p(s)$$

式中，$p(s)$是 s 的 $n-2$ 次多项式。

$$\frac{\mathrm{d}f(s)}{\mathrm{d}s}=\frac{\mathrm{d}D(s)}{\mathrm{d}s}+k\frac{\mathrm{d}N(s)}{\mathrm{d}s}=2(s-s_1)p(s)+(s-s_1)^2\frac{\mathrm{d}p(s)}{\mathrm{d}s}$$

所以重根及分离点、会合点满足下述方程

$$\frac{\mathrm{d}f(s)}{\mathrm{d}s}=0 \tag{4-2-13}$$

及

$$\frac{\mathrm{d}D(s)}{\mathrm{d}s}+k\frac{\mathrm{d}N(s)}{\mathrm{d}s}=0 \tag{4-2-14}$$

由式(4-2-12)得 $k=-D(s)/N(s)$，代入式(4-2-14)得

$$N(s)\frac{\mathrm{d}D(s)}{\mathrm{d}s}-D(s)\frac{\mathrm{d}N(s)}{\mathrm{d}s}=0$$

即

$$\frac{\mathrm{d}}{\mathrm{d}s}\left(\frac{D(s)}{N(s)}\right)=0 \tag{4-2-15}$$

式(4-2-13)和式(4-2-15)是分离点和会合点应满足的方程。它们的根中，经检验确实处于实轴的根轨迹上、并使 k 为正数的根，才是实际的分离点或会合点。分子无零点时，利用式(4-2-13)较简单。

分离点与分离角

规则六　根轨迹在实轴上的分离点或会合点的坐标应满足方程(4-2-13)或方程(4-2-15)。

例 4-2-1　已知负反馈系统的开环传递函数为

$$G(s)H(s)=\frac{k}{s(s+1)(s+2)}$$

试绘制系统的根轨迹。

解　令 $s(s+1)(s+2)=0$，解得三个开环极点 $p_1=0, p_2=-1, p_3=-2$。

1) 根轨迹分支数等于 3。

2) 三条根轨迹起点分别是：(0,j0)、(−1,j0)、(−2,j0)，终点均为无穷远处。

3) 根轨迹的渐近线：由于 $n=3, m=0$，所以该系统的根轨迹共有三条渐近线，它们在实轴上的交点坐标是

$$\sigma_a=\frac{\sum_{i=1}^{n}(p_i)-\sum_{j=1}^{m}(z_j)}{n-m}=\frac{0-1-2-0}{3}=-1$$

渐近线与实轴正方向的夹角分别是

$$l=0:\quad \frac{(2l+1)\pi}{n-m}=\frac{\pi}{3}=60^\circ$$

$$l=1:\quad \frac{3\pi}{3}=180^\circ$$

$$l=2:\quad \frac{5\pi}{3}=300^\circ\text{或}-60^\circ$$

4）实轴上的根轨迹：$(-\infty,-2]$段及$[-1,0]$段。

5）根轨迹与实轴的分离点坐标：

闭环系统特征方程为 $f(s)=s^3+3s^2+2s+k=0$

由$\dfrac{\mathrm{d}f(s)}{\mathrm{d}s}=3s^2+6s+2=0$ 解得

$$s_1=-0.422,\quad s_2=-1.578$$

由前边分析得知，s_2 不是根轨迹上的点，故舍去。s_1 是根轨迹与实轴分离点坐标。最后画出根轨迹如图 4-2-4 所示。

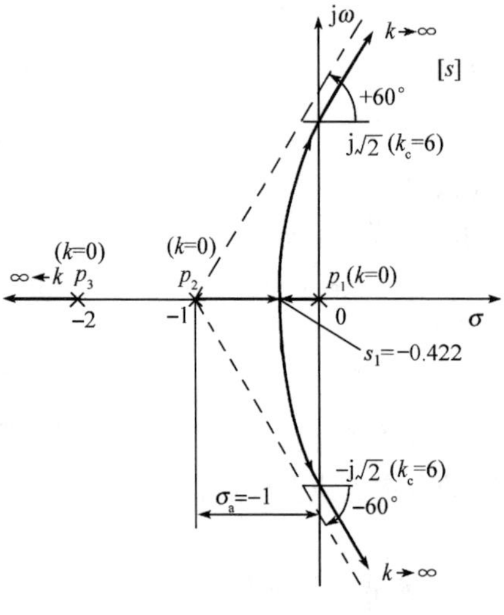

图 4-2-4　例 4-2-1 所示系统根轨迹图

4.2.7　根轨迹与虚轴的交点

根轨迹与虚轴相交，说明控制系统有位于虚轴上的闭环极点，即特征方程含有纯虚根，这时可用劳斯表求解，也可将 $s=\mathrm{j}\omega$ 代入特征方程式(4-1-5)中，得到

$$1+G(\mathrm{j}\omega)H(\mathrm{j}\omega)=0$$

或

$$\mathrm{Re}[1+G(\mathrm{j}\omega)H(\mathrm{j}\omega)]+\mathrm{j}\mathrm{Im}[1+G(\mathrm{j}\omega)H(\mathrm{j}\omega)]=0 \tag{4-2-16}$$

将上式分为实部、虚部两个方程，即

$$\left.\begin{aligned}\mathrm{Re}[1+G(\mathrm{j}\omega)H(\mathrm{j}\omega)]=0\\ \mathrm{Im}[1+G(\mathrm{j}\omega)H(\mathrm{j}\omega)]=0\end{aligned}\right\} \tag{4-2-17}$$

规则七　根轨迹与虚轴的交点坐标 ω 值及与此交点相对应的参数 k 的临界值 k_c 应满足式(4-2-17)。

例 4-2-2　求例 4-2-1 系统根轨迹与虚轴交点的坐标及参数临界值 k_c。

解　控制系统的特征方程是

$$s^3+3s^2+2s+k=0$$

令 $s=\mathrm{j}\omega$，代入上式，得

$$-\mathrm{j}\omega^3-3\omega^2+\mathrm{j}2\omega+k=0$$

写出实部和虚部方程

$$-3\omega^2+k=0$$

$$-\omega^3+2\omega=0$$

由虚部方程解得根轨迹与虚轴的交点坐标为

$$\omega=\pm\sqrt{2}\quad(\mathrm{s}^{-1})$$

将 $\omega=\sqrt{2}$（或 $\omega=-\sqrt{2}$）代入实部方程，求得参数 k 的临界值 $k_c=6$。当 $k>k_c$ 时，系统将不稳定。$\omega=\pm\sqrt{2}(\mathrm{s}^{-1})$及 $k_c=6$ 已标在图 4-2-4 中。

4.2.8 根轨迹的出射角与入射角

4.2.8节

出射角 根轨迹离开开环复数极点处的切线方向与实轴正方向的夹角，如图 4-2-5 中的 θ_{p_1}、θ_{p_2}。

入射角 根轨迹进入开环复数零点处的切线方向与实轴正方向的夹角，如图 4-2-5 中的 θ_{z_1}、θ_{z_2}。

因为 $\theta_{p_1}=-\theta_{p_2}$，$\theta_{z_1}=-\theta_{z_2}$，所以只求 θ_{p_1}、θ_{z_1} 即可。下面以图 4-2-6 所示开环极点与开环零点分布为例，说明如何求取出射角 θ_{p_1}。

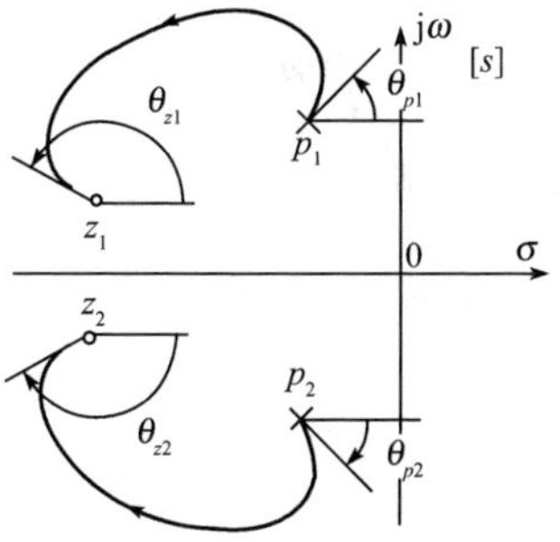

图 4-2-5 根轨迹的出射角与入射角

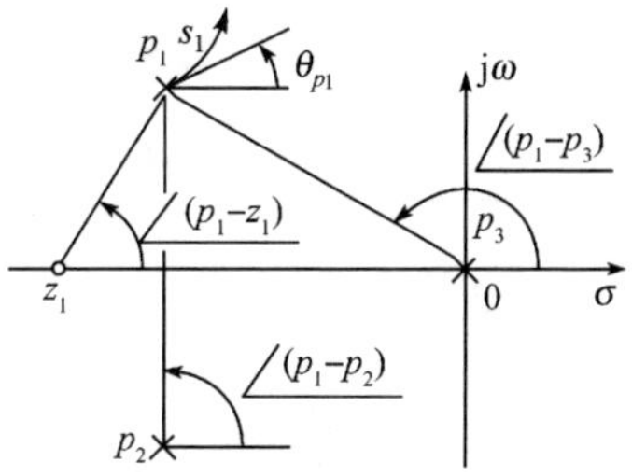

图 4-2-6 出射角 θ_{p_1} 的求取

在图 4-2-6 所示的根轨迹上取一试验点 s_1 使 s_1 无限的靠近开环复数极点 p_1，即认为 $s_1=p_1$，这时 $\angle(s_1-p_1)=\theta_{p_1}$，依据相角条件

$$\angle G(s)H(s)=\angle(p_1-z_1)-\theta_{p_1}-\angle(p_1-p_2)-\angle(p_1-p_3)=\pm 180^\circ$$

由上式求得出射角 θ_{p_1} 为

$$\theta_{p_1}=\pm 180^\circ+\angle(p_1-z_1)-\angle(p_1-p_2)-\angle(p_1-p_3)$$

推向一般，计算根轨迹出射角的一般表达式为

$$\theta_{p_1}=\pm 180^\circ+\sum_{j=1}^{m}\angle(p_1-z_j)-\sum_{i=2}^{n}\angle(p_1-p_i) \tag{4-2-18}$$

同理，可求出根轨迹入射角的计算公式为

$$\theta_{z_1}=\pm 180^\circ+\sum_{i=1}^{n}\angle(z_1-p_i)-\sum_{j=2}^{m}\angle(z_1-z_j) \tag{4-2-19}$$

规则八 出射角和入射角按相角条件计算。始于开环复数单极点的出射角按式(4-2-18)计算，止于开环复数单零点的入射角按式(4-2-19)计算。

例 4-2-3 已知负反馈系统的开环传递函数为

$$G(s)H(s)=\frac{k(s+1)}{s^2+3s+3.25}$$

绘制系统的根轨迹图。

解 令 $s^2+3s+3.25=0$，解得 $p_{1、2}=-1.5\pm \mathrm{j}$

令 $s+1=0$，解得 $z_1=-1$

1) 根轨迹分支数等于 2；

2) 二条根轨迹起点分别是 p_1、p_2，终点是 z_1 及无穷远处；

3) 根轨迹的渐近线：因为 $n=2$，$m=1$，所以只有一条渐近线，是负实轴；

4) 实轴上的根轨迹：$(-\infty,-1]$；

5) 根轨迹与实轴的会合点坐标：

$$\frac{\mathrm{d}}{\mathrm{d}s}\left(\frac{s^2+3s+3.25}{s+1}\right)=0$$

$$s^2+2s-0.25=0$$

解得

$$s_1=-2.12, \quad s_2=0.12$$

s_2 不是根轨迹上的点，故舍去，s_1 是根轨迹与实轴的会合点。

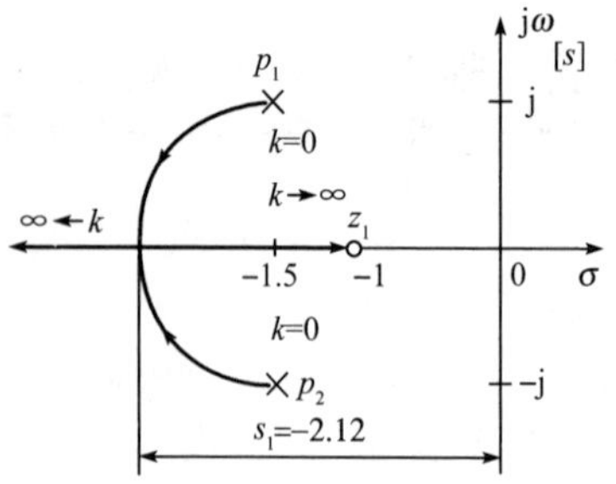

图 4-2-7　例 4-2-3 系统根轨迹图

6) 求出射角

$$\angle(p_1-z_1)=180°-\arctan 2=116.6°$$

$$\theta_{p_1}=180°+\angle(p_1-z_1)-\angle(p_1-p_2)$$
$$=180°+116.6°-90°=206.6°$$

$$\theta_{p_2}=-206.6°$$

最后画出根轨迹图，如图 4-2-7 所示。

4.2.9　闭环极点的和与积

设控制系统特征方程式(4-1-5)的 n 个根为 $s_1,s_2,\cdots,s_n$，则有

$$s^n+a_1s^{n-1}+\cdots+a_{n-1}s+a_n=(s-s_1)(s-s_2)\cdots(s-s_n)=0$$

根据代数方程根与系数的关系，可写出

$$\sum_{i=1}^{n}(-s_i)=a_1 \tag{4-2-20}$$

$$\prod_{i=1}^{n}(-s_i)=a_n \tag{4-2-21a}$$

对于稳定的控制系统，式(4-2-21a)可写成

$$\prod_{i=1}^{n}|s_i|=a_n \tag{4-2-21b}$$

当 $n-m\geqslant 2$ 时还有

$$\sum_{i=1}^{n}s_i=\sum_{i=1}^{n}p_i \tag{4-2-22}$$

即闭环极点之和等于开环极点之和。

根据式(4-2-20)～式(4-2-22)，可在已知某些较简单系统的部分闭环极点的情况下，比较容易地确定其余闭环极点在[s]平面上的分布位置以及对应的参数值 k。

例 4-2-4　已知例 4-2-1 所示系统的根轨迹与虚轴相交时两个闭环极点为 $s_{1、2}=\pm \mathrm{j}\sqrt{2}$，求与之对应的第三个闭环极点 s_3 及参数值 k_c。

解　例 4-2-1 所示系统的特征方程为

$$s^3+3s^2+2s+k=0$$

根据式(4-2-20)有

$$-s_1-s_2-s_3=3$$

$$s_3=-3-s_1-s_2=-3-\mathrm{j}\sqrt{2}-(-\mathrm{j}\sqrt{2})=-3$$

根据式(4-2-21b)有

$$k_c=|s_1||s_2||s_3|=6$$

这个结果与例 4-2-2 所得到的结果完全相同。

4.2.10　放大系数的求取

按相角条件绘出控制系统的根轨迹后，还需标出根轨迹上的某些点所对应的参数 k 值。

求取根轨迹上的点所对应的参数值 k，要用式(4-1-7)给出的幅值条件，即

$$k\frac{|s-z_1||s-z_2|\cdots|s-z_m|}{|s-p_1||s-p_2|\cdots|s-p_n|}=1$$

对应根轨迹上确定点 s_l，有

$$k_l=\frac{\prod_{i=1}^{n}|(s_l-p_i)|}{\prod_{j=1}^{m}|s_l-z_j|} \tag{4-2-23}$$

式中，$|(s_l-p_i)|(i=1,2,\cdots,n)$，$|(s_l-z_j)|(j=1,2,\cdots,m)$表示点 s_l 到全部开环极点与开环零点的几何长度。无零点时上式分母为 1。

根据参数值 k 可进一步求取开环放大系数，参数 k 与开环放大系数的关系分别是

0 型系统
$$K_p=\lim_{s\to 0}G(s)H(s)=k\frac{\prod_{j=1}^{m}(-z_j)}{\prod_{i=1}^{n}(-p_i)} \tag{4-2-24}$$

1 型系统
$$K_v=\lim_{s\to 0}s\,G(s)H(s)=k\frac{\prod_{j=1}^{m}(-z_j)}{\prod_{i=2}^{n}(-p_i)} \tag{4-2-25}$$

2 型系统
$$K_a=\lim_{s\to 0}s^2G(s)H(s)=k\frac{\prod_{j=1}^{m}(-z_j)}{\prod_{i=3}^{n}(-p_i)} \tag{4-2-26}$$

例 4-2-5 求例 4-2-1 所示系统的临界开环放大系数 K_{vc}。

解 例 4-2-1 所示系统为 1 型系统，其开环极点为 $p_1=0$，$p_2=-1$，$p_3=-2$，无有限开环零点。在例 4-2-2 中已求出临界参数值 $k_c=6$，根据式(4-2-25)可得

$$K_{vc}=k_c\cdot\frac{1}{(-p_2)(-p_3)}=6\times\frac{1}{1\times 2}=3$$

注意：若系统无有限开环零点，当应用式(4-2-24)～(4-2-26)计算开环放大系数时，应取 $\prod_{j=1}^{m}(-z_j)=1$。

例 4-2-6 负反馈控制系统的开环传递函数为

$$G(s)H(s)=\frac{k}{s(s+2.73)(s^2+2s+2)}$$

绘制系统的根轨迹图，求出根轨迹与虚轴交点对应的放大系数 k 及闭环极点，并求系统的临界开环放大系数。

解 由已知的 $G(s)H(s)$，求得四个开环极点

$$p_1=0,\quad p_2=-1+\mathrm{j},\quad p_3=-1-\mathrm{j},\quad p_4=-2.73$$

1) 根轨迹分支数等于 4。

2) 四条根轨迹分别起于 p_1、p_2、p_3、p_4，终止于无穷远处。

3) 根轨迹的渐近线：根轨迹有四条渐近线，它们在实轴上的交点坐标是

$$\sigma_a=\frac{\sum_{i=1}^{n}(p_i)-\sum_{j=1}^{m}(z_j)}{n-m}=\frac{0-1+\mathrm{j}-1-\mathrm{j}-2.73-0}{4-0}=-1.18$$

渐近线与实轴正方向的夹角分别是

$$l=0:\quad \frac{(2l+1)\pi}{n-m}=\frac{\pi}{4}=45^\circ$$

$$l=1:\quad \frac{3\pi}{4}=135^\circ$$

$$l=2:\quad \frac{5\pi}{4}=225^\circ\text{或}-135^\circ$$

$$l=3: \quad \frac{7\pi}{4}=315°\text{或}-45°$$

4) 实轴上的根轨迹:(−2.73,0)。

5) 根轨迹与实轴的分离点坐标。根据式(4-2-15)得

$$\frac{d}{ds}[s(s+2.73)(s^2+2s+2)]=0$$

解得:$s_1=-2.06$,这是起始于开环极点 $p_1=0$、$p_4=-2.73$ 的两条根轨迹脱离实轴时的分离点坐标。

6) 根轨迹的出射角。根据式(4-2-18)可求得出射角 θ_{p_2}、θ_{p_3}

$$\begin{aligned}\theta_{p_2}&=180°-\angle(p_2-p_1)-\angle(p_2-p_3)-\angle(p_2-p_4)\\&=180°-135°-90°-30°=-75°\\\theta_{p_3}&=75°\end{aligned}$$

7) 根轨迹与虚轴的交点。起始于开环极点 p_2、p_3 的两条根轨迹与虚轴相交,其交点坐标可根据式(4-2-17)求得的实部方程与虚部方程进行计算,即

$$\omega^4-7.46\omega^2+k=0$$
$$-4.73\omega^3+5.46\omega=0$$

由虚部方程解得

$$\omega=0(k=0)\text{及}\ \omega=\pm1.07(s^{-1})\quad(k>0)$$

将 $\omega=1.07$ 代入实部方程求得参数 k 的临界值 $k_c=7.23$。给定系统为 1 型系统,根据式(4-2-25)可求得该系统的临界开环放大系数 K_{vc}

$$K_{vc}=k_c\frac{\prod_{j=1}^{m}(-z_j)}{\prod_{i=2}^{n}(-p_i)}=7.23\times\frac{1}{(1-j)(1+j)(2.73)}=1.33$$

最后绘出该系统的根轨迹图如图 4-2-8 所示。

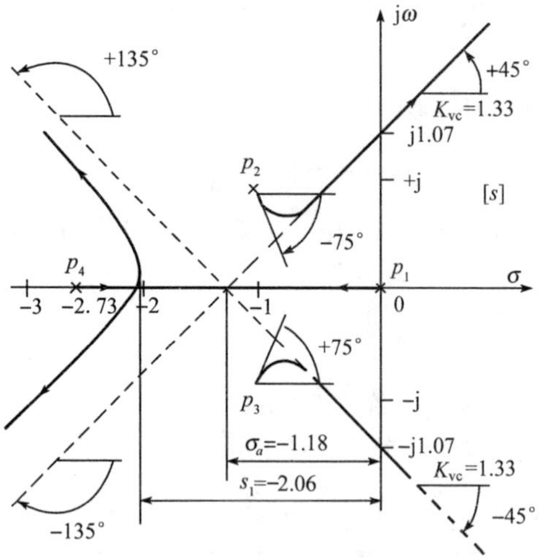

图 4-2-8 例 4-2-6 系统根轨迹图

下面求临界稳定状态时的另 2 个闭环极点。系统的特征方程为

$$D(s)=s^4+4.73s^3+7.46s^2+5.46s+k=0$$

根据式(4-2-20)可得

$$-s_1-s_2-s_3-s_4=4.73$$

根据式(4-2-21)可得

$$(-s_1)(-s_2)(-s_3)(-s_4)=k$$

已知系统在临界稳定状态时两个闭环极点为 $s_{1,2}=\pm \mathrm{j}1.07$ 及 $k_c=7.23$。利用前边两个关系式可求得此时对应的另外两个闭环极点 s_3、s_4

$$s_3+s_4=-4.73-s_1-s_2=-4.73$$

$$s_3\cdot s_4=\frac{7.23}{s_1\cdot s_2}=6.3$$

解得 $s_{3,4}=-2.365\pm \mathrm{j}0.84$。

4.2.11 节

4.2.11 零度根轨迹

若式(4-2-1)中 $k<0$,则相应的根轨迹称为零度根轨迹或正反馈根轨迹。这时前述的根轨迹方程和规则中需要修改的内容如下。

(1) 根轨迹方程为

$$G(s)H(s)=k\frac{(s-z_1)(s-z_2)\cdots(s-z_m)}{(s-p_1)(s-p_2)\cdots(s-p_n)}=1 \qquad (k>0) \tag{4-2-27}$$

(2) 渐近线与实轴正方向的夹角为($n-m$ 个不同位置)

$$\angle(s-\sigma_a)=\frac{2l\pi}{n-m} \qquad (l=0,1,2,\cdots,n-m-1) \tag{4-2-28}$$

(3) 实轴上某线段右侧的开环零极点个数之和为偶数时,该线段是根轨迹。

(4) 根轨迹的出射角 θ_{p_1} 和入射角 θ_{z_1} 分别为

$$\theta_{p_1}=0^\circ+\sum_{j=1}^{m}\angle(p_1-z_j)-\sum_{i=2}^{n}\angle(p_1-p_i) \tag{4-2-29}$$

$$\theta_{z_1}=0^\circ+\sum_{i=1}^{n}\angle(z_1-p_i)-\sum_{j=2}^{m}\angle(z_1-z_j) \tag{4-2-30}$$

4.2.12 参数根轨迹

若根轨迹中的可变参数不与系统开环放大系数成比例,则对应的根轨迹称为参数根轨迹。设可变参数为 T。这时需将闭环系统的特征方程

$$1+G(s)H(s)=0$$

化成如下形式

$$1+TG_1(s)=0 \tag{4-2-31}$$

式中,$G_1(s)$称为等效开环传递函数。

实际系统,$n\geqslant m$。对于等效开环传递函数 $G_1(s)$,可能有 $m>n$。此时,有 m 条根轨迹,其中 $m-n$ 条起始于∞,无穷远处的根轨迹也称为轨迹渐近线,渐近线的有关计算公式形式不变。$G_1(s)$的根轨迹与 $1/G_1(s)$的根轨迹形状相同,只是起点与终点交换。若 $m>n$,用 MATLAB 绘根轨迹时,可先绘 $1/G_1(s)$的根轨迹,再改变起点与终点。

4.3 用根轨迹方法分析和设计控制系统

4.3.1 控制系统的根轨迹分析法

系统的稳定性和动态性能与其特征根在 s 平面上的分布有密切关系。利用根轨迹容易看出控制系统的稳定性和动态性能与可变参数的关系。下面以实例说明。

例 4-3-1 已知单位负反馈系统的开环传递函数为 $G(s)=\dfrac{K}{s(0.5s+1)}$,应用根轨迹法分析开环放大系数

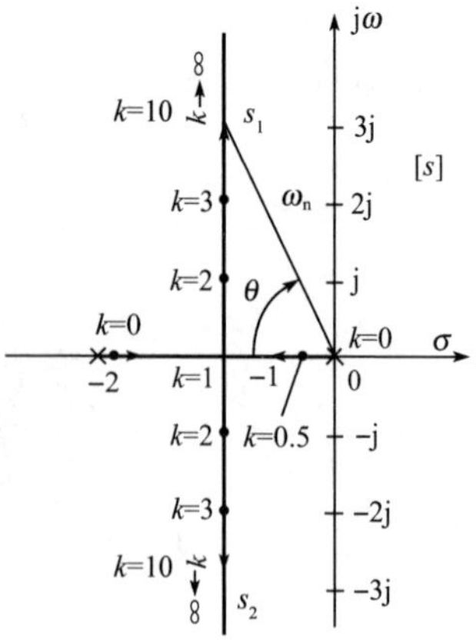

图 4-3-1　例 4-3-1 系统的根轨迹

K 对系统稳定性、振荡状态及动态指标 σ_p、t_s 的影响。

解　将开环传递函数 $G(s)$ 化为在根轨迹法中常用的形式，即

$$G(s)=\frac{2K}{s(s+2)}=\frac{k}{s(s+2)}$$

式中，$k=2K$。在 4.1 节中已经画出该系统的根轨迹(图 4-1-2)，现重画于图 4-3-1 中。

按根轨迹图分析，K 为任意值时，系统都是稳定的。当 $0<K<0.5(0<k<1)$ 时，系统具有两个不相等的负实根，当 $K=0.5(k=1)$ 时，系统具有两个相等的负实根，这时系统的动态响应是非振荡的。当 $0.5<K<\infty(1<k<\infty)$ 时，系统具有一对共轭复数极点，则系统的阶跃响应是振荡的。此时，K 越大，θ 越大，振荡越强，σ_p 越大；由于极点实部不变，故 t_s 基本不变，响应速度不变。显然，给定 K 的一个数值，就可计算出相应系统的动态指标。

4.3.2　控制系统的根轨迹设计法

利用根轨迹法设计系统时最常见的情况，就是要求闭环极点处于所希望的位置。设计的依据，就是系统的特征方程(根轨迹方程)，或相角条件，幅值条件。

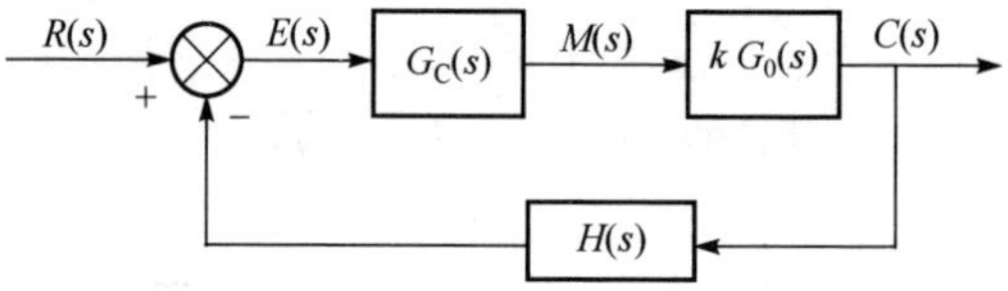

图 4-3-2　带有串联补偿环节的系统

在图 4-3-2 中，$kG_0(s)$ 和 $H(s)$ 是原系统的前向通路和反馈通路的传递函数。为了使系统满足设计要求，还要在系统中增加一个环节，称为补偿或校正环节。图 4-3-2 中 $G_c(s)$ 就是所加的串联补偿环节。

常见的一种情况是，希望某一点 s_1 在根轨迹上，但 $\angle kG_0(s_1)H(s_1)\neq-180°$。利用根轨迹法的设计就是要利用

$$\angle kG_0(s_1)H(s_1)G_c(s_1)=\angle kG_0(s_1)H(s_1)+\angle G_c(s_1)=-180° \tag{4-3-1}$$

或

$$kG_0(s_1)H(s_1)G_c(s_1)=-1 \tag{4-3-2}$$

根轨迹
设计例题

求出 $G_c(s)$ 中的参数。

设计系统时的另一种情况，就是希望增大开环放大系数，同时又对主要闭环极点的分布影响不大，这时的补偿环节是一对靠近原点的偶极子 $\frac{s-z_c}{s-p_c}$，其中 $|z_c|\ll1$，$|p_c|\ll1$，$|z_c|>|p_c|$。

参考答案 4

习　　题

4-1　单位负反馈系统的开环传递函数为

$$G(s)=\frac{k}{s(s^2+2s+2)}$$

绘制系统的根轨迹图。

4-2　负反馈系统的开环传递函数为

$$G(s)H(s)=\frac{k(s+0.1)(0.6s+1)}{s^2(s+0.01)}$$

绘制系统的根轨迹图。

4-3　单位负反馈系统的开环传递函数为

$$G(s)=\frac{K(0.25s+1)}{s(0.5s+1)}$$

应用根轨迹法确定系统时间响应的瞬态分量无振荡时的开环增益 K。

4-4 负反馈系统的开环传递函数为

$$G(s)H(s)=\frac{K(s+1)}{s^2(0.1s+1)}$$

绘制系统的根轨迹图。

4-5 不稳定对象负反馈系统的开环传递函数为

$$G(s)H(s)=\frac{k(s+1)}{s(s-3)}$$

绘制系统的根轨迹图。

4-6 负反馈系统的开环传递函数为

$$G(s)H(s)=\frac{k(s+2)}{s(s+3)(s^2+2s+2)}$$

绘制系统的根轨迹图。

4-7 单位负反馈系统的开环传递函数为

$$G(s)=\frac{K}{s(0.1s+1)(s+1)}$$

绘制系统的根轨迹图，并求 K 为何值时系统不稳定。

4-8 负反馈系统的开环传递函数为

$$G(s)H(s)=\frac{k}{(s+1)(s+2)(s+4)}$$

证明 $s_1=-1+\mathrm{j}\sqrt{3}$ 在该系统的根轨迹上，并求出相应的 k 值。

4-9 单位负反馈系统的开环传递函数为

$$G(s)=\frac{k}{s(s+3)(s+7)}$$

求使系统具有欠阻尼阶跃响应特性的 k 的取值范围。

4-10 负反馈系统的开环传递函数为

$$G(s)H(s)=K\frac{s^2+2s+2}{s^3}$$

绘制根轨迹图，标出渐近线，出射角，入射角，求根轨迹与虚轴的交点，确定使闭环稳定的 K 的取值范围。

4-11 负反馈系统的开环传递函数为

$$G(s)H(s)=K\frac{1-s}{s(2s+1)}$$

绘制 $0\leqslant K<+\infty$ 的根轨迹图。

4-12 负反馈系统的开环传递函数为

$$G(s)H(s)=\frac{2s+K}{s^2(s+3)}$$

绘制 $0\leqslant K<+\infty$ 的根轨迹图。

4-13 对于图 4-3-2，设 $kG_0(s)=\dfrac{10}{s^2(s+10)}$，$H(s)=1$，$G_c(s)=K_P+K_Ds$。要求设计后系统的一对闭环主导极点是 $-1\pm\mathrm{j}\sqrt{3}$，求参数 K_P 和 K_D。

4-14 对于图 4-3-2，设 $kG_0(s)=\dfrac{3.2(0.625s+1)}{s^2(0.1s+1)}$，$H(s)=1$，$G_c(s)=\dfrac{s+a}{s+b}$。要求设计后系统的开环放大系数是 32，并且闭环主导极点变化不大，求参数 a 和 b。

4-15 单位负反馈系统的开环传递函数为

$$G(s)=\frac{k(s+2)}{s(s+1)}$$

证明根轨迹的曲线部分是圆。

第 5 章　频率特性法

采用频率特性作为数学模型来分析和设计系统的方法称为频率特性法。频率特性法具有下述优点：①频率特性具有明确的物理意义；②频率特性法的计算量很小，一般都是采用近似的作图方法，简单、直观，易于在工程技术界使用；③可以采用实验的方法求出系统或元件的频率特性，这对于机理复杂或机理不明而难以列写微分方程的系统或元件，具有重要的实用价值。正因为这些优点，频率特性法在工程技术领域得到非常广泛的应用。

5.1　频率特性的初步概念

首先，分析输入量是正弦信号时，稳定的线性定常系统输出量的稳态分量。

设线性定常系统的传递函数是 $G(s)$，输入量和输出量分别为 $r(t)$ 和 $c(t)$，t 表示时间，并设输入量是正弦信号：

$$r(t)=R\sin\omega t \tag{5-1-1}$$

式中，R 是正弦信号的幅值，ω 是正弦信号的角频率，ω 由 $0\to\infty$。

于是有

$$R(s)=\frac{R\omega}{s^2+\omega^2}=\frac{R\omega}{(s+\mathrm{j}\omega)(s-\mathrm{j}\omega)} \tag{5-1-2}$$

$$C(s)=G(s)R(s)=G(s)\frac{R\omega}{(s+\mathrm{j}\omega)(s-\mathrm{j}\omega)} \tag{5-1-3}$$

设输出变量中的稳态分量和瞬态分量分别是 $c_{\mathrm{s}}(t)$ 和 $c_{\mathrm{t}}(t)$，则有

$$C(s)=C_{\mathrm{s}}(s)+C_{\mathrm{t}}(s) \tag{5-1-4}$$

及

$$C_{\mathrm{s}}(s)=\frac{A_1}{s+\mathrm{j}\omega}+\frac{A_2}{s-\mathrm{j}\omega} \tag{5-1-5}$$

则

$$c_{\mathrm{s}}(t)=A_1\mathrm{e}^{-\mathrm{j}\omega t}+A_2\mathrm{e}^{\mathrm{j}\omega t} \tag{5-1-6}$$

$$A_1=G(s)\frac{R\omega}{(s+\mathrm{j}\omega)(s-\mathrm{j}\omega)}(s+\mathrm{j}\omega)\bigg|_{s=-\mathrm{j}\omega}=-\frac{R}{2\mathrm{j}}G(-\mathrm{j}\omega) \tag{5-1-7}$$

$$A_2=G(s)\frac{R\omega}{(s+\mathrm{j}\omega)(s-\mathrm{j}\omega)}(s-\mathrm{j}\omega)\bigg|_{s=\mathrm{j}\omega}=\frac{R}{2\mathrm{j}}G(\mathrm{j}\omega) \tag{5-1-8}$$

将式(5-1-7)、式(5-1-8)代入式(5-1-6)，考虑到 $G(\mathrm{j}\omega)$ 和 $G(-\mathrm{j}\omega)$ 是共轭复数，并利用数学中的欧拉公式，可推得

$$c_{\mathrm{s}}(t)=R|G(\mathrm{j}\omega)|\sin(\omega t+\theta)=C\sin(\omega t+\theta) \tag{5-1-9}$$

式中，$G(\mathrm{j}\omega)$ 就是令 $G(s)$ 中的 s 等于 $\mathrm{j}\omega$ 所得的复数量；$|G(\mathrm{j}\omega)|$ 为复量 $G(\mathrm{j}\omega)$ 的模或称幅值，$\theta=\angle G(\mathrm{j}\omega)$ 是输出信号对于输入信号的相位移，它就等于复量 $G(\mathrm{j}\omega)$ 的相位；$C=R|G(\mathrm{j}\omega)|$ 是稳态响应 $c_{\mathrm{s}}(t)$ 的幅值。

综上所述，对于稳定的线性定常系统，若传递函数为 $G(s)$，当输入量 $r(t)$ 是正弦信号(见式(5-1-1))时，其稳态响应 $c_s(t)$ 是同一频率的正弦信号(见式(5-1-9))。此时称稳态响应的幅值 C 与输入信号的幅值 R 之比 $C/R=|G(\mathrm{j}\omega)|$ 为系统的幅频特性，称 $c_s(t)$ 与 $r(t)$ 之间的相位移 $\theta=\angle G(\mathrm{j}\omega)$ 为系统的相频特性；它们都是 ω 的函数。其中 ω 由 $0\to\infty$。幅频特性和相频特性统称为频率特性或频率响应。可见，对于传递函数 $G(s)$，令 $s=\mathrm{j}\omega$ 得到的 $G(\mathrm{j}\omega)$ 就是系统或元件的频率特性，它是输入信号频率 ω 的复变函数。系统或元件的频率特性表示输入量为正弦信号时，其输出信号的稳态分量与输入信号的关系。然而，频率特性的应用意义远不止于这一点。频率特性是重要的数学模型。频率特性法以频率特性为数学模型，不但能分析出系统的动态性能和稳态精度，判定出系统对其他形式的输入信号的响应情况，而且能方便地设计系统使其满足预先规定的动态和稳态性能指标。

如果不知道系统的传递函数 $G(s)$，我们可通过下述实验确定频率特性 $G(\mathrm{j}\omega)$。以正弦信号 $r(t)=R\sin\omega t$ 作为输入信号，一般使幅值 R 不变，但改变角频率 ω，通常使信号频率由最低开始逐渐增加。测出相应的稳态输出 $c_s(t)$ 的幅值 $C(\omega)$，以及 $c_s(t)$ 对于 $r(t)$ 的相位移 $\theta(\omega)$，则 $C(\omega)/R$ 就是幅频特性 $|G(\mathrm{j}\omega)|$，而 $\theta(\omega)$ 就是相频特性 $\angle G(\mathrm{j}\omega)$。

复量 $G(\mathrm{j}\omega)$ 可以写成指数式、三角式或实部与虚部相加的代数式

$$\begin{aligned} G(\mathrm{j}\omega)&=|G(\mathrm{j}\omega)|\mathrm{e}^{\mathrm{j}\angle G(\mathrm{j}\omega)}=|G(\mathrm{j}\omega)|(\cos\theta+\mathrm{j}\sin\theta)\\ &=U(\omega)+\mathrm{j}V(\omega) \end{aligned} \tag{5-1-10}$$

式中，$U(\omega)$ 是 $G(\mathrm{j}\omega)$ 的实部，又称实频特性，$V(\omega)$ 是 $G(\mathrm{j}\omega)$ 的虚部，又称虚频特性。而相位角 $\theta(\omega)$ 为

$$\theta(\omega)=\angle G(\mathrm{j}\omega)=\begin{cases}\arctan\dfrac{V(\omega)}{U(\omega)} & U(\omega)>0\\ \pm\pi+\arctan\dfrac{V(\omega)}{U(\omega)} & U(\omega)<0\end{cases} \tag{5-1-11}$$

相位角 $\theta(\omega)$ 本来是多值函数，为了方便起见，在计算基本环节的相位角 $\theta(\omega)$ 时，一般取 $-180^\circ<\theta(\omega)\leqslant 180^\circ$。

负的相位角称为相位滞后，正的相位角称为相位超前。具有负的相位角的网络称为滞后网络，具有正的相位角的网络就称为超前网络。

实验表明，对于所有实际的物理系统或元件，当正弦输入信号的频率很高时，输出信号的幅值一定很小。这说明，对于实际的物理元件，当 ω 很大时，$|G(\mathrm{j}\omega)|$ 一定很小。以这个事实为基础，这里解释一下实际物理元件传递函数分子阶次比分母阶次低的问题。假定分子的阶次比分母阶次高，例如设 $G(s)=(s^2+s+1)/(2s+1)$，则

$$G(\mathrm{j}\omega)=\frac{(\mathrm{j}\omega)^2+\mathrm{j}\omega+1}{2\mathrm{j}\omega+1}=\frac{\mathrm{j}\omega+1+\dfrac{1}{\mathrm{j}\omega}}{2+\dfrac{1}{\mathrm{j}\omega}}$$

故有

$$\lim_{\omega\to\infty}|G(\mathrm{j}\omega)|=\left|\frac{\mathrm{j}\infty+1+0}{2+0}\right|=\infty$$

这说明 ω 很高时，$|G(\mathrm{j}\omega)|$ 将很大，这与实际情况相矛盾。可见实际物理系统的传递函数，其分子阶次不能高于分母阶次，通常分子的阶次应小于分母的阶次。如果碰到一种元件或系统，其传递函数分子的阶次高于分母阶次，它指的一定是在一个指定的频率范围内的近似传递函数。

5.2节

5.2 频率特性的图形

当系统的传递函数 $G(s)$ 较复杂时，其频率特性 $G(\mathrm{j}\omega)$ 的代数式也是复杂的，使用起来很不方便。实际中频率特性法总是采用图形表示法，用图形直观地表示出 $G(\mathrm{j}\omega)$ 的幅值与相角随频率 ω 变化情况。最常用的频率特性图是极坐标图与对数坐标图，其中又以对数坐标图用得最广。

5.2.1 极坐标图

一个复数可以用复平面上的一个点或一条矢量表示。在直角坐标或极坐标平面上，以 ω 为参变量，当 ω 由 $0\to\infty$ 时，画出频率特性 $G(\mathrm{j}\omega)$ 的点的轨迹，这个图形就称为频率特性的极坐标图，或称幅相特性图，或称奈奎斯特（Nyquist）图，这个平面称为 $G(s)$ 的复平面。

绘制极坐标图的根据就是式(5-1-10)。大部分情况下不必逐点准确绘图，只要画出简图，找出 $\omega=0$ 及 $\omega\to\infty$ 时 $G(\mathrm{j}\omega)$ 的位置，以及另外的1、2个点或关键点，再把它们连接起来并标上 ω 的变化情况，就成为极坐标简图。绘制极坐标简图的主要根据是相频特性 $\theta(\omega)=\angle G(\mathrm{j}\omega)$，同时参考幅频特性 $|G(\mathrm{j}\omega)|$。有时也要利用实频特性和虚频特性。

极坐标图的优点是在一张图上就可以较容易地得到全部频率范围内的频率特性，利用图形可以较容易地对系统进行定性分析。缺点是不能明显地表示出各个环节对系统的影响和作用。

下面首先介绍基本环节的极坐标图。

1. 惯性环节

传递函数是

$$G(s)=\frac{1}{Ts+1} \tag{5-2-1}$$

频率特性是

$$G(\mathrm{j}\omega)=\frac{1}{\mathrm{j}T\omega+1} \tag{5-2-2}$$

相频特性

$$\angle G(\mathrm{j}\omega)=0-\arctan T\omega=-\arctan T\omega \tag{5-2-3}$$

幅频特性

$$|G(\mathrm{j}\omega)|=\frac{1}{\sqrt{T^2\omega^2+1}} \tag{5-2-4}$$

实频特性

$$U(\omega)=\frac{1}{T^2\omega^2+1} \tag{5-2-5}$$

虚频特性

$$V(\omega)=-\frac{T\omega}{T^2\omega^2+1} \tag{5-2-6}$$

根据式(5-2-3)～式(5-2-6)可列出下表：

ω	$\angle G(\mathrm{j}\omega)$	$\lvert G(\mathrm{j}\omega)\rvert$	U	V
0	$0°$	1	1	0
$1/T$	$-45°$	$1/\sqrt{2}$	1/2	$-1/2$
∞	$-90°$	0	0	0

根据$\angle G(\mathrm{j}\omega)$和$\lvert G(\mathrm{j}\omega)\rvert$随频率$\omega$的变化情况可知极坐标图在第四象限，并可绘出它的简图，如图 5-2-1。

根据式(5-2-5)、式(5-2-6)还可推得

$$\left(U-\frac{1}{2}\right)^2+V^2=\left(\frac{1}{2}\right)^2 \tag{5-2-7}$$

这是一个圆的方程，圆心在(1/2,j0)，半径为 1/2。可见，惯性环节频率特性的极坐标图是第四象限的半圆，如图 5-2-1所示。

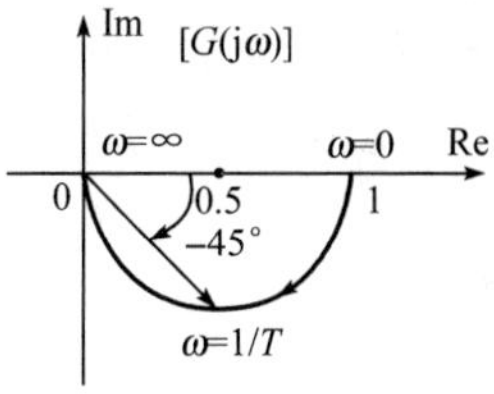

图 5-2-1　惯性环节的极坐标图

2. 积分环节

积分环节的传递函数是

$$G(s)=\frac{1}{s} \tag{5-2-8}$$

频率特性

$$G(\mathrm{j}\omega)=\frac{1}{\mathrm{j}\omega}=-\mathrm{j}\,\frac{1}{\omega}=\frac{1}{\omega}\mathrm{e}^{-\mathrm{j}\frac{\pi}{2}} \tag{5-2-9}$$

由上式可列出下表：

ω	$\angle G(\mathrm{j}\omega)$	$\lvert G(\mathrm{j}\omega)\rvert$	$U(\omega)$	$V(\omega)$
0	$-90°$	∞	0	$-\infty$
1	$-90°$	1	0	-1
∞	$-90°$	0	0	0

积分环节频率特性的极坐标图是负虚轴，如图 5-2-2 所示。

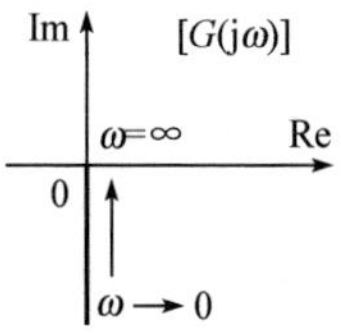

图 5-2-2　积分环节的极坐标图

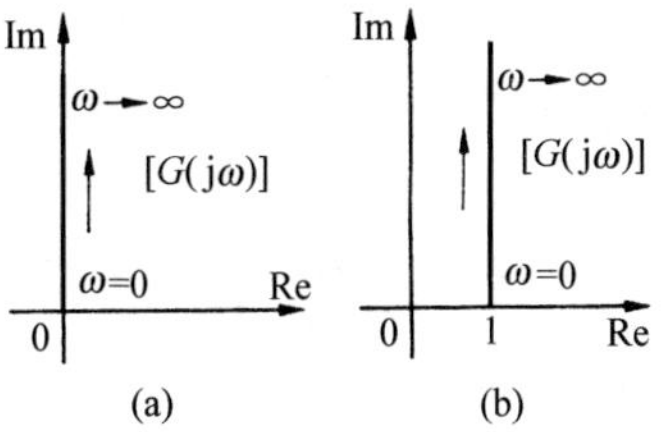

图 5-2-3　微分环节和一阶微分环节的极坐标图

3. 纯微分环节和一阶微分环节

纯微分环节的传递函数是

$$G(s)=s \tag{5-2-10}$$

频率特性是

$$G(\mathrm{j}\omega)=\mathrm{j}\omega=\omega\mathrm{e}^{\mathrm{j}\frac{\pi}{2}} \tag{5-2-11}$$

由上式可列出下表：

ω	$\angle G(j\omega)$	$\lvert G(j\omega)\rvert$	$U(\omega)$	$V(\omega)$
0	90°	0	0	0
1	90°	1	0	1
∞	90°	∞	0	∞

纯微分环节频率特性的极坐标图是正虚轴，如图 5-2-3(a)所示。

一阶微分环节的传递函数是

$$G(s)=\tau s+1 \tag{5-2-12}$$

频率特性为

$$G(j\omega)=j\tau\omega+1=\sqrt{\tau^2\omega^2+1}\,e^{j\arctan\tau\omega} \tag{5-2-13}$$

由上式列出下表：

ω	$\angle G(j\omega)$	$\lvert G(j\omega)\rvert$	$U(\omega)$	$V(\omega)$
0	0°	1	1	0
$1/\tau$	45°	$\sqrt{2}$	1	1
∞	90°	∞	1	∞

由式(5-2-13)或上表可绘出 $G(s)=\tau s+1$ 的频率特性极坐标图，如图 5-2-3(b)所示，它是第一象限内过(1,j0)点而与正虚轴平行的直线。

4. 振荡环节

振荡环节的传递函数是

$$G(s)=\frac{1}{T^2s^2+2\zeta Ts+1}=\frac{\omega_n^2}{s^2+2\zeta\omega_n s+\omega_n^2}\quad(0\leqslant\zeta<1) \tag{5-2-14}$$

式中，$T>0$，为振荡环节的时间常数，$\omega_n=1/T$。若 $\zeta\geqslant1$，它是两个相串联的惯性环节。频率特性是

$$G(j\omega)=\frac{1}{(1-T^2\omega^2)+j2\zeta T\omega} \tag{5-2-15}$$

$$\angle G(j\omega)=\begin{cases}-\arctan\dfrac{2\zeta T\omega}{1-T^2\omega^2} & \omega\leqslant\dfrac{1}{T}\\[2ex] -180^\circ-\arctan\dfrac{2\zeta T\omega}{1-T^2\omega^2} & \omega>\dfrac{1}{T}\end{cases} \tag{5-2-16}$$

$$|G(j\omega)|=\frac{1}{\sqrt{(1-T^2\omega^2)^2+(2\zeta T\omega)^2}} \tag{5-2-17}$$

$$U(\omega)=\frac{1-T^2\omega^2}{(1-T^2\omega^2)^2+(2\zeta T\omega)^2} \tag{5-2-18}$$

$$V(\omega)=\frac{-2\zeta T\omega}{(1-T^2\omega^2)^2+(2\zeta T\omega)^2} \tag{5-2-19}$$

由上述各式可列出下表：

ω	$\angle G(j\omega)$	$\lvert G(j\omega)\rvert$	$U(\omega)$	$V(\omega)$
0	0°	1	1	0
$1/T$	−90°	$1/(2\zeta)$	0	$-1/(2\zeta)$
∞	−180°	0	0	0

由上表可绘出振荡环节频率特性的极坐标图，如图 5-2-4 所示。可见，频率特性曲线开始于正实轴的(1，j0)点，顺时针经第四象限后交负虚轴于$(0, -j/(2\zeta))$。然后图形进入第三象限，在原点与负实轴相切并终止于坐标原点。

利用图 5-2-4 或式(5-2-17)，在$\omega-|G(j\omega)|$的直角坐标上可画出幅频特性图$|G(j\omega)|$，其中两种典型的曲线形状如图 5-2-5 中曲线 a、b 所示。曲线 a 的特点是：$|G(j\omega)|$从 $\omega=0$ 时的最大值 $G(0)=1$ 开始单调衰减。曲线 b 的特点是：在 $0\leqslant\omega<\infty$范围内幅频特性曲线将会出现大于起始值 $G(0)$的波峰。这时称这个振荡环节产生谐振现象。$|G(j\omega)|$取得最大值时的频率称为谐振频率，记为 ω_r。ω_r 所对应的频率特性最大幅值$|G(j\omega_r)|$称为谐振峰值。

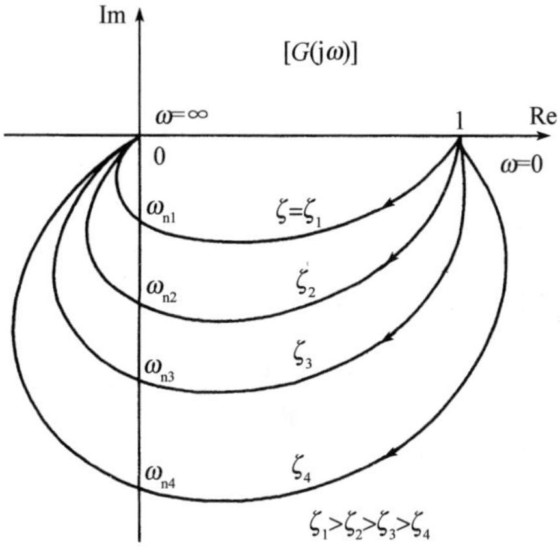

图 5-2-4　振荡环节的极坐标图

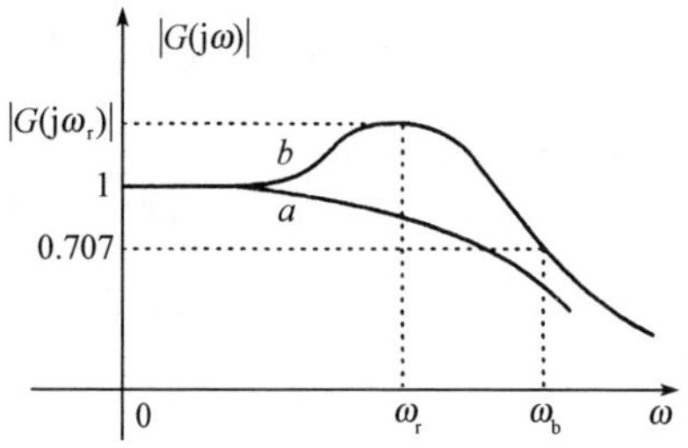

图 5-2-5　振荡环节的幅频特性

利用式(5-2-17)，取$\dfrac{d|G(j\omega)|}{d\omega}=0$，可求得

$$\omega_r=\frac{1}{T}\sqrt{1-2\zeta^2}=\omega_n\sqrt{1-2\zeta^2} \tag{5-2-20}$$

$$|G(j\omega_r)|=\frac{1}{2\zeta\sqrt{1-\zeta^2}} \tag{5-2-21}$$

由式(5-2-20)可知，当

$$0<\zeta<\frac{1}{\sqrt{2}}\quad 即\ 0<\zeta<0.707 \tag{5-2-22}$$

振荡环节将出现谐振现象，谐振频率和峰值满足式(5-2-20)、式(5-2-21)。当 $\zeta\geqslant 1/\sqrt{2}$，由式(5-2-20)求得的 ω_r 为虚数或零，这表明振荡环节这时不会出现谐振现象，$|G(j\omega)|$最大值位于 $\omega=0$ 处，幅频特性曲线是单调衰减的。但是只要 $\zeta<1$，振荡环节的阶跃响应仍会出现超调和振荡现象。

5. 延迟环节

延迟环节的传递函数是

$$G(s)=e^{-\tau s} \tag{5-2-23}$$

频率特性是

$$G(j\omega)=e^{-j\tau\omega} \tag{5-2-24}$$

$$\angle G(j\omega)=-\tau\omega\ \text{rad}=-57.3^\circ\tau\omega \tag{5-2-25}$$

$$|G(j\omega)|=1 \tag{5-2-26}$$

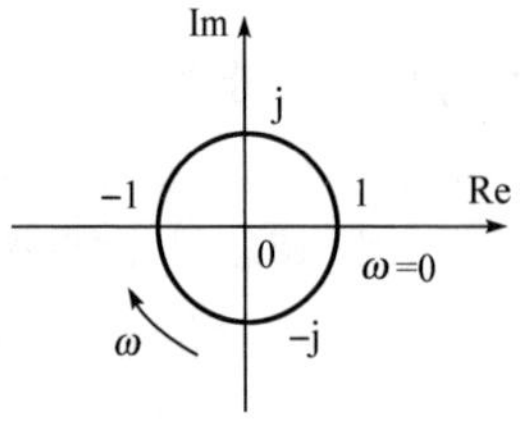

图 5-2-6　延迟环节的极坐标图

可见当 ω 由 $0\to\infty$ 时，$\angle G(j\omega)$ 由 $0\to-\infty$，而 $|G(j\omega)|=1$。延迟环节极坐标图是单位圆，如图 5-2-6 所示。

下面举例说明如何绘制频率特性的极坐标图，例子中的传递函数都具有基本环节相乘除的形式。这种形式传递函数的频率特性比较容易画。一般系统的开环传递函数都具有这种形式，因此，往往都是绘制开环传递函数的频率特性（简称开环频率特性）。

例 5-2-1　开环传递函数为

$$G(s)=\frac{K}{s(Ts+1)}$$

绘制开环频率特性的极坐标图。

解　由 $G(s)$ 表达式可知频率特性为

$$G(j\omega)=\frac{K}{j\omega(jT\omega+1)}=\frac{-KT}{T^2\omega^2+1}-j\frac{K}{\omega(T^2\omega^2+1)}$$

$$\angle G(j\omega)=-90^\circ-\arctan T\omega,\quad |G(j\omega)|=\frac{K}{\omega\sqrt{T^2\omega^2+1}}$$

由上述各式可得下表：

ω	$\angle G(j\omega)$	$\lvert G(j\omega)\rvert$	$U(\omega)$	$V(\omega)$
0	-90°	∞	$-KT$	$-\infty$
∞	-180°	0	0	0

由上表中 $\angle G(j\omega)$ 和 $|G(j\omega)|$ 随 ω 变化情况，可绘出频率特性极坐标简图，如图 5-2-7(a)所示。根据 $U(\omega)$ 和 $V(\omega)$ 可绘出频率特性较准确的图形，如图 5-2-7(b)所示。图(a)和(b)虽然有些差别，但它们所反映的系统特性却是一致的。

由本例可知，$\angle G(j\omega)$ 与放大系数 K 无关，$|G(j\omega)|$ 与 K 成正比。若只有 K 变化，则 $G(j\omega)$ 上的任一点将在过原点的直线上变化。

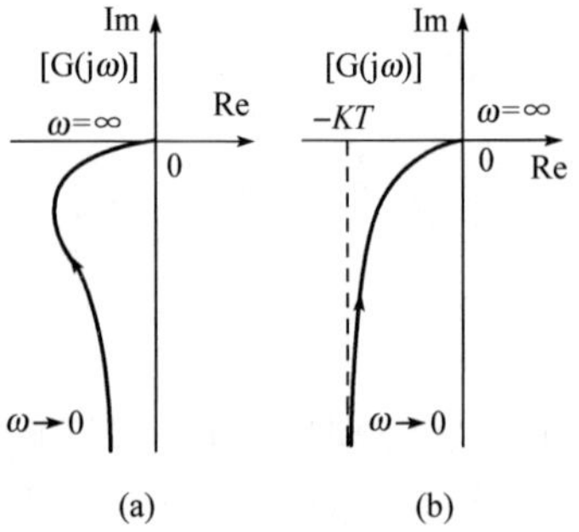

图 5-2-7　例 5-2-1 的极坐标图

例 5-2-2 传递函数为

$$G(s)=\frac{1}{(T_1s+1)(T_2s+1)(T_3s+1)}$$

绘制频率特性极坐标简图。

解 $$\angle G(\mathrm{j}\omega)=-\arctan T_1\omega-\arctan T_2\omega-\arctan T_3\omega$$

列出下表：

ω	$\angle G(\mathrm{j}\omega)$	$\lvert G(\mathrm{j}\omega)\rvert$
0	0°	1
∞	−270°	0

频率特性极坐标简图如图 5-2-8(a)所示。

例 5-2-3 $G(s)=\dfrac{\omega_n^2}{s(s^2+2\zeta\omega_n s+\omega_n^2)}$，绘频率特性的极坐标简图。

解 令 $G_1(s)=\dfrac{1}{s}$，$G_2(s)=\dfrac{\omega_n^2}{s^2+2\zeta\omega_n s+\omega_n^2}$，则 $G(s)=G_1(s)G_2(s)$。列出下表：

ω	$\angle G_1(\mathrm{j}\omega)$	$\angle G_2(\mathrm{j}\omega)$	$\angle G(\mathrm{j}\omega)$	$\lvert G\rvert$
0	−90°	0°	−90°	∞
∞	−90°	−180°	−270°	0

频率特性极坐标简图如图 5-2-8(b)所示。

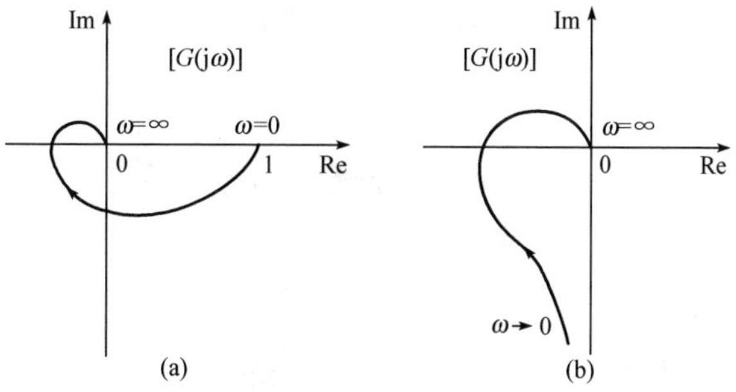

图 5-2-8 例 5-2-2、例 5-2-3 的极坐标图

5.2.2 对数频率特性图

频率特性的对数坐标图又称为 Bode(伯德)图或对数频率特性图。Bode 图容易绘制，从图形上容易看出某些参数变化和某些环节对系统性能的影响，所以它在频率特性法中成为应用得最广的图示法。

Bode 图包括幅频特性图和相频特性图，分别表示频率特性的幅值和相位与角频率之间的关系。两种图的横坐标都是角频率 ω(rad/s)，采用对数分度，即横轴上标示的是角频率 ω，但它的长度实际上是 $\lg\omega$。采用对数分度的一个优点是可以将很宽的频率范围清楚地画在一张图上，从而能同时清晰的表示出频率特性在低频段、中频段和高频段的情况，这对于分析和设计控制系统是非常重要的。

频率由 ω 变到 2ω 的频带宽度称为 2 倍频程。频率由 ω 变到 10ω 的频带宽度称为 10 倍频程或 10 倍频，记为 dec。频率轴采用对数分度，频率比相同的各点间的横轴方向的距离相同。如 ω 为 0.1、1、10、100、1000 的各点间横轴方向的间距相等。由于 $\lg 0=-\infty$，所以横轴上画不出频率为 0 的点。具体作图时，横坐标轴的最低频率要根据所研究的频率范围选定。

对数幅频特性图的纵坐标表示 $20\lg|G(\mathrm{j}\omega)|$，单位为 dB(分贝)，采用线性分度。纵轴上 0dB 表示 $|G(\mathrm{j}\omega)|=1$，纵轴上没有 $|G(\mathrm{j}\omega)|=0$ 的点。对数幅频特性就是以 $20\lg|G|$ 为纵坐标，以 $\lg\omega$ 为横坐标所绘出的曲线。相频特性图纵坐标是 $\angle G(\mathrm{j}\omega)$，单位是度或 rad，线性分度。由于纵坐标是线性分度，横坐标是对数分度，所以 Bode 图是绘制在单(半)对数坐标纸上。两种图按频率上下对齐，容易看出同一频率时的幅值和相位。

幅频特性图中纵坐标是幅值的对数 $20\lg|G(\mathrm{j}\omega)|$，如果传递函数是基本环节传递函数相乘除的方式，则幅频特性就可以由这些环节幅频特性的代数和得到。手工绘制幅频特性图时往往采用直线代替复杂的曲线，所以对数幅频特性图容易绘制。手工绘相频特性图时只画 $\omega\to 0$，$\omega\to\infty$ 及中间关键点的准确值，其余点为近似值。

下面先介绍典型环节的对数频率特性图，再介绍复杂传递函数的特性图。

1. 放大(比例)环节

传递函数 $G(s)=K$，频率特性 $G(\mathrm{j}\omega)=K$，故有

$$20\lg|G(\mathrm{j}\omega)|=20\lg K \tag{5-2-27}$$

$$\angle G(\mathrm{j}\omega)=0^\circ \tag{5-2-28}$$

放大环节的 Bode 图见图 5-2-9。对数幅频特性是平行于横轴的直线，与横轴相距 $20\lg K$ dB。当 $K>1$ 时，直线位于横轴上方；$K<1$ 时，直线位于横轴下方。相频特性是与横轴相重合的直线。K 的数值变化时，幅频特性图中的直线 $20\lg K$ 向上或向下平移，但相频特性不变。

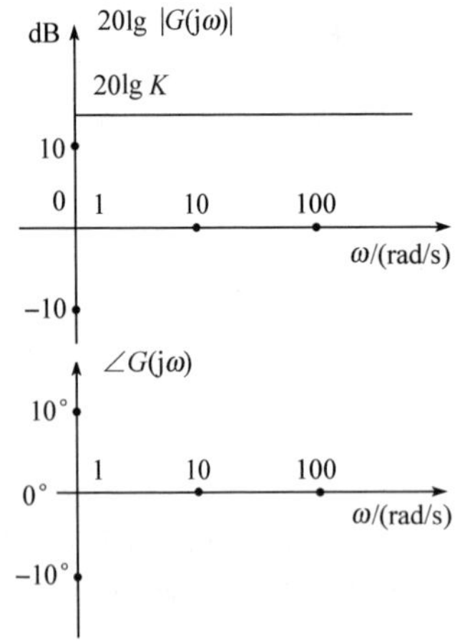

图 5-2-9　放大环节的对数坐标图

2. 积分环节

传递函数和频率特性见式(5-2-8)、式(5-2-9)，对数幅频特性为

$$20\lg|G(\mathrm{j}\omega)|=20\lg\frac{1}{\omega}=-20\lg\omega \tag{5-2-29}$$

由于横坐标实际上是 $\lg\omega$，把 $\lg\omega$ 看成是横轴的自变量，而纵轴是函数 $20\lg|G(\mathrm{j}\omega)|$，可见式(5-2-29)是一条直线，斜线为 -20。当 $\omega=1$ 时，$20\lg|G(\mathrm{j}\omega)|=0$，该直线在 $\omega=1$ 处穿越横轴(或称 0dB 线)，见图 5-2-10。

由于

$$20\lg\frac{1}{10\omega}-20\lg\frac{1}{\omega}=-20\lg 10\omega+20\lg\omega$$
$$=-20\mathrm{dB}$$

可见在该直线上，频率由 ω 增大到 10 倍变成 10ω 时，纵坐标数值减少 20dB，故记其斜率为 -20dB/dec。因为 $\angle G(\mathrm{j}\omega)=-90^\circ$，所以相频特性是通过纵轴上 -90° 且平行于横轴的直线，如图 5-2-10 所示。

如果 n 个积分环节串联，则传递函数为

$$G(s)=\frac{1}{s^n} \tag{5-2-30}$$

对数幅频特性为

$$20\lg|G(j\omega)|=20\lg\frac{1}{\omega^n}=-20n\lg\omega \tag{5-2-31}$$

它是一条斜率为 $-20n$ dB/dec 的直线，并在 $\omega=1$ 处穿越 0dB 线。因为

$$\angle G(j\omega)=-n\cdot 90° \tag{5-2-32}$$

所以它的相频特性是通过纵轴上 $-n\cdot 90°$ 且平行于横轴的直线。

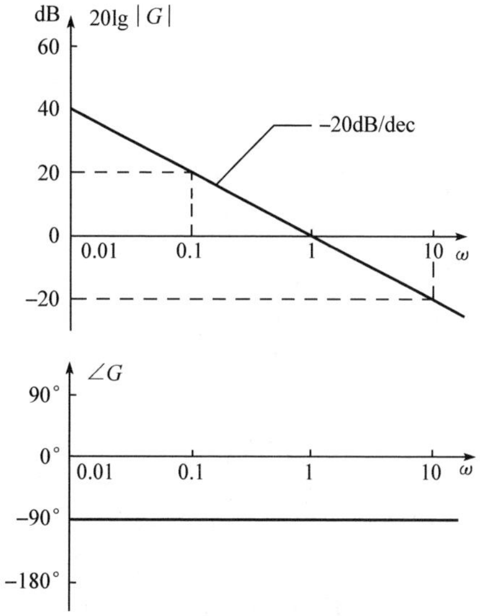

图 5-2-10　积分环节的对数坐标图

如果一个放大环节 K 和 n 个积分环节串联，则整个环节的传递函数和频率特性分别为

$$G(s)=\frac{K}{s^n} \tag{5-2-33}$$

$$G(j\omega)=\frac{K}{j^n\omega^n} \tag{5-2-34}$$

相频特性见式(5-2-32)，对数幅频特性为

$$20\lg|G(j\omega)|=20\lg\frac{K}{\omega^n}=20\lg K-20n\lg\omega \tag{5-2-35}$$

这是斜率为 $-20n$ dB/dec 的直线，它在 $\omega=\sqrt[n]{K}$ 处穿越 0dB 线；它也通过 $\omega=1$、$20\lg|G(j\omega)|=20\lg K$ 这一点。

3. 惯性环节

惯性环节的传递函数和频率特性见式(5-2-1)～式(5-2-4)。对数幅频特性为

$$20\lg|G(j\omega)|=20\lg\frac{1}{\sqrt{T^2\omega^2+1}}=-20\lg\sqrt{T^2\omega^2+1} \tag{5-2-36}$$

准确的对数幅频特性是一条比较复杂的曲线。为了简化，一般用直线近似地代替曲线。当 $\omega\ll 1/T$ 时，略去 $T\omega$，上式变成

$$20\lg|G(j\omega)|\approx -20\lg 1=0\text{dB} \tag{5-2-37}$$

这是与横轴重合的直线。当 $\omega\gg 1/T$ 时，略去 1，式(5-2-36)变成

$$20\lg|G(j\omega)|\approx -20\lg T\omega=-20\lg T-20\lg\omega \tag{5-2-38}$$

这是一条斜率为 -20dB/dec 的直线，它在 $\omega=1/T$ 处穿越 0dB 线。上述两条直线在 0dB 线上的 $\omega=1/T$ 处相交，称角频率 $\omega=1/T$ 为转折频率或交接频率，并称这两条直线形成的折线为惯性环节的渐近线或渐近幅频特性。幅频特性曲线与渐近线的图形见图 5-2-11。它们在 $\omega=1/T$ 附近的误差较大，误差值由式(5-2-36)～式(5-2-38)计算，典型数值列于表 5-2-1 中，最大误差发生在 $\omega=1/T$ 处，误差为 -3dB。渐近线容易画，误差也不大，所以绘惯性环节的对数幅频特性曲线时，一般都绘渐近线，绘渐近线的关键是找到转折频率 $1/T$。低于转折频率的频段，渐近线是 0dB 线；高于转折频率的部分，渐近线是斜率为 -20dB/dec 的直线。必要时可根据表 5-2-1 或式(5-2-36)对渐近线进行修正而得到精确的幅频特性曲线。

表 5-2-1　惯性环节渐进幅频特性误差表

ωT	0.1	0.25	0.4	0.5	1.0	2.0	2.5	4.0	10
误差/dB	−0.04	−0.26	−0.65	−1.0	−3.01	−1.0	−0.65	−0.26	−0.04

相频特性按式(5-2-3)绘，如图 5-2-11。相频特性曲线有 3 个关键处：$\omega=1/T$ 时 $\angle G(\mathrm{j}\omega)=-45°$；$\omega\to 0$ 时，$\angle G(\mathrm{j}\omega)\to 0°$；$\omega\to\infty$时，$\angle G(\mathrm{j}\omega)\to -90°$。

4. 纯微分环节

传递函数和频率特性见式(5-2-10)、式(5-2-11)，对数频率特性为

$$20\lg|G(\mathrm{j}\omega)|=20\lg\omega \tag{5-2-39}$$

$$\angle G(\mathrm{j}\omega)=90° \tag{5-2-40}$$

由式(5-2-39)可知，纯微分环节对数幅频特性是一条斜率为 20 的直线，直线通过横轴上 $\omega=1$ 的点，如图 5-2-12 所示。因为

$$20\lg 10\omega-20\lg\omega=20\lg 10+20\lg\omega-20\lg\omega=20\mathrm{dB}$$

可见在该直线上，频率每增加到 10 倍，纵坐标的数值便增加 20dB，故称直线斜率是 20dB/dec。

由式(5-2-40)知，相频特性是通过纵轴上 90°点且与横轴平行的直线，如图 5-2-12 所示。

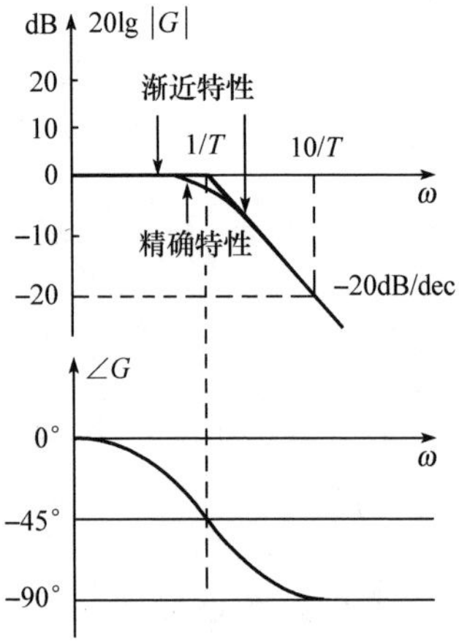

图 5-2-11　惯性环节的对数坐标图

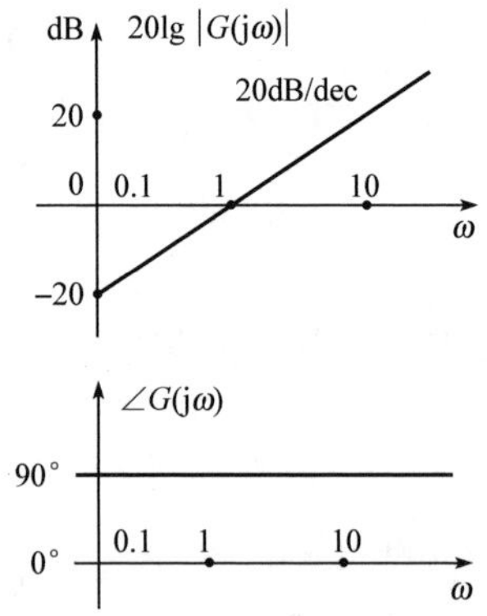

图 5-2-12　纯微分环节的对数坐标图

5. 一阶微分环节

传递函数和频率特性见式(5-2-12)、式(5-2-13)，对数幅频特性为

$$20\lg|G(\mathrm{j}\omega)|=20\lg\sqrt{\tau^2\omega^2+1} \tag{5-2-41}$$

$$\angle G(\mathrm{j}\omega)=\arctan\tau\omega \tag{5-2-42}$$

式(5-2-41)表示一条曲线，通常用如下所述的直线渐近线代替它。当 $\omega\ll 1/\tau$ 时略去 $\tau\omega$，得

$$20\lg|G(\mathrm{j}\omega)|=20\lg 1=0\mathrm{dB} \tag{5-2-43}$$

当 $\omega\gg 1/\tau$ 时略去 1，得

$$20\lg|G(\mathrm{j}\omega)|=20\lg\sqrt{\tau^2\omega^2}=20\lg\tau\omega=20\lg\tau+20\lg\omega \tag{5-2-44}$$

式(5-2-43)表示 0dB 线，式(5-2-44)表示一条斜率为 20dB/dec 的直线，该直线通过 0dB 线上 $\omega=1/\tau$ 点。这两条直线相交于 0dB 线上 $\omega=1/\tau$ 点。这两条直线形成的折线称为一阶微

分环节的渐近线或渐近幅频特性，它们交点对应的频率 $1/\tau$ 称为转折频率。一阶微分环节的精确幅频特性曲线和渐近线如图 5-2-13 所示，它们之间的误差可由式(5-2-41)、式(5-2-43)、式(5-2-44)计算。最大误差发生在转折频率 $\omega=1/\tau$ 处，数值为 3dB。通常以渐近线作为对数幅频特性曲线，必要时给以修正。

根据式(5-2-42)可绘出相频特性曲线，见图 5-2-13。其中 3 个关键位置是：$\omega=1/\tau$ 时，$\angle G(\mathrm{j}\omega)=45°$；$\omega\to 0$ 时，$\angle G(\mathrm{j}\omega)\to 0°$；$\omega\to\infty$时，$\angle G(\mathrm{j}\omega)\to 90°$。

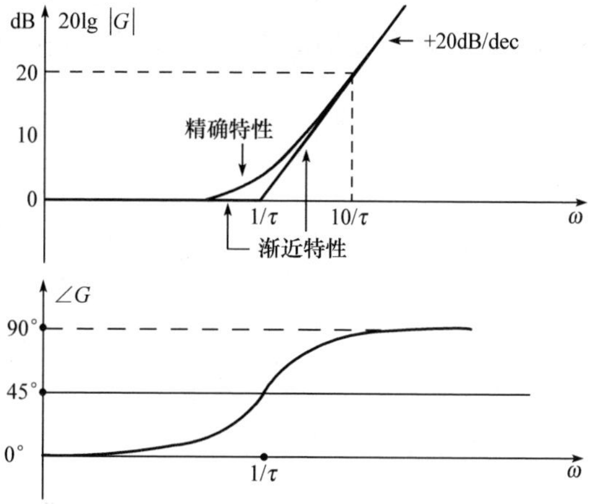

图 5-2-13　一阶微分环节的对数坐标图

6. 振荡环节

振荡环节的传递函数、频率特性见式(5-2-14)～式(5-2-17)，而对数幅频特性为

$$20\lg|G(\mathrm{j}\omega)|=-20\lg\sqrt{(1-T^2\omega^2)^2+(2\zeta T\omega)^2} \tag{5-2-45}$$

可见对数幅频特性是角频率 ω 和阻尼比 ζ 的二元函数，它的精确曲线相当复杂，一般以渐近线代替。当 $\omega\ll 1/T$ 时，略去上式中的 $T\omega$ 可得

$$20\lg|G(\mathrm{j}\omega)|=-20\lg 1=0\mathrm{dB} \tag{5-2-46}$$

当 $\omega\gg 1/T$ 时，略去 1 和 $2\zeta T\omega$ 可得

$$20\lg|G(\mathrm{j}\omega)|=-20\lg T^2\omega^2=-40\lg T\omega=-40\lg T-40\lg\omega\ \mathrm{dB} \tag{5-2-47}$$

式(5-2-46)表示横轴，式(5-2-47)表示斜率为-40dB/dec 的直线，它通过横轴上 $\omega=1/T=\omega_n$ 处。这两条直线交于横轴上 $\omega=1/T$ 处。称这两条直线形成的折线为振荡环节的渐近线或渐进幅频特性，如图 5-2-14 所示。它们交点所对应的频率 $\omega=1/T=\omega_n$ 同样称为转折频率或交接频率。一般可以用渐近线代替精确曲线，必要时进行修正。

振荡环节的精确幅频特性与渐近线之间的误差由式(5-2-45)～式(5-2-47)计算，它是 ω 与 ζ 的二元函数，如图 5-2-15 所示。可见这个误差值可能很大，特别是在转折频率处误差最

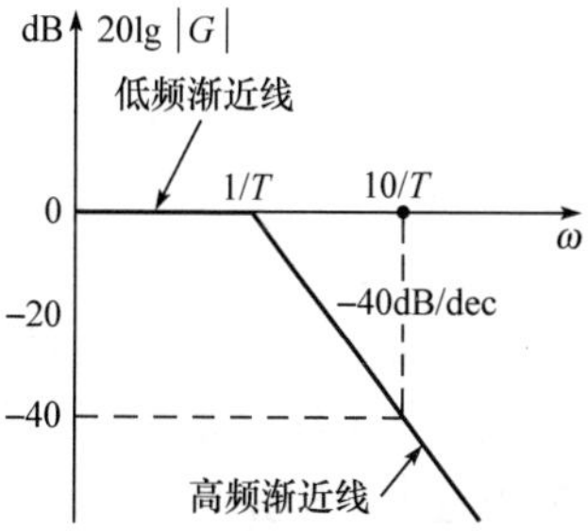

图 5-2-14　振荡环节的渐近幅频特性

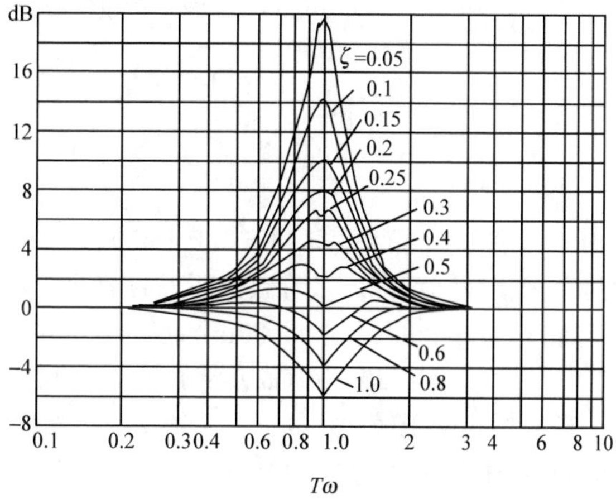

图 5-2-15　振荡环节对数幅频特性误差曲线

大。所以往往要利用图 5-2-15 或式(5-2-45)对渐近线进行修正，特别是在转折频率附近进行修正。$\omega=1/T$ 时的精确值是 $-20\lg 2\zeta$ dB。精确的对数幅频特性曲线如图 5-2-16 所示。

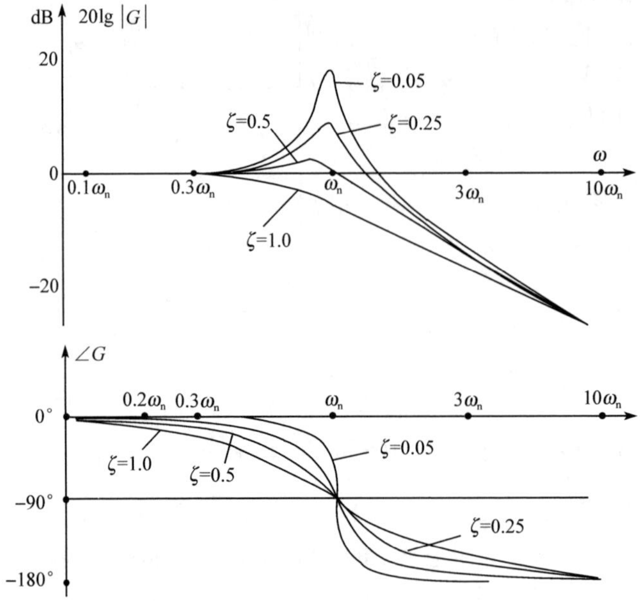

图 5-2-16　振荡环节的对数坐标图

由式(5-2-16)可绘出相频特性曲线，如图 5-2-16 所示。相频特性同样是 ω 与 ζ 的二元函数。曲线的典型特征是：$\omega=1/T=\omega_n$ 时，$\angle G(\mathrm{j}\omega)=-90°$；$\omega\to 0$ 时，$\angle G(\mathrm{j}\omega)\to 0°$；$\omega\to\infty$ 时，$\angle G(\mathrm{j}\omega)\to -180°$。

7. 二阶微分环节

二阶微分环节的传递函数、频率特性为

$$G(s)=\tau^2 s^2+2\zeta\tau s+1 \qquad (\zeta<1) \tag{5-2-48}$$

$$G(\mathrm{j}\omega)=1-\tau^2\omega^2+\mathrm{j}2\zeta\tau\omega \tag{5-2-49}$$

对数幅频特性和相频特性分别为

$$20\lg|G(\mathrm{j}\omega)|=20\lg\sqrt{(1-\tau^2\omega^2)^2+(2\zeta\tau\omega)^2} \tag{5-2-50}$$

$$\angle G(\mathrm{j}\omega)=\begin{cases}\arctan\dfrac{2\zeta\tau\omega}{1-\tau^2\omega^2} & (\omega\leqslant 1/\tau)\\[2ex] 180°+\arctan\dfrac{2\zeta\tau\omega}{1-\tau^2\omega^2} & (\omega>1/\tau)\end{cases} \tag{5-2-51}$$

由式(5-2-50)、式(5-2-51)和式(5-2-45)、式(5-2-16)知，二阶微分环节与振荡环节的对数频率特性关于横轴对称。二阶微分环节的渐近线方程是

$$20\lg|G(\mathrm{j}\omega)|=0\mathrm{dB} \quad (\omega\ll 1/\tau) \tag{5-2-52}$$

$$20\lg|G(\mathrm{j}\omega)|=40\lg\tau\omega=40\lg\tau+40\lg\omega \quad (\omega\gg 1/\tau) \tag{5-2-53}$$

上述两条直线相交于横轴上 $\omega=1/\tau$ 处，$\omega=1/\tau$ 称为转折频率。其中式(5-2-53)表示斜率为 40dB/dec 的直线，它通过横轴上 $\omega=1/\tau$ 点。二阶微分环节的对数坐标图见图 5-2-17。

8. 延迟环节

延迟环节的传递函数、频率特性见式(5-2-23)～式(5-2-26)。对数幅频特性为

$$20\lg|G(j\omega)|=20\lg1=0\text{dB} \tag{5-2-54}$$

根据式(5-2-54)、式(5-2-25)可绘出延迟环节的频率特性对数坐标图，$\tau=0.5$s 时的图形见图 5-2-18。

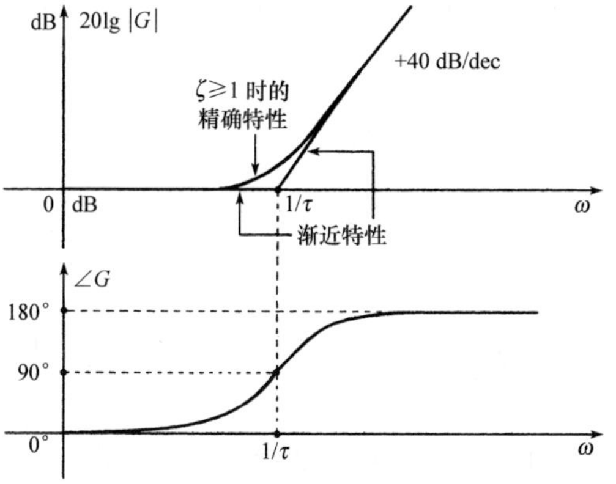

图 5-2-17　二阶微分环节的对数坐标图

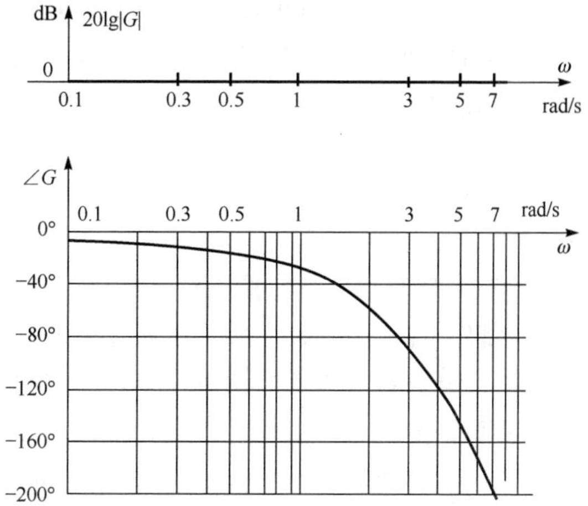

图 5-2-18　延迟环节的对数坐标图

9. 频率特性的平移

当开环放大系数 K 变化时，对数幅频特性图沿纵轴平行移动，相频特性图不变。

10. 渐近幅频特性的表达式

任意一段直线渐近线可看成是传递函数 $G(s)=\dfrac{k_i}{s^n}$ 的幅频特性渐近线，对应的幅频特性表达式为 $|G(j\omega)|=\dfrac{k_i}{\omega^n}$。因此任一段渐近幅频特性的方程为

$$20\lg|G|=-20n\lg\omega+20\lg k_i \tag{5-2-55}$$

式中，$\lg\omega$ 前的系数是斜率。

采用下述方法可写出一个传递函数在各个频段的近似表达式和渐近幅频特性表达式。

多项式 $Ts+1$，当 $\omega<1/T$ 时近似为 1；当 $\omega>1/T$ 时近似为 Ts。$T^2s^2+2\zeta Ts+1$，当 $\omega<1/T$ 时近似为 1；当 $\omega>1/T$ 时近似为 T^2s^2。

$Ts+1$ 的渐近幅频特性表达式，当 $T\omega<1$ 即 $\omega<1/T$ 时是 1，当 $T\omega>1$ 即 $\omega>1/T$ 时是 $T\omega$。$T^2s^2+2\zeta Ts+1$ 的渐近幅频特性表达式，当 $T\omega<1$ 即 $\omega<1/T$ 时是 1，当 $T\omega>1$ 即 $\omega>1/T$ 时是 $T^2\omega^2$。

11. 开环对数频率特性的绘制

系统的开环传递函数 $G(s)$ 一般容易写成如下的基本环节传递函数相乘的形式：

$$G(s)=G_1(s)G_2(s)\cdots G_n(s) \tag{5-2-56}$$

式中，$G_1(s)$，$G_2(s)$，…，$G_n(s)$ 为基本环节的传递函数。对应的开环频率特性为

$$G(j\omega)=G_1(j\omega)G_2(j\omega)\cdots G_n(j\omega) \tag{5-2-57}$$

开环对数幅频特性函数和相频特性函数分别为

$$20\lg|G(j\omega)|=20\lg|G_1(j\omega)|+20\lg|G_2(j\omega)|+\cdots+20\lg|G_n(j\omega)| \tag{5-2-58}$$

$$\angle G(j\omega)=\angle G_1(j\omega)+\angle G_2(j\omega)+\cdots+\angle G_n(j\omega) \tag{5-2-59}$$

可见开环对数频率特性等于相应的基本环节对数频率特性之和。这就是开环对数频率特性图

容易绘制的原因。

在绘对数幅频特性图时，可以用基本环节的直线或折线渐近线代替精确幅频特性，然后求它们的和，得到折线形式的对数幅频特性图，这样可以明显减少计算和绘图工作量。必要时可以对折线渐近线进行修正，以便得到足够精确的对数幅频特性。

在求直线渐近线的和时，要用到下述规则：在平面坐标图上，几条直线相加的结果仍为一条直线，和的斜率等于各直线斜率之和。如

$$y_1=a_1+k_1x, y_2=a_2+k_2x$$

则

$$y=y_1+y_2=a_1+a_2+(k_1+k_2)x$$

绘制开环对数幅频特性图可采用下述步骤：

1）将开环传递函数写成基本环节相乘的形式。

2）计算各基本环节的转折频率，并标在横轴上。最好同时标明各转折频率对应的基本环节渐近线的斜率。

3）设最低的转折频率为 ω_1，先绘 $\omega<\omega_1$ 的低频区图形，在此频段范围内，只有积分（或纯微分）环节和放大环节起作用，其对数幅频特性见式(5-2-35)。

4）按着由低频到高频的顺序将已画好的直线或折线图形延长。每到一个转折频率，折线发生转折，直线的斜率就要在原数值之上加上对应的基本环节的斜率。在每条折线上应注明斜率。

5）如有必要，可对上述折线渐近线加以修正，一般在转折频率处进行修正。

例 5-2-4　已知开环传递函数为

$$G(s)=\frac{100\left(\frac{1}{30}s+1\right)}{s\left(\frac{1}{16}s^2+\frac{1}{4}s+1\right)\left(\frac{1}{200}s+1\right)}$$

绘制系统的开环对数频率特性曲线。

解　1）该传递函数各基本环节的名称、转折频率和渐近线斜率，按频率由低到高的顺序排列如下：放大环节与积分环节，−20dB/dec；振荡环节，$\omega_1=4$rad/s，−40dB/dec；一阶微分环节，$\omega_2=30$rad/s，20dB/dec；惯性环节，$\omega_3=200$rad/s，−20dB/dec。将各基本环节的转折频率依次标在频率轴上，如图 5-2-19 所示。

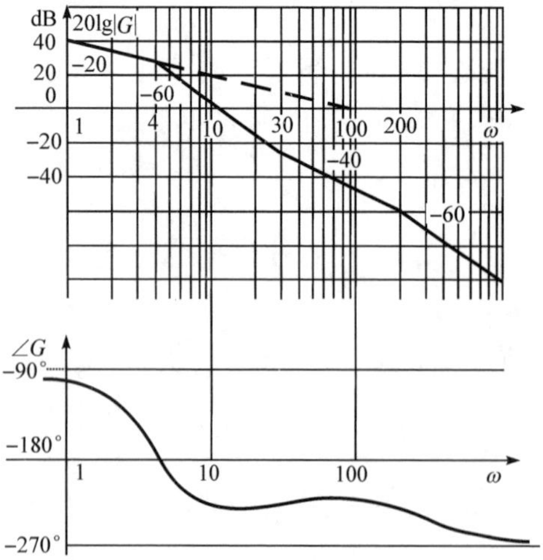

图 5-2-19　例 5-2-4 的对数频率特性

2）最低的转折频率为 $\omega_1=4$。当 $\omega<4$ 时，对数幅频特性就是 $100/s$ 的对数幅频特性，斜率为−20dB/dec 的直线。直线位置由下述条件之一确定：当 $\omega=1$ 时，纵坐标为 20lg100＝40dB；$\omega=100$ 时，直线穿过 0dB 线，见图 5-2-19。

3）将上述直线绘至转折频率 $\omega_1=4$ 处，在此位置把直线斜率变为：−20−40＝−60dB/dec。将折线绘至 $\omega_2=30$ 处，在此斜率变为−60＋20＝−40dB/dec。将折线绘至 $\omega_3=200$ 处，在此斜率变为−40−20＝−60dB/dec。这样就得到全部开环对数幅频渐近线，如图 5-2-19。如果有必要，可对渐近线进行修正。

4) 求相频特性。根据频率特性代数表达式，分子相位减去分母相位就是相频特性函数。或者，将各基本环节的相频特性相加，如式(5-2-59)所示，也可求出相频特性，对于本例，有

$$\angle G(\mathrm{j}\omega)=\arctan\frac{\omega}{30}-90°-\arctan\frac{\omega}{200}+\angle G_1(\mathrm{j}\omega) \tag{5-2-60}$$

式中，$\angle G_1(\mathrm{j}\omega)$表示振荡环节的相频特性，且有

$$\angle G_1(\mathrm{j}\omega)=\begin{cases}-\arctan\dfrac{4\omega}{16-\omega^2} & \omega\leqslant 4\\ -180°-\arctan\dfrac{4\omega}{16-\omega^2} & \omega>4\end{cases} \tag{5-2-61}$$

相频特性见图 5-2-19。一般只绘相频特性的近似曲线。$\angle G_1(\mathrm{j}\omega)$的典型数据是：$\omega\to 0$ 时，$\angle G_1(\mathrm{j}\omega)\to 0°$；$\omega=4$ 时，$\angle G_1(\mathrm{j}\omega)=-90°$；$\omega\to\infty$时，$\angle G_1(\mathrm{j}\omega)\to -180°$。根据这些数据和式(5-2-60)就可绘出相频特性的近似图形。

5.2.3 最小相位系统

如果一个环节的传递函数的极点和零点全部在左半平面，即极点和零点的实部全都小于或等于零，则称这个环节是最小相位环节。如果传递函数中具有正实部的零点或极点，或有延迟环节 $e^{-\tau s}$，这个环节就是非最小相位环节。对于闭环系统，如果它的开环传递函数的极点和零点的实部小于或等于零，则称它是最小相位系统。如果开环传递函数中有正实部的零点或极点，或有延迟环节 $e^{-\tau s}$，则称系统是非最小相位系统。若把 $e^{-\tau s}$ 用零点和极点的形式近似表达时，会发现它也具有正实部零点。

在一些幅频特性相同的环节之间存在着不同的相频特性，其中最小相位环节的相位移(相位角的绝对值或相位变化量)最小，也最容易控制。设系统(或环节)传递函数分母的阶次(s 的最高幂次数)是 n，分子的阶次是 m，串联积分环节的个数是 ν，对于最小相位系统，当 $\omega\to\infty$时，对数幅频特性的斜率为$-20(n-m)$dB/dec，相位等于$-(n-m)\cdot 90°$；当 $\omega\to 0$ 时，相位等于$-\nu\cdot 90°$。符合上述特征的系统也一定是最小相位系统。

数学上可以证明，对于最小相位系统，对数幅频特性和相频特性不是互相独立的，两者之间存在着严格确定的联系。如果已知对数幅频特性，通过公式也可以把相频特性计算出来。同样，通过公式也可以由相频特性计算出幅频特性，所以两者包含的信息内容是相同的。从建立数学模型和分析、设计系统的角度看，只要详细地画出两者中的一个就足够了。由于对数幅频特性容易画，所以对于最小相位系统，通常只绘制详细的对数幅频特性图，而对于相频特性只画简图，或者甚至不绘相频特性图。

5.2.4 Nichols 图

Nichols 图又称为对数幅相图或尼科尔斯图。它采用直角坐标。纵坐标表示 $20\lg|G(\mathrm{j}\omega)|$，单位是 dB，线性分度。横坐标表示$\angle G(\mathrm{j}\omega)$，单位是度，线性分度。在曲线上一般标注角频率 ω 的值作为参变量。通常是先画出 Bode 图，再根据 Bode 图绘 Nichols 图。图 5-2-20 是惯性环节 $G(s)=1/(Ts+1)$的 Nichols 图。

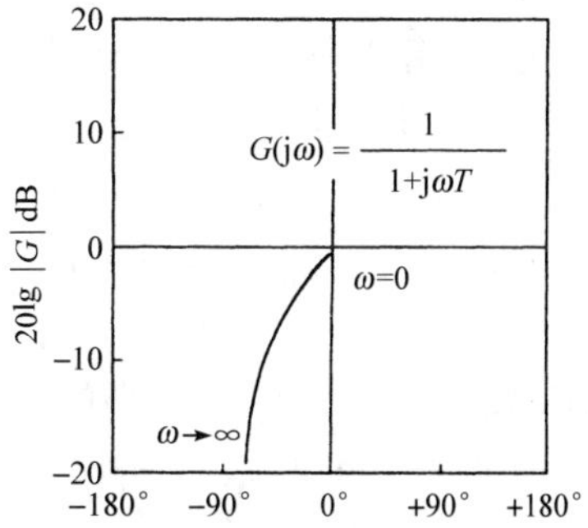

图 5-2-20 Nichols 图

5.3节

5.3 稳定判据

应用劳斯稳定判据分析闭环系统的稳定性有两个缺点。第一,必须知道闭环系统的特征方程,而有些实际系统的特征方程是列写不出来的;第二,它不能指出系统的稳定程度。1932年,Nyquist(奈奎斯特) 提出了另一种判定闭环系统稳定性的方法,称为 Nyquist 稳定判据。这个判据的主要特点是利用开环频率特性判定闭环系统的稳定性。开环频率特性容易画,若不知道传递函数,还可由实验测出开环频率特性。此外,Nyquist 稳定判据还能够指出稳定的程度,揭示改善系统稳定性的方法。因此,Nyquist 稳定判据在频率域控制理论中有重要的地位。

5.3.1 完整的频率特性极坐标图

为了应用 Nyquist 稳定判据,需要对 5.2.1 节介绍的频率特性极坐标图的概念加以扩充。

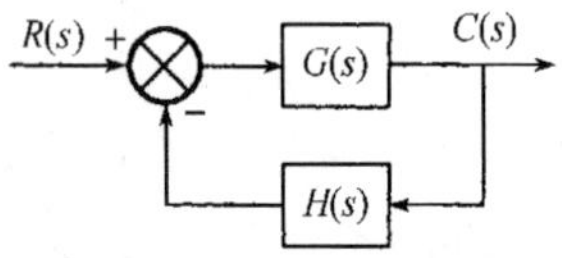

图 5-3-1　闭环系统框图

对于图 5-3-1 所示闭环系统,闭环传递函数为

$$\Phi(s)=\frac{C(s)}{R(s)}=\frac{G(s)}{1+G(s)H(s)} \tag{5-3-1}$$

该系统的开环传递函数为 $G(s)H(s)$,开环频率特性为 $G(\mathrm{j}\omega)H(\mathrm{j}\omega)$,在绝大部分情况下,$G(s)H(s)$可写成下述形式:

$$G(s)H(s)=\frac{KN(s)}{s^{\nu}D(s)} \tag{5-3-2}$$

除此而外,它还可以写成

$$G(s)H(s)=-\frac{KN(s)}{s^{\nu}D(s)} \tag{5-3-3}$$

式中,$N(0)=D(0)=1$,ν 为串联积分环节个数,$K>0$,K 称为放大系数。以后如不加说明,指的都是式(5-3-2)形式的开环传递函数。

使开环传递函数分母等于零的 s 值称为开环极点。开环极点即下述方程的根

$$s^{\nu}D(s)=0 \tag{5-3-4}$$

由于开环传递函数容易写成简单因式相乘除的形式,所以开环极点是很容易求出来的。如果所有的开环极点的实部都小于或等于零,即开环传递函数没有正实部的极点,就称系统是开环稳定的。

在 s 的复平面上,以整个虚轴为左边界,做一个包围整个右半平面的封闭曲线 D,如图 5-3-2(a)所示。称封闭曲线 D 是 $\nu=0$ 时式(5-3-2)、式(5-3-3)所对应的 s 平面上的 Nyquist 围线。若 $\nu\neq0$,则 Nyquist 围线与图 5-3-2(a)只在原点附近不同。这时,以原点为圆心,以无穷小的正数 $\varepsilon\,(\varepsilon\to0)$ 为半径,在 s 的右半平面做一个小半圆,该半圆交负虚轴、正实轴、正虚轴于 $a\,(-\mathrm{j}\varepsilon)$、$b\,(\varepsilon)$、$c\,(\mathrm{j}\varepsilon)$,如图 5-3-2(b)所示。通常记 $-\mathrm{j}\varepsilon$ 和 $\mathrm{j}\varepsilon$ 两点为 $\mathrm{j}0^-$ 和

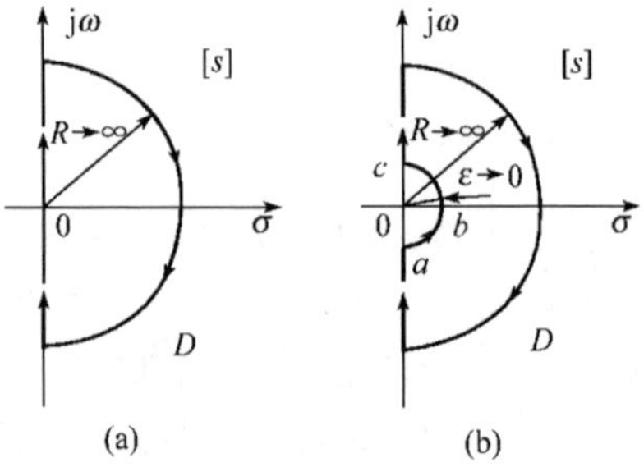

图 5-3-2　s 平面上的 Nyquist 围线

$j0^+$。当 s 由 $-j\infty$ 沿负虚轴到达 a 点，沿半圆 abc 到 c 点，沿正虚轴到无穷远处的 $j\infty$，再按顺时针方向转过 180°与 $-j\infty$ 重合，这时所形成的封闭曲线 D，就是 $\nu\neq 0$ 时式(5-3-2)、式(5-3-3)所对应的 s 平面上的 Nyquist 围线，如图 5-3-2(b)所示。可见此时 Nyquist 围线不直接通过原点，而是沿半圆 abc 绕过原点。

当 s 沿 s 平面上的 Nyquist 围线顺时针转一周时，$G(s)H(s)$的值也随之连续地变化，而在 GH 的复平面上描出一条封闭曲线，这条曲线就称为增补后完整的 Nyquist 图或完整的频率特性极坐标图，简称为 Nyquist 图或极坐标图。

为了与增补后完整的 Nyquist 图相适应，这里重新定义频率特性就是将传递函数中的复变量 s 用变量 $j\omega$ 代替后所得到的函数，其中 ω 是使 $G(j\omega)H(j\omega)$解析的所有实数。因此 ω 既可为正值，又可为负值。若规定 $\omega>0$，则 $G(s)H(s)$的频率特性包括 $G(j\omega)H(j\omega)$和 $G(-j\omega)H(-j\omega)$两部分。

对于一切集总参数元件和系统，$G(s)H(s)$是 s 的有理分式，s 的系数是实数。由数学知，此时 $G(j\omega)H(j\omega)$和 $G(-j\omega)H(-j\omega)$是共轭复数，它们在 GH 复平面上的图形关于实轴对称。知道了 $G(j\omega)H(j\omega)$的图形，取它关于实轴的对称图形就得到 $G(-j\omega)H(-j\omega)$的图形。

对于实际的物理系统，$G(s)H(s)$分母多项式次数总是高于分子多项式次数，这样，当 $s\to\infty$时，总有 $G(s)H(s)\to 0$。于是，当 s 沿 Nyquist 围线无穷大半圆变化时，$G(s)H(s)$就映射成一个点，即原点，它与 $G(\pm j\infty)H(\pm j\infty)$是一样的。所以在画完整的 Nyquist 图时，可以不考虑 s 在无穷大半圆上变化时的情况，而认为 s 只在整个虚轴和原点或原点附近的小半圆 abc 上变化。

系统的数学模型一般是指在系统运行频率范围内的数学模型。当频率非常高时，数学模型一定会改变的。对实际物理系统，当 $\omega\to\infty$时，幅频特性$|G(j\omega)|\to 0$，这时系统的真实频率特性已经对系统的工作性能没有影响了，所以不必准确地分析和绘制当 $\omega\to\infty$时的相频特性。

根据以上所述，若开环传递函数不含积分环节，即 $\nu=0$，求完整的 Nyquist 图时，先按 5.2 节画出 $\omega>0$ 时的 $G(j\omega)H(j\omega)$的极坐标图，再取其关于实轴对称的图形就得到 $G(-j\omega)H(-j\omega)$，把它们合在一起就是完整的 Nyquist 图。不含积分环节时，s 无论是沿负虚轴趋近于原点，还是沿正虚轴趋近于原点，$G(s)H(s)$的数值都是相同的，且等于 $G(0)H(0)=K$，即

$$G(j0^-)H(j0^-)=G(j0^+)H(j0^+)=G(0)H(0) \tag{5-3-5}$$

图 5-3-3 给出 2 个 $\nu=0$ 时的开环 Nyquist 图。

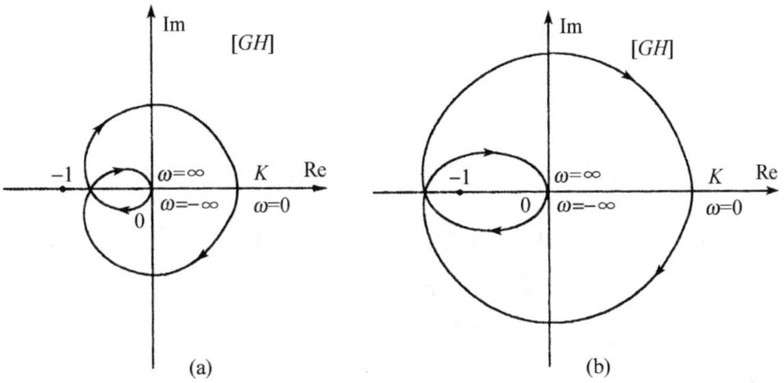

图 5-3-3　$\nu=0$ 时的开环 Nyquist 图

现在分析开环传递函数含有积分环节的情况，这时，$\nu \neq 0$，完整的 Nyquist 图与前述图形的主要区别就在于 s 取原点附近的值时。s 取 $j0^-$、$j0^+$ 和无穷小的正数 ε 时，$G(s)H(s)$ 具有不同位置。

现在分析 s 在原点附近时 $G(s)H(s)$ 的图形。这时 s 应沿图 5-3-2(b) 中原点附近的右小半圆 abc 变化。此时可令 $s=\varepsilon e^{j\theta}$，$\varepsilon>0$，$\varepsilon\to 0$，$-\pi/2<\theta<\pi/2$。对于式(5-3-2)的开环传递函数，因 $|s|\to 0$，故有 $N(s)=D(s)=1$。开环传递函数就变成

$$G(s)H(s)=\frac{K}{s^{\nu}}=\frac{K}{\varepsilon^{\nu}e^{j\nu\theta}}=\frac{K}{\varepsilon^{\nu}}e^{-j\nu\theta} \tag{5-3-6}$$

根据上式可列出下表：

s	θ	$\lvert G(s)H(s)\rvert$	$\angle G(s)H(s)=-\nu\theta$
$j0^-$	$-\pi/2$	∞	$\nu\pi/2$
ε	0	∞	0
$j0^+$	$\pi/2$	∞	$-\nu\pi/2$

由式(5-3-6)和上表可知，若开环传递函数含有 ν 个串联积分环节，当 s 沿原点附近的小半圆 $a(j0^-)b(\varepsilon)c(j0^+)$ 运动时，对应的 $G(s)H(s)$ Nyquist 图位于无穷远处，其相位由 $\nu\pi/2\to 0\to -\nu\pi/2$，顺时针转动 $\nu\pi$ rad。当 s 由 $a\to b\to c$ 变化时，称 ω 由 $0^-\to 0\to 0^+$ 变化，把 s 在 b 点的位置称为 $\omega=0$ 的位置。所以当 $\omega=0$ 时，$G(s)H(s)$ 位于正实轴无穷远处，且 ω 由 $0\to 0^+$ 时，$G(s)H(s)$ 应顺时针转过 $\nu\pi/2$ rad。

当 s 在小半圆以外的负虚轴和正虚轴上变化时，$G(j\omega)H(j\omega)$ 图形的画法与无积分环节时相同。

图 5-3-4 给出含有 1、2 和 3 个积分环节的 Nyquist 图。

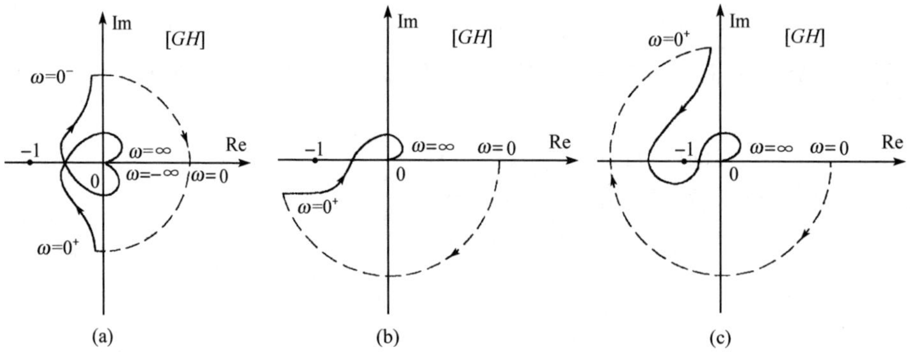

图 5-3-4　具有积分环节的 Nyquist 图

为了叙述方便起见，对于含有积分环节的开环传递函数，当 s 由 $-j\infty\to j0^-\to\varepsilon\to j0^+\to j\infty$ 变化时，我们也称 ω 由 $-\infty\to 0\to\infty$ 连续变化。

若开环传递函数具有式(5-3-3)的形式，当 s 位于原点或 b 点即 $\omega=0$ 时，$G(s)H(s)$ 位于负实轴的有限远点或无穷远处。当 ω 由 $0\to 0^+$ 时，$G(s)H(s)$ 同样顺时针转过 $\nu\pi/2$ rad。

5.3.2 Nyquist 稳定判据

复变函数中有如下的幅角定理：设 $F(s)$ 是复变量 s 的单值连续解析函数（除 s 平面上的有限个奇点外），它在 s 的复平面上的某一封闭曲线 D 的内部有 P 个极点和 Z 个零点（包括重极点和重零点），且该封闭曲线不通过 $F(s)$ 的任一极点和零点。当 s 按顺时针方向沿封闭曲线 D 连续地变化一周时，函数 $F(s)$ 所取的值也随之连续地变化而在 $F(s)$ 的复平面上描出一个封闭曲线 D'。此时，在 $F(s)$ 的复平面上，从原点指向动点 $F(s)$ 的向量顺时针方向旋转的周数 n 等于 $Z-P$，即曲线 D' 顺时针方向包围原点的周数 n 是

$$n=Z-P \tag{5-3-7}$$

若 n 为负，则表示逆时针方向包围原点的周数。

取 $F(s)=1+G(s)H(s)$，根据式(5-3-2)有

$$F(s)=1+G(s)H(s)=\frac{s^{\nu}D(s)+KN(s)}{s^{\nu}D(s)} \tag{5-3-8}$$

显然，$F(s)$ 的极点为开环传递函数 $G(s)H(s)$ 的极点，$F(s)$ 的零点为闭环传递函数 $\Phi(s)=\frac{G(s)}{1+G(s)H(s)}$ 的极点。取曲线 D 为 s 平面上的 Nyquist 围线（如图 5-3-2 所示），结合上述辐角定理，P 为开环传递函数正实部极点个数，Z 为闭环传递函数正实部极点个数，n 为 $F(s)$ 在复平面上顺时针包围原点的周数。不难发现，$F(s)$ 作用下描绘的封闭曲线与 $G(s)H(s)$ 作用下描绘的封闭曲线（即开环 Nyquist 图）之间相差常数 1，故 n 为开环 Nyquist 图顺时针包围 $(-1,\mathrm{j}0)$ 点的周数，即

$$Z=n+P \tag{5-3-9}$$

当 $Z=0$ 时闭环系统稳定。由上式可得 Nyquist 稳定判据，其基本内容如下：若闭环系统的开环传递函数 $G(s)H(s)$ 有 P 个正实部极点，则闭环系统稳定的充要条件是，当 s 按顺时针方向沿图 5-3-2 的 Nyquist 围线连续变化一周时，$G(s)H(s)$ 绘出的封闭曲线应当按逆时针方向包围点 $(-1,\mathrm{j}0)$ P 周。

判据中所谓包围点 $(-1,\mathrm{j}0)$ 的周数，指的是在 GH 的复平面上，由点 $(-1,\mathrm{j}0)$ 引出的指向 $G(s)H(s)$ 的矢量，绕点 $(-1,\mathrm{j}0)$ 转动的角度的代数和除以 2π rad 或 $360°$ 所得的商。若该矢量转动角度的代数和为零，则称图形没有包围点 $(-1,\mathrm{j}0)$，若点 $(-1,\mathrm{j}0)$ 明显地处于 $G(s)H(s)$ 图形之外，这时图形当然也没有包围点 $(-1,\mathrm{j}0)$。

因为 P 是正实部极点个数，不能为负数，所以若极坐标图顺时针方向包围点 $(-1,\mathrm{j}0)$，则闭环系统一定不稳定。

Nyquist 稳定判据又可叙述如下：闭环系统稳定的充要条件是，当 ω 由 $-\infty\to\infty$ 变化时，开环频率特性 $G(\mathrm{j}\omega)H(\mathrm{j}\omega)$ 的极坐标图应当逆时针方向包围点 $(-1,\mathrm{j}0)$ P 周，P 是开环传递函数正实部极点的个数。需注意，若开环传递函数含有串联积分环节，所谓 ω 由 $-\infty\to\infty$，指的是在原点附近，s 要经过图 5-3-2(b) 中的小半圆，绕过原点到正虚轴，即 ω 由 $-\infty\to 0^-\to 0\to 0^+\to\infty$。

常见的情况是系统开环稳定，$P=0$，这时 Nyquist 稳定判据又可这样叙述；若开环稳定，则闭环稳定的充要条件是，当 ω 由 $-\infty\to\infty$ 变化时，增补完整的开环频率特性极坐标图不包围点 $(-1,\mathrm{j}0)$。

例如，对于图 5-3-3 的两个系统，当 ω 由 $-\infty\to\infty$ 时，图(a)不包围点 $(-1,\mathrm{j}0)$，图(b)顺时针

包围点(−1,j0)2 周。所以若系统开环稳定,则图(a)的系统闭环稳定,图(b)的系统闭环不稳定。

由图 5-3-3 及图 5-3-4(a)可见,当 ω 由 $-\infty \to \infty$ 时,$G(j\omega)H(j\omega)$极坐标图包围点(−1,j0)的周数,是 ω 由 $0 \to 0^+ \to \infty$ 时极坐标图包围点(−1,j0)周数的 2 倍。因此采用 Nyquist 稳定判据时,只要画出 ω 由 $0 \to 0^+ \to \infty$ 时的极坐标图就够了,这时 Nyquist 稳定判据又可叙述如下:闭环系统稳定的充要条件是,当 ω 由 $0 \to 0^+ \to \infty$ 时,开环 Nyquist 图应当按逆时针方向包围点(−1,j0)$P/2$ 周,P 是开环传递函数正实部极点的个数。以后,使用 Nyquist 判据时,ω 由 $0 \to 0^+ \to \infty$ 简称为 ω 由 $0 \to \infty$。

对于式(5-3-2)所示系统,当 $\omega=0$ 时,$G(s)H(s)$位于正实轴上。

对于图 5-3-4 所示三个系统,当 ω 由 $0 \to \infty$ 时,极坐标图都不包围点(−1,j0),所以若系统开环稳定,则闭环系统一定是稳定的。

例 5-3-1 系统开环频率特性极坐标图如图 5-3-5 所示,P 为开环正实部极点个数,试判定闭环系统的稳定性。

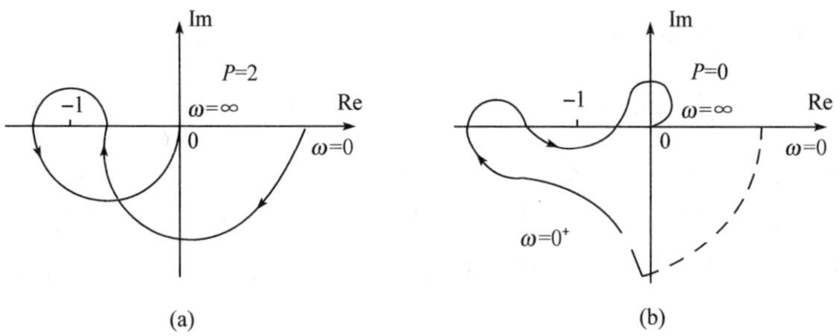

图 5-3-5 例 5-3-1 附图

解 当 ω 由 $0 \to \infty$ 时,图(a)逆时针方向包围点(−1,j0)一周,而 $P=2$;图(b)不包围点(−1,j0),而 $P=0$,故闭环系统都是稳定的。

对于复杂的开环极坐标图,采用“包围周数”的概念判定闭环系统是否稳定比较麻烦,容易出错。为了简化判定过程,这里引用正、负穿越的概念(见图 5-3-6)。如果开环极坐标图按逆时针方向(从上向下)穿过负实轴,称为正穿越,正穿越时相位增加;按顺时针方向(从下向上)穿过负实轴,称为负穿越,负穿越时相位减小。

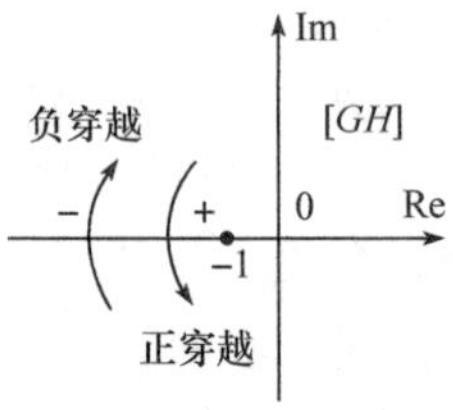

图 5-3-6 正、负穿越

由图 5-3-3~图 5-3-5 可知,当 ω 变化时,开环极坐标图逆时针方向包围点(−1,j0)的周数正好等于极坐标图在点(−1,j0)左方正、负穿越负实轴次数之差。因此,Nyquist 稳定判据可以叙述如下:闭环系统稳定的充要条件是,当 ω 由 $0 \to \infty$ 时,开环频率特性极坐标图在点(−1,j0)左方正、负穿越负实轴次数之差应为 $P/2$,P 为开环传递函数正实部极点个数。$G(s)H(s)$起始于负实轴上,或终止于负实轴时,穿越次数定义为 1/2 次。若开环极坐标图在点(−1,j0)左方负穿越负实轴的次数大于正穿越的次数,则闭环系统一定不稳定。

例 5-3-2 系统开环传递函数有 2 个正实部极点,开环极坐标图如图 5-3-7 所示,闭环系统是否稳定?

解 $P=2$,ω 由 $0 \to \infty$,极坐标图在点(−1,j0)左方正负穿越负实轴次数之差是 $2-1=1=P/2$,所以闭环系统稳定。

例 5-3-3 系统的开环传递函数为

$$G(s)H(s)=\frac{K}{s(T_1s+1)(T_2s+1)}$$

当 K 取小值和大值时的开环极坐标图如图 5-3-8(a)、(b)所示，判定闭环系统的稳定性。

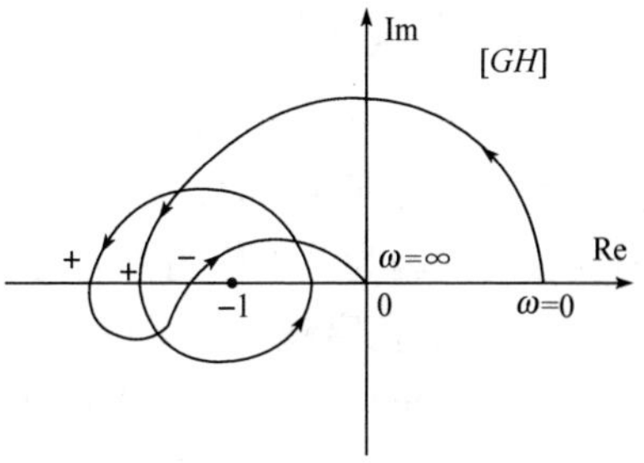

图 5-3-7 例 5-3-2 附图

解 开环传递函数无正实部极点，当 ω 由 $0\to\infty$ 时，图(a)中开环极坐标图在点$(-1,\mathrm{j}0)$左方没有穿越负实轴，而图(b)中极坐标图在点$(-1,\mathrm{j}0)$左方对负实轴有一次负穿越。所以图(a)所示系统闭环稳定，而图(b)的系统闭环不稳定。

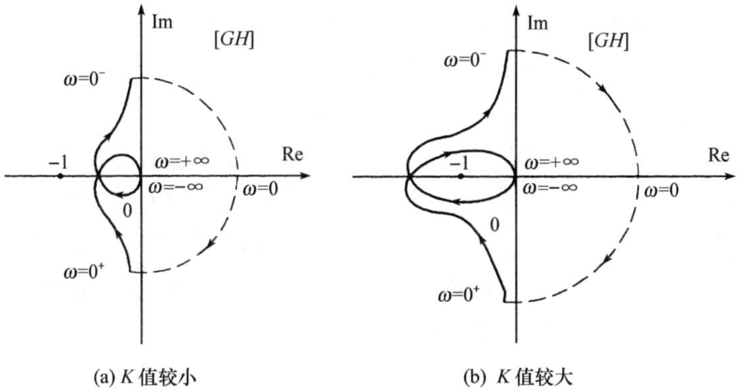

图 5-3-8 例 5-3-3 附图

例 5-3-4 系统开环传递函数为 $G(s)H(s)=K(\tau s+1)/[s^2(Ts+1)]$，当 $T<\tau$ 和 $T>\tau$ 时开环极坐标图分别如图 5-3-9(a)、(b)所示，判定闭环系统的稳定性。

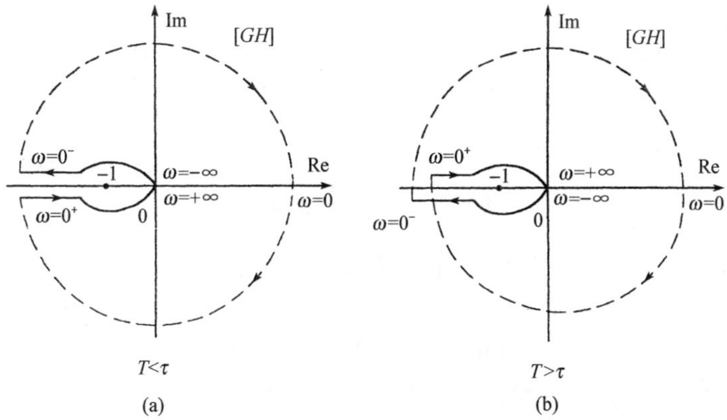

图 5-3-9 例 5-3-4 附图

解 系统开环稳定。当 ω 由 $0\to\infty$ 时，图(a)中极坐标图没有穿越负实轴，而图(b)中开环极坐标图在点$(-1,\mathrm{j}0)$左方无穷远处负穿越负实轴一次，所以图(a)的系统闭环稳定，而图(b)的系统闭环不稳定。

5.3.3 用开环伯德图判定闭环稳定性

由于频率特性的极坐标图较难画，所以人们希望利用开环 Bode(伯德)图来判定闭环稳定性。这里的关键问题是，极坐标中在点(−1,j0)左方正、负穿越负实轴的情况在对数坐标中是如何反映的。因为极坐标图上的负实轴对应于对数相频特性坐标上的−180°线，所以，按照正穿越相位增加、负穿越相位减少的概念，极坐标图上的正、负穿越负实轴就是 Bode 图中对数相频特性曲线正、负穿越−180°，如图 5-3-10 所示。因为极坐标图上以原点为圆心的单位圆对应于对数幅频特性坐标上的 0dB 线，极坐标图中单位圆以外的区域，对应于对数幅频特性坐标中 0dB 线以上的区域，所以，开环频率特性的极坐标图在点(−1,j0)左方正、负穿越负实轴的次数，就对应于 Bode 图上，在开环对数幅频特性大于 0dB 的频段内，相频特性曲线正穿越(相位增加)和负穿越(相位减少)−180°线的次数。

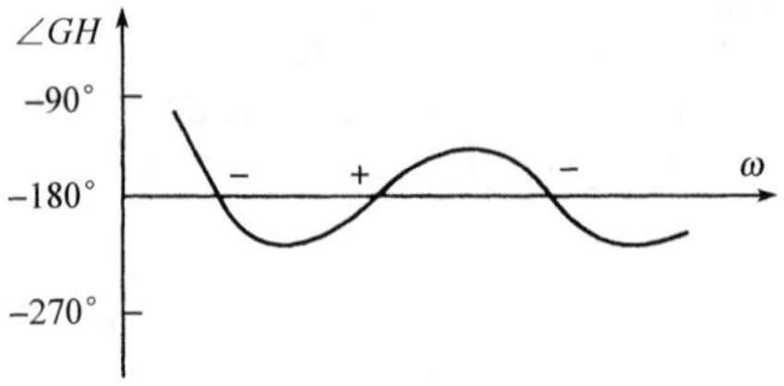

图 5-3-10 Bode 图上的正、负穿越

根据 Bode 图分析闭环系统稳定性的 Nyquist 稳定判据可叙述如下：闭环系统稳定的充要条件是，在开环幅频特性大于 0dB 的所有频段内，相频特性曲线对−180°线的正、负穿越次数之差等于 $P/2$，其中 P 为开环正实部极点个数。需注意的是，当开环系统含有积分环节时，相频特性应增补 ω 由 $0\to0^+$ 的部分。对于形如式(5-3-2)的开环传递函数，当 $\omega\to0$ 时，相位趋于 0°。

例 5-3-5 系统开环 Bode 图和开环正实部极点个数 P 如图 5-3-11(a)、(b)、(c)所示，判定闭环系统稳定性。

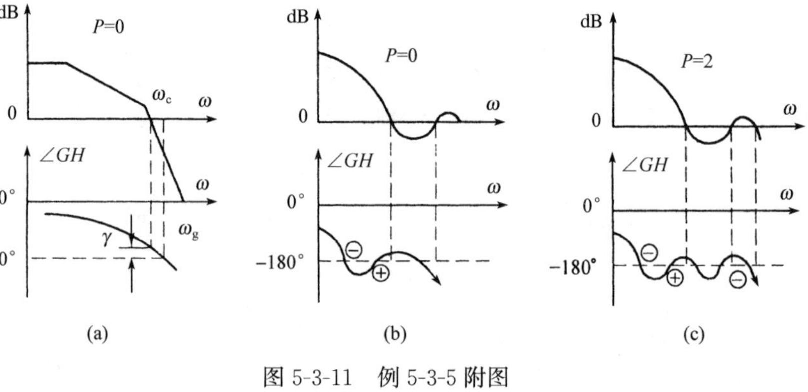

图 5-3-11 例 5-3-5 附图

解 图(a)中，$P=0$，幅频特性大于 0dB 时，相频特性曲线没有穿越−180°线，故闭环稳定。

图(b)中，$P=0$，幅频特性大于 0dB 的各频段内，相频特性曲线对−180°线的正、负穿越次数之差 $=1-1=0$，所以系统闭环稳定。

图(c)中，$P=2$，在幅频特性大于 0dB 的所有频段内，相频特性曲线对−180°线的正、负穿越次数之差 $=1-2=-1\neq1$，故闭环不稳定。

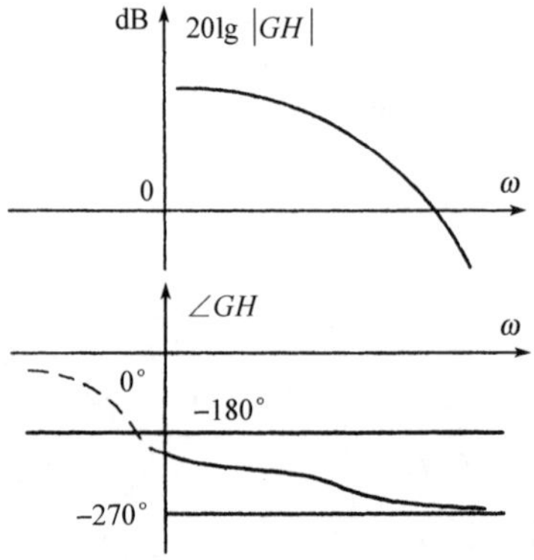

图 5-3-12 例 5-3-6 附图

例 5-3-6 某最小相位系统的开环传递函数如式(5-3-2)，且开环 Bode 图如图 5-3-12 所示，判定闭环系统

的稳定性。

解 由已知条件和图形可知，该系统开环传递函数含有 2 个积分环节，且 $\omega\to0^+$ 时，$\angle GH\to-180°$；$\omega\to0$ 时，$\angle GH\to0°$。用虚线绘出相频特性的增补部分。从增补后的 Bode 图看，在 $20\lg|GH|>0$dB 的频段内，相频特性对 $-180°$线有 1 次负穿越，没有正穿越，故闭环不稳定。

5.4 控制系统的相对稳定性

5.4 节

由例 5-3-3 知，即使是同样结构的系统，由于参数（如开环放大系数 K）的变化，系统可能由稳定变成不稳定。系统在运行过程中参数发生变化是常有的事。因此，为了使系统能始终正常工作，不仅要求系统是稳定的，而且要求它具有足够的稳定程度或稳定裕度。此外，系统稳定裕度的大小还和它的动态性能有密切关系。系统的稳定裕度就称为相对稳定性。由图 5-3-8(a)可知，对于开环和闭环都稳定的系统，极坐标平面上的开环 Nyquist 图离点$(-1,\mathrm{j}0)$越远，稳定裕度越大。一般采用相位裕度和幅值裕度来定量地表示相对稳定性，它们实际上就是表示开环 Nyquist 图离点$(-1,\mathrm{j}0)$的远近程度，它们也是系统的动态性能指标。

5.4.1 相位裕度

开环频率特性幅值为 1 时所对应的角频率称为幅值穿越频率或剪切频率，记为 ω_c。在极坐标平面上，开环 Nyquist 图穿越单位圆的点所对应的角频率就是幅值穿越频率 ω_c，如图 5-4-1(a)、(b)所示。在 Bode 图上，开环幅频特性穿越 0dB 线的点所对应的角频率就是幅值穿越频率 ω_c，如图 5-4-1(c)、(d)所示。

开环频率特性 $G(\mathrm{j}\omega)H(\mathrm{j}\omega)$ 在幅值穿越频率 ω_c 处所对应的相角与$-180°$之差称为相位裕度，记为 γ，按下式计算

$$\gamma=\angle G(\mathrm{j}\omega_c)H(\mathrm{j}\omega_c)-(-180°)=180°+\angle G(\mathrm{j}\omega_c)H(\mathrm{j}\omega_c) \tag{5-4-1}$$

相位裕度在极坐标图和 Bode 图上的表示见图 5-4-1。相位裕度的几何意义是，在极坐标图上，负实轴绕原点转到 $G(\mathrm{j}\omega_c)H(\mathrm{j}\omega_c)$时所转过的角度，逆时针转向为正角，顺时针转动为负角。开环 Nyquist 图正好通过点$(-1,\mathrm{j}0)$时，称闭环系统是临界稳定的。

相位裕度表示出开环 Nyquist 图在单位圆上离点$(-1,\mathrm{j}0)$的远近程度。由图 5-4-1 可知，对于开环稳定的系统，欲使闭环稳定，其相位裕度必须为正。通常要求相位裕度大于 40°。过高的相位裕度不易实现。

5.4.2 幅值裕度

开环频率特性的相位等于$-180°$时所对应的角频率称为相位穿越频率，记为 ω_g，即 $\angle G(\mathrm{j}\omega_g)H(\mathrm{j}\omega_g)=-180°$。在 ω_g，开环幅频特性幅值的倒数称为控制系统的幅值裕度，记作 K_g，即

$$K_g=\frac{1}{|G(\mathrm{j}\omega_g)H(\mathrm{j}\omega_g)|} \tag{5-4-2}$$

幅值裕度在 Nyquist 图上的表示见图 5-4-1(a)、(b)。在 Bode 图上，幅值裕度用 $20\lg K_g=-20\lg|G(\mathrm{j}\omega_g)H(\mathrm{j}\omega_g)|$ dB 表示，见图 5-4-1(c)、(d)。若$|G(\mathrm{j}\omega_g)H(\mathrm{j}\omega_g)|<1$，则 $K_g>1$，$20\lg|K_g|>0$dB，称幅值裕度为正。若$|G(\mathrm{j}\omega_g)H(\mathrm{j}\omega_g)|>1$，则 $K_g<1$，$20\lg K_g<0$dB，则称幅

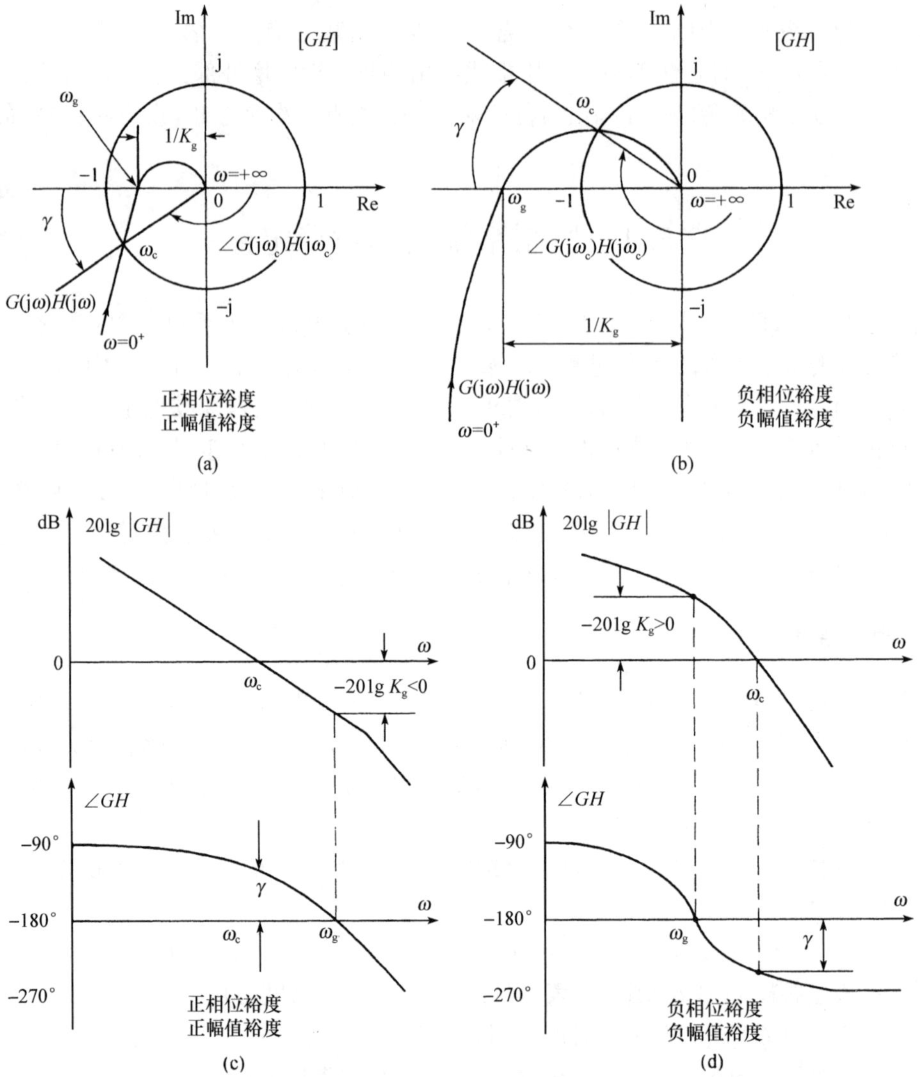

图 5-4-1 相位裕度与幅值裕度

值裕度为负，见图 5-4-1(c)、(d)。

幅值裕度表示开环 Nyquist 图在负实轴上离点(−1,j0)的远近程度。由图 5-4-1 可知，对于开环稳定的系统，欲使闭环稳定，通常其幅值裕度应为正值。一个良好的系统，一般要求 $K_g=2\sim3.16$ 或 $20\lg K_g=6\sim10\text{dB}$。

当开环放大系数变化而其他参数不变时，ω_g 不变但 $|G(j\omega_g)H(j\omega_g)|$ 变化。幅值裕度的物理意义是，对于闭环稳定的系统，使系统达到临界稳定时，开环放大系数可以增大的倍数。

要注意的是，对于开环不稳定的系统，及开环频率特性幅值为 1 的点或相位为 −180° 的点不止一个的系统，不要使用上述关于幅值裕度和相位裕度的定义和结论，否则可能会导致错误。这时应当根据 Nyquist 图的具体形式作适当的处理。

5.5 闭环频率特性图

5.5.1 闭环频率特性图

从闭环频率特性图上不易看出系统的结构和各环节的作用，所以工程上设计系统时较少绘闭环频率特性图。但闭环频率特性图对于分析系统性能还是有用的。

对于图 5-3-1 所示闭环系统，闭环传递函数为

$$\Phi(s)=\frac{G(s)}{1+G(s)H(s)} \tag{5-5-1}$$

令 $s=\mathrm{j}\omega$，代入上式就得到闭环频率特性

$$\Phi(\mathrm{j}\omega)=\frac{G(\mathrm{j}\omega)}{1+G(\mathrm{j}\omega)H(\mathrm{j}\omega)} \tag{5-5-2}$$

一般情况下闭环频率特性是 ω 的复变函数。闭环频率特性的幅值与 ω 的关系称为闭环幅频特性，记为 $A(\omega)$；闭环频率特性的相位与 ω 的关系称为闭环相频特性，记为 $\theta(\omega)$。

由式(5-5-2)还可得

$$\Phi(\mathrm{j}\omega)=\begin{cases}\dfrac{1}{H(\mathrm{j}\omega)} & |G(\mathrm{j}\omega)H(\mathrm{j}\omega)|\gg 1\\ G(\mathrm{j}\omega) & |G(\mathrm{j}\omega)H(\mathrm{j}\omega)|\ll 1\end{cases} \tag{5-5-3}$$

由上式可知，在开环频率特性幅值远大于 1 的频段内，闭环频率特性近似等于反馈通路频率特性的倒数。这种情况常出现在低频段。绝大部分情况下反馈通路的传递函数 $H(s)$是常数，这样的系统在这些频段内，闭环幅频特性是常值，相频特性也近似于恒值 0°。而对于开环频率幅值远小于 1 的频段，闭环频率特性就近似等于前向通路的频率特性。这种情况通常出现在高频段。

一般情况，总是希望闭环系统尽可能准确地复现输入信号，因此就希望 ω 在从 0 到∞的整个频率范围内，闭环频率特性 $\Phi(\mathrm{j}\omega)$为 1 或常数。这就意味着，从 0 到∞的整个频率范围内，开环频率特性幅值都要很大，这在事实上是不可能的。因此，绝对准确地复现输入信号是不可能的。但一个系统开环幅频特性保持大数值的频率范围越宽，其闭环系统就能把输入信号复现得越好。

图 5-5-1 给出闭环幅频特性的两种典型曲线 1 和 2。图中 $A(0)$为零频值。曲线 1 表示闭环频率特性幅值 $A(\omega)$随 ω 的增加而单调减小。曲线 2 的特点是，曲线的低频部分变化缓慢、平滑，随着频率的不断增加，曲线出现大于 $A(0)$的波峰，称这种现象为谐振。$A(\omega)$的最大值记为 A_m，对应的频率称为谐振频率，记为 ω_r。称 $A_m/A(0)$为相对谐振峰值，简称为谐振峰值，记为 M_r。当闭环频率特性幅值下降到零频值 $A(0)$的 0.707 倍时，所对应的频率称为截止频率，记作 ω_b，ω_b 又称为系统的频带宽度。当 $\omega>\omega_r$ 后，特别是 $\omega>\omega_b$ 后，闭环幅频特性曲线以较大的坡度衰减至零。

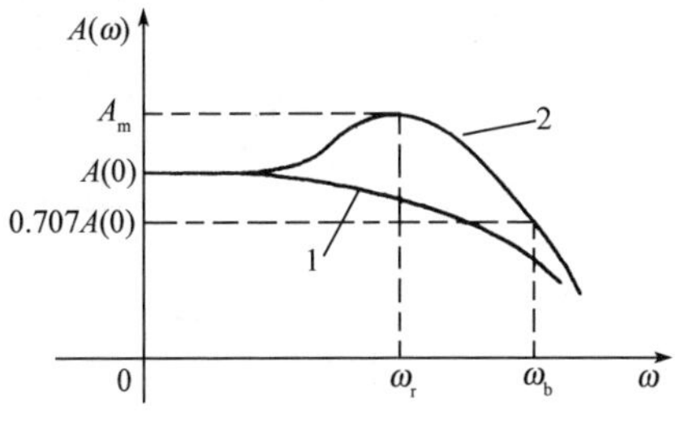

图 5-5-1 闭环幅频特征

利用式(5-5-2)逐点描出闭环频率特性图的方法太麻烦。工程上都是利用开环频率特性

图绘闭环频率特性图。而常用的方法，首先是绘制对应的单位反馈系统的闭环频率特性，然后再绘非单位反馈系统的频率特性图。

根据开环 Nyquist 图绘制和分析单位负反馈系统的闭环频率特性图时，有时要利用等 M 圆图。

5.5.2 等 M 圆

设开环频率特性 $G(\mathrm{j}\omega)$ 为

$$G(\mathrm{j}\omega)=U+\mathrm{j}V \tag{5-5-4}$$

则单位反馈系统的闭环频率特性为

$$\Phi(\mathrm{j}\omega)=\frac{G(\mathrm{j}\omega)}{1+G(\mathrm{j}\omega)}=\frac{U+\mathrm{j}V}{1+U+\mathrm{j}V} \tag{5-5-5}$$

闭环频率特性幅值 M 满足下式

$$M^2=\frac{U^2+V^2}{(1+U)^2+V^2} \tag{5-5-6}$$

如果 $M=1$，则上式变为

$$2U+1=0 \tag{5-5-7}$$

这是一条过点$(-1/2,\mathrm{j}0)$且平行于虚轴的直线。如果 $M\neq1$，则式(5-5-6)可化成

$$\left(U+\frac{M^2}{M^2-1}\right)^2+V^2=\frac{M^2}{(M^2-1)^2} \tag{5-5-8}$$

上式是圆的方程，圆心为$(-M^2/(M^2-1),\mathrm{j}0)$，半径为$|M/(M^2-1)|$。给出不同的 M 值，在$[G(\mathrm{j}\omega)]$平面上就得到了一族圆，称为等 M 圆，如图 5-5-2 所示。其中每一个圆对应于一个 M 值。当 $M>1$ 时，等 M 圆位于 $M=1$ 的直线左边，圆心位于实轴上点$(-1,\mathrm{j}0)$的左边，随着 M 的增大，等 M 圆越来越小，最后收敛到点$(-1,\mathrm{j}0)$。当 $M<1$ 时，等 M 圆位于 $M=1$ 的直线右侧，圆心位于正实轴上，随着 M 的减小，等 M 圆也越来越小，最后收敛到原点。

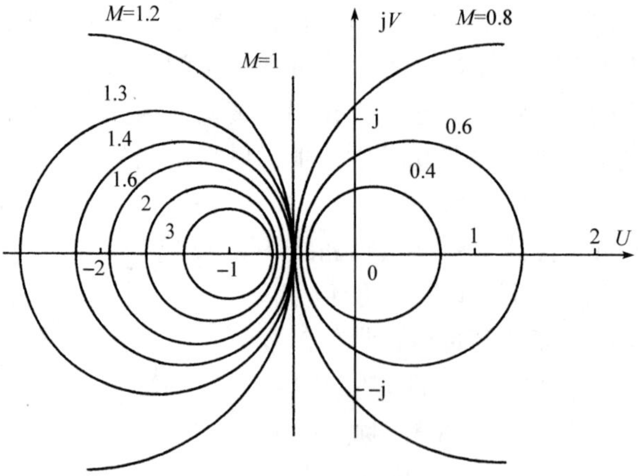

图 5-5-2　等 M 圆

将绘有等 M 圆图的透明纸覆盖在相同比例绘制的开环频率特性的极坐标图上，读取 $G(\mathrm{j}\omega)$ 曲线与各个等 M 圆的交点所对应的 M 值和 ω 值，便可求出闭环幅频特性 $M(\omega)$ 的曲线。如果 $G(\mathrm{j}\omega)$ 与某一 M 圆相切后不再进入圆内区域，则该圆所对应的 M 值就是闭环幅频特性的最大值，即谐振峰值 M_r，切点对应的 ω 值就是谐振角频率 ω_r。可见，对于稳定的系统，开环极坐标图越接近点$(-1,\mathrm{j}0)$，闭环系统振荡越强。

5.5.3 非单位反馈系统的闭环频率特性

对于图 5-3-1 所示非单位反馈系统，其闭环频率特性可写成

$$\Phi(\mathrm{j}\omega)=\frac{1}{H(\mathrm{j}\omega)}\cdot\frac{G(\mathrm{j}\omega)H(\mathrm{j}\omega)}{1+G(\mathrm{j}\omega)H(\mathrm{j}\omega)} \tag{5-5-9}$$

这里可以先求出开环传递函数为 $G(\mathrm{j}\omega)H(\mathrm{j}\omega)$ 的单位反馈系统的闭环频率特性

$$G(\mathrm{j}\omega)H(\mathrm{j}\omega)/[1+G(\mathrm{j}\omega)H(\mathrm{j}\omega)]$$

然后把它绘制在 Bode 图上，再与 $H(\mathrm{j}\omega)$ 的 Bode 图相减，就得到闭环频率特性的 Bode 图。

5.6 频率特性与控制系统性能的关系

5.6.1 控制系统的性能指标

控制系统性能的优劣以性能指标衡量。由于研究方法和应用领域的不同，性能指标有很多种，大体上可以归纳成两类：时间域指标和频率域指标。

时域指标包括稳态指标和动态指标。稳态指标包括稳态误差 e_{ss}、无差度 v 以及开环放大系数 K。动态指标包括过渡过程时间 t_s、最大超调 σ_p、上升时间 t_r、峰值时间 t_p、振荡次数 N 等，常用的是 t_s 和 σ_p。

频率域指标包括开环指标和闭环指标。开环指标有幅值穿越（剪切）频率 ω_c、相位裕度 γ、幅值裕度 K_g，常用的是 ω_c 和 γ。

在直角坐标上绘闭环幅频特性时，纵坐标有两种表示方法。一种是以闭环幅值 $A(\omega)$ 为纵坐标，如图 5-5-1 所示。另一种是以幅值 $A(\omega)$ 与零频值 $A(0)$ 之比作为纵坐标，记为 $M(\omega)$

$$M(\omega)=\frac{A(\omega)}{A(0)} \tag{5-6-1}$$

$M(\omega)$ 也称为闭环幅值。带有谐振现象的典型闭环幅频特性如图 5-6-1 所示。闭环幅值的最大值 A_m 与零频值 $A(0)$ 之比称为相对谐振峰值，记为 M_r

$$M_r=\frac{A_m}{A(0)} \tag{5-6-2}$$

产生 M_r 时的角频率就是谐振频率 ω_r，使 $M(\omega)$ 为 0.707 时的频率为截止频率 ω_b，即 $M(\omega_b)=0.707$，$20\lg M(\omega_b)=-3\text{dB}$。$\omega_r$ 和 ω_b 的数值和含义与图 5-5-1 是一致的。

闭环频率域指标主要指相对谐振峰值 M_r、谐振频率 ω_r 和截止频率 ω_b。

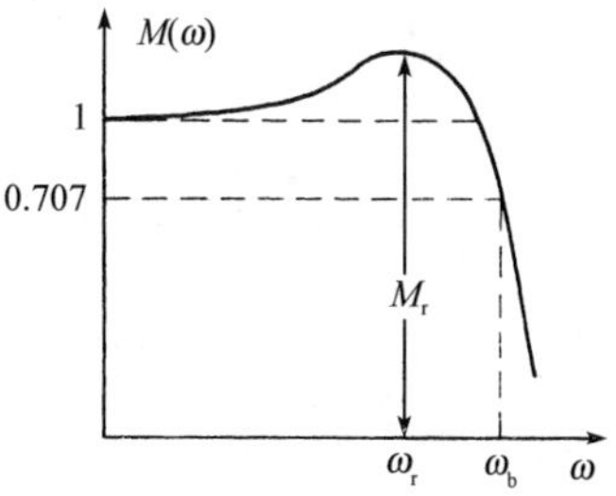

图 5-6-1 典型闭环幅频特性

5.6.2 二阶系统性能指标间的关系

对于图 5-6-2 所示的简单二阶系统，可以推导出性能指标间的下述准确关系式

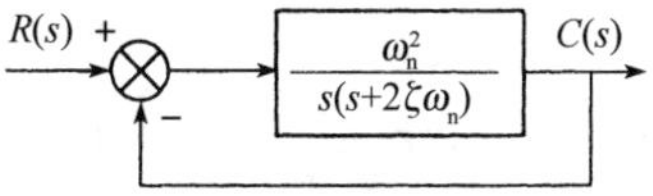

图 5-6-2 二阶反馈控制系统

$$\begin{cases}\omega_c=\omega_n\sqrt{\sqrt{4\zeta^4+1}-2\zeta^2}\\ \gamma=\arctan\dfrac{2\zeta}{\sqrt{\sqrt{4\zeta^4+1}-2\zeta^2}}\end{cases} \tag{5-6-3}$$

$$\begin{cases} M_r = \dfrac{1}{2\zeta\sqrt{1-\zeta^2}} \quad (\zeta < 0.707) \\ \omega_r = \omega_n\sqrt{1-2\zeta^2} \\ \omega_b = \omega_n\sqrt{\sqrt{4\zeta^4-4\zeta^2+2}-2\zeta^2+1} \end{cases} \tag{5-6-4}$$

考虑到以前介绍的关系式

$$\sigma_p = e^{-\frac{\pi\zeta}{\sqrt{1-\zeta^2}}} \tag{5-6-5}$$

可以看出 ζ、σ_p、γ、M_r 间具有一一对应的关系；ω_b/ω_c 及 ω_r/ω_c 是 ζ（或 σ_p、γ、M_r）的函数，当 ζ（或 σ_p、γ、M_r）一定时，ω_b/ω_c 及 ω_r/ω_c 也是定值。对于常见的 $\zeta=0.4$ 值，有

$$\omega_b = 1.6\omega_c \tag{5-6-6}$$

此外还可推导出下述近似关系式

$$\omega_c t_s = \frac{6}{\tan\gamma} \tag{5-6-7}$$

可见，在相位裕度相同时，ω_c 越大，t_s 越小，系统响应速度越快。

按阻尼强弱和响应速度的快慢可以把性能指标分为两大类。表示系统阻尼大小的指标有 ζ、σ_p、γ、M_r。表示响应速度快慢的指标有 t_r、t_p、t_s、ω_c、ω_r、ω_b。在阻尼比 ζ（或 σ_p、γ、M_r）一定时，ω_c、ω_r、ω_b 越大，系统响应速度越快。规定系统性能指标时，每类指标规定一项就够了。

5.6.3 高阶系统性能指标间的关系

高阶系统性能指标间的关系比较复杂。如果高阶系统的控制性能主要受一对闭环共轭复极点影响时，则可以采用上面给出的二阶系统指标间的关系式。一般情况下采用下面的经验公式近似地表示高阶系统性能指标间的关系。实际性能指标一般比计算结果偏好。

$$M_r = \frac{1}{\sin\gamma} \tag{5-6-8}$$

$$\sigma_p = 0.16 + 0.4(M_r - 1) \quad (1 < M_r < 1.8) \tag{5-6-9}$$

$$t_s = \frac{\pi}{\omega_c}[2 + 1.5(M_r - 1) + 2.5(M_r - 1)^2] \quad (1 < M_r < 1.8) \tag{5-6-10}$$

5.6.4 开环对数幅频特性与性能指标间的关系

对于常见的系统，特别是最小相位系统，主要是利用开环对数幅频特性（Bode 图）分析和设计系统。

如果开环幅频特性最低的转折频率是 ω_1，则低于 ω_1 的频段称为低频。在低频部分，系统的开环传递函数变成 $G(s)H(s)=K/s^\nu$，系统的开环频率特性为

$$G(j\omega)H(j\omega) = \frac{K}{j^\nu\omega^\nu} \tag{5-6-11}$$

低频部分的对数幅频特性是

$$20\lg|G(j\omega)H(j\omega)| = 20\lg K - 20\nu\lg\omega \tag{5-6-12}$$

上式是直线方程，斜率为 -20νdB/dec，直线通过 $\omega=1$、$20\lg|GH|=20\lg K$ 这一点；同时直线或其延长线在 $\omega=\sqrt[\nu]{K}$ 处通过 0dB 线。所以，由低频部分的斜率和直线位置可求出系统型别或串联积分环节个数 ν 和开环放大系数 K。因此开环对数幅频特性的低频部分反映出系统的

稳态性能，或者说，系统的稳态性能指标取决于开环幅频特性的低频部分。

幅值穿越频率 ω_c 属于中频段。在相位裕度 γ 一定的情况下，ω_c 的大小决定系统响应速度的快慢，见式(5-6-8)～式(5-6-10)。

对数幅频特性的中频段具有什么样的形状才能满足相位裕度的要求呢？先看一例。设一单位负反馈系统的开环传递函数为 $G(s)=\dfrac{K}{s(s+1)(0.1s+1)}$，幅频特性见图 5-6-3。$\omega_c$ 为幅值穿越频率，则相位裕度为

$$\gamma=180^\circ-90^\circ-\arctan\omega_c-\arctan 0.1\omega_c=90^\circ-\arctan\omega_c-\arctan 0.1\omega_c$$

若取 $\omega_c=0.4$，则对应的幅频特性斜率为 -20dB/dec，相位裕度 $\gamma=66^\circ$。若取 $\omega_c=4$，则对应的幅频特性斜率为 -40dB/dec，相位裕度为 $\gamma=-7.8^\circ$。若取 $\omega_c=40$，则对应的幅频特性斜率为 -60dB/dec，相位裕度 $\gamma=-75^\circ$。

经验表明，为了使闭环系统稳定并具有足够的相位裕度，开环对数幅频特性最好以 -20dB/dec 的斜率通过 0dB 线，如图 5-6-4 所示。如果以 -40dB/dec 的斜率通过 0dB 线，则闭环系统可能不稳定，即使稳定，相位裕度往往也较小。如果以 -60dB/dec 或更负的斜率通过 0dB 线，则闭环系统肯定不稳定。对于图 5-6-4 设

$$h=\frac{\omega_3}{\omega_2} \tag{5-6-13}$$

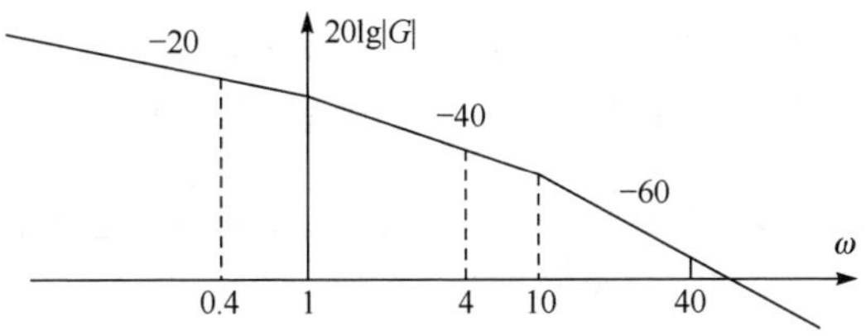

图 5-6-3　幅频特性

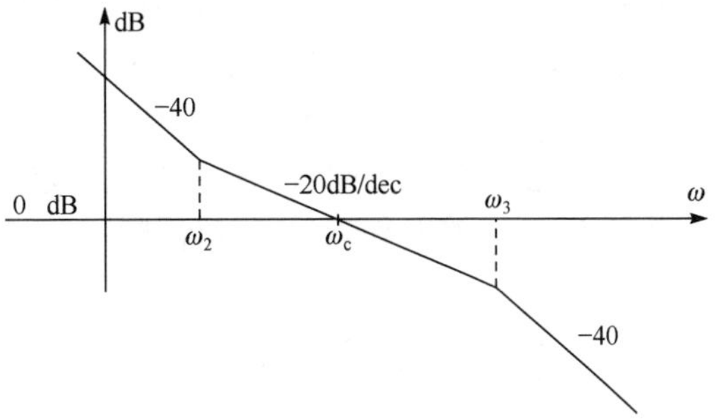

图 5-6-4　幅频特性的中频段

即

$$\lg h=\lg\omega_3-\lg\omega_2 \tag{5-6-14}$$

建议按下述公式选取 ω_2 和 ω_3：

$$\omega_2\leqslant\omega_c\frac{M_r-1}{M_r} \tag{5-6-15}$$

$$\omega_3\geqslant\omega_c\frac{M_r+1}{M_r} \tag{5-6-16}$$

h 和 M_r 间的关系可用下述经验公式表示：

$$h\geqslant\frac{M_r+1}{M_r-1} \tag{5-6-17}$$

比幅值穿越频率 ω_c 高出许多倍的频率范围称为高频段。系统开环幅频特性的高频部分对系统性能指标影响不大，一般只要求高频部分有比较负的斜率，幅值衰减得快一些。

5.7　控制系统设计的初步概念

5.7节

控制系统的设计工作是从分析控制对象开始。首先根据控制对象的具体情况选择执行元件。例如，对于运动控制伺服系统，根据功率、速度、加速度、工作环境等，可选择适当的电动机、液压马达等作执行元件；对于温度控制系统，可选择电炉、空调机等作执行元件；如果要控制电压的大小，就要选择合适的电子元件和电子线路。然后根据变量的性质和测量精度选择测量元件(传感器、变送器)。为了放大偏差信号和驱动执行元件，还要设置放大器。由控制对象、执行元件、测量元件和放大器就可以组成一个基本的反馈(闭环)控制系统。这个初步设计的系统中，除了放大器的放大系数可以变化外，其余部分在今后的设计中不再改变，因此系统的这个基本部分习惯称为固有部分。但是实践表明，仅由固有部分组成的系统，其性能指标一般不能满足要求，还要由控制工作者再加入一些适当的元件或装置去补偿和提高系统的性能，以便满足指标的要求。这些另外加入的元件称为补偿元件或补偿网络，又称为校正元件。工业过程控制中所用的控制器、调节装置都属于补偿元件。

选择系统的结构、元部件，选择和加入适当的补偿元件和线路，设计补偿网络的参数，以便使系统满足性能指标的要求，这都是控制系统设计的内容。对于本课程，系统设计指的是补偿方法的选择和补偿网络传递函数的设计，这又称为系统的补偿，也称为校正、综合。

最常用的补偿方法是串联补偿和反馈补偿。串联补偿位于系统闭合回路的前(正)向通路中，与执行元件、控制对象相串联，如图 5-7-1 中的 $G_c(s)$就是串联补偿网络的传递函数，$G_0(s)$表示执行元件和控制对象的传递函数。反馈补偿网络与执行元件或控制对象形成闭合回路，称为副回路，反馈补偿网络或元件就位于副回路的反馈通路中，如图 5-7-2 中的 $H_c(s)$。

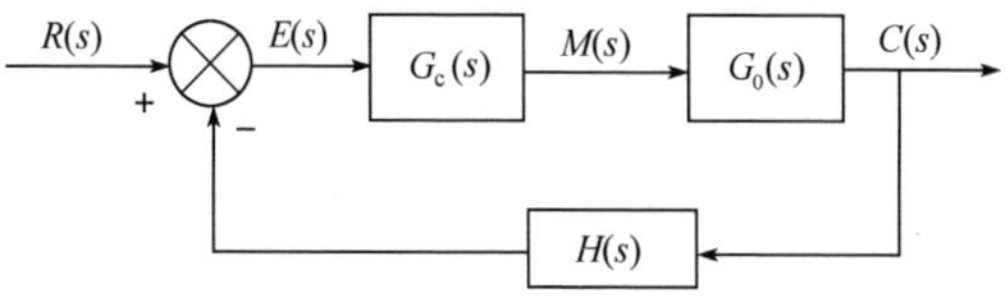

图 5-7-1　串联补偿框图

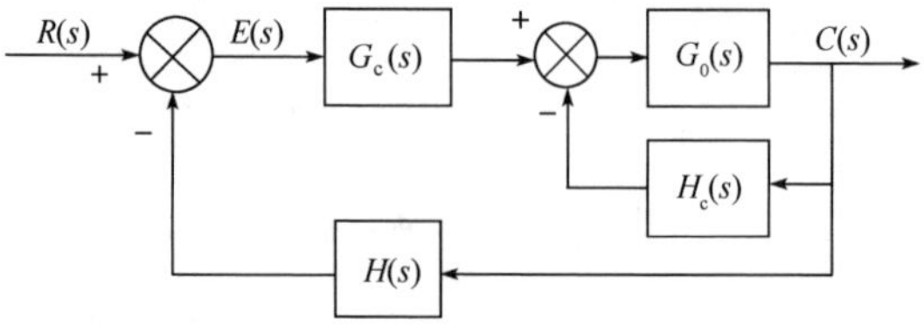

图 5-7-2　反馈补偿框图

串联补偿方法中，根据补偿环节的相位及其变化情况，可分为超前补偿、滞后补偿，滞后超前补偿。按照运算规律，串联补偿又包括比例控制、积分控制、微分控制等基本控制规律以及这些基本控制规律的组合。

经典控制理论中的设计方法包括根轨迹法和频率特性法。本章只介绍频率特性法。频率特性设计法中，以系统的开环对数频率特性(Bode 图)为设计对象，主要是使开环对数幅频特性的低频、中频和高频部分满足要求。对低频段的要求是要具有足够高的放大系数。有时也要求加入积分环节以提高系统型别。对中频段的要求是要有足够宽的幅值穿越频率 ω_c，并确保足够的相位裕度。对数幅频渐近线以 -20dB/dec 的斜率通过 0dB 线，并能保持足够的长度，就能达到要求的相位裕度。高频段一般不再特殊设计，依靠控制对象自身的特性实现高频衰减。

5.8 PID 控制器

5.8 节

由比例环节、积分环节和微分环节组成的串联补偿控制器在实践中，特别是在工业过程控制中得到极其广泛的应用。它们简称为 PID 控制器。

5.8.1 比例(P)控制器

比例控制器简称 P 控制器，它就是一个放大倍数可调整的放大器，如图 5-8-1 所示。控制器的输出信号 $m(t)$ 与输入信号 $e(t)$ 成比例，即

$$m(t)=K_{\mathrm{P}}e(t) \tag{5-8-1}$$

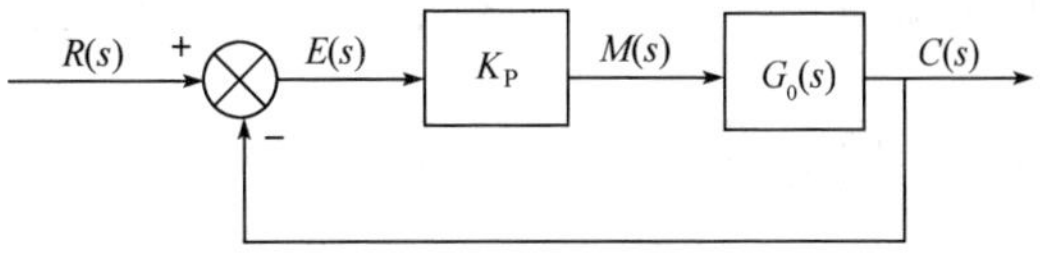

图 5-8-1 控制系统框图

比例控制器的传递函数为常数，即

$$G_{\mathrm{c}}(s)=\frac{M(s)}{E(s)}=K_{\mathrm{P}} \tag{5-8-2}$$

式中，K_{P} 是可调系数。

从时域角度看，提高比例控制器的放大系数就是提高系统的开环放大系数，因此可以减小系统的稳态误差，提高控制精度。此外，增大 K_{P} 后，控制器的输出量 $m(t)$ 成比例增大，从而能提高系统的响应速度。从频域角度看，提高比例控制器的放大系数，对数幅频特性曲线平行向上移动，幅值穿越频率 ω_{c} 提高，响应速度因此而提高。

由例 3-5-2、例 4-2-5、例 4-2-6 可知，当开环放大系数增加时，闭环系统将由稳定变成不稳定。这几乎是普遍现象。实际系统中，除了传递函数所显示的环节以外，还存在很多小时间常数的相位角为负的环节，如惯性环节、振荡环节。当开环放大系数小时，幅值穿越频率 ω_{c} 低，这些小时间常数的环节的转折频率远远高于 ω_{c}，对动态性能影响很小。当放大系数提高，对数幅频特性曲线向上平移，小时间常数的环节起作用，它们的负相位角将使相位裕度减小，甚至使相位裕度为负。对数幅频渐近线在 ω_{c} 处的斜率也将更陡。这些都会使系统稳定裕度变小，振荡增强，甚至导致不稳定。

所以，采用比例控制器，提高它的放大系数，可以减小稳态误差，提高响应速度，但很可能降低稳定性，甚至造成系统不稳定。

5.8.2 微分(D)控制器

微分控制器简称 D 控制器，由微分环节组成。它的输出信号 $m(t)$ 与输入信号 $e(t)$ 的导数成比例，即

$$m(t)=K_{\mathrm{D}}\frac{\mathrm{d}e(t)}{\mathrm{d}t} \tag{5-8-3}$$

微分控制器的传递函数为

$$G_{\mathrm{c}}(s)=\frac{M(s)}{E(s)}=K_{\mathrm{D}}s \tag{5-8-4}$$

式中，K_D 是可调系数。

若串联补偿环节仅仅使用微分控制器，则偏差信号 $e(t)$大但不变化时，$\mathrm{d}e(t)/\mathrm{d}t=0$，补偿环节输出 $m(t)=0$，起不到减小偏差的作用，所以微分控制器不能单独应用于串联补偿环节中。它常常和比例控制器共同使用。

微分控制器是物理上不可实现的环节，只能近似实现。在数字仿真或实际中，控制器中的纯微分环节可通过计算机用差分法实现，或者采用传递函数 $s/(Ts+1)$代替 s，其中 T 很小，$1/T$ 远大于系统的幅值穿越频率 ω_c。所以实际的微分控制器的传递函数常常写为

$$G_c(s)=\frac{M(s)}{E(s)}=\frac{K_D s}{Ts+1} \tag{5-8-5}$$

实际的微分控制器可增加系统的相位裕度，减弱振荡。

5.8.3 比例微分(PD)控制器

比例微分控制器简称 PD 控制器，它的输出信号 $m(t)$与输入信号 $e(t)$及其导数成比例，即

$$m(t)=K_P e(t)+K_D\frac{\mathrm{d}e(t)}{\mathrm{d}t} \tag{5-8-6}$$

或

$$m(t)=K_P e(t)+K_P\tau\frac{\mathrm{d}e(t)}{\mathrm{d}t} \tag{5-8-7}$$

比例微分控制器的传递函数可写为

$$G_c(s)=\frac{M(s)}{E(s)}=K_P(1+\tau s) \tag{5-8-8}$$

式中，K_P 是比例系数，τ 是微分时间常数，都是可调的参数。采用 PD 控制器的系统框图见图 5-8-2。

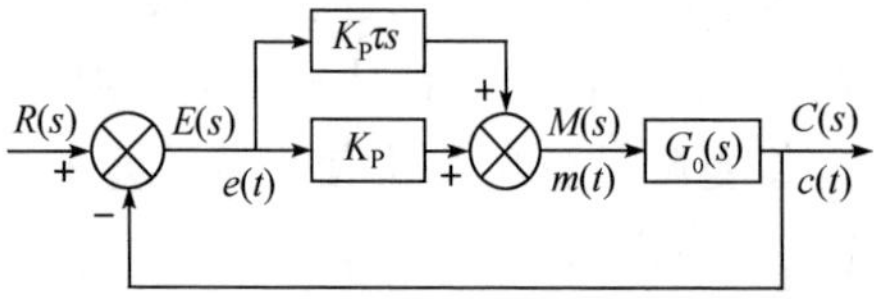

图 5-8-2 具有 PD 控制器的系统框图

PD 控制器的最大优点是能减小最大超调和振荡，从而改善动态性能。

先从时域角度分析。图 5-8-3 给出一个位置控制系统的阶跃响应及 PD 控制器输出信号曲线图。$m(t)$为正时，系统加速度为正。如果只采用比例控制，则控制器输出的信号是 $K_P e(t)$。由图知，当 $t=t_2$，$c(t)=c(\infty)=1$ 时，控制器的输出由正变负，系统刚刚开始减速，最大超调可能较大。采用 PD 控制器，当 $t=0\sim t_1$ 时，PD 控制器输出信号 $m(t)$为正，系统处于加速阶段，速度增加，使系统有较高的响应速度。当 $t=t_1$，系统输出信号 $c(t_1)$的数值接近但还未达到稳态值 $c(\infty)$，控制器输出信号 $m(t)$由正变负，系统停止加速并做减速运动，这样就可避免过大的超调。图中 t_4 的情况与 t_1 相似。由图还可知，微分控制器输出信号的符号始终与系统输出信号的变化率（速度）相反，说明微分控制器阻碍系统输出信号的变化，增加系统的阻尼，减小系统的超调和振荡。

从频域角度看，相位裕度增大，将使系统振荡减弱。PD 控制器的相位角 $\angle G_c=\arctan(\tau\omega)>0$，它使相位裕度增加，减弱系统振荡。

可见，PD 控制器具有 P 控制器的提高放大系数的优点，又可能使动态性能满足要求。

PD 控制器是物理上不可实现的环节，只能近似实现。另外，PD 控制器会放大有害的噪声信号。噪声信号的数值可能不大，但变化率大，经 PD 控制器中的纯微分环节后，这些噪声会放大成较大的数值，对系统很不利。

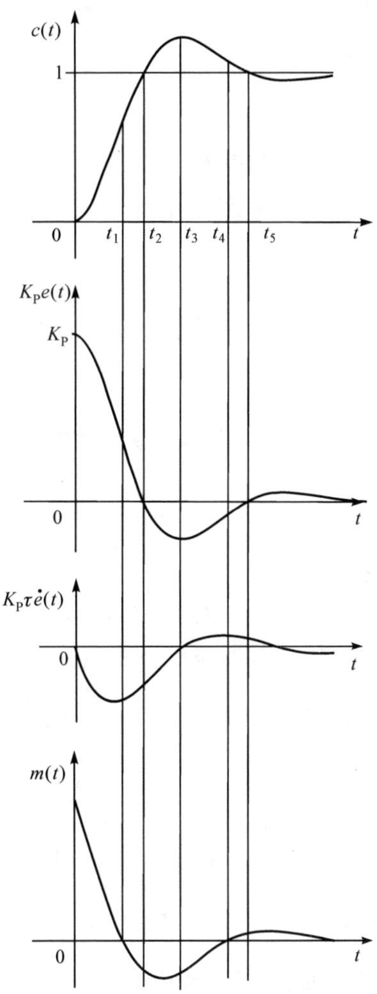

图 5-8-3　PD 控制规律的信号曲线图

5.8.4　积分(Ⅰ)控制器

积分控制器简称 I 控制器，它的输出信号 $m(t)$ 与输入信号 $e(t)$ 的积分成比例，即

$$m(t)=K_I\int e(t)\mathrm{d}t \tag{5-8-9}$$

积分控制器的传递函数为

$$G_c(s)=\frac{M(s)}{E(s)}=\frac{K_I}{s} \tag{5-8-10}$$

式中，K_I 是可调参数。积分控制器的框图见图 5-8-4。

积分控制器可以提高系统的型别，从而减小稳态误差。但它的相位角是 $-90°$，这将明显减小相位裕度，使系统振荡变强，甚至导致系统不稳定。

5.8.5　比例积分(PI)控制器

比例积分控制器简称 PI 控制器，它的输出信号 $m(t)$ 与输入信号 $e(t)$ 及其积分成比例，即

$$m(t)=K_P e(t)+\frac{K_P}{T_I}\int e(t)\mathrm{d}t \tag{5-8-11}$$

PI 控制器的传递函数为

$$G_c(s)=\frac{M(s)}{E(s)}=K_P\left(1+\frac{1}{T_I s}\right)=\frac{K_P}{T_I s}(1+T_I s) \tag{5-8-12}$$

式中，K_P 为比例系数，T_I 为积分常数，二者都是可调参数。不过，改变 T_I 只能调整积分控制规律，而改变 K_P 可同时调整比例和积分控制规律。具有 PI 控制器的系统框图见图 5-8-5。

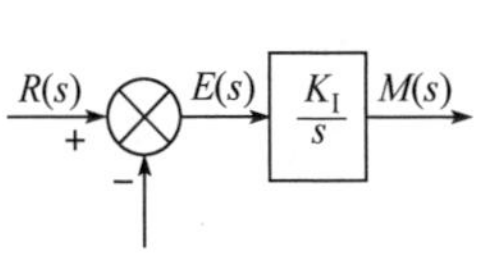

图 5-8-4　I 控制器框图

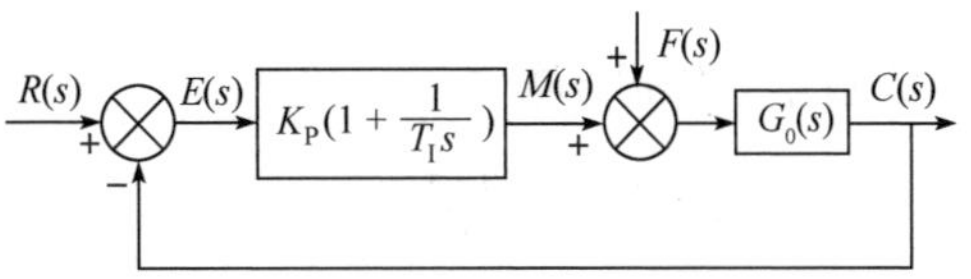

图 5-8-5　具有 PI 控制器的系统框图

PI 控制器的相位角 $\angle G_c(\mathrm{j}\omega)=-90°+\arctan(T_I\omega)$，只要参数选择适当，就不会过多地减小相位裕度。

PI 控制器可以在保证系统稳定的基础上提高系统的型别和开环放大系数，从而减小稳态误差。

例 5-8-1 在图 5-8-5 中，$G_0(s)=\dfrac{K_0}{s(Ts+1)}$，令 $f(t)=0$，试比较 PI 控制器与 P 控制器的稳态误差，PI 控制器与 I 控制器的稳定性能。

解 1）稳态误差。

只采用 P 控制器，系统是 1 型，采用 PI 控制器后，系统的开环传递函数为

$$G(s)=G_0(s)G_c(s)=\frac{K_0K_P(T_Is+1)}{T_Is^2(Ts+1)}$$

系统变为 2 型，阶跃响应、斜坡响应的稳态误差为零，系统总的误差将明显减小。

2）稳定性。

只采用 I 控制器时，$G_c(s)=\dfrac{K_P}{T_Is}$，系统的开环传递函数为

$$G(s)=G_0(s)G_c(s)=\frac{K_0K_P}{T_Is^2(Ts+1)}$$

闭环系统的特征方程为

$$D(s)=T_Is^2(Ts+1)+K_0K_P=T_ITs^3+T_Is^2+K_0K_P=0$$

式中缺 s 的一次项，系统不稳定。

采用 PI 控制器，$G_c(s)=\dfrac{K_P(T_Is+1)}{T_Is}$，闭环系统的特征方程为

$$D(s)=T_Is^2(Ts+1)+K_0K_P(T_Is+1)=T_ITs^3+T_Is^2+K_0K_PT_Is+K_0K_P=0$$

由劳斯判据可知，$T_I>T$ 时系统稳定。

可见 PI 控制器使系统的型别由 1 型上升到 2 型，并可满足稳定的要求。

例 5-8-2 在图 5-8-5 中，$G_0(s)=\dfrac{1}{s(Ts+1)}$，$f(t)=f_0\cdot 1(t)$，$r(t)=0$。分别采用 P 控制器和 PI 控制器，试比较由扰动引起的稳态误差 $e_{ssf}(t)$。

具体解法

解 采用 P 控制器，求得 $e_{ssf}(t)=-f_0/K_P$。采用 PI 控制器，求得 $e_{ssf}(t)=0$。可见 PI 控制器对扰动信号 $f(t)$，型别由 0 上升到 1。只要参数选择合理，仍能保证系统的稳定性。

5.8.6 比例积分微分(PID)控制器

比例积分微分控制器简称 PID 控制器，它的输出信号 $m(t)$，与输入信号 $e(t)$ 和它的积分、微分成比例，即

$$m(t)=K_Pe(t)+\frac{K_P}{T_I}\int e(t)\mathrm{d}t+K_P\tau\frac{\mathrm{d}e(t)}{\mathrm{d}t} \tag{5-8-13}$$

PID 控制器的传递函数为

$$G_c(s)=\frac{M(s)}{E(s)}=K_P\left(1+\frac{1}{T_Is}+\tau s\right)=\frac{K_P(T_I\tau s^2+T_Is+1)}{T_Is} \tag{5-8-14}$$

PID 控制器的框图如图 5-8-6 所示。

在式(5-8-14)中，令 $T_I\tau s^2+T_Is+1=0$，解得

$$s_{1,2}=\frac{1}{2\tau}\left(-1\pm\sqrt{1-\frac{4\tau}{T_I}}\right)$$

当$\dfrac{4\tau}{T_{\mathrm{I}}}<1$时，$s_1$、$s_2$为两个负实根，于是式(5-8-14)可以写成

$$G_{\mathrm{c}}(s)=\frac{K_{\mathrm{P}}(\tau_1 s+1)(\tau_2 s+1)}{T_{\mathrm{I}}s} \tag{5-8-15}$$

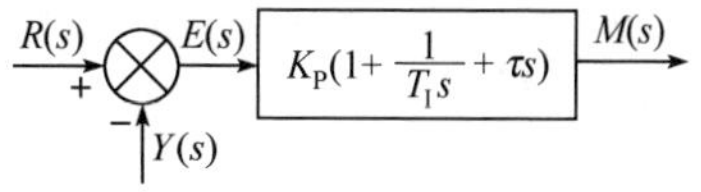

图 5-8-6　PID 控制器框图

式中，τ_1、τ_2为两个时间常数，与s_1、s_2有关。

可见 PID 控制器可以提高系统的开环放大系数，提高系统型别，从而减小稳态误差，并可提高响应速度。

PID 控制器的相位角$\angle G_{\mathrm{c}}=-90°+\arctan\tau_1\omega+\arctan\tau_2\omega$。只要参数选择适当，PID 控制器就可使相位裕度增加，不但有利于系统稳定，还可减小振荡，改善动态性能。

PID 控制器所具有的这些功能使得它在工程中获得了非常广泛的应用。

式(5-8-13)～式(5-8-15)可称为 PID 控制器的标准型式。但这是物理上不可实现的环节。实际中的 PID 控制器的传递函数往往和上述标准形式略有不同并略为复杂，以使控制器在物理上可以实现和容易实现。

实际当中还对 PID 控制器进行了很多修正和改进，以使它们具有更优良的性能。

5.8.7　PID 控制器的调试

PID 控制器的输出信号$m(t)$通常又写成下述形式

$$m(t)=K_{\mathrm{P}}e(t)+K_{\mathrm{I}}\int e(t)\mathrm{d}t+K_{\mathrm{D}}\frac{\mathrm{d}e(t)}{\mathrm{d}t} \tag{5-8-16}$$

对应的 PID 控制器的传递函数为

$$G_{\mathrm{c}}(s)=K_{\mathrm{P}}+K_{\mathrm{I}}\frac{1}{s}+K_{\mathrm{D}}s \tag{5-8-17}$$

可见 PID 控制器有 3 个可调参数：K_{P}、K_{I}、K_{D}。在数字仿真或 PID 控制器的实际调试中，可以根据系统的阶跃响应，按顺序反复调试这 3 个参数，使系统性能到达较好数值。

例如，设固有部分的传递函数为

$$G_0(s)=\frac{1}{s(1.4s+1)(0.002s+1)}$$

取系统输入信号为阶跃信号，按照K_{P}、K_{D}、K_{I}的顺序，数值由小到大，观察阶跃响应，反复调试，可知，当$K_{\mathrm{P}}=80$，$K_{\mathrm{D}}=10$，$K_{\mathrm{I}}=5$时，动态性能较好。

5.9　超前补偿

5.9 节

如果一个串联补偿网络频率特性具有正的相位角，就称为超前补偿网络。PD 控制器就属于超前补偿网络。

5.9.1　超前补偿网络的特性

通常超前补偿网络指的是具有下述传递函数的网络

$$G_{\mathrm{c}}(s)=\frac{aTs+1}{Ts+1}=\frac{\dfrac{1}{\omega_1}s+1}{\dfrac{1}{\omega_2}s+1}\qquad(a>1,\omega_1<\omega_2) \tag{5-9-1}$$

式中，$\omega_1=\dfrac{1}{aT}$，$\omega_2=\dfrac{1}{T}=a\omega_1$。Bode 图见图 5-9-1，相位角为

$$\begin{aligned}\angle G_c(j\omega)&=\arctan(aT\omega)-\arctan(T\omega)=\arctan\frac{\omega}{\omega_1}-\arctan\frac{\omega}{\omega_2}\\&=\arctan\frac{aT\omega-T\omega}{1+aT^2\omega^2}\end{aligned}\tag{5-9-2}$$

可以看出$\angle G_c(j\omega)>0$，令 $d\angle G_c/d\omega=0$，可求得$\angle G_c$ 的最大值$\angle G_{cm}$ 以及对应的角频率 ω_m 如下：

$$\angle G_{cm}=\arctan\frac{a-1}{2\sqrt{a}}=\arcsin\frac{a-1}{a+1}\tag{5-9-3}$$

$$\omega_m=\sqrt{\omega_1\omega_2}\tag{5-9-4}$$

$$\lg\omega_m=\frac{1}{2}(\lg\omega_1+\lg\omega_2)\tag{5-9-5}$$

可见 ω_m 是 ω_1 和 ω_2 的几何平均值，Bode 图上 ω_m 位于 ω_1 和 ω_2 的中间位置。还可求出 ω_m 对应的幅值为

$$20\lg|G_c(j\omega_m)|=20\lg\sqrt{a}=10\lg a\tag{5-9-6}$$

由式(5-9-3)知最大超前角$\angle G_{cm}$ 只取决于参数 a，它们的关系曲线见图 5-9-2。$\angle G_{cm}$ 随 a 的增大而增大。一般希望$\angle G_{cm}$ 大。当 $a=5\sim20$，$\angle G_{cm}=42^\circ\sim65^\circ$。当 $a>20$ 时，$\angle G_{cm}$ 增加不多，而补偿网络的实际实现较困难。故一般取 $a<20$，此时$\angle G_{cm}<65^\circ$。

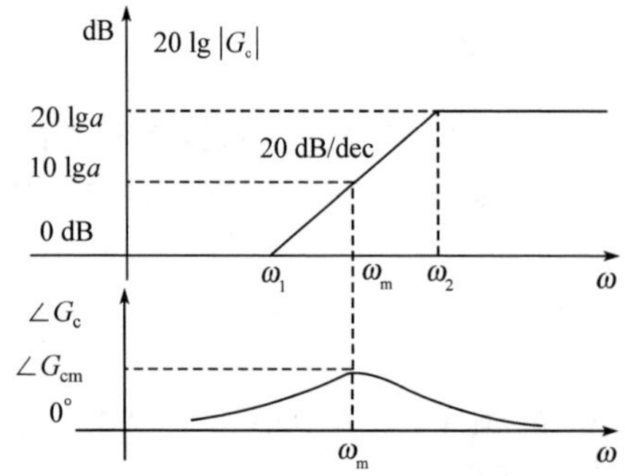

图 5-9-1　超前补偿网络 Bode 图

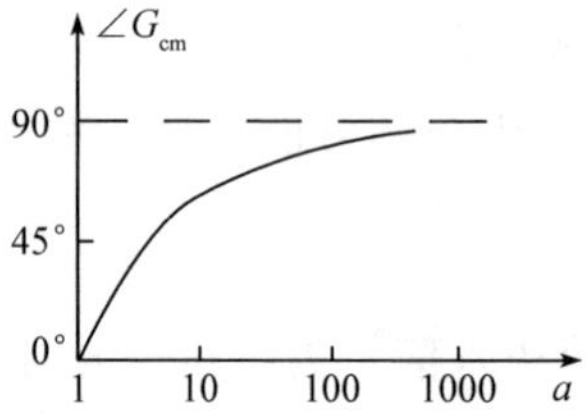

图 5-9-2　最大超前角

式(5-9-1)的超前补偿网络可看成是一个惯性环节与 PD 控制器相串联，称为带惯性的 PD 控制器。

由电阻和电容组成的超前补偿网络见附录 3。

5.9.2　超前补偿网络设计

1. 设计原理

在图 5-7-1 中，$G_0(s)H(s)$为系统的固有部分，$G_c(s)$为超前补偿网络。设计后的开环传递函数记为 $G_e(s)$。

先分析对数幅频特性。

$$20\lg|G_e|=20\lg|G_cG_0H|=20\lg|G_c|+20\lg|G_0H|\tag{5-9-7}$$

取 G_c 为式(5-9-1)的形式。当 $\omega<\omega_1$ 时，$20\lg|G_c|=0$，补偿网络对低频特性无影响，对稳态性能无影响。当 $\omega_1<\omega<\omega_2$ 时，$20\lg|G_c|$ 的斜率是 20dB/dec，它使 $20\lg|G_e|$ 的斜率比 $20\lg|G_0H|$ 大 20dB/dec。若取设计后的幅值穿越频率 ω_c 位于 ω_1 和 ω_2 之间，并且 $20\lg|G_0H|$ 在 ω_c 处的斜率是 −40dB/dec，那么 $20\lg|G_e|$ 在 ω_c 处的斜率就是 −20dB/dec，可以使系统闭环稳定并具有满意的稳定裕度。这是超前补偿网络最主要的功能。

当 $\omega>\omega_2$ 时，$20\lg|G_c|=20\lg a>0$，$20\lg|G_0H|$ 向上平移 $20\lg a$ 就得到 $20\lg|G_e|$。

再分析相位裕度 γ。$\gamma=180°+\angle G_e=180°+\angle G_c+\angle G_0H>180°+\angle G_0H$。可见，超前网络能增加系统的相位裕度，这同样是超前补偿的主要功能。为了充分利用超前补偿的这一功能，希望 ω_c 尽可能接近 ω_m。

2. 设计步骤

1) 绘制系统固有部分即待补偿系统的开环幅频特性 $20\lg|G_0H|$。若 G_c 取为式(5-9-1)，则 $20\lg|G_0H|$ 低频部分应满足性能指标对于开环放大系数、系统型别的要求。

2) 确定设计好的系统应满足的频域指标 ω_c、γ 等。

3) 若 $20\lg|G_0H|$ 在要求的 ω_c 频段内斜率为 −40dB/dec，数值略小于 0dB，则可考虑用超前补偿。计算补偿网络应提供的超前相位角 $\angle G_c$，$\angle G_c=\gamma-180°-\angle G_0(j\omega_c)H(j\omega_c)$。若 $\angle G_c<65°$，则可用超前补偿法。

4) 绘出补偿后的对数幅频特性图 $20\lg|G_e|=20\lg|G_cG_0H|$ 及补偿网络对数幅频特性图 $20\lg|G_c|$，并求出补偿网络参数 a、T 或 ω_1、ω_2。

5) 校核设计后的系统是否满足指标要求。可利用 MATLAB 计算和仿真。

例 5-9-1 单位负反馈系统固有部分的传递函数是 $G_0(s)=\dfrac{K}{s(0.5s+1)}$。性能指标为：开环放大系数 $K=20s^{-1}$，相位裕度 $\gamma(\omega_c)>50°$。设计超前补偿网络。

解 1) 根据要求的开环放大系数绘制系统固有部分的对数幅频特性图，即 $G_0(s)=\dfrac{20}{s(0.5s+1)}$，见图 5-9-3 中的 ABC。由图知 $20\lg|G_0|$ 的幅频穿越频率 $\omega_{c0}=6.3\text{rad/s}$，相位裕度 $\gamma_0=180°-90°-\arctan 0.5\times6.3=18°$。可见未加补偿时系统是稳定的，但相位裕度不满足要求。

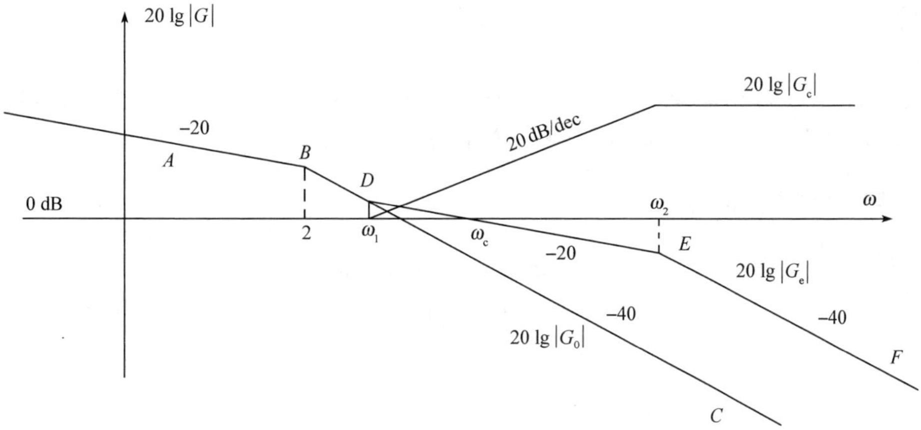

图 5-9-3 例 5-9-1 的 Bode 图

2）设计后的系统的性能指标是 $\gamma > 50°$，对 ω_c 无要求。

3）$\gamma - \gamma_0 = 50° - 18° = 32°$，若取 $\omega_c > \omega_{c0}$，则应有 $\angle G_c > 32°$。可用超前补偿网络。

4）求补偿网络参数。原系统 Bode 图以 -40dB/dec 通过 0dB 线。若能以 -20dB/dec 通过 0dB 线，有可能满足技术要求。系统对 ω_c 无要求，可自由决定。在 $\omega = 2 \sim 6$ 之间任取一点作为 ω_1。例如，取 $\omega_1 = 4$rad/s，Bode 图上对应点是 D。过 D 作 -20dB/dec 的直线，交 0dB 线于 $\omega = 10$，这是设计后的幅频特性 $20\lg|G_e|$ 的中频段。可知 $\omega_c = 10$。在 $\omega > 10$ 的范围内取一点 E，对应的频率取为 ω_2，过 E 作斜率为 -40dB/dec 的直线 EF。$ABDEF$ 就是设计后的对数幅频特性图 $20\lg|G_e|$。确定 ω_2 有多种方法。一种方法就是取最大超前角 $\angle G_{cm} = \angle G_c$。则 $\sqrt{\omega_1 \omega_2} = \omega_c = 10$，$4\omega_2 = 100$，$\omega_2 = 25$。另一种方法是在 $\omega > \omega_c$ 频段取一点作为 ω_2，使得横轴上 ω_c 在 ω_1 与 ω_2 中间位置。此外，还可在 $\omega > \omega_c$ 范围任取 ω_2，待校核后再根据情况决定如何改变 ω_2。本题暂取 $\omega_2 = 20$rad/s。$\omega_2/\omega_1 = 20/4 = 5 < 20$，方案可行。

根据 $20\lg|G_c| = 20\lg|G_e| - 20\lg|G_0|$ 可绘出超前补偿网络的对数幅频特性图见图 5-9-3。由以上设计和作图知，补偿网络传递函数为

$$G_c(s) = \frac{\dfrac{1}{\omega_1}s + 1}{\dfrac{1}{\omega_2}s + 1} = \frac{0.25s + 1}{0.05s + 1}$$

补偿后系统的开环传递函数为

$$G_e(s) = \frac{20(0.25s + 1)}{s(0.5s + 1)(0.05s + 1)}$$

5）校核。系统开环放大系数为 20，满足要求。$\omega_c = 10$rad/s，相位裕度 γ 为

$$\gamma = 180° - 90° + \arctan 0.25 \times 10 - \arctan 0.5 \times 10 - \arctan 0.05 \times 10 = 52.9°$$

相位裕度符合要求。采用 MATALB 计算可知，$\omega_c = 9.57$rad/s，$\gamma = 53.5°$。

若相位裕度不满足要求，可以适当增加 ω_2。或者减小 ω_1，增大 ω_2，重新设计 $20\lg|G_e|$，直至满足要求。

例 5-9-1 补充

由以上设计可知，超前补偿提高幅值穿越频率 ω_c，从而提高了系统频带宽度。

5.10 节

5.10 滞后补偿

具有负的相位角的串联补偿网络就称为滞后补偿网络。采用滞后补偿网络的串联补偿方法就称为滞后补偿。I 控制器和 PI 控制器就属于滞后补偿网络。

5.10.1 滞后补偿网络的特性

常用的滞后补偿网络指的是具有下述传递函数的环节

$$G_c(s) = \frac{aTs + 1}{Ts + 1} = \frac{\dfrac{1}{\omega_1}s + 1}{\dfrac{1}{\omega_2}s + 1} \qquad (a < 1, \omega_1 > \omega_2) \tag{5-10-1}$$

或

$$\frac{1}{a}G_c(s)=\frac{1}{a}\cdot\frac{aTs+1}{Ts+1}=\frac{1}{a}\cdot\frac{\frac{1}{\omega_1}s+1}{\frac{1}{\omega_2}s+1}\qquad(a<1,\omega_1>\omega_2)\tag{5-10-2}$$

式中，$\omega_1=1/(aT)$，$\omega_2=1/T=a\omega_1$。Bode 图见图 5-10-1。对于式(5-10-1)，当 $\omega<\omega_2$ 时，$20\lg|G_c|=0$；$\omega>\omega_1$ 时，$20\lg|G_c|=20\lg a<0$。对于式(5-10-2)，当 $\omega<\omega_2$ 时，$20\lg\left|\frac{1}{a}G_c\right|=-20\lg a>0$；当 $\omega>\omega_1$ 时，$20\lg\left|\frac{1}{a}G_c\right|=0$。相位角为

$$\angle G_c(j\omega)=\arctan aT\omega-\arctan T\omega=\arctan\frac{\omega}{\omega_1}-\arctan\frac{\omega}{\omega_2}\tag{5-10-3}$$

可以看出$\angle G_c(j\omega)<0$，令 $d\angle G_c/d\omega=0$，同样可求得$\angle G_c$ 的最小值$\angle G_{cm}$ 及对应的角频率 ω_m，它们与超前补偿网络具有相同的形式，见式(5-9-3)～式(5-9-5)。

由电阻和电容组成的滞后补偿网络见附录 3。

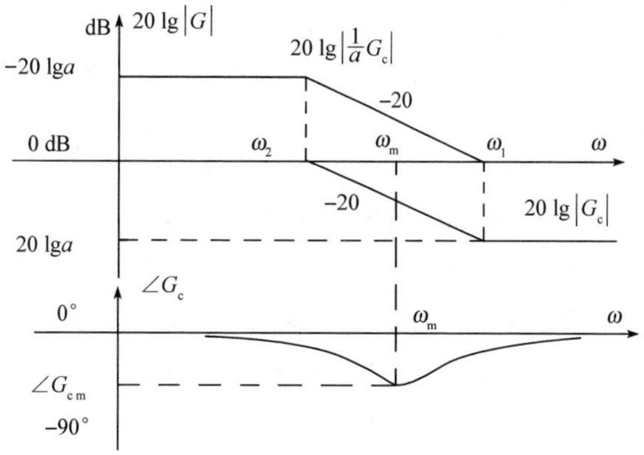

图 5-10-1　滞后补偿网络 Bode 图

5.10.2　滞后补偿网络设计

1. 设计原理

对式(5-10-1)的滞后补偿网络，利用它的对数幅频特性中、高频段的衰减作用，使补偿后系统的对数幅频特性曲线以-20dB/dec 的斜率通过 0dB 线，同时保持低频段的 Bode 图不变。这种补偿方法可以改善系统的动态性能，同时保持稳态性能不变。它适用的场合是，待补偿的系统在希望的幅值穿越频率 ω_c 附近的中频段的开环对数幅频特性的斜率是-20dB/dec，但该频段的开环对数幅频特性 $20\lg|G_0|$ 大于 0dB，而开环 Bode 图的低频段满足要求，即开环放大系数和系统型别已经满足要求。

对于式(5-10-2)的滞后补偿网络，利用它的 Bode 图在低频段的放大作用提高系统的开环放大系数，从而减小稳态误差，改善稳态性能，同时不改变中、高频段的 Bode 图，对系统的动态性能改变很小。这种方法适用的场合是，系统穿越频率 ω_c 和相位裕度 γ 符合指标要求，即动态性能符合要求，但开环放大系数低于指标要求。

由于滞后网络的滞后相位角$\angle G_c$ 的作用，滞后补偿将使系统的相位裕度减小。若选取 $\omega_1\ll\omega_c$，则滞后网络的相位角对 γ 的影响就很小。一般取 $\omega_1=\left(\frac{1}{10}\sim\frac{1}{20}\right)\omega_c$，此时滞后网络在 ω_c 处的相位角$\angle G_c(j\omega_c)=-5°\sim-3°$。滞后补偿时要注意到补偿网络滞后角的不利影响。

2. 设计步骤

1）绘制固有部分的开环对数幅频特性 $20\lg|G_0|$。若采用式(5-10-1)的形式，应使 Bode 图的低频段满足要求，即开环放大系数及型别满足要求，若采用式(5-10-2)的形式，应使 Bode

图的中高频段满足要求，即穿越频率 ω_c 及相位裕度 γ 满足要求，并且 γ 要留有 3°～5°的裕量。

2）求出希望的穿越频率 ω_c 及相位裕度 γ。

3）绘出补偿后的开环 Bode 图并求出补偿网络的传递函数 G_c 及参数。若采用式(5-10-1)，应使 Bode 图的中高频段衰减，以－20dB/dec 斜率通过 0dB 线，并维持一定的频带宽度，以便使 γ 满足要求。若采用式(5-10-2)，应提高开环放大系数即使低频段 Bode 图达到要求的值，同时选 $\omega_1 \ll \omega_c$，以便使 $\angle G_c(j\omega_c)$ 很小，不使相位裕度明显减小。

例 5-10-1 单位负反馈系统固有部分的开环传递函数为

$$G_0(s)=\frac{K}{s(s+1)(0.5s+1)}$$

要求开环放大系数 $K=5$，相位裕度 $\gamma \geqslant 40°$，求串联滞后补偿网络参数。

解 1）采用式(5-10-1)，按照指标要求的开环放大系数绘制固有部分的对数幅频特性 $20\lg|G_0|=20\lg\left|\frac{5}{s(s+1)(0.5s+1)}\right|$，见图 5-10-2 中折线 ABC。

由图知固有部分的幅值穿越频率 $\omega_{c0}=2.1\text{rad/s}$，Bode 图以－60dB/dec 的斜率穿越 0dB 线。可计算出相位裕度 $\gamma(\omega_{c0})=-21°$，系统不稳定。

2）技术指标对幅值穿越频率 ω_c 没有要求。$20\lg|G_0|$ 中当 $\omega<1$ 时斜率为－20dB/dec。拟将这部分作为中频段，取 $\omega_c=0.5\text{rad/s}$。

3）将 $20\lg|G_0|$ 在 $\omega>0.5$ 的频段向下平移实现 $\omega_c=0.5\text{rad/s}$。具体做法如下：在 0dB 线上取 $\omega_c=0.5$ 的点 E，过 E 作－20dB/dec 的直线至 F，点 F 的角频率 $\omega=1\text{rad/s}$。过 F 作斜率为－40dB/dec 的直线至 $\omega=2\text{rad/s}$ 处，再作斜率为－60dB/dec 的直线形成折线 EFG。延长 FE 至 D，点 D 的角频率就是滞后补偿网络的转折频率 ω_1。选 $\omega_1=0.08\text{rad/s}$。过 D 作斜率为－40dB/dec 的直线交 $20\lg|G_0|$ 于点 H，点 H 的角频率就是补偿网络的转折频率 ω_2。由图知 $\omega_2=0.009\text{rad/s}$。$AHDEFG$ 就是设计后开环幅频特性 $20\lg|G_e|$。由图知

$$G_e=\frac{5\left(\frac{1}{0.08}s+1\right)}{s(s+1)(0.5s+1)\left(\frac{1}{0.009}s+1\right)}$$

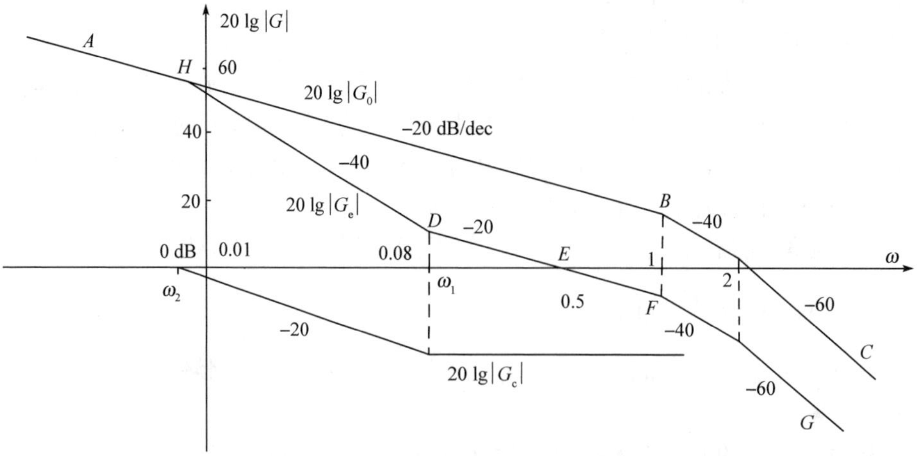

图 5-10-2 例 5-10-1 的 Bode 图

$$G_c=\frac{G_e}{G_0}=\frac{\dfrac{1}{0.08}s+1}{\dfrac{1}{0.009}s+1}$$

$20\lg|G_c|$见图 5-10-2。

4) $K=5, \omega_c=0.5\text{rad/s}$

$$\gamma=180°-90°+\arctan\frac{0.5}{0.08}-\arctan 0.5-\arctan 0.5\times 0.5-\arctan\frac{0.5}{0.009}=41°$$

用 MATLAB 计算得 $\omega_c=0.4955\text{rad/s}$, $\gamma=41.6°$。故设计符合性能指标要求。

若相位裕度偏小,可减小 ω_1。或者,重选 $\omega_c<0.5$,再适当降低 ω_1。可以看出式(5-10-1)的滞后补偿网络使系统频带变窄。

例 5-10-1 补充

例 5-10-2 待设计系统的开环传递函数为 $G_0(s)=\dfrac{0.5}{s(s+1)(0.1s+1)}$,技术指标是:开环放大系数 $K=10$,最大超调 $\sigma_p=25\%$,过渡过程时间 $t_s\leqslant 16.5\text{s}$,设计滞后补偿网络。

解 1) 绘出原有系统的开环对数幅频特性 $20\lg|G_0|$如图 5-10-3。其中开环放大系数为 0.5。由图知 $\omega_{c0}=0.5$,可计算出相位裕度

$$\gamma_0=180°-90°-\arctan 0.5-\arctan 0.1\times 0.5=60°$$

$$M_r=\frac{1}{\sin\gamma_0}=1.15,\quad \sigma_p=0.16+0.4(M_r-1)=22\%$$

$$t_s=\frac{\pi}{\omega_c}[2+1.5(M_r-1)+2.5(M_r-1)^2]=14.3\text{s}$$

可见系统动态性能满足要求,但开环放大系数太小。

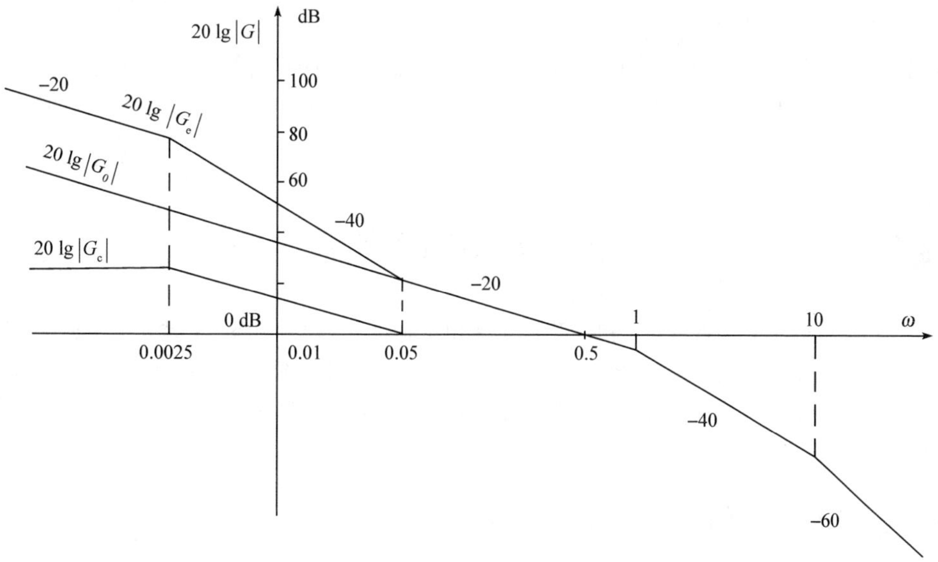

图 5-10-3 例 5-10-2 的 Bode 图

2) 系统的动态性能已符合要求,设计中不再改变 Bode 图的中频段和高频段。利用式(5-9-2)的滞后补偿提高低频部分的放大系数。于是 $\omega_c=0.5\text{rad/s}$。

3）为减小补偿网络滞后角对 ω_c 处相位的不利影响，取补偿网络的转折频率 $\omega_1=0.05\text{rad/s}$，$\omega_1/\omega_c=1/10$。

设计后系统的开环传递函数 G_e 的放大系数 $K=\dfrac{1}{a}\times 0.5$。所以有 $a=0.5/K=0.5/10=0.05$。补偿网络的另一个转折频率 $\omega_2=a\omega_1=0.0025\text{rad/s}$。

滞后补偿网络的传递函数为

$$\frac{1}{a}G_c(s)=\frac{1}{0.05}\cdot\frac{\dfrac{1}{0.05}s+1}{\dfrac{1}{0.0025}s+1}=20\,\frac{20s+1}{400s+1}$$

设计后的系统开环传递函数为

$$G_e=G_0\cdot\frac{1}{a}G_c=\frac{10(20s+1)}{s(400s+1)(s+1)(0.1s+1)}$$

4）系统的开环放大系数已满足要求，穿越频率 $\omega_c=0.5\text{rad/s}$。相位裕度 $\gamma=180°-90°+\arctan 20\times 0.5-\arctan 400\times 0.5-\arctan 0.5-\arctan 0.1\times 0.5=55.1°$。

与 γ_0 相比，可知滞后网络使相位裕度减少 5°。

$$M_r=\frac{1}{\sin\gamma}=1.22,\quad \sigma_p=0.16+0.4(M_r-1)=24.8\%$$

$$t_s=\frac{\pi}{\omega_c}[2+1.5(M_r-1)+2.5(M_r-1)^2]=15.4\text{s}$$

满足性能指标。

采用 MATLAB/Simulink 进行计算和仿真可知，$t_s=16.15\text{s}$，$\sigma_p=15.5\%$，$\omega_c=0.457\text{rad/s}$，$\gamma=56.89°$。满足性能指标。

本题中 t_s 与指标很接近。若 t_s 大于指标值，可将补偿网络转折频率 ω_1 减小，减小滞后网络滞后角对 γ 的不利影响，提高 γ，减小 M_r，从而减小 t_s。若取 $\omega_1=0.04\text{rad/s}$，则仿真表明，$t_s=12.8\text{s}$，$\sigma_p=11.4\%$。

5.11 节

5.11 滞后超前补偿

当系统固有部分的特性与性能指标相差很大，只采用超前补偿或仅采用滞后补偿不能满足性能指标时，可以同时采用这两种方法，这就是滞后超前补偿。滞后超前补偿网络可看成是滞后补偿网络与超前补偿网络相串联而形成。从相频特性看，在低频段，滞后超前网络的相位是负角，而在高频段，其相位是正角。PID 控制器就属于滞后超前网络。

5.11.1 滞后超前网络的特性

常用的滞后超前网络指的是具有下述传递函数的环节：

$$G_c(s)=\frac{(aT_1s+1)(bT_2s+1)}{(T_1s+1)(T_2s+1)}=\frac{\left(\dfrac{1}{\omega_1}s+1\right)\left(\dfrac{1}{\omega_3}s+1\right)}{\left(\dfrac{1}{\omega_2}s+1\right)\left(\dfrac{1}{\omega_4}s+1\right)}\quad(a<1,b>1)\tag{5-11-1}$$

式中，$\omega_1=1/(aT_1)$，$\omega_2=1/T_1$，$\omega_3=1/(bT_2)$，$\omega_4=1/T_2$，通常 $T_1>T_2$，$\omega_2<\omega_1<\omega_3<\omega_4$。式(5-11-1)的 Bode 图见图 5-11-1。

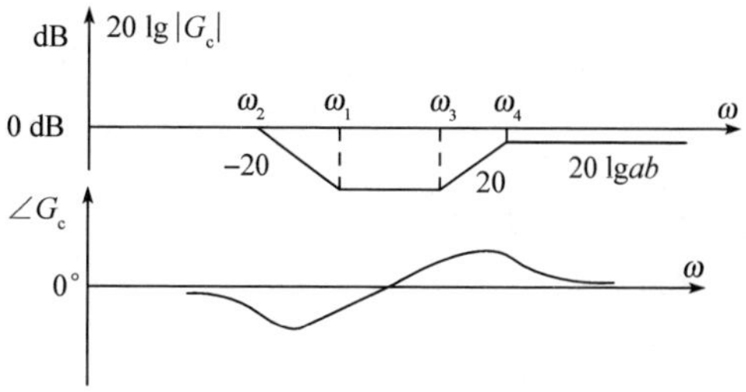

图 5-11-1　滞后超前网络 Bode 图

5.11.2　补偿原理与设计步骤

采用式(5-11-1)的滞后超前网络进行补偿时，先绘出待补偿系统的开环对数幅频特性，其中开环放大系数应满足指标要求。然后利用滞后补偿使中频段衰减，使 Bode 图以适当斜率(不小于−40dB/dec)在稍低于规定的幅值穿越频率 ω_c 附近穿过 0dB 线，再利用超前补偿使 Bode 图以−20 dB/dec 在 ω_c 处过 0dB 线，使系统完全满足对 ω_c 和相位裕度的要求。

滞后超前补偿也可采用 G_c/a 的形式，其中 G_c 满足式(5-11-1)。这时同样先绘出待补偿系统的对数幅频系统，其中放大系数低于所要求的值。然后利用超前补偿使系统满足动态性能指标要求，并且相位裕度应留有 3°～5°的裕量。再利用滞后补偿提高系统开环放大系数，注意使补偿网络转折频率远低于 ω_c，以减小滞后相位角的不利影响。

初步设计好的系统还要进行性能校核，如不完全满足要求，再进一步修改补偿网络的参数。

例 5-11-1　系统固有部分传递函数为 $G_0(s)=\dfrac{K}{s(s+1)(0.1s+1)}$。设计串联补偿网络使开环放大系数 $K\geqslant 60$，最大超调 $\sigma_p\leqslant 17\%$，过渡过程时间 $t_s\leqslant 2\text{s}$。

解　取 $K=60$，绘对数幅频特性 $20\lg|G_0|$ 见图 5-11-2。

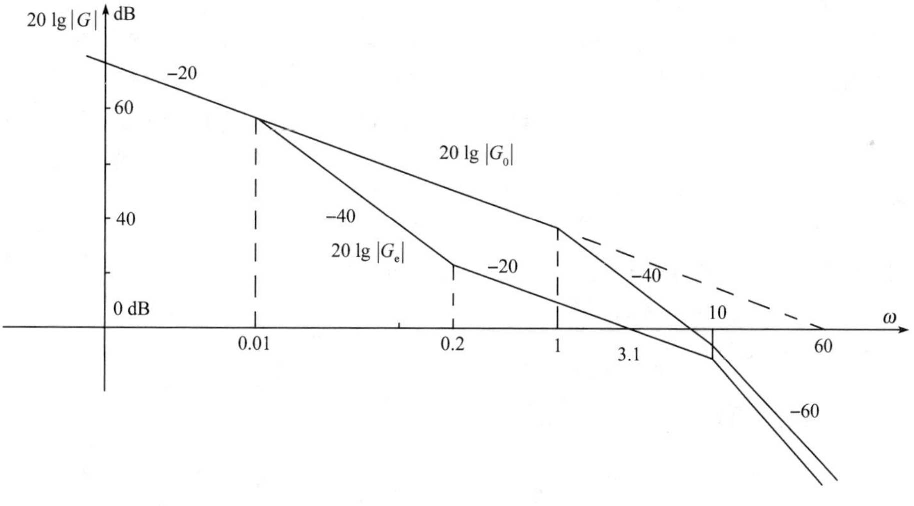

图 5-11-2　例 5-11-1Bode 图

由 $0.17=0.16+0.4(M_r-1)$求出 $M_r-1=0.025$。由 $\omega_c t_s=\pi[2+1.5(M_r-1)+2.5(M_r-1)^2]$得 $\omega_c=3.2\text{rad/s}$。由 Bode 图知，仅采用滞后补偿或仅采用超前补偿无法满足性能指标。若将 $20\lg|G_0|$中频段向下平移 26dB 时，对数幅频特性将在 1～2rad/s 之间以−40dB/dec 的斜率穿越 0dB 线。然后再加超前补偿可能满足性能指标。取 $20\lg a=-26$ 得 $a=1/20$。取滞后补偿网络转折频率 $\omega_1=0.2\text{rad/s}$，$\omega_2=a\omega_1=0.01\text{rad/s}$。取超前补偿网络转折频率 $\omega_3=1\text{rad/s}$，$\omega_4=10\text{rad/s}$。设计后的 Bode 图 $20\lg|G_e|$见图 5-11-2。幅值穿越频率 $\omega_c=3.1\text{rad/s}$，ω_c 附近的斜率是−20dB/dec。补偿网络的传递函数为

$$G_c(s)=\frac{\frac{1}{\omega_1}s+1}{\frac{1}{\omega_2}s+1}\cdot\frac{\frac{1}{\omega_3}s+1}{\frac{1}{\omega_4}s+1}=\frac{(5s+1)(s+1)}{(100s+1)(0.1s+1)}$$

设计后的系统开环传递函数 $G_e(s)$ 为

$$G_e(s)=\frac{60(5s+1)}{s(100s+1)(0.1s+1)^2}$$

例 5-11-1 补充

采用 MATLAB/Simulink 进行仿真和计算可知，系统最大超调 $\sigma_p=15.5\%$，过渡过程时间 $t_s=1.67\text{s}$，幅值穿越频率 $\omega_c=2.79\text{rad/s}$，相位裕度 $\gamma=54.9°$。

5.12 串联补偿网络的期望幅频特性设计方法

5.12 节

对于最小相位系统而言，对数幅频特性曲线足以代表整个频率特性和全部动态性能与稳态性能。幅频特性与系统性能指标之间有着比较明确的对应关系。所以设计串联补偿网络时可以首先按照规定的性能指标绘出对应的幅频特性，称为期望幅频特性。再根据期望幅频特性与系统固有的幅频特性按下面的两个方程就可求出补偿网络的频率特性或传递函数。

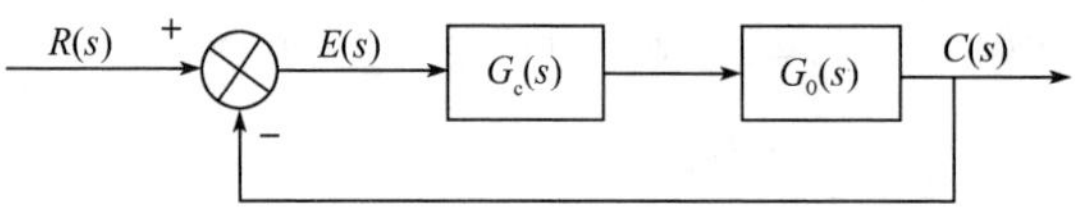

图 5-12-1 系统框图

设系统固有的开环传递函数为 $G_0(s)$，期望频率特性对应的传递函数是 $G_e(s)$，补偿网络的传递函数是 $G_c(s)$，系统框图见图 5-12-1，则

$$G_e(s)=G_c(s)G_0(s) \tag{5-12-1}$$

$$20\lg|G_e|=20\lg|G_c|+20\lg|G_0| \tag{5-12-2}$$

因为不考虑相频特性，所以期望频率特性法适用于最小相位系统。期望频率设计法可按下述步骤进行：

1）绘系统固有部分的频率特性 $20\lg|G_0|$。

2）根据指标规定的开环放大系数和系统型别 ν 绘期望频率特性低频部分。如果绘 $20\lg|G_0|$ 时，K 及 ν 已符合指标要求，则 G_0 的低频特性就是期望频率特性的低频特性。

3）绘中频段穿越频率 ω_c 附近的曲线。先根据指标求出幅值穿越频率 ω_c 和谐振峰值 M_r。在 0dB 线上，过 ω_c 作 −20dB/dec 直线，见图 5-6-4，此线段两端的转折频率按式(5-6-13)～式(5-6-17)选择。若校核后动态性能仍不满足要求，可降低低频段转折频率 ω_2 或提高高频段转折频率 ω_3。

4）连接中频段和低频段，一般用 −40dB/dec 的直线连接。

5）期望频率特性的高频段与固有部分的特性相似，曲线相同或相互平行。

6）根据实际情况，连接中频段和高频段。

例 5-12-1 设系统固有部分的开环传递函数为 $G_0(s)=\frac{K}{s(0.262s+1)(0.00315s+1)}$，要求 $K=600$，$\sigma_p\leqslant 30\%$，$t_s\leqslant 0.25\text{s}$，求串联补偿网络传递函数 $G_c(s)$。

解 取 $K=600$，绘 $20\lg|G_0|=20\lg\left|\frac{600}{s(0.262s+1)(0.00315s+1)}\right|$ 如图 5-12-2。Bode 图在 $\omega_{c0}=50\text{rad/s}$ 处以 −40dB/dec 穿越 0dB 线。期望幅频特性 $20\lg|G_e|$ 的低频段与 $20\lg|G_0|$ 相同。由 $\sigma_p=0.16+0.4(M_r-1)$ 求得 $M_r=1.35$。由 $t_s\omega_c=\pi[2+1.5(M_r-1)+2.5(M_r-1)^2]$ 求得 $\omega_c=35.6\text{rad/s}$。取 $\omega_c=44\text{rad/s}$。由 $\omega_2\leqslant\frac{M_r-1}{M_r}\omega_c$ 得 $\omega_2\leqslant 11\text{rad/s}$，由 $\omega_3\geqslant\frac{M_r+1}{M_r}\omega_c$ 得 $\omega_3\geqslant 77\text{rad/s}$。希望 ω_c 接近 $\sqrt{\omega_2\omega_3}$。选 $\omega_2=10\text{rad/s}$，$\omega_3=130\text{rad/s}$。

在 0dB 线上 $\omega_c=44\text{rad/s}$ 处作斜率为 −20dB/dec 的直线段，低频段到 $\omega_2=10$，对应点是 B，高频段到 $\omega_3=130$，对应点是 C。BC 是 $20\lg|G_e|$ 的中频段。过 B 作斜率为 −40dB/dec 的直线交 $20\lg|G_0|$ 于点 A，由图知对应的频率 $\omega_1=0.95\text{rad/s}$。$\omega<\omega_1$ 时，$20\lg|G_e|$ 与 $20\lg|G_0|$ 相同。过 C 作 $20\lg|G_0|$ 的平行线，这是

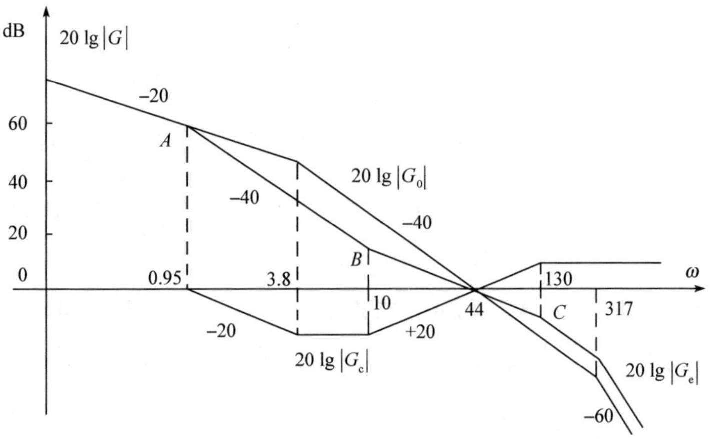

图 5-12-2 例 5-12-1 Bode 图

$20\lg|G_e|$的高频段。ABC 组成了期望频率特性 $20\lg|G_e|$。

$20\lg|G_c|=20\lg|G_e|-20\lg|G_0|$。$G_c$ 的幅频特性如图 5-12-2 所示。

由图可得

$$G_c(s)=\frac{\left(\frac{1}{3.8}s+1\right)\left(\frac{1}{10}s+1\right)}{\left(\frac{1}{0.95}s+1\right)\left(\frac{1}{130}s+1\right)}=\frac{(0.263s+1)(0.1s+1)}{(1.05s+1)(0.0077s+1)}$$

可见补偿网络是滞后超前网络。

设计后系统的开环传递函数 $G_e(s)$ 为

$$G_e(s)=\frac{600(0.1s+1)}{s(1.05s+1)(0.0077s+1)(0.00315s+1)}$$

开环放大系数已满足要求。由 $\omega_c=44\text{rad/s}$ 可求出相位裕度 $\gamma=51.8°\Rightarrow M_r=\frac{1}{\sin\gamma}=1.27\Rightarrow t_s=0.185\text{s}$。满足指标要求。用 MATLAB/Simulink 进行仿真和计算可求得 $\sigma_p=25.5\%$,$t_s=0.124\text{s}$,$\gamma=48.6°$,$\omega_c=53\text{rad/s}$。

若 t_s 过大,可适当提高 ω_c。若 σ_p 过大,可减小 ω_2 或提高 ω_3。

5.13 反馈补偿

反馈补偿也是广泛采用的补偿方法。反馈补偿可以实现串联补偿的功能,此外反馈补偿还可以明显减弱和消除系统元部件参数波动和非线性因素对系统性能的不利影响。反馈补偿还可能给系统带来其他一些有益的性能,如增加阻尼比。

对于机械位置伺服系统,常用的反馈补偿元件是测速发电机。采用测速发电机的反馈补偿将增加系统的制造成本并使系统结构复杂。但为了保证系统良好可靠的性能,高精度伺服系统广泛采用反馈补偿方法。

对于电子线路而言,反馈补偿很容易实现,所以反馈补偿在电子线路中获得了极广泛的应用。例如,在所有的电子放大器中,都要采用反馈补偿来稳定工作点、稳定放大倍数、减小非线性失真、扩展频带宽度。

5.13.1 反馈的功能

1. 反馈补偿可以改变固有环节的特性

(1) 比例负反馈可以减小环节的时间常数

图 5-13-1 所示框图,当不加比例负反馈($H_c=0$)时,传递函数为

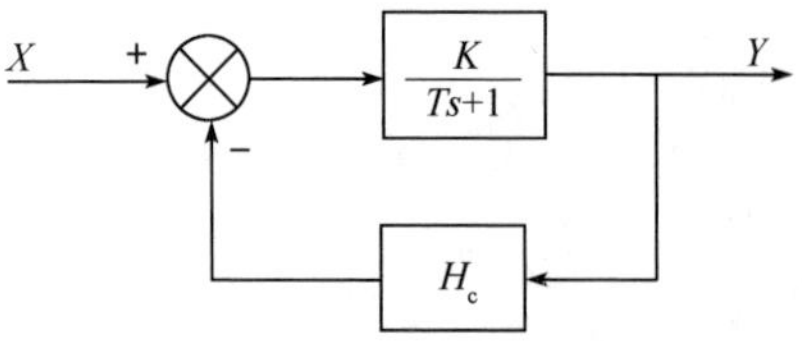

图 5-13-1　比例负反馈框图

$$G(s)=\frac{K}{Ts+1}$$

加入比例负反馈后，传递函数为

$$G(s)=\frac{Y(s)}{X(s)}=\frac{K}{Ts+1+KH_c}=\frac{K'}{T's+1} \tag{5-13-1}$$

式中，$K'=\frac{K}{1+KH_c}$，$T'=\frac{T}{1+KH_c}$，显然 $T'<T$。可见比例负反馈使被其包围的环节的时间常数减小。反馈系数 H_c 越大，时间常数越小。$K<K'$，比例负反馈使该环节放大系数减小。通常可以提高系统中其他环节的增益来保持整个系统开环放大系数不变。

若在原环节前串联$\frac{K'(Ts+1)}{K(T's+1)}$，同样可以得到式(5-13-1)，可见上述反馈补偿效果与串联超前补偿相同。

(2) 微分反馈可以提高二阶振荡环节的阻尼比

参见习题 5-40。

(3) 可用反馈环节的倒数代替固有环节

系统结构如图 5-13-2 所示。

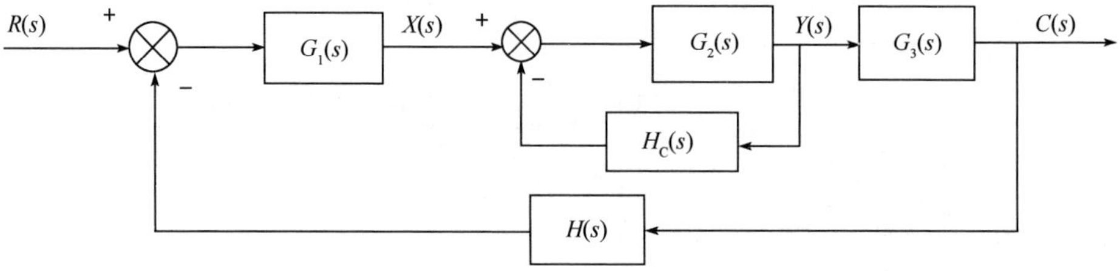

图 5-13-2　系统框图

图中 $G_0(s)=G_1(s)G_2(s)G_3(s)H(s)$是系统固有部分。若希望在一段频率范围内用 $1/H_c(s)$代替 $G_2(s)$，可采用由 $H_c(s)$和 $G_2(s)$组成的反馈补偿，如图 5-13-2 所示。由 $H_c(s)$和 $G_2(s)$组成的闭合回路称为副回路，$G_2(s)$是被副回路包围的环节。由 $G_1(s)G_2(s)G_3(s)$和 $H(s)$组成的闭合回路称为主回路。

副回路的闭环传递函数 $G_{e1}(s)$为

$$G_{e1}(s)=\frac{Y(s)}{X(s)}=\frac{G_2(s)}{1+G_2(s)H_c(s)} \tag{5-13-2}$$

$$G_{e1}(j\omega)=\frac{G_2(j\omega)}{1+G_2(j\omega)H_c(j\omega)} \tag{5-13-3}$$

当

$$|G_2(j\omega)H_c(j\omega)|\gg 1 \tag{5-13-4}$$

有

$$G_{e1}(j\omega)=\frac{1}{H_c(j\omega)} \tag{5-13-5}$$

可见，采用反馈补偿后，在该频段范围内，原有的环节 $G_2(s)$被 $1/H_c(s)$代替。

当

$$|G_2(j\omega)H_c(j\omega)|\ll 1 \tag{5-13-6}$$

有

$$G_{e1}(j\omega)=G_2(j\omega) \tag{5-13-7}$$

可见在此频段内，反馈补偿不起作用，环节保持原有特性。

2. 负反馈可以减弱参数变化及扰动对系统的影响

在控制系统中，为了减弱参数变化及扰动对系统的影响，常用的补偿方法就是反馈补偿。这里只分析参数变化的情况。在图 5-13-3(a)所示的环节中，设参数变化引起的传递函数 $G(s)$的变化是 $\Delta G(s)$，相应的输出 $C_1(s)$的变化是 $\Delta C_1(s)$。这时该环节的输出为

$$C_1(s)+\Delta C_1(s)=[G(s)+\Delta G(s)]R(s)$$

故有

$$\Delta C_1(s)=\Delta G(s)R(s)$$

$$\frac{\Delta C_1(s)}{C_1(s)}=\frac{\Delta G(s)}{G(s)} \tag{5-13-8}$$

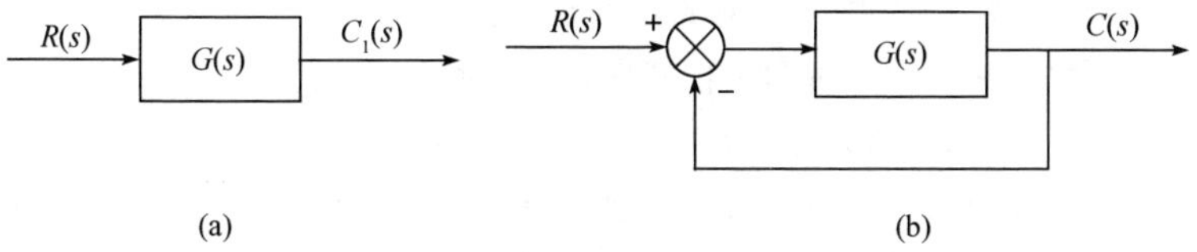

图 5-13-3　系统框图

对于图 5-13-3(b)所示反馈环节，如果发生上述的参数变化，则反馈环节的输出为

$$C(s)+\Delta C(s)=\frac{G(s)+\Delta G(s)}{1+G(s)+\Delta G(s)}R(s)$$

由上式可得

$$\Delta C(s)=\frac{\Delta G(s)}{[1+G(s)][1+G(s)+\Delta G(s)]}R(s)$$

$$\frac{\Delta C(s)}{C(s)}=\frac{\Delta G(s)}{G(s)[1+G(s)+\Delta G(s)]}=\frac{\Delta C_1(s)}{C_1(s)}\cdot\frac{1}{1+G(s)+\Delta G(s)} \tag{5-13-9}$$

当$|1+G(\mathrm{j}\omega)|\gg 1$时，有

$$\left|\frac{\Delta C(\mathrm{j}\omega)}{C(\mathrm{j}\omega)}\right|\ll\left|\frac{\Delta C_1(\mathrm{j}\omega)}{C_1(\mathrm{j}\omega)}\right| \tag{5-13-10}$$

可见反馈环节的相对误差 $\Delta C/C$ 远小于原环节的相对误差 $\Delta C_1/C_1$。由式(5-13-9)还可看出，反馈环节的开环传递函数 $G(s)$的放大系数越大，相对误差越小。

反馈补偿能抑制扰动

所以负反馈能明显减弱参数变化对系统性能的影响。串联补偿不具备这个特点。

5.13.2　反馈补偿网络的设计

设系统结构如图 5-13-2。$H_c(s)$是反馈补偿网络。设计后系统希望的开环传递函数 $G_e(s)$为

$$G_e(s)=\frac{G_1(s)G_2(s)G_3(s)H(s)}{1+G_2(s)H_c(s)}=\frac{G_0(s)}{1+G_2(s)H_c(s)} \tag{5-13-11}$$

其中，$G_0(s)=G_1(s)G_2(s)G_3(s)H(s)$是固有部分的开环传递函数。设 $G_0(s)$中各环节均为已知，$G_e(s)$为已知。

当

$$|G_2(\mathrm{j}\omega)H_c(\mathrm{j}\omega)|\gg 1 \tag{5-13-12}$$

有

$$G_e(s)=\frac{G_0(s)}{G_2(s)H_c(s)} \tag{5-13-13}$$

$$20\lg|G_2(\mathrm{j}\omega)H_c(\mathrm{j}\omega)|=20\lg|G_0(\mathrm{j}\omega)|-20\lg|G_e(\mathrm{j}\omega)| \tag{5-13-14}$$

在对数幅频特性图上利用上式可求出 $G_2(s)H_c(s)$，从而求出 $H_c(s)$。

当

$$|G_2(j\omega)H_c(j\omega)|\ll 1 \tag{5-13-15}$$

有

$$G_e(s)=G_0(s) \tag{5-13-16}$$

$$20\lg|G_e(j\omega)|=20\lg|G_0(j\omega)| \tag{5-13-17}$$

式(5-13-14)、式(5-13-17)是反馈补偿网络设计的主要依据。

一般情况下，反馈补偿网络的设计可按下述步骤进行：

1) 绘出系统固有部分的开环对数幅频特性。

2) 根据性能指标要求绘制系统期望开环对数幅频特性。

3) 根据式(5-13-14)、式(5-13-17)求反馈补偿网络的开环对数幅频特性。

4) 校核设计的系统是否满足性能指标要求。

例 5-13-1 系统框图见图 5-13-4。图中 $H_c(s)$ 是反馈补偿网络。系统的性能指标是，开环放大系数 $K=200$，最大超调 $\sigma_p\leqslant 25\%$，过渡过程时间 $t_s\leqslant 0.5$s。求反馈补偿网络。

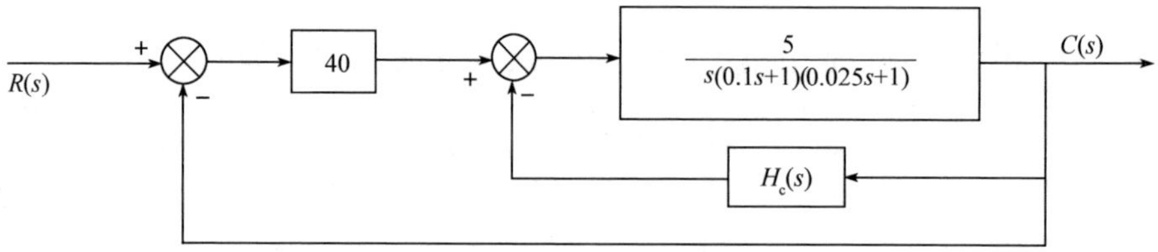

图 5-13-4 系统框图

解 取 $G_1(s)=40$，$G_2(s)=\dfrac{5}{s(0.1s+1)(0.025s+1)}$

$$G_0(s)=G_1(s)\cdot G_2(s)=\frac{200}{s(0.1s+1)(0.025s+1)}$$

绘 $20\lg|G_0(j\omega)|$，见图 5-13-5。由性能指标 $K=200$，$\sigma_p\leqslant 25\%$，$t_s\leqslant 0.5$s，根据式(5-6-9)、式(5-6-10)、式(5-6-15)、式(5-6-16)，并使期望对数幅频特性 $20\lg|G_e(j\omega)|$ 与 $20\lg|G_0(j\omega)|$ 的高频段和低频段相同，可绘出 $20\lg|G_e(j\omega)|$ 见图 5-13-5。其中幅值穿越频率 $\omega_c=16$rad/s，转折频率为 0.4rad/s、4rad/s、60rad/s。

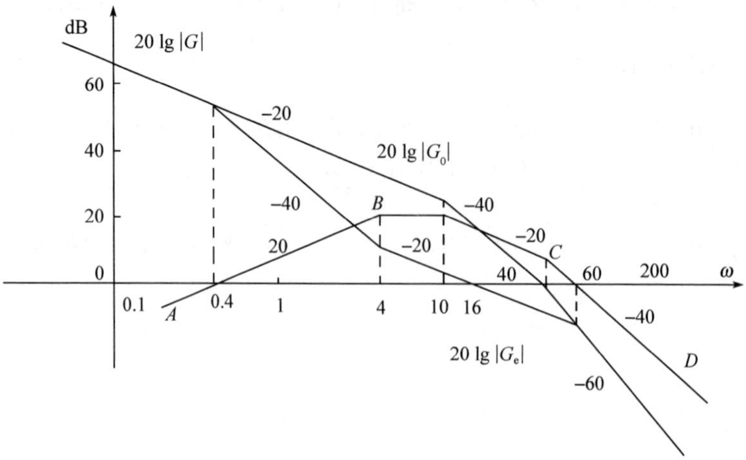

图 5-13-5 例 5-13-1 Bode 图

$|G_2(j\omega)H_c(j\omega)|>1$ 即 $20\lg|G_2(j\omega)H_c(j\omega)|>0\text{dB}$ 的频段内有

$$G_e(s)=\frac{G_1(s)G_2(s)}{1+G_2(s)H_c(s)}=\frac{G_0(s)}{G_2(s)H_c(s)}$$

$$\Rightarrow 20\lg|G_2(j\omega)H_c(j\omega)|=20\lg|G_0(j\omega)|-20\lg|G_e(j\omega)|$$

利用上式在图 5-13-5 中绘出 $20\lg|G_2(j\omega)H_c(j\omega)|$ 见图中折线 $ABCD$。该折线与 0dB 线交点的频率是 0.4rad/s 和 60rad/s。所以反馈补偿网络起作用的频段是 $0.4\text{rad/s}<\omega<60\text{rad/s}$。其余频段，对 $20\lg|G_2(j\omega)H_c(j\omega)|$ 的要求就是小于 0dB。最简单的方法就是让曲线保持穿越 0dB 线时的斜率不变，不再增加环节。由图知 $G_2(s)H_c(s)$ 的转折频率为 $\omega_1=4\text{rad/s},\omega_2=10\text{rad/s},\omega_3=40\text{rad/s}$。故

$$G_2(s)H_c(s)=\frac{K_1 s}{\left(\frac{1}{\omega_1}s+1\right)\left(\frac{1}{\omega_2}s+1\right)\left(\frac{1}{\omega_3}s+1\right)}$$

当 $\omega<4\text{rad/s}$ 时，$G_2(s)H_c(s)=K_1 s$，$20\lg|G_2H_c|=20\lg K_1\omega$。当 $K_1\omega=1$ 时，$\omega=0.4$，故 $K_1=1/0.4=2.5$。于是有

$$G_2(s)H_c(s)=\frac{2.5s}{(0.25s+1)(0.1s+1)(0.025s+1)}$$

$$\Rightarrow H_c(s)=\frac{G_2(s)H_c(s)}{G_2(s)}=\frac{0.5s^2}{0.25s+1}$$

若系统是位置伺服系统，被控变量是角位移，则利用直流测速发电机 TG 和电阻 R、电容 C 可组成反馈补偿网络 $H_c(s)$，见图 5-13-6。图中电压 $u_o(t)$ 是补偿网络的输出电压，$c(t)$ 是电机轴的转角，也是补偿网络的输入信号。

系统开环放大系数 $K=200$，满足要求。采用 MATLAB/Simulink 仿真可知 $\sigma_p=16\%$，$t_s=0.49\text{s}$，满足动态性能指标。可见系统完全满足设计要求。

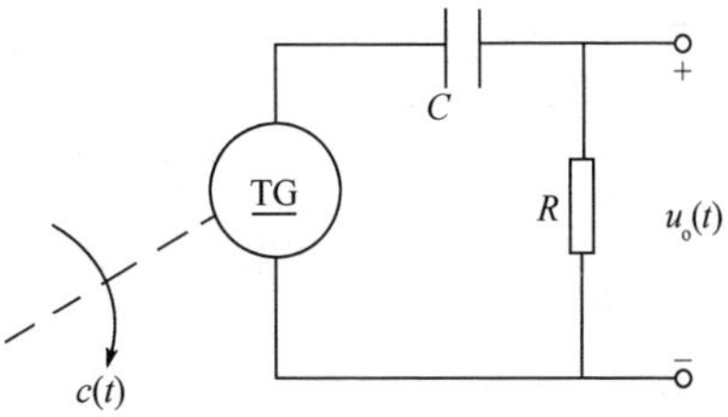

图 5-13-6　反馈补偿网络

5.14　电子放大器的数学模型与补偿方法

5.14.1　电子放大器的数学模型

1. 放大器的固有模型

包括运算放大器在内的电子放大器只是在低频段的范围内才是理想的放大环节，当信号频率较高时，实际放大器可看成是由理想放大环节与几个惯性环节相串联组成的。图 5-14-1 表示一个放大器的等效电路。图中 u_1、u_2 分别是输入电压和输出电压，K_1、K_2、K_3 是理想的放大器。R_1、R_2、R_3 分别为各级的输出端等效电阻，它们代表前级的输出电阻与后级的输入电阻的并联值。C_1、C_2、C_3 分别为各级的输出端等效电容，代表前级的输出端电容与后级的输入端电容的并联值，也包括导线分布电容。放大器的开环传递函数为

$$G_0(s)=\frac{K_1K_2K_3}{(T_1s+1)(T_2s+1)(T_3s+1)} \tag{5-14-1}$$

式中，$T_1=R_1C_1$，$T_2=R_2C_2$，$T_3=R_3C_3$，设 $T_1>T_2>T_3$，放大器的固有开环对数幅频特性如图 5-14-2 中的实线所示。

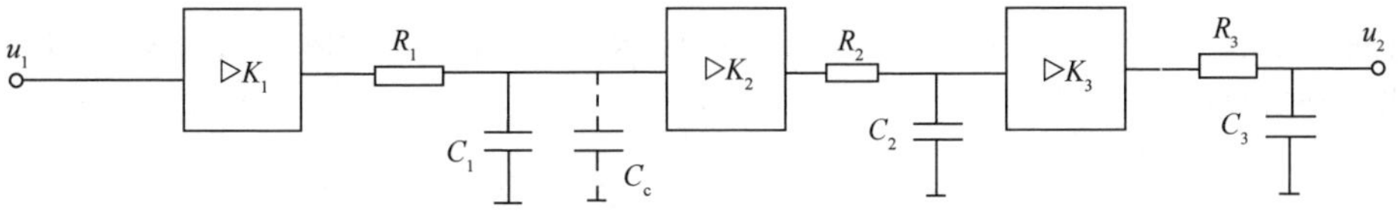

图 5-14-1　放大器等效电路

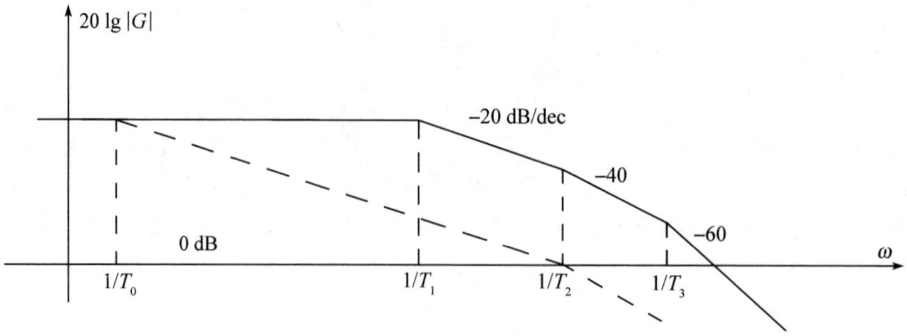

图 5-14-2　放大器的对数幅频特性

2. 有负反馈的放大器的数学模型(放大器的闭环传递函数)

图 5-14-3 是同相输入的负反馈放大器电路图。图中 G_0 表示放大器固有的传递函数。

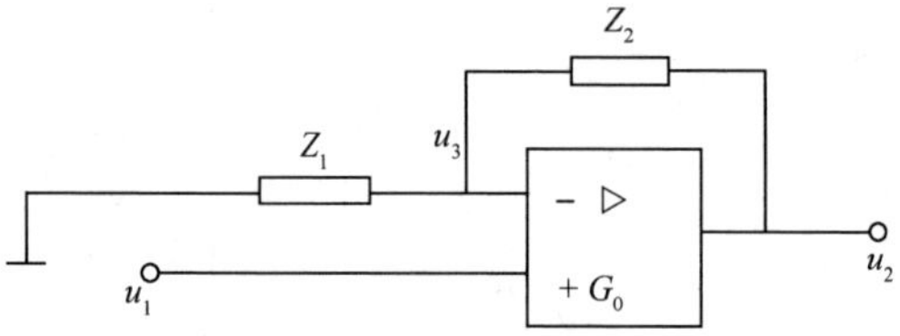

图 5-14-3　同相输入放大器

由图知

$$U_2(s)=G_0(s)[U_1(s)-U_3(s)] \tag{5-14-2}$$

$$\frac{U_3(s)}{U_2(s)}=\frac{Z_1}{Z_1+Z_2}=H(s) \tag{5-14-3}$$

$H(s)$称为反馈系数,且有

$$H(s)=\frac{Z_1}{Z_1+Z_2} \tag{5-14-4}$$

由式(5-14-2)、式(5-14-3)可绘出同相输入负反馈放大器的动态框图如图 5-14-4 所示。可看出,反馈系数 $H(s)$就是反馈通路传递函数。

由图 5-14-4 知同相输入的放大器的闭环传递函数为

$$\Phi(s)=\frac{U_2(s)}{U_1(s)}=\frac{G_0(s)}{1+G_0(s)H(s)} \tag{5-14-5}$$

在$|G_0(j\omega)H(j\omega)|\gg 1$ 的频段内,有

$$\Phi(s)=\frac{U_2(s)}{U_1(s)}=\frac{1}{H(s)} \tag{5-14-6}$$

将式(5-14-4)代入上式得

$$\Phi(s)=\frac{U_2}{U_1}=1+\frac{Z_2}{Z_1} \tag{5-14-7}$$

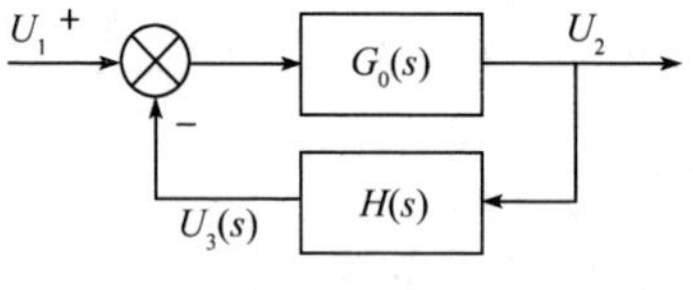

图 5-14-4　同相放大器动态框图

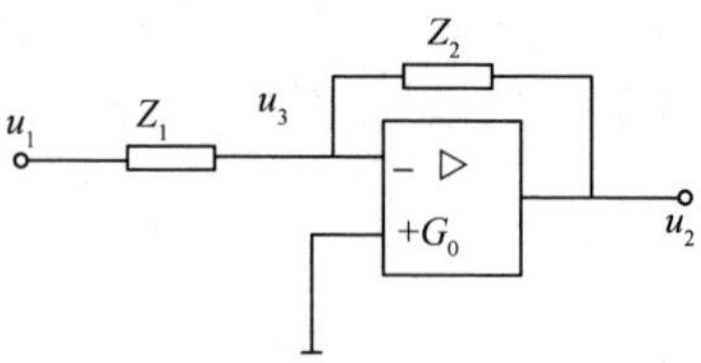

图 5-14-5　反相放大器

反相输入的负反馈放大器电路图见图 5-14-5。反相输入端电压 u_3 可看成是 u_1 和 u_2 分别作用后叠加的结果。当 $u_2=0$ 时有

$$U_3|_{U_2=0}=U_{31}=\frac{Z_2}{Z_1+Z_2}U_1=U_1G_1(s) \tag{5-14-8}$$

式中

$$G_1(s)=\frac{Z_2}{Z_1+Z_2} \tag{5-14-9}$$

当 $u_1=0$ 时有

$$U_3|_{U_1=0}=U_{32}=\frac{Z_1}{Z_1+Z_2}U_2=U_2H(s) \tag{5-14-10}$$

$H(s)$也称为反馈系数。根据叠加原理,有

$$U_3=U_{31}+U_{32}=U_1G_1(s)+U_2H(s) \tag{5-14-11}$$

由图 5-14-5 知

$$U_2=-U_3G_0(s) \tag{5-14-12}$$

由式(5-14-11)、式(5-14-12)可绘出反相放大器的动态框图如图 5-14-6。

由图 5-14-6 知反相放大器的闭环传递函数为

$$\Phi(s)=\frac{U_2(s)}{U_1(s)}=-G_1(s)\frac{G_0(s)}{1+G_0(s)H(s)} \tag{5-14-13}$$

在$|G_0(j\omega)H(j\omega)|\gg 1$ 的频段内,有

$$\Phi(s)=\frac{U_2(s)}{U_1(s)}=-\frac{G_1(s)}{H(s)} \tag{5-14-14}$$

即

$$\Phi(s)=\frac{U_2(s)}{U_1(s)}=-\frac{Z_2}{Z_1} \tag{5-14-15}$$

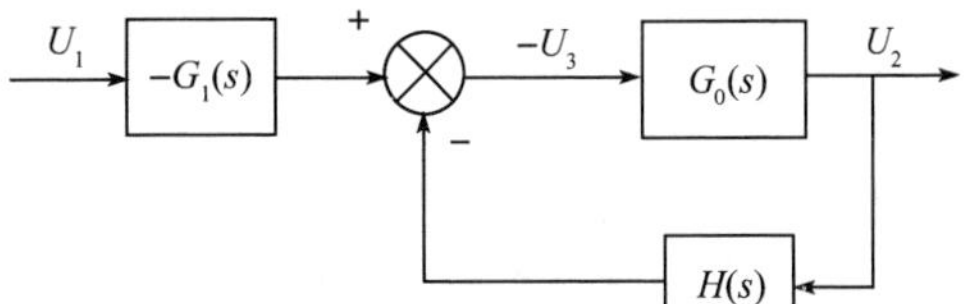

图 5-14-6　反相放大器动态框图

比较同相和反相放大器可知,二者反馈系数 $H(s)$ 都是一样的,且 $H(s)\leqslant 1$。闭环系统的开环传递函数都是 $G_0(s)H(s)$。开环对数幅频特性也可用图 5-14-2 表示。当 $H(s)=1$ 时,开环幅频特性就是固有幅频特性。当 $H(s)$由 1 逐渐减小时,图 5-14-2 中的 0dB 线逐渐向上移动,系统趋于稳定,然后稳定裕度逐渐增加。

5.14.2　放大器的内部补偿

由图 5-14-2 可知,$H(s)$的大小不同,系统可能不稳定,或稳定裕度很小。为了保证在一般反馈条件下放大器都能稳定运行,需要在放大器内部加入补偿元件,使补偿后的开环频率特性如图 5-14-2 中虚线所示。

在图 5-14-1 中的 K_2 的输入端(K_1 的输出端)加电容 C_c 后,原有的时间常数 $T_1=R_1C_1$ 变成 $T_0=R_1(C_1+C_c)$。只要 C_c 选取适当,转折频率适当,就能得到图 5-14-2 中虚线所示的对数幅频特性。此时相当于在原来的放大器中加入一个串联补偿环节 $G_c(s)$

$$G_c(s)=\frac{T_1s+1}{T_0s+1} \tag{5-14-16}$$

$T_0=R_1(C_1+C_c)>T_1$,$G_c(s)$是滞后环节。所以加入 C_c 的补偿方式就是串联滞后补偿。

另一种补偿方法是在第二级放大器的输入与输出之间加反馈电容 C_f 形成反馈补偿,如图 5-14-7 所示。

此时有

$$I_2=(U_1-U_2)C_fs=(U_1+G_{02}U_1)C_fs=U_1(1+G_{02})C_fs \tag{5-14-17}$$

式中,$G_{02}=K_2/(T_2s+1)$。当 $\omega<1/T_2$ 时有

$$I_2=U_1(1+K_2)C_fs \tag{5-14-18}$$

由上式可知,C_f 的作用等于不用 C_f,而在输入端加电容 $C_c=(1+K_2)C_f$。如果求出整个环节的传递函数,也可证明这个结论。所以电容反馈补偿的效果与加 C_c 的串联滞后补偿相同。但采用反馈补偿可用较小的电容。

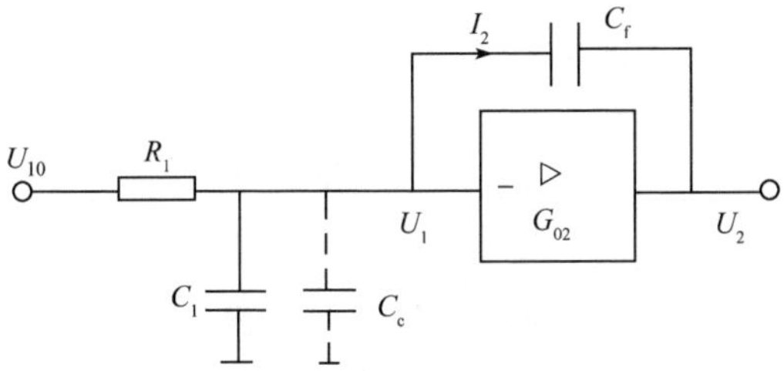

图 5-14-7　反馈补偿

5.14.3 放大器的外部补偿

在放大器之外加补偿元件的电路见图 5-14-8。该电路本来是要构成一个放大器，但由于 G_0 不是理想放大器，其频率特性如图 5-14-2 所示。仅用电阻 R_2 反馈，放大器可能不稳定，会产生振荡，这时就需要补偿。图中 C_f 就是后加入的反馈补偿电容。由式(5-14-3)可知反馈通路传递函数为

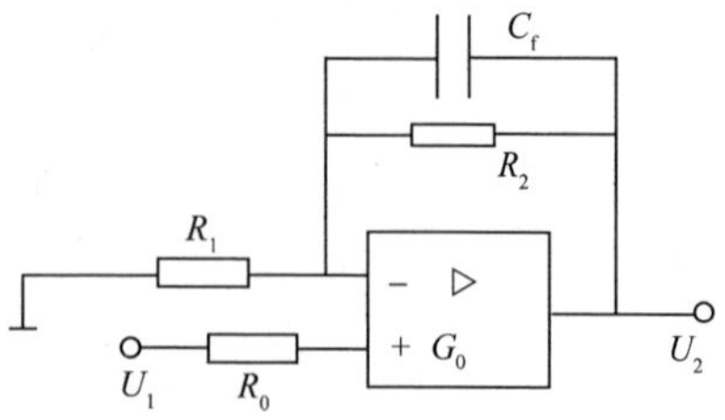

图 5-14-8 反馈补偿电容 C_f

$$H(s)=\frac{R_1}{R_1+\dfrac{R_2}{R_2C_fs+1}}=\frac{R_1}{R_1+R_2}\cdot\frac{R_2C_fs+1}{\dfrac{R_1R_2}{R_1+R_2}C_fs+1} \tag{5-14-19}$$

未加入 C_f 的反馈通路传递函数为 $R_1/(R_1+R_2)$。可见，加 C_f 的效果等于在原来的开环传递函数上又串联下面的传递函数 $G_c(s)$

$$G_c(s)=\frac{T_1s+1}{T_2s+1} \tag{5-14-20}$$

其中，$T_1=R_2C_f$，$T_2=\dfrac{R_1R_2}{R_1+R_2}C_f$。由于 $T_1>T_2$，所以 $G_c(s)$是串联超前补偿网络。图 5-14-8 的反馈补偿电容与串联超前补偿具有相同的效果。只要电容 C_f 的参数选择合适，一般是可以消除振荡 的。

参考答案 5

习　　题

5-1 系统的闭环传递函数为

$$\Phi(s)=\frac{C(s)}{R(s)}=\frac{K(T_2s+1)}{T_1s+1}$$

输入信号为 $r(t)=R\sin\omega t$，求系统稳态输出。

5-2 求下列传递函数对应的相频特性表达式$\angle G(\mathrm{j}\omega)$。

(1) $G(s)=\dfrac{\tau s+1}{Ts+1}$　　(2) $G(s)=\dfrac{(aT_1s+1)(bT_2s+1)}{(T_1s+1)(T_2s+1)}$

5-3 已知开环传递函数如下，绘制开环频率特性的极坐标图。

(1) $G(s)=\dfrac{1}{s(s+1)}$　　(2) $G(s)=\dfrac{1}{(s+1)(2s+1)}$

(3) $G(s)=\dfrac{1}{s^2(s+1)(2s+1)}$　　(4) $G(s)=\dfrac{250}{s(s+50)}$

(5) $G(s)=\dfrac{250}{s^2(s+50)}$　　(6) $G(s)=\dfrac{\tau s+1}{Ts+1}\quad(\tau>T)$

(7) $G(s)=\dfrac{\tau s+1}{Ts+1}\quad(\tau<T)$　　(8) $G(s)=\dfrac{\tau s+1}{Ts-1}\quad(1>\tau>T>0)$

5-4 绘制题 5-3 的开环对数幅频特性图。

5-5 绘制下列传递函数的对数幅频特性图。

(1) $G(s)=\dfrac{1}{s(s+1)(2s+1)}$　　(2) $G(s)=\dfrac{250}{s(s+5)(s+15)}$

(3) $G(s)=\dfrac{250(s+1)}{s^2(s+5)(s+15)}$　　(4) $G(s)=\dfrac{500(s+2)}{s(s+10)}$

(5) $G(s)=\dfrac{2000(s-6)}{s(s^2+4s+20)}$　　(6) $G(s)=\dfrac{2000(s+6)}{s(s^2+4s+20)}$

(7) $G(s)=\dfrac{2}{s(0.1s+1)(0.5s+1)}$　　(8) $G(s)=\dfrac{2s^2}{(0.04s+1)(0.4s+1)}$

(9) $G(s)=\dfrac{50(0.6s+1)}{s^2(4s+1)}$　　　　(10) $G(s)=\dfrac{7.5(0.2s+1)(s+1)}{s(s^2+16s+100)}$

5-6 已知最小相位开环系统对数幅频特性如题 5-6 图所示，求开环传递函数。

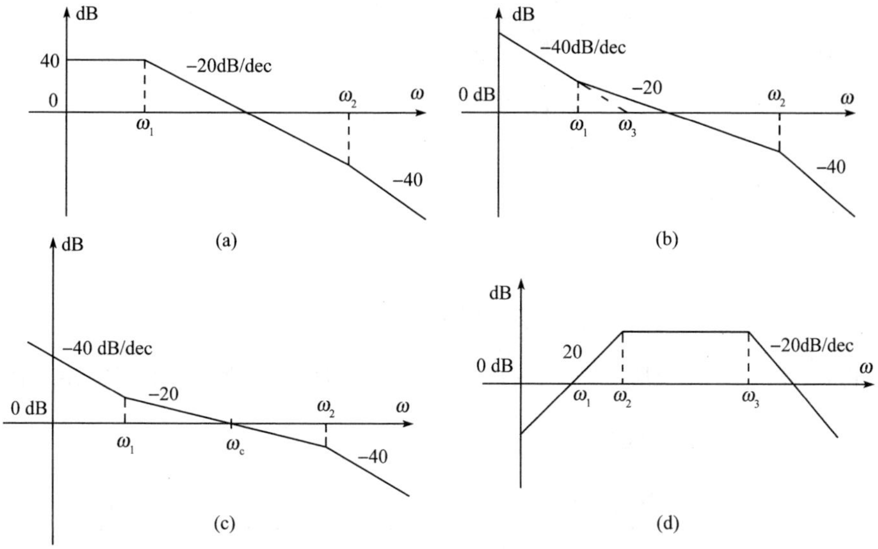

题 5-6 图

5-7 题 5-7 图表示几个开环传递函数 $G(s)$ 的奈奎斯特图的正频部分。$G(s)$ 不含有正实部极点，判断其闭环系统的稳定性。

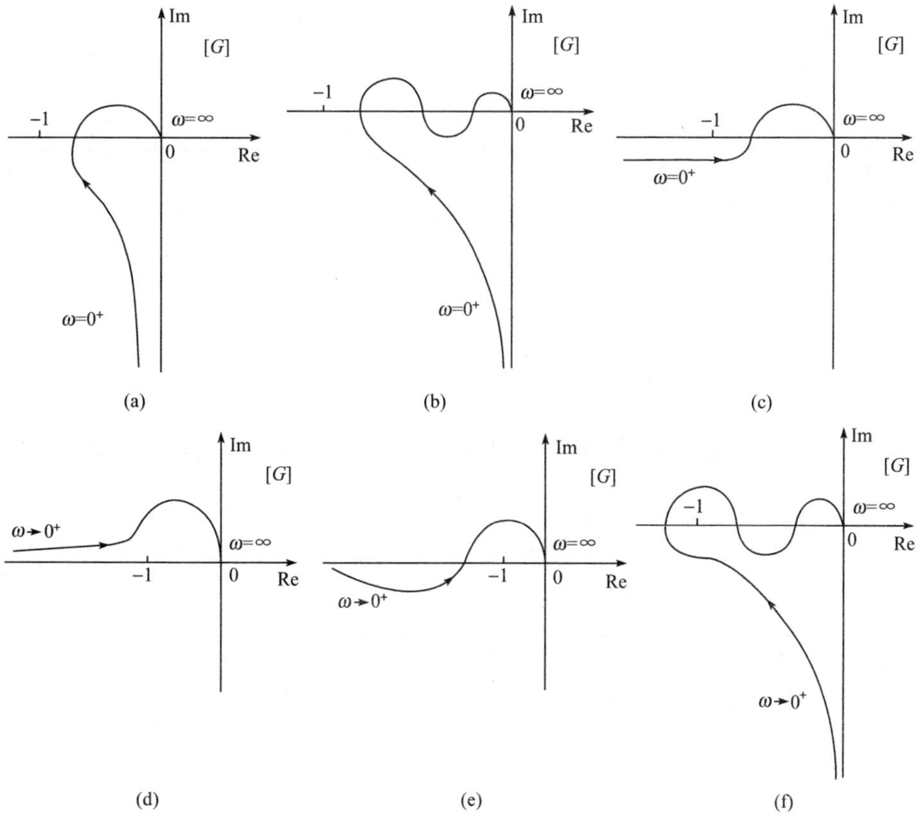

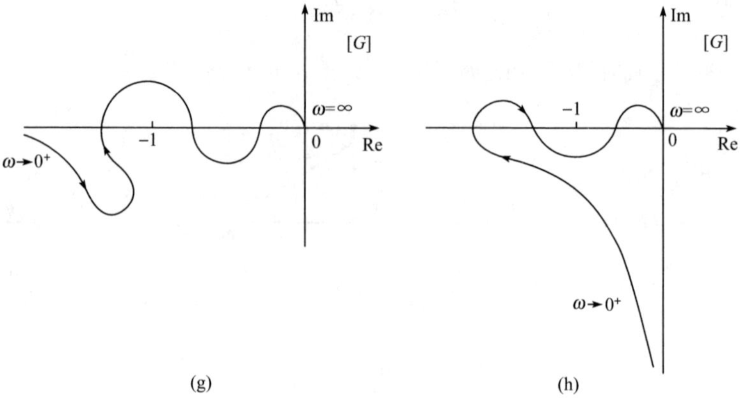

题 5-7 图

5-8 题 5-8 图表示几个开环奈奎斯特图。图中 P 为开环正实部极点个数，判断闭环系统的稳定性。

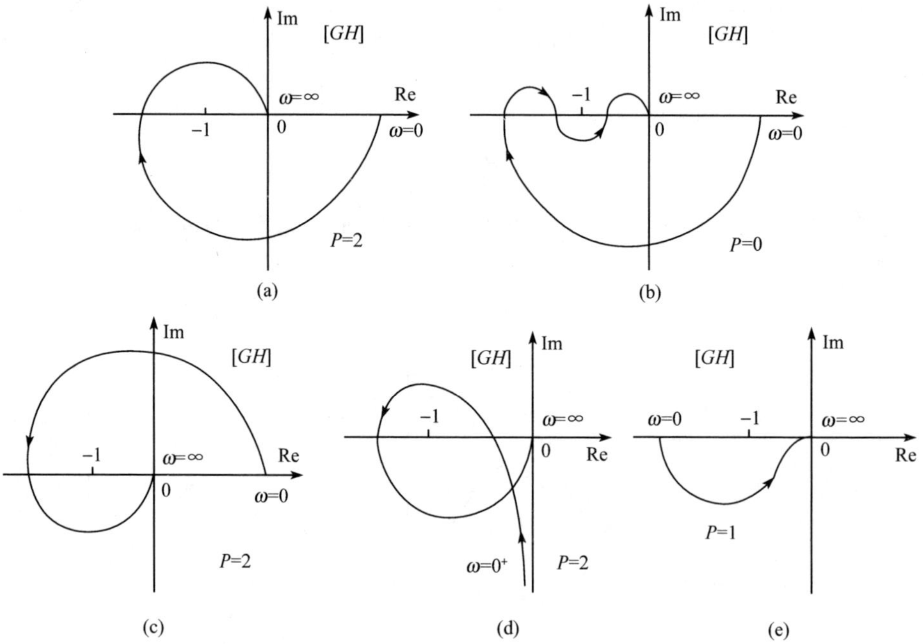

题 5-8 图

5-9 题 5-9 图表示开环奈奎斯特图的负频部分，P 为开环正实部极点个数，判断闭环系统是否稳定。

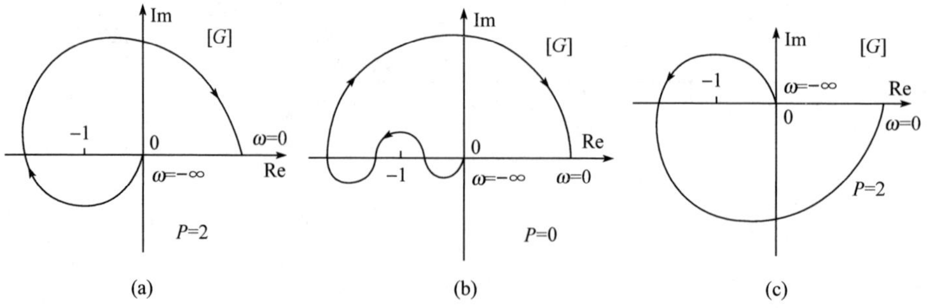

题 5-9 图

5-10 题 5-10 图表示开环奈奎斯特图，其开环传递函数为

$$G(s)H(s)=-\frac{K(\tau s+1)}{s(-Ts+1)}$$

判断闭环系统的稳定性。

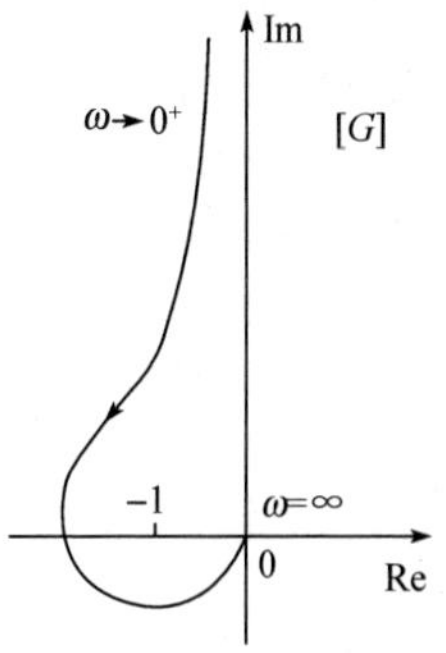

题 5-10 图

5-11 一个最小相位系统的开环 Bode 图如题 5-11 图所示，图中曲线 1、2、3 和 4 分别表示放大系数 K 为不同值时的对数幅频特性，判断对应的闭环系统的稳定性。

5-12 最小相位系统的开环 Bode 图如题 5-12 图所示，判断闭环系统的稳定性。

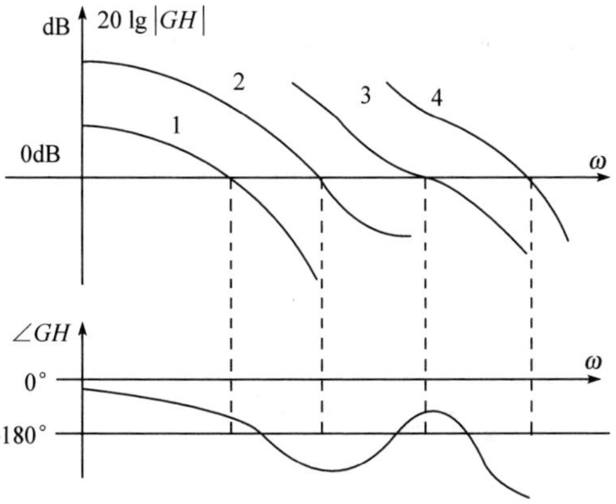

题 5-11 图

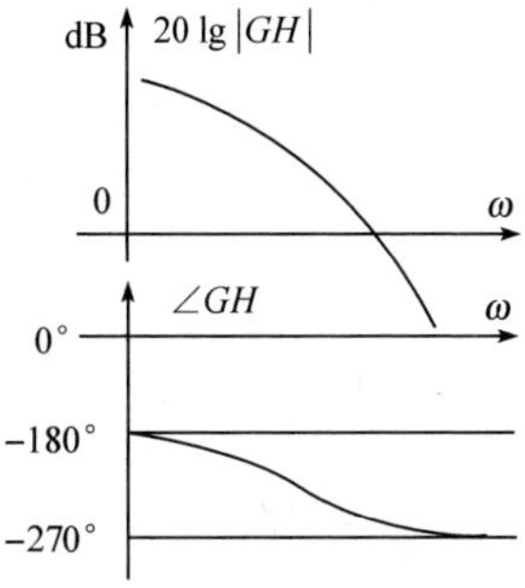

题 5-12 图

5-13 系统的开环传递函数为

$$G(s)=\frac{10(0.56s+1)}{s(0.1s+1)(s+1)(0.028s+1)}$$

幅值穿越频率 $\omega_c=5.13\text{rad/s}$，求相位裕度。

5-14 系统的开环传递函数为

$$G(s)=\frac{K(s+3)}{s(s^2+20s+625)}$$

求下述两种情况下幅值穿越频率 ω_c 所对应的相位角$\angle G(j\omega_c)$和相位裕度 γ。

(1) $\omega_c=15\text{rad/s}$

(2) $\omega_c=50\text{rad/s}$

5-15 系统的开环传递函数为

$$G(s)=\frac{K(20s+1)}{s(400s+1)(s+1)(0.1s+1)}$$

求下列情况的相位裕度 γ 及 ω_c 处对数幅频渐近线的斜率。

(1) 幅值穿越频率 $\omega_c=0.5\text{rad/s}$

(2) $\omega_c=5\text{rad/s}$

(3) $\omega_c=15\text{rad/s}$

5-16 典型二阶系统的传递函数为

$$G(s)=\frac{\omega_n^2}{s^2+2\zeta\omega_n s+\omega_n^2}$$

题 5-16 图给出该传递函数对应不同参数值时的三条对数幅频特性曲线 1、2 和 3。

（1）在[s]平面上画出三条曲线所对应的传递函数极点（$s_1, s_1'; s_2, s_2'; s_3, s_3'$）的相对位置。

（2）比较三个系统的最大超调（σ_{p1}、σ_{p2}、σ_{p3}）和过渡过程时间（t_{s1}、t_{s2}、t_{s3}）的大小，并简要说明理由。

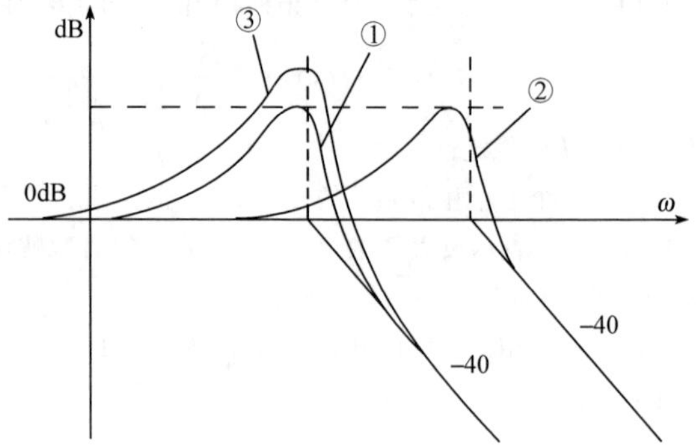

题 5-16 图

5-17 系统开环传递函数为

$$G(s)=\frac{316(\tau s+1)}{s^2(Ts+1)}$$

（1）$\tau=0.1\text{s}, T=0.01\text{s}$

（2）$\tau=0.01\text{s}, T=0.1\text{s}$

画 Bode 图，求 $\gamma(\omega_c)$、$20\lg K_g$（dB），并分析稳定性。

5-18 最小相位单位负反馈系统的开环对数幅频特性如题 5-18 图所示。写出开环传递函数 $G(s)$，求出幅值穿越频率 ω_c 及相位裕度 γ。

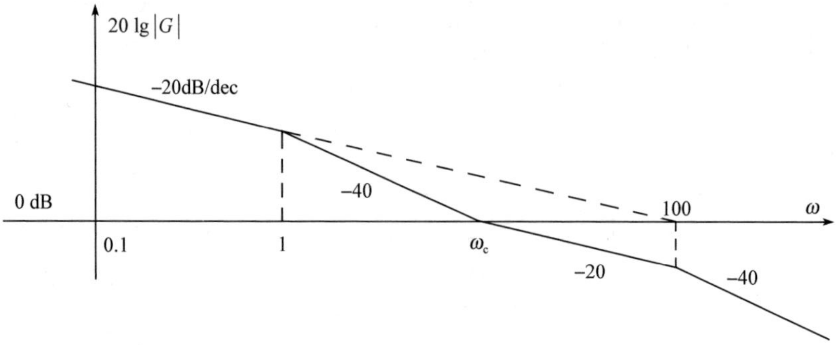

题 5-18 图

5-19 单位负反馈系统的开环传递函数为

$$G_0(s)=\frac{K}{s(0.04s+1)}$$

要求系统响应信号 $r(t)=t$ 的稳态误差 $e_{ss}\leqslant 0.01$ 及相位裕度 $\gamma(\omega_c)\geqslant 45°$，求串联补偿网络的传递函数。

5-20 单位负反馈系统的开环传递函数为

$$G_0(s)=\frac{K}{s(0.5s+1)}$$

要求系统响应信号 $r(t)=t$ 的稳态误差 $e_{ss}=0.1$ 及闭环幅频特性的相对谐振峰值 $M_r\leqslant 1.5$。求串联补偿网络的传递函数。

5-21 单位负反馈系统的开环传递函数为

$$G_0(s)=\frac{K}{s(0.1s+1)(0.2s+1)}$$

要求：(1)开环放大倍数 $K_v=100\text{s}^{-1}$；

(2)相位裕度 $\gamma(\omega_c)\geqslant 40°$。

设计串联滞后超前补偿网络。

5-22 单位负反馈系统固有部分的传递函数

$$G_0(s)=\frac{1}{s(0.1s+1)}$$

要求补偿后系统的开环放大系数为 $K_v\geqslant 100\text{s}^{-1}$，相位裕度 $\gamma(\omega_c)\geqslant 50°$，求补偿网络的传递函数。

5-23 单位负反馈系统固有部分的传递函数为

$$G_0(s)=\frac{K}{s(s+1)(0.25s+1)}$$

要求补偿后系统的开环放大系数为 $K_v=10\text{s}^{-1}$，相位裕度 $\gamma(\omega_c)=30°$，求补偿网络的传递函数。

5-24 单位负反馈系统固有部分的传递函数为

$$G_0(s)=\frac{K}{s(0.9s+1)(0.007s+1)}$$

要求：(1) 开环放大系数 $K_v=1000\text{s}^{-1}$；

(2) 最大超调 $\sigma_p\leqslant 30\%$；

(3) 过渡过程时间 $t_s\leqslant 0.25\text{s}$。

设计串联补偿装置。

5-25 控制系统框图如题 5-25 图所示。欲通过反馈补偿使系统相位裕度 $\gamma(\omega_c)=50°$，求反馈补偿参数 K_h。

5-26 控制系统框图如题 5-26 图所示。要求采用速度反馈补偿，使系统具有临界阻尼，即阻尼比 $\zeta=1$。求反馈补偿参数 K_h。

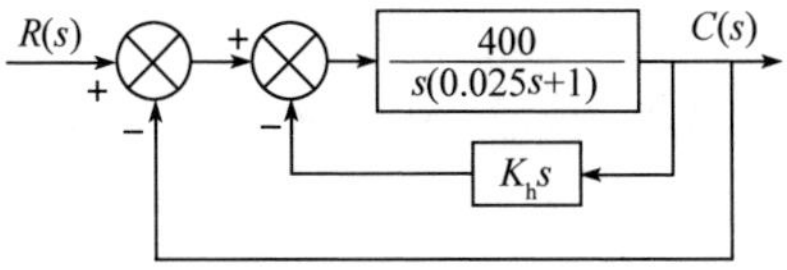

题 5-25 图

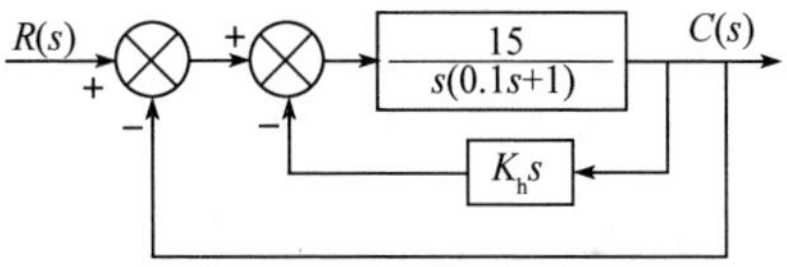

题 5-26 图

5-27 控制系统框图如题 5-27 图所示。设计 $H_c(s)$，使系统达到下述指标：

(1) 开环放大系数 $K_v=200\text{s}^{-1}$；

(2) 相位裕度 $\gamma(\omega_c)=45°$。

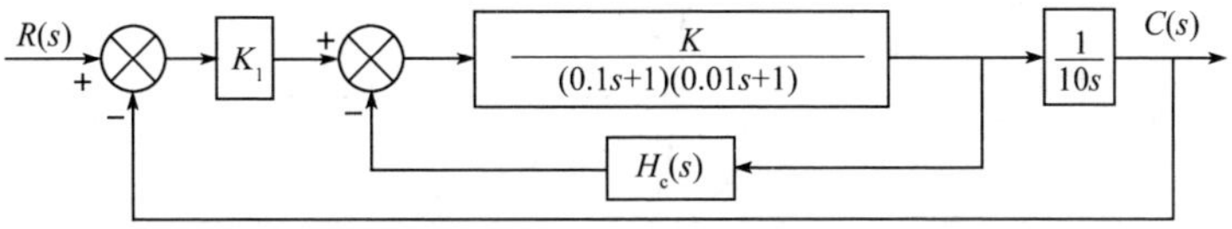

题 5-27 图

5-28 控制系统框图如题 5-28(a)图所示，图中 $G_0(s)$ 为系统不可变部分的传递函数，其对数幅频特性如题 5-28(b)图所示，$G_c(s)$ 为待定的补偿装置传递函数。要求补偿后系统满足：

(1) $f(t)=1(t)$ 时，$e_{ssf}(t)=0$；

(2) $20\lg K=57\text{dB}$；

(3) 相位裕度 $\gamma(\omega_c)=45°$。

求 $G_c(s)$ 的形式及参数。

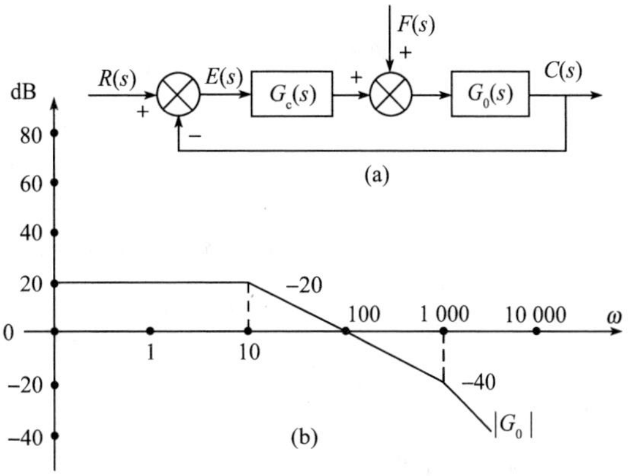

题 5-28 图

5-29 控制系统框图如题 5-29(a)图所示，图中 $G_0(s)$ 为系统固有部分的传递函数，其对数幅频特性如题 5-29(b)图所示，$G_c(s)$ 为待定的补偿装置传递函数。要求补偿后系统满足：

(1) $r(t)=1(t)$ 时，$e_{ss}(t)=0$，$20\lg K=43\text{dB}$；

(2) 幅值穿越频率 $\omega_c=10\text{rad/s}$；

（3）相位裕度 $\gamma(\omega_c)\geqslant45^\circ$。
求 $G_c(s)$ 的形式及参数。

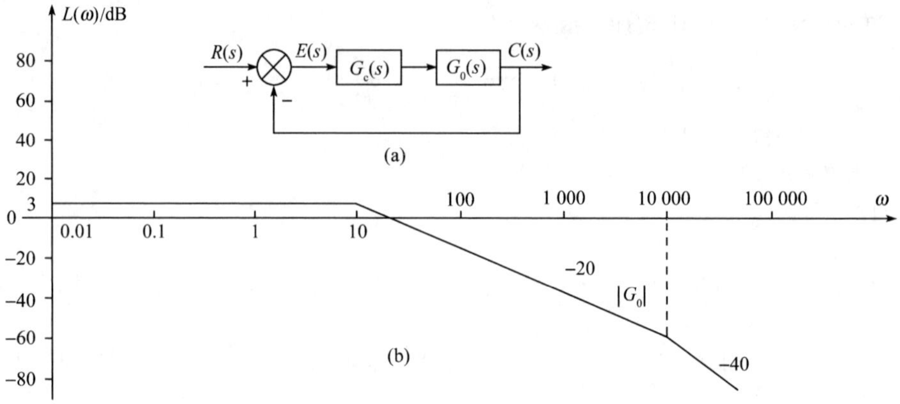

题 5-29 图

5-30 在题 5-30(a)图所示系统中，系统固有部分的传递函数为 $G_0(s)=\dfrac{2}{s(0.5s+1)}$，希望频率特性 $20\lg|G_e(j\omega)|$ 画于题 5-30(b)图中，要求：

（1）绘出串联补偿装置的渐近对数幅频特性及对数相频特性；

（2）写出串联补偿装置的传递函数 $G_c(s)$；

（3）说明此补偿装置的特点。

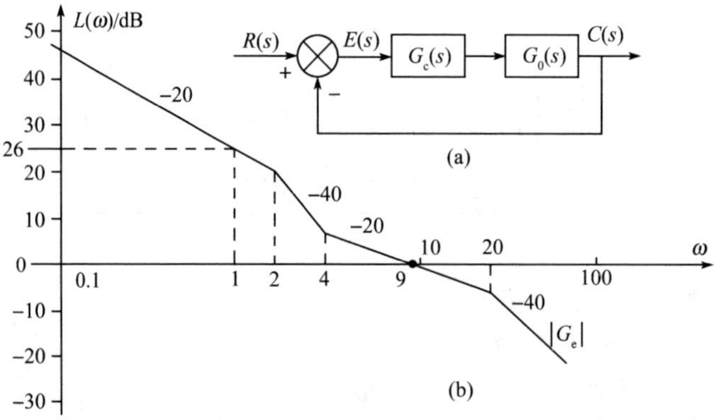

题 5-30 图

5-31 单位负反馈系统固有部分的传递函数为

$$G_0(s)=\frac{K}{s(0.31s+1)(0.003s+1)}$$

要求：（1）开环放大系数 $K_v=2000$；

（2）最大超调 $\sigma_p\leqslant30\%$；

（3）过渡过程时间 $t_s\leqslant0.15\text{s}$。

求串联补偿装置的传递函数。

5-32 单位负反馈系统固有部分的传递函数为

$$G_0(s)=\frac{500}{s(0.46s+1)}$$

要求：(1) 开环放大系数 $K_v=2000$；

(2) 最大超调 $\sigma_p \leqslant 20\%$；

(3) 过渡过程时间 $t_s \leqslant 0.09\text{s}$。

求串联补偿装置的传递函数。

5-33 单位负反馈系统固有部分的传递函数为(时间单位是 s，输出的位移单位是 mm)

$$G_0(s)=\frac{K}{s\left(\frac{s^2}{250^2}+\frac{2\times 0.51}{250}s+1\right)}$$

要求：(1) 最大超调 $\sigma_p \leqslant 20\%$；

(2) 过渡过程时间 $t_s \leqslant 0.25\text{s}$。

(3) 系统跟踪斜坡函数 $r(t)=Vt$ 时，其稳态误差 $e_{ss}(t) \leqslant 0.05\text{mm}$，其中 $V=0.5\text{m/min}$。

设计串联补偿装置的传递函数。

5-34 单位负反馈系统固有部分的传递函数为

$$G_0(s)=\frac{300}{s(0.1s+1)(0.003s+1)}$$

要求：(1) 最大超调 $\sigma_p \leqslant 30\%$；

(2) 过渡过程时间 $t_s \leqslant 0.5\text{s}$。

(3) 系统跟踪斜坡函数 $r(t)=Vt$ 时，其稳态误差 $e_{ss}(t) \leqslant 0.033\text{rad}$，其中 $V=10\text{rad/s}$。

设计串联补偿装置。

5-35 系统框图见题 5-35 图。$G_0(s)$是系统固有部分的传递函数，$H_c(s)$是反馈补偿网络。设 $G_0(s)=\frac{100}{s(0.1s+1)(0.0067s+1)}$，要求 $\sigma_p \leqslant 23\%$，$t_s \leqslant 0.6\text{s}$，求 $H_c(s)$。

5-36 系统框图见题 5-35 图，设

$$G_0(s)=\frac{440}{s(0.025s+1)}$$

要求 $\sigma_p \leqslant 18\%$，$t_s \leqslant 0.3\text{s}$，求 $H_c(s)$。

5-37 系统框图见题 5-35 图，设

$$G_0(s)=\frac{20}{s(0.9s+1)(0.007s+1)}$$

要求 $\sigma_p \leqslant 25\%$，$t_s \leqslant 2.6\text{s}$，求 $H_c(s)$。

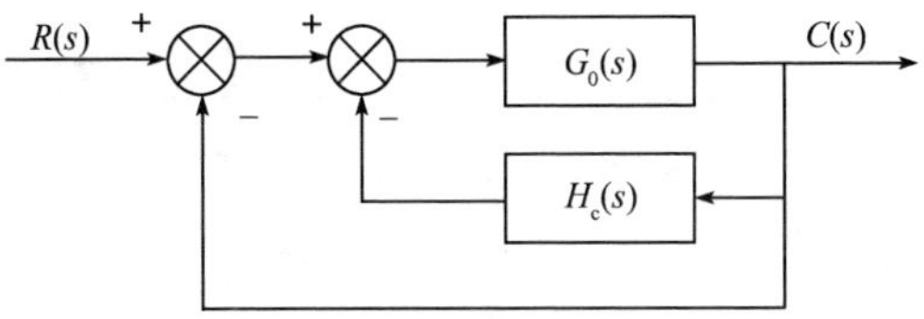

题 5-35 图

5-38 系统框图见题 5-38 图，图中 $H_c(s)$是反馈补偿网络，设

$$G_1(s)=\frac{5000}{0.014s+1},\quad G_2(s)=\frac{12}{(0.1s+1)(0.02s+1)},\quad G_3(s)=\frac{0.0025}{s}$$

要求 $\sigma_p \leqslant 35\%$，$t_s \leqslant 1\text{s}$，求 $H_c(s)$。

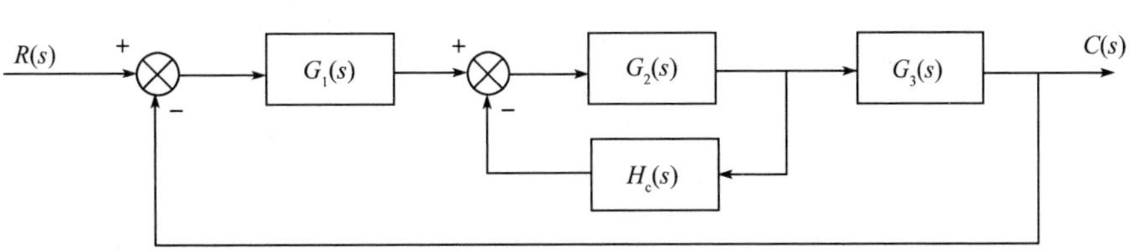

题 5-38 图

5-39 设 $G(s)=\frac{K(T_2s+1)}{s(T_1s+1)(T_3s+1)}$，$T_1>T_2>T_3$。写出对数幅频特性渐近线各段所对应的传递函数和各段所对应的对数幅频特性表达式。

5-40 某系统的一个环节的框图见题 5-40 图，图中 $H(s)$是反馈补偿网络。

(1) $G_0(s)=\dfrac{\omega_n^2}{s^2+2\zeta\omega_n s+\omega_n^2}$，$H(s)=Ks$。求反馈补偿后的阻尼比，并说明微分反馈对系统阻尼比的影响。

(2) $G_0(s)=\dfrac{\omega_n^2}{s(s+2\zeta\omega_n)}$，$H(s)=1+Ks$。求 $G(s)=\dfrac{Y(s)}{X(s)}$，并说明 K 对系统阻尼比的影响。

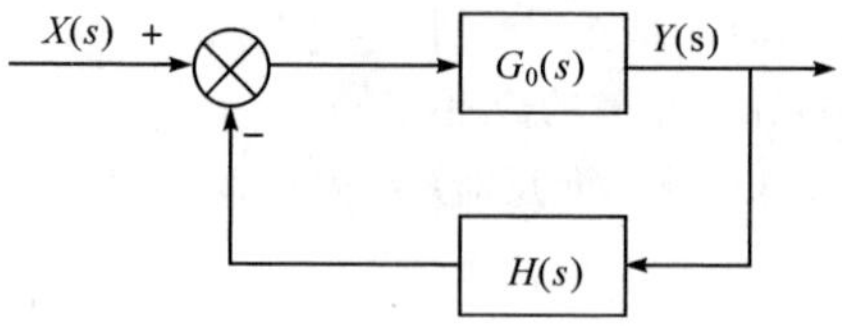

题 5-40 图

5-41 设单位负反馈系统的开环传递函数为

$$G(s)=\frac{100}{s(0.1s+1)}$$

求输入信号 $r(t)=\sin 5t$ 和 $r(t)=2\sin 5t$ 时，系统的稳态误差表达式。

5-42 单位负反馈最小相位系统开环增益 $K=6$ 时的开环传递函数 Nyquist 图如题 5-42 图所示，求使闭环系统稳定的 K 的取值范围。

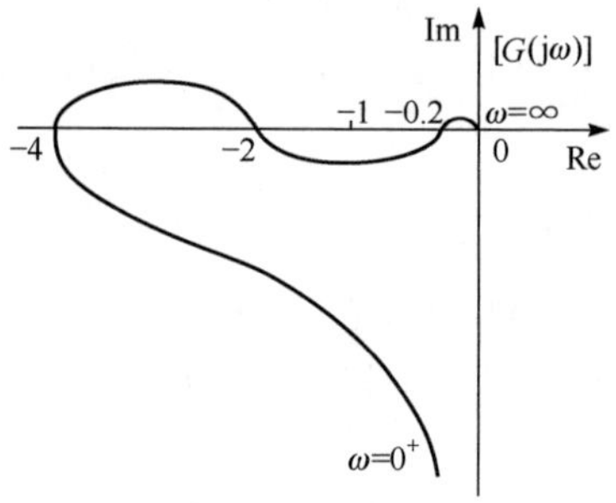

题 5-42 图

5-43 两个系统如题 5-43 图所示。其中 $K_0G_0(s)\dfrac{1}{s}$ 是系统固有部分，其余为补偿环节。图(a)采用反馈补偿和串联补偿。图(b)仅用串联补偿。设扰动 $f(t)=1(t)$，$G_0(0)=G_1(0)=G_2(0)=1$，$K_cK_0=K_1$，求由 $f(t)$产生的系统稳态误差 $e_{sf}(\infty)$和 $e_{1sf}(\infty)$并求出它们之间的关系。

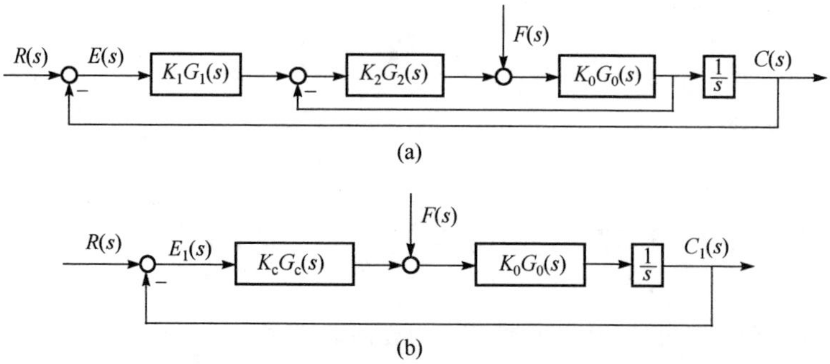

题 5-43 图

第 6 章　典型非线性环节及其对系统的影响

6.1　概　　述

6.1 节

本章讨论的非线性环节在工作范围内的某些点不存在导数，所以不能用 2.4 节的方法使之转变成线性环节；这种非线性环节称为本质非线性环节。本节讨论几种常见的本质非线性环节。

6.1.1　典型非线性环节

1. 饱和特性

饱和非线性的静特性如图 6-1-1 所示。图中 $e(t)$ 为非线性环节的输入信号，$x(t)$ 为非线性环节的输出信号。在 $-a<e(t)<a$ 的范围内是线性区，线性区的增益为 k，当 $|e(t)|>a$ 时，进入饱和区。饱和非线性特性的数学表达式为

$$x(t)=\begin{cases} ke(t) & |e(t)|\leqslant a \\ ka & e(t)>a \\ -ka & e(t)<-a \end{cases}$$

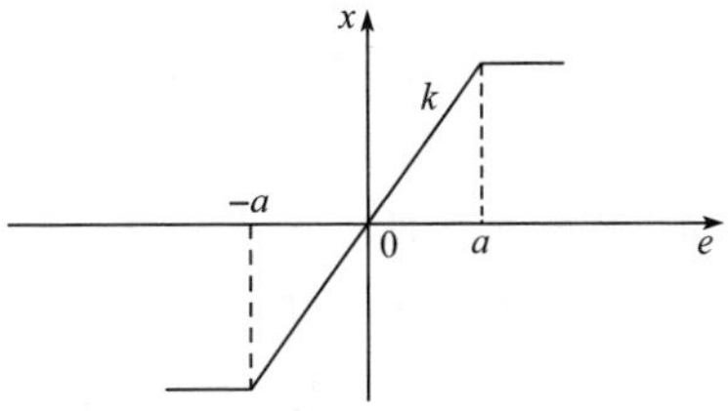

图 6-1-1　饱和非线性特性

一般放大器、执行元件都具有饱和特性。当输入信号超过线性区继续增大时，其输出量趋于一个常数值。

有些系统中加入的限幅、限位装置也可看做是饱和特性的应用。

2. 死区特性

死区非线性的静特性如图 6-1-2 所示。其中 $-a<e(t)<a$ 的区域为死区或不灵敏区，当输入信号的绝对值小于死区范围时，无输出信号。当输入信号的绝对值大于死区时，输出信号才随输入信号变化。死区非线性特性的数学表达式为

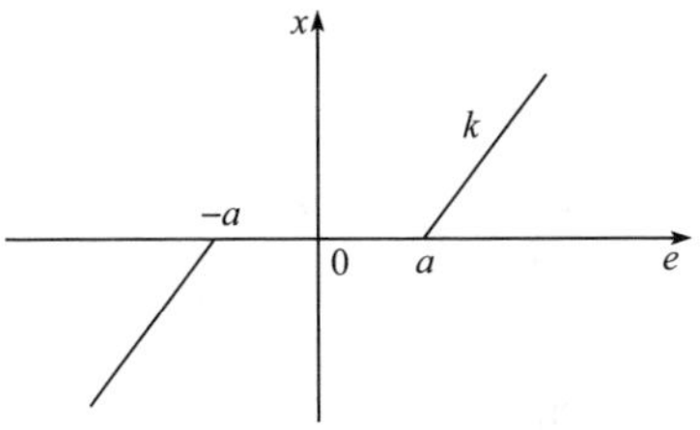

图 6-1-2　死区非线性特性

$$x(t)=\begin{cases} 0 & |e(t)|\leqslant a \\ k[e(t)-a\cdot \mathrm{sgn}e(t)] & |e(t)|>a \end{cases}$$

式中

$$\mathrm{sgn}e(t)=\begin{cases} 1 & e(t)>0 \\ -1 & e(t)<0 \end{cases}$$

控制系统中的测量元件、执行元件(如伺服电机、液压伺服油缸)等一般都具有死区特性。例如，某些测量元件对小于某值的输入量不敏感，伺服电动机只有在输入信号大到一定程度以后才会动作。在控制系统中，由于死区的存在，将产生静态误差，特别是测量元件的不灵敏区的影响较为明显。由摩擦造成的死区将造成系统低速运动的不平滑性。一般说来，控制系统前向通路中，前面环节的死区对系统造成的影响较大，而后面元件的死区对系统的不良影响可以通过提高前级元件的传递系数来减小。

3. 间隙特性

间隙特性如图 6-1-3 所示，其数学表达式为

$$x(t)=\begin{cases}k[e(t)-a\cdot \operatorname{sgn}\dot{x}(t)] & \dot{x}(t)\neq 0\\ b\cdot \operatorname{sgn}e(t) & \dot{x}(t)=0\end{cases}$$

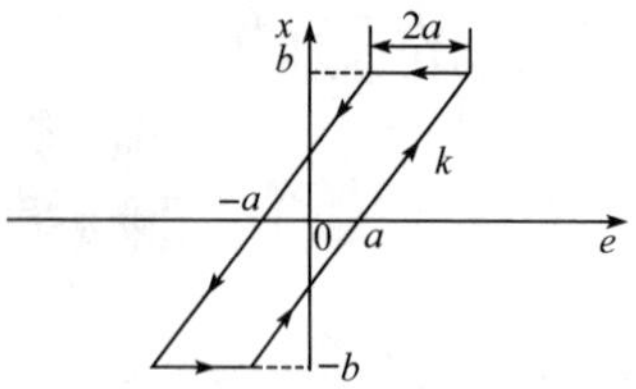

图 6-1-3　间隙非线性特性

间隙的宽度为 $2a$，线性段的斜率为 k。上式表明，间隙特性的输出 $x(t)$不但与输入信号 $e(t)$的大小有关，而且与 $e(t)$的增加或减小的方向有关。从图 6-1-3 中可以看出，间隙特性形成了一个回环，即输入输出关系不是单值对应的。

间隙特性一般是由机械传动装置造成的，齿轮传动的齿隙及液压传动的油隙等都属于间隙特性。在齿轮传动中，由于间隙的存在，当主动轮改变方向时，从动轮保持原位不动，直到间隙消除之后才改变方向。

控制系统中有间隙特性存在时，常常引起系统的自持振荡和稳态误差的增加。因此应尽量减小和避免间隙，如采用双片弹性无隙齿轮代替一般的齿轮或采用低速的力矩电机直接驱动。

4. 继电器特性

继电器是广泛应用于控制系统和保护装置中的器件。

继电器的类型较多，从输入输出特性上看，有理想继电器，如图 6-1-4(a)；具有死区的继电器，如图 6-1-4(b)；具有滞环的继电器，如图 6-1-4(c)；具有死区与滞环的继电器，如图 6-1-4(d)等。死区的存在是由于继电器线圈需要一定数量的电流才能产生吸合作用。滞环的存在是由于铁磁元件磁滞特性使继电器的吸上电流与释放电流不一样大。

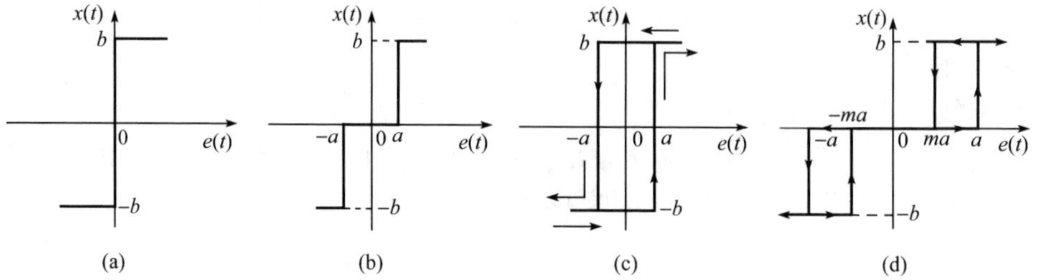

图 6-1-4　继电器特性

6.1.2　非线性系统的特点

非线性系统与线性系统相比，有许多不同的特点，主要有以下几个方面。

1) 在线性系统中，系统的稳定性只与其结构和参数有关，而与初始条件和外加输入信号无关。对于线性定常系统，其稳定性仅取决于其特征根在 s 平面的分布。而非线性系统的稳定性除了与系统的结构参数有关之外，还与初始条件和输入信号有关。对于一个非线性系统，在不同的初始条件下，运动的最终状态可能完全不同。可能在某一种初始条件下系统是稳定的，而在另一种初始条件下系统是不稳定的，或者在某一种输入信号作用下系统是稳定的，在另一种输入信号作用下系统是不稳定的。

2）对线性系统来说，系统的运动状态或收敛于平衡状态，或者发散。只有当系统处于临界稳定状态时，才会出现等幅振荡。但在实际的情况下，这种状态是不能持久的。只要系统参数稍有变化，这一临界状态就不能继续，而变为发散或收敛。然而在非线性系统中，除了发散或收敛于平衡状态两种运动状态外，还会遇到即使没有外界作用存在，系统本身也会产生振荡。这种振荡的频率和振幅具有一定的数值，称为自持振荡、自振荡或自激振荡。改变系统的结构和参数，能够改变这种自持振荡的频率和振幅。这是非线性系统所独具的特殊现象，是非线性理论研究的重要问题。

3）在线性系统中，当输入信号为正弦函数时，其输出的稳态分量是同频率的正弦信号。输入和稳态输出之间，一般仅在振幅和相位上有所不同，因此可以用频率响应来描述系统的固有特性。对于非线性系统，如果输入信号为某一频率的正弦信号，其稳态的输出一般并不是同频率的正弦，而是含有高次谐波分量的非正弦周期函数。因此不能直接应用传递函数等线性系统常用的概念来分析和设计非线性系统。

4）线性系统满足叠加原理，非线性系统不满足叠加原理。

对于非线性控制系统，分析的重点为系统是否稳定，系统是否产生自持振荡，自持振荡的频率和振幅是多少，怎样消除或减小自持振荡的振幅等问题。

本书采用两种方法研究典型非线性环节对系统性能的影响：描述函数法和数字仿真。

6.2 描述函数法

6.2节

描述函数法就是非线性系统的频率特性法，属于工程近似方法。它的基本思想是用非线性环节输出信号中的基波分量代替实际输出，即忽略输出中的高次谐波分量。描述函数法主要用于分析非线性系统的稳定性，是否产生自持振荡，自持振荡的频率和振幅，消除或减弱自持振荡的方法等。

6.2.1 描述函数的基本概念

应用描述函数法分析非线性系统时，要求元件和系统应满足以下条件。

1）非线性系统的结构图可以简化为只有一个非线性环节 $N(A)$ 和线性部分 $G(s)$ 相串联的典型形式，如图 6-2-1 所示。应用描述函数法分析时，我们着重要讨论的是非线性环节的输入信号 $e(t)$ 和输出信号 $x(t)$，可以设系统的参考输入信号 $r(t)$ 为零，系统的输出信号可看作回路中的一个中间变量。这样就可以更方便地将非线性系统化简成一个非线性环节与线性部分串联的形式。

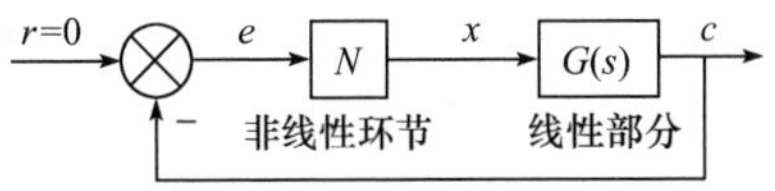

图 6-2-1　非线性系统的典型结构

2）非线性环节的输入输出特性是奇对称的，即 $x(e)=-x(-e)$，以保证非线性环节在正弦输入信号作用下的输出不含直流分量，也就是输出响应的平均值为零。

3）系统中的线性部分具有较好的低通高衰减的滤波特性。这样，当非线性环节输入正弦信号时，输出中的高次谐波分量将被大大削弱。因此，闭环通路内近似地只有一次谐波信号流通。对于一般的非线性系统来说，这个条件是满足的。线性部分的低通高衰减的滤波特性越好，用描述函数法分析的精度就越高。

设非线性环节的输入信号为正弦信号

$$e(t)=A\sin\omega t$$

则非线性环节的输出信号 $x(t)$是一个非正弦周期函数。$x(t)$中含有基波分量(即一次谐波),还有高次谐波。$x(t)$可以展开成下列傅里叶级数的形式

$$\begin{aligned}x(t)&=A_0+\sum_{n=1}^{\infty}(A_n\cos n\omega t+B_n\sin n\omega t)\\&=A_0+\sum_{n=1}^{\infty}X_n\sin(n\omega t+\phi_n)\end{aligned}\tag{6-2-1}$$

式中,A_0 称为直流分量,且

$$A_0=\frac{1}{2\pi}\int_0^{2\pi}x(t)\mathrm{d}(\omega t)$$

$$A_n=\frac{1}{\pi}\int_0^{2\pi}x(t)\cos n\omega t\,\mathrm{d}(\omega t)$$

$$B_n=\frac{1}{\pi}\int_0^{2\pi}x(t)\sin n\omega t\,\mathrm{d}(\omega t)$$

$$X_n=\sqrt{A_n^2+B_n^2}$$

$$\phi_n=\arctan\frac{A_n}{B_n}$$

如果非线性环节的特性是奇对称的,则式(6-2-1)中 $A_0=0$。一般,高次谐波的幅值比基波要小,系统中线性部分所具有的低通高衰减特性又使高次谐波分量大大衰减。因此,可以近似认为只有非线性环节输出信号中的基波分量能沿闭环回路反馈到非线性环节的输入端而构成正弦输入 $e(t)$。

输出的基波分量为

$$x_1(t)=A_1\cos\omega t+B_1\sin\omega t=X_1\sin(\omega t+\phi_1)\tag{6-2-2}$$

式中

$$A_1=\frac{1}{\pi}\int_0^{2\pi}x(t)\cos\omega t\,\mathrm{d}(\omega t)\tag{6-2-3}$$

$$B_1=\frac{1}{\pi}\int_0^{2\pi}x(t)\sin\omega t\,\mathrm{d}(\omega t)\tag{6-2-4}$$

$$X_1=\sqrt{A_1^2+B_1^2}\tag{6-2-5}$$

$$\phi_1=\arctan\frac{A_1}{B_1}\tag{6-2-6}$$

在描述函数法中,非线性元件用一个只是对正弦信号的幅值和相位进行变换的环节来代替,该环节的特性可以用一个复函数来描述,其模等于输出基波信号的幅值与输入正弦信号幅值之比,其相位是输出基波信号与输入正弦信号之间的相位差。定义这个复函数为非线性元件的描述函数,它实际上是非线性元件输出的基波分量对输入正弦波的复数比。描述函数用符号 $N(A)$表示,即

$$N(A)=\frac{X_1}{A}\mathrm{e}^{\mathrm{j}\phi_1}\tag{6-2-7}$$

式中,$N(A)$为非线性元件的描述函数,A 为正弦输入信号的振幅,X_1 为输出信号基波分量的

振幅，ϕ_1 为输出信号基波分量相对输入正弦信号的相移。

描述函数一般为输入信号振幅的函数，当非线性环节中包含储能元件时，描述函数同时为输入信号振幅 A 和频率 ω 的函数。这时记为 $N(A,\omega)$。

如果非线性特性为单值奇函数时，$A_1=0$，从而 $\phi_1=0$，于是有

$$N(A)=\frac{B_1}{A} \tag{6-2-8}$$

这时描述函数 $N(A)$ 是一个实函数，输出基波信号 $x_1(t)$ 与输入正弦信号 $e(t)$ 同相位。

典型非线性环节的描述函数见表 6-2-1。

表 6-2-1　典型非线性特性的描述函数

名称	非线性特性	描述函数与 $-1/N(A)$ 轨迹
饱和特性	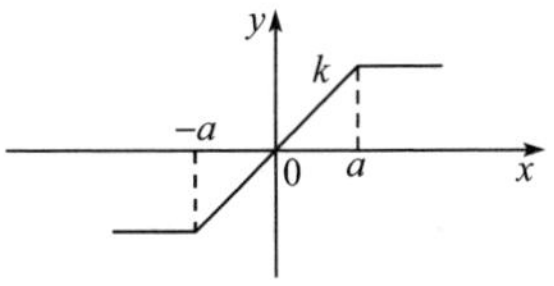	$N(A)=\frac{2k}{\pi}\left[\arcsin\frac{a}{A}+\frac{a}{A}\sqrt{1-\left(\frac{a}{A}\right)^2}\right]\quad(A>a)$ 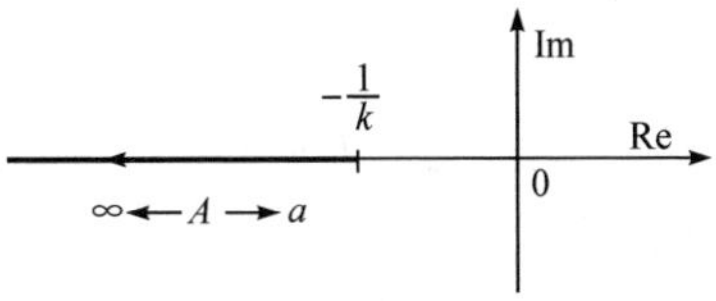
死区特性(一)	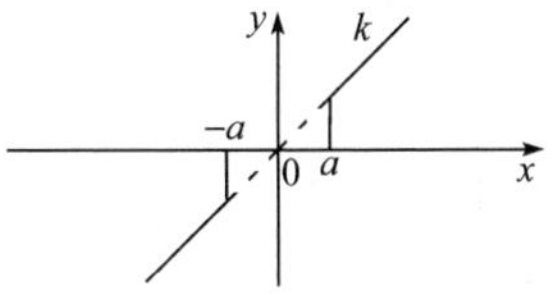	$N(A)=\frac{2k}{\pi}\left[\frac{\pi}{2}-\arcsin\frac{a}{A}+\frac{a}{A}\sqrt{1-\left(\frac{a}{A}\right)^2}\right]\quad(A>a)$ 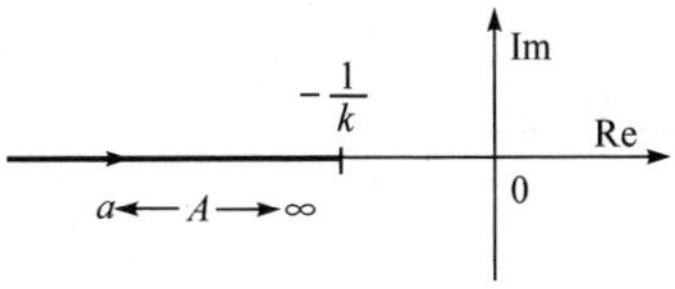
死区特性(二)	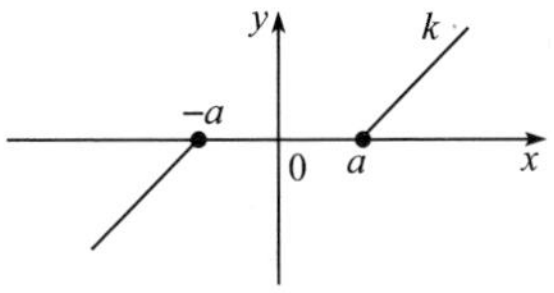	$N(A)=k-\frac{2k}{\pi}\left[\arcsin\frac{a}{A}+\frac{a}{A}\sqrt{1-\left(\frac{a}{A}\right)^2}\right]\quad(A>a)$ 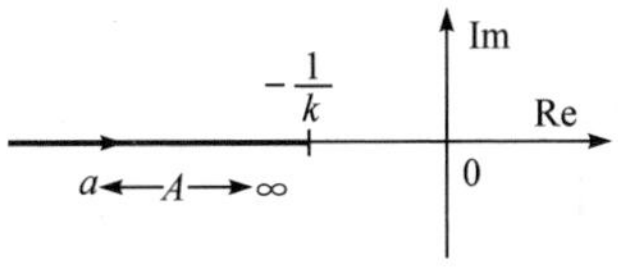
具有死区的饱和特性	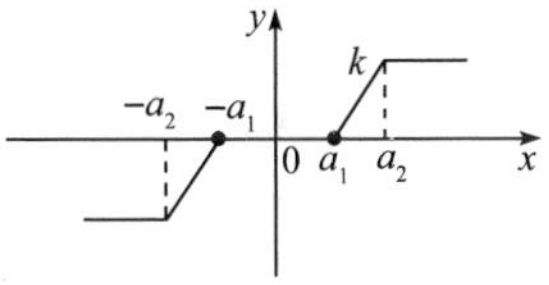	$N(A)=\frac{2k}{\pi}\left[\arcsin\frac{a_2}{A}-\arcsin\frac{a_1}{A}+\frac{a_2}{A}\sqrt{1-\left(\frac{a_2}{A}\right)^2}-\frac{a_1}{A}\sqrt{1-\left(\frac{a_1}{A}\right)^2}\right]\quad(A>a_2)$ 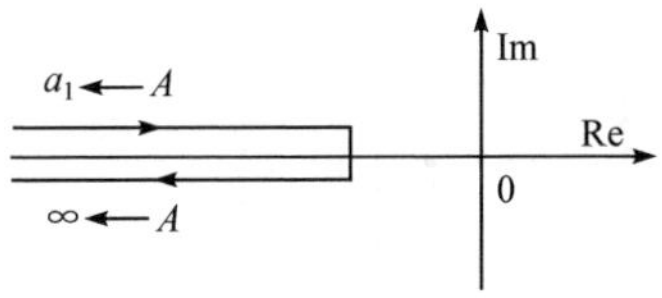

续表

名称	非线性特性	描述函数与$-1/N(A)$轨迹
间隙特性	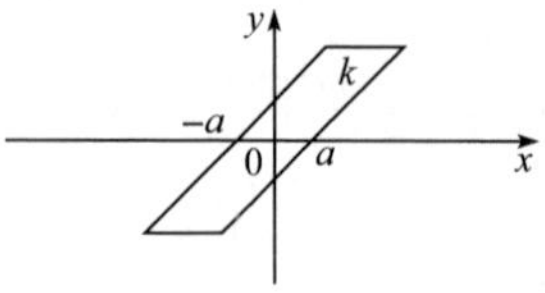	$N(A)=\frac{k}{\pi}\left[\frac{\pi}{2}+\arcsin\left(\frac{A-2a}{A}\right)+\left(\frac{A-2a}{A}\right)\times\sqrt{1-\left(\frac{A-2a}{A}\right)^2}\right]+\mathrm{j}\frac{4k}{\pi}\left[\frac{a(a-A)}{A^2}\right]\quad(A>a)$ 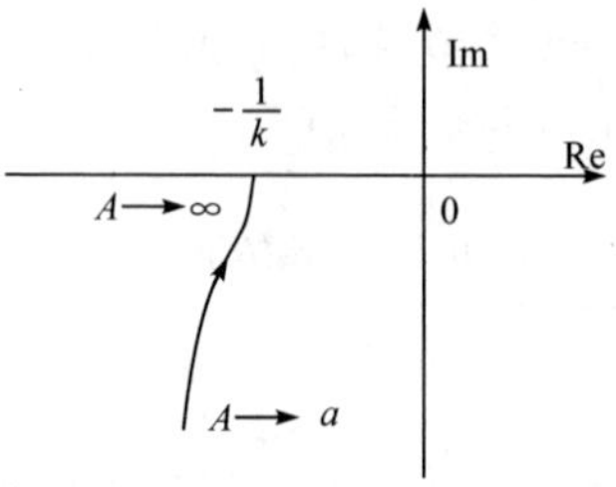
理想继电器特性	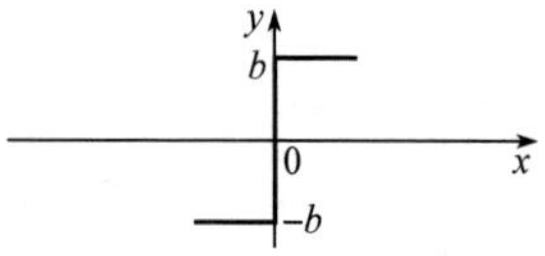	$N(A)=\frac{4b}{\pi A}$ 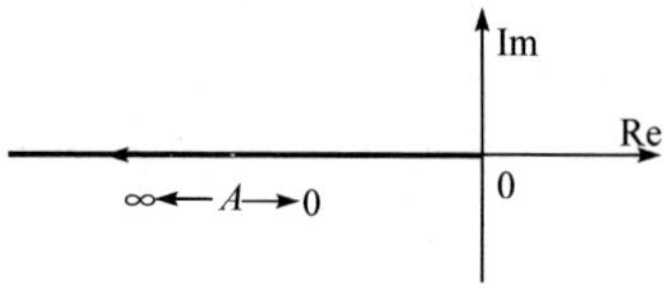
具有死区的继电器特性	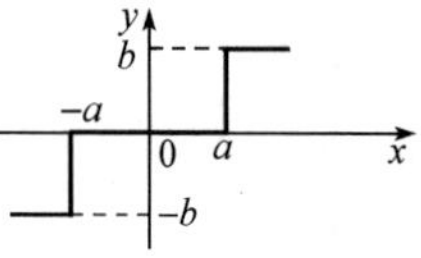	$N(A)=\frac{4b}{\pi A}\sqrt{1-\left(\frac{a}{A}\right)^2}\quad(A>a)$ 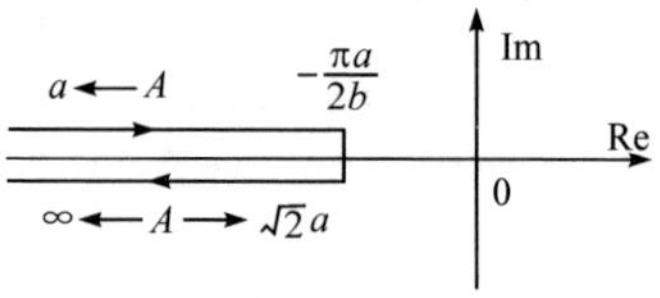
具有滞环的继电器特性	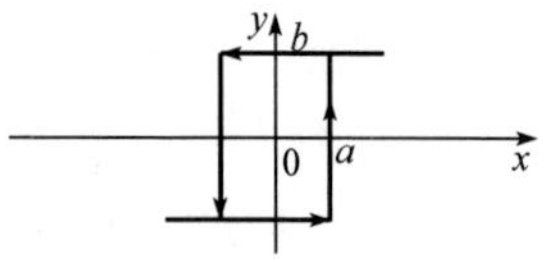	$N(A)=\frac{4b}{\pi A}\left[\sqrt{1-\left(\frac{a}{A}\right)^2}-\mathrm{j}\frac{a}{A}\right]\quad(A>a)$ 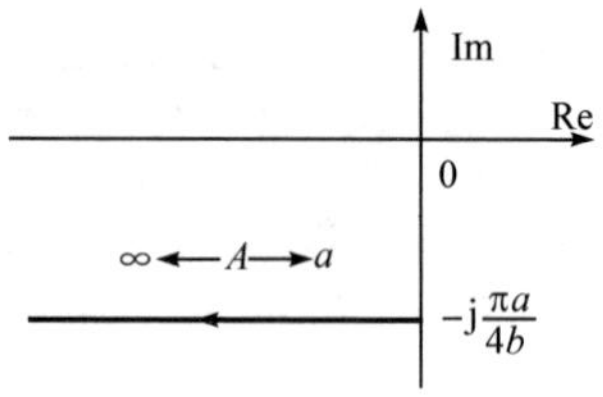
典型继电器特性	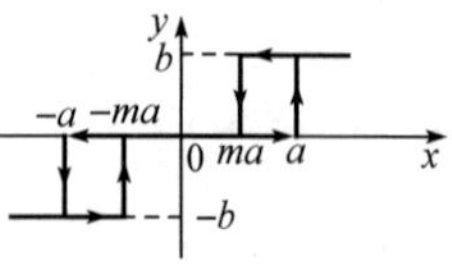	$N(A)=\frac{2b}{\pi A}\left[\sqrt{1-\left(\frac{a}{A}\right)^2}+\sqrt{1-\left(\frac{ma}{A}\right)^2}+\mathrm{j}\frac{a(m-1)}{A}\right]\quad(A>a)$ 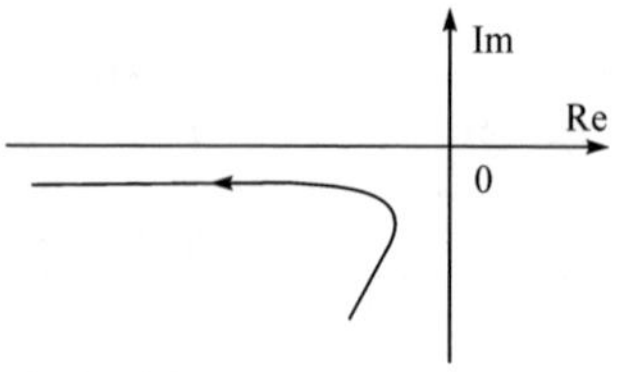

续表

名称	非线性特性	描述函数与$-1/N(A)$轨迹
变增益特性	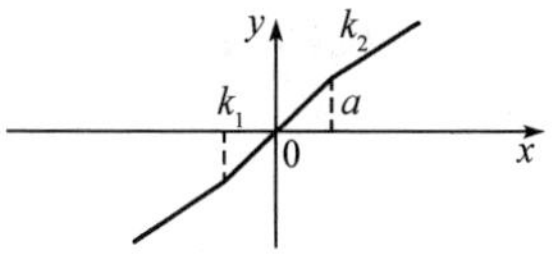	$N(A)=k_2+\frac{2(k_1-k_2)}{\pi}\left[\arcsin\frac{a}{A}+\frac{a}{A}\sqrt{1-\left(\frac{a}{A}\right)^2}\right]$ $(A>a)$ 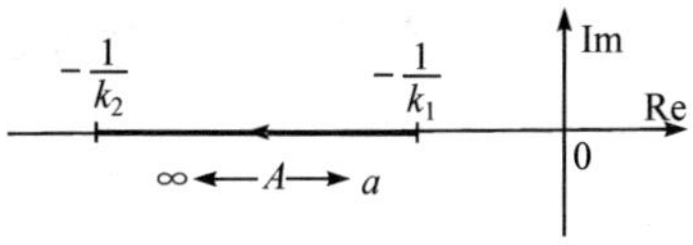
单值非线性	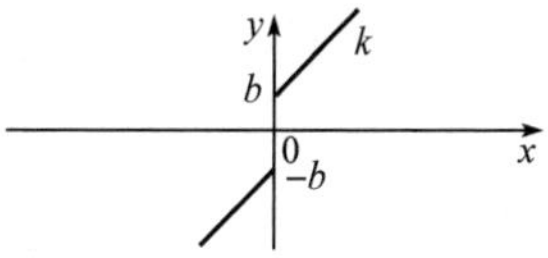	$N(A)=k+\frac{4b}{\pi A}$ 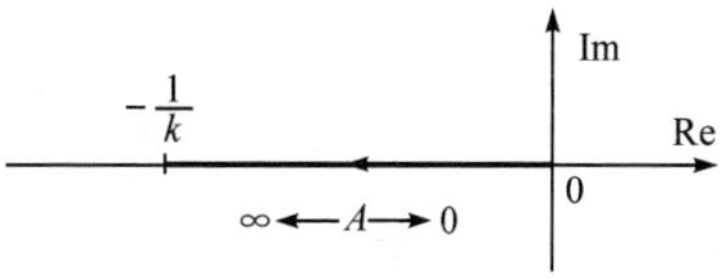
三次曲线	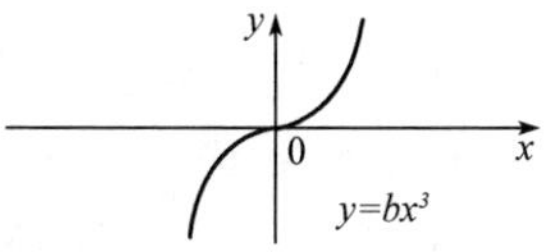	$N(A)=\frac{3}{4}bA^2$ 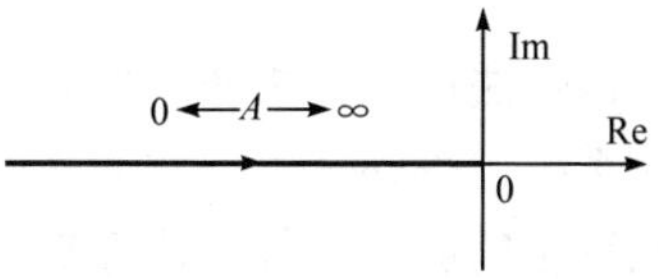

当非线性系统中含有两个或两个以上非线性环节时，应求出等效的非线性特性的描述函数。

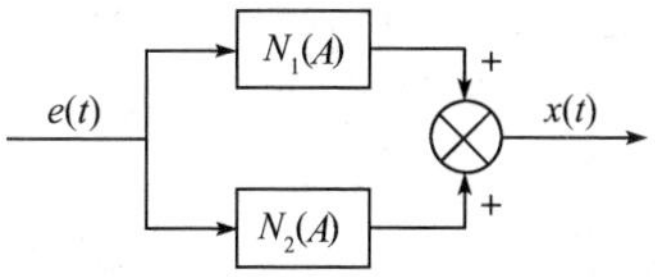

图 6-2-2　非线性环节并联

（1）非线性特性的并联

设系统中有两个非线性环节并联，而且非线性特性都是单值函数，因此它们的描述函数$N_1(A)$和$N_2(A)$都是实函数，见图 6-2-2。当输入$e(t)=A\sin\omega t$时，两个环节输出的基波分量分别为输入信号乘以各自的描述函数，即

$$x_{11}=N_1(A)A\sin\omega t$$
$$x_{21}=N_2(A)A\sin\omega t$$

所以总的描述函数为

$$N(A)=N_1(A)+N_2(A) \tag{6-2-9}$$

当$N_1(A)$和$N_2(A)$是复函数时，结论不变。总之，数个非线性环节并联后，总的描述函数等于各非线性环节描述函数之和。

（2）非线性特性的串联

当两个非线性环节串联时，其总的描述函数不等于两个非线性环节描述函数的乘积，而是需要具体分析。首先要求出这两个非线性环节的等效非线性特性，然后根据等效的非线性特性求总的描述函数，见图 6-2-3。应注意的是，如果两个非线性环节的前后次序调换，等效的非线性特性并不相同，总的描述函数也不一样，这一点与线性环节串联的简化规则明显不同。

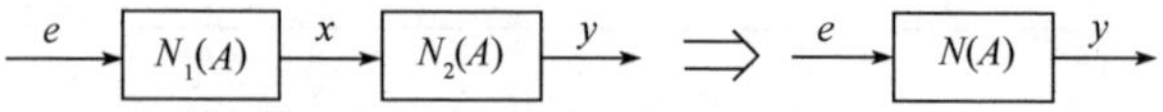

图 6-2-3 非线性环节的串联

图 6-2-4 所示为一个死区非线性环节与一个饱和非线性环节相串联，对于这个串联结构，其等效的非线性环节为一个既有死区又有饱和的非线性特性。

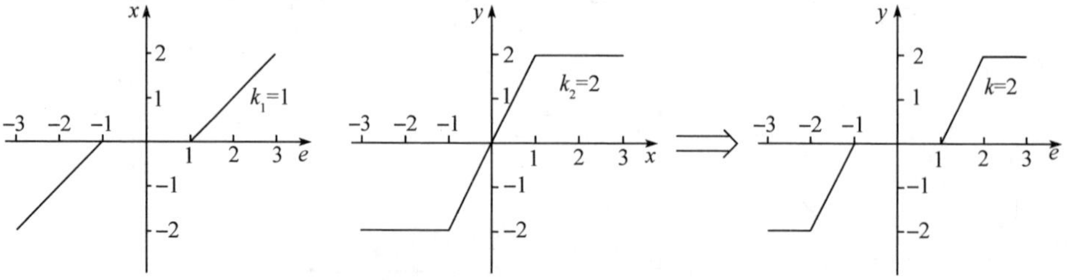

图 6-2-4 两个非线性特性串联及其等效非线性特性

6.2.2 节

6.2.2 用描述函数分析非线性系统的稳定性

应用描述函数法可以分析非线性系统是否稳定，是否产生自持振荡，确定自持振荡的频率与振幅以及对系统进行补偿以消除或减弱自持振荡。当使用描述函数法分析非线性系统时，要把非线性系统化简成一个等效线性部分 $G(s)$ 与等效非线性部分 $N(A)$ 在闭环回路中串联的标准形式。在分析过程中可以令系统的输入 $r(t)=0$，而系统的输出 $c(t)$ 可以看成一个可以简掉的中间变量。这样就使系统结构的化简更为方便，如图 6-2-5 所示，图中 $G(s)=G_1(s)G_2(s)H(s)$。如果有两个或两个以上非线性特性同向并联或者相互串联，则要算出等效非线性特性的描述函数。

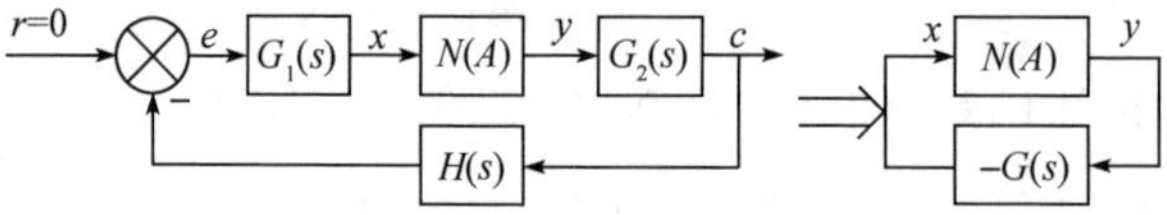

图 6-2-5 非线性系统结构图的化简

1. 非线性系统的稳定性分析

用描述函数法分析非线性系统的稳定性，实际上是线性系统中的 Nyquist 判据在非线性系统中的推广应用。设非线性系统的结构如图 6-2-6 所示。采用描述函数法时，把 $N(A)$ 看成一个数，于是系统的闭环传递函数为

$$\frac{C(s)}{R(s)}=\frac{N(A)G(s)}{1+N(A)G(s)} \tag{6-2-10}$$

系统的特征方程为

$$1+N(A)G(s)=0 \tag{6-2-11}$$

或

$$G(s)=-\frac{1}{N(A)} \tag{6-2-12}$$

其中，$-1/N(A)$称为非线性特性的负倒描述函数。与线性系统相似，对于非线性系统，可以用 $G(\mathrm{j}\omega)$ 曲线和 $-1/N(A)$之间的相对位置来判断稳定性。

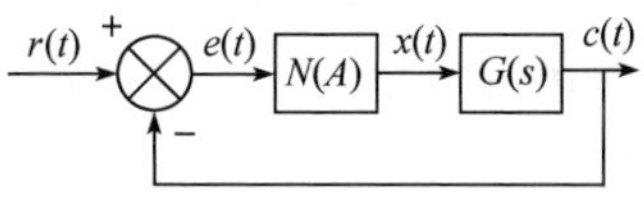

图 6-2-6　非线性系统结构

利用描述函数判别非线性系统的稳定性是在复平面上进行的。首先在复平面上画出$G(\mathrm{j}\omega)$曲线和$-1/N(A)$的轨迹。设 p 为$G(\mathrm{j}\omega)$的正实部极点个数。对于某一点，当 ω 由$-\infty\to+\infty$时，若$G(\mathrm{j}\omega)$逆时针包围该点 p 周，则该点所在区域为稳定区，否则为不稳定区。常见的情况是，复平面以$G(\mathrm{j}\omega)$曲线为界，分为稳定区域和不稳定区域。与线性系统的 Nyquist 稳定判据相类似，当$-1/N(A)$位于稳定区时，系统的零输入响应不断衰减；当$-1/N(A)$位于不稳定区时，系统的响应不断增大。

非线性系统稳定性的判断规则如下：若$-1/N(A)$完全处于稳定区，则系统稳定；若$-1/N(A)$完全处于不稳定区，则系统不稳定。若$G(\mathrm{j}\omega)$与$-1/N(A)$相交，情况较复杂，需进一步分析。

例如，假设非线性系统的线性部分是最小相位系统，所有的零、极点都在 s 平面左半部。该非线性系统稳定性的判断规则如下：

1）如果线性部分的频率特性$G(\mathrm{j}\omega)$不包围$-1/N(A)$的轨迹，如图 6-2-7(a)所示，则非线性系统是稳定的。此时系统的零输入响应将衰减至零。$G(\mathrm{j}\omega)$离$-1/N(A)$越远，系统的相对稳定性越好。

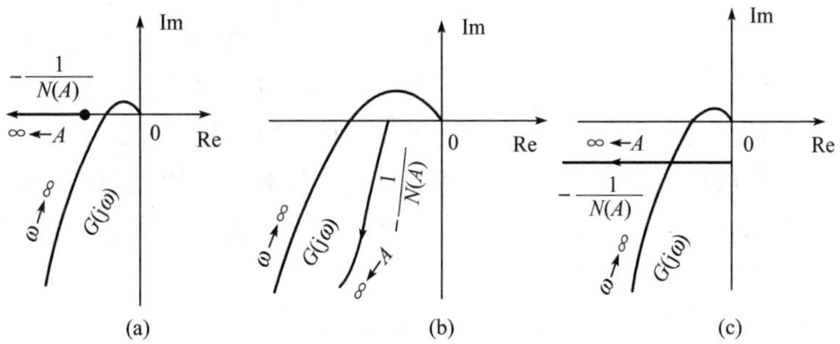

图 6-2-7　非线性系统稳定性分析

2）如果$G(\mathrm{j}\omega)$包围$-1/N(A)$的轨迹，如图 6-2-7(b)所示，则非线性系统不稳定，其响应是发散的，不断增大。

3）如果$G(\mathrm{j}\omega)$曲线与$-1/N(A)$轨迹相交，如图 6-2-7(c)所示，则需要进一步分析。

2. $G(\mathrm{j}\omega)$与$-1/N(A)$相交

如果$G(\mathrm{j}\omega)$与$-1/N(A)$相交，则方程

$$G(\mathrm{j}\omega)=-\frac{1}{N(A)}$$

有解，设交点的解是 ω_0 和 A_0。设非线性环节的输入为 $e(t)=A_0\sin\omega_0 t$。可以分析出此信号经非线性环节、线性环节、比较器，反馈到非线性环节输入端时仍为 $e(t)=A_0\sin\omega_0 t$，这表明系统中可能存在周期运动即等幅振荡。这种周期运动分为稳定和不稳定两种情况。稳定的周期运动，是指系统受到轻微扰动作用偏离原来的运动状态，在扰动消失后又能重新恢复到原来频率和振幅的等幅振荡。稳定的周期运动称为非线性系统的自持振荡。对于不稳定的周期运

动，系统受到轻微扰动作用偏离原来的运动状态，在扰动消失后不能重新恢复到原来频率和振幅的振荡，而是变为收敛、发散或变成另一种稳定的周期运动。不稳定的周期运动在实际中是不可能存在的。

图 6-2-8 中，最小相位环节 $G(j\omega)$ 与 $-1/N(A)$ 有两个交点 a 和 b。a 点对应的频率和振幅为 ω_a 和 A_a，b 点对应的频率和振幅为 ω_b 和 A_b。下面分析它的稳定性和是否产生自持振荡。

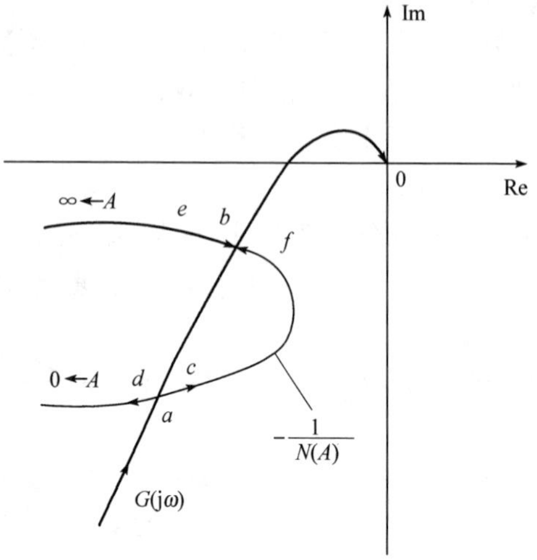

图 6-2-8　自持振荡的分析

假设系统原来工作在 a 点，如果受到一个轻微的外界干扰，至使非线性元件输入振幅 A 增加，则工作点沿着 $-1/N(A)$ 轨迹上 A 增大的方向移到 c 点，由于 c 点被 $G(j\omega)$ 曲线所包围，系统不稳定，响应是发散的。所以非线性元件输入振幅 A 将增大，工作点沿着 $-1/N(A)$ 曲线上 A 增大的方向向 b 点转移。反之，如果系统受到的轻微扰动是使非线性元件的输入振幅 A 减小，则工作点将移到 d 点。由于 d 点不被 $G(j\omega)$ 曲线包围，系统稳定，响应收敛，振荡越来越弱，A 逐渐衰减为零。因此 a 点对应的周期运动不是稳定的，在 a 点不产生自持振荡。

若系统原来工作在 b 点，如果受到一个轻微的外界干扰，使非线性元件的输入振幅 A 增大，则工作点由 b 点移到 e 点。由于 e 点不被 $G(j\omega)$ 所包围，系统稳定，响应收敛，工作点将沿着 A 减小的方向又回到 b 点。反之，如果系统受到轻微扰动使 A 减小，则工作点将由 b 点移到 f 点。由于 f 点被 $G(j\omega)$ 曲线所包围，系统不稳定，响应发散，振荡加剧，使 A 增加。于是工作点沿着 A 增加的方向又回到 b 点。这说明 b 点的周期运动是稳定的，系统在这一点产生自持振荡，振荡的频率为 ω_b，振幅为 A_b。

总之，图 6-2-8 所示系统在非线性环节的正弦输入振幅 $A<A_a$ 时，系统收敛，稳定；当 $A>A_a$ 时，系统产生自持振荡，自持振荡的频率为 ω_b，振幅为 A_b。同样，图 6-2-7(c)的系统有自持振荡。

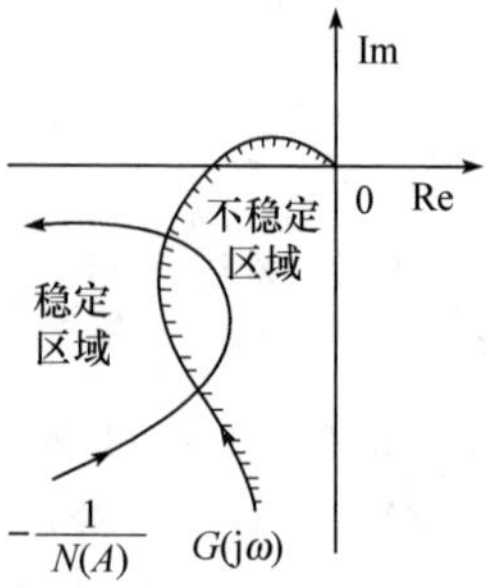

图 6-2-9　周期运动稳定性判别

系统的稳定性与初始条件及输入信号有关，系统可能产生自持振荡，这些正是非线性系统与线性系统的不同之处。

综上所述，判断非线性系统是否有自持振荡的规则是：

若 $G(j\omega)$ 与 $-1/N(A)$ 相交，如图 6-2-9 所示，在交点附近，沿 A 增大的方向，$-1/N(A)$ 由不稳定区进入稳定区，则交点对应自持振荡，频率和振幅分别是交点对应的 $G(j\omega)$ 中的 ω 和 $-1/N(A)$ 中的 A。反之，沿 A 增大的方向，$-1/N(A)$ 由稳定区进入不稳定区，则该交点不产生自持振荡。

参考答案 6

习　题

6-1　将题 6-1 图所示非线性系统简化成在一个闭环回路中非线性特性 $N(A)$ 与等效线性部分 $G(s)$ 相串

联的典型结构，并写出等效线性部分的传递函数。

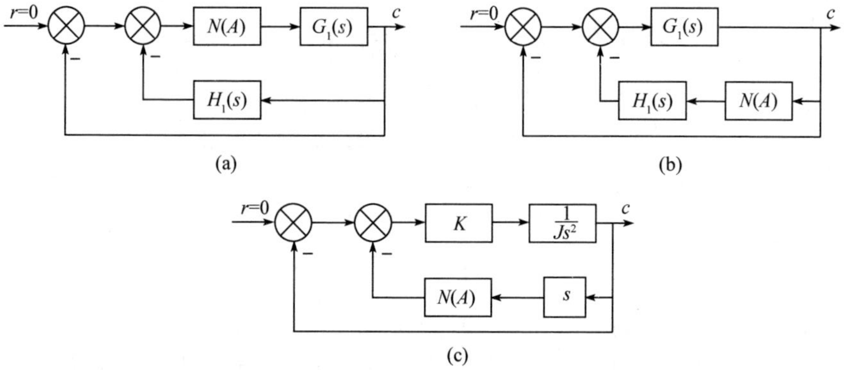

题 6-1 图

6-2 应用描述函数法分析非线性系统时，希望线性部分具有什么样的频率特性？

6-3 与线性系统相比，非线性系统的稳定性有什么特点？

6-4 某非线性控制系统如题 6-4 图所示。求自持振荡的振幅和频率。

6-5 求题 6-5 图所示串联非线性环节的等效非线性特性。

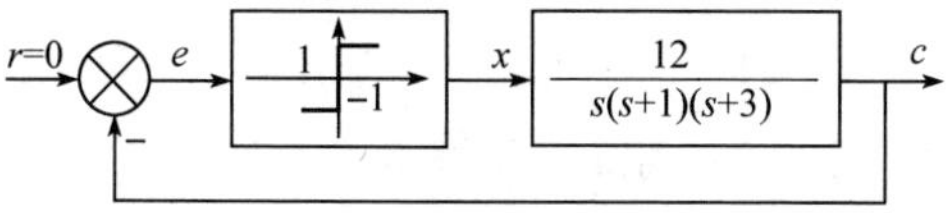

题 6-4 图

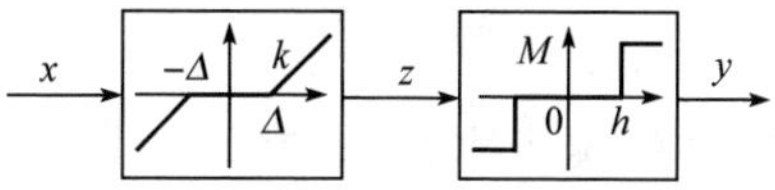

题 6-5 图

6-6 分析题 6-6 图所示非线性系统的稳定性。

6-7 设非线性系统如题 6-7 图所示。已知 $a=0.2$，$b=1$，线性部分的增益 $K=10$，分析系统的稳定性。

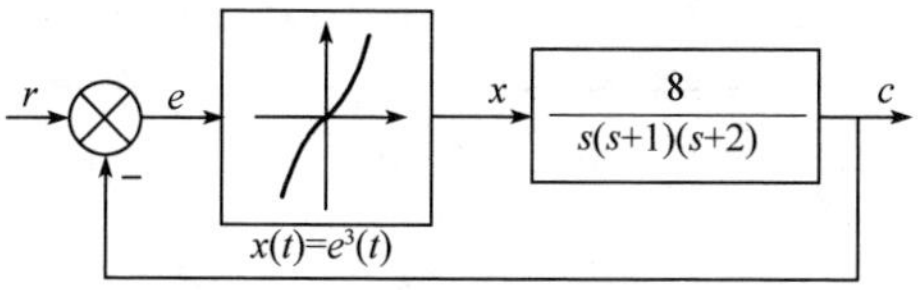

题 6-6 图

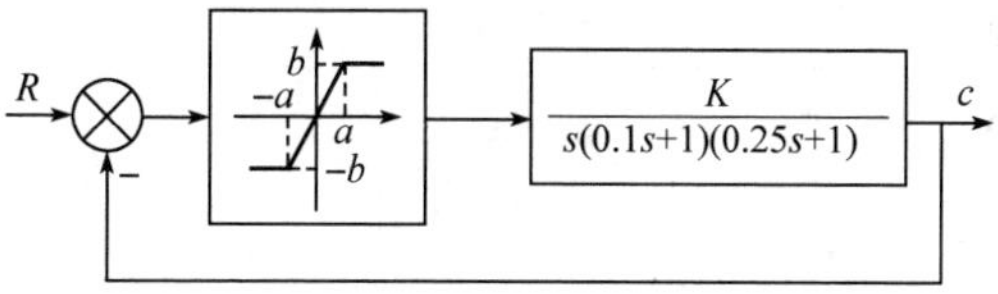

题 6-7 图

6-8 分析题 6-8 图所示非线性系统的稳定性。

6-9 非线性系统如题 6-9 图所示。

(1) 已知 $a=1$，$b=3$，$K=11$，分析系统的稳定性。

(2) 为消除自持振荡，继电器的参数 a 和 b 应如何调整？

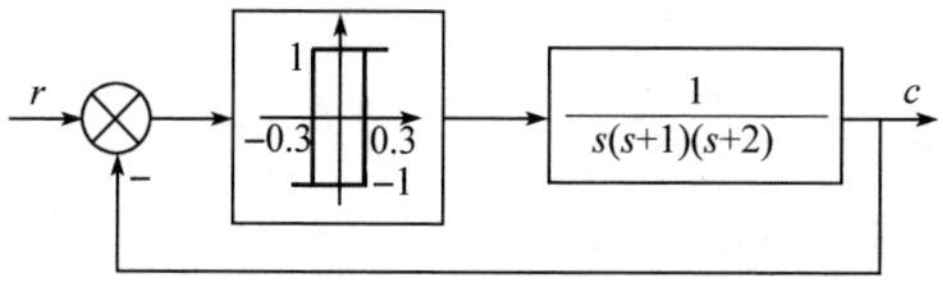

题 6-8 图

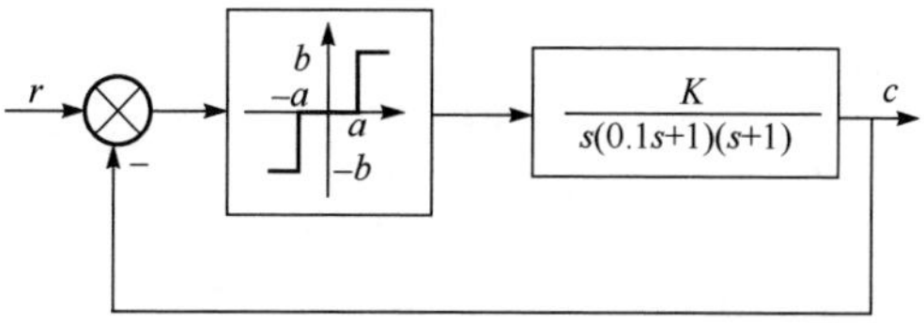

题 6-9 图

6-10 非线性系统如题 6-10 图所示，分析其稳定性。

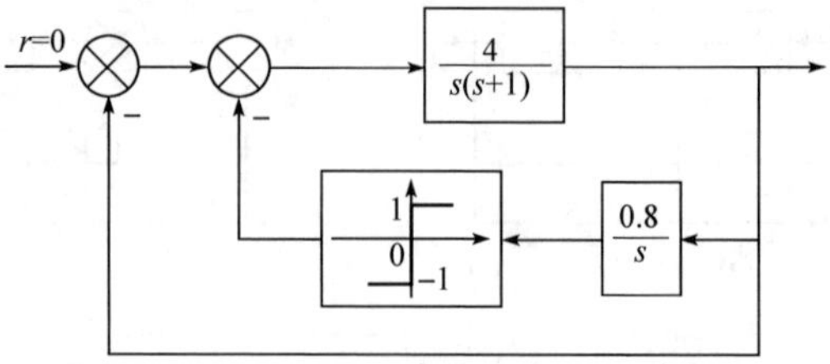

题 6-10 图

6-11 非线性系统如题 6-11 图所示，分析其稳定性。

6-12 非线性系统如题 6-12 图所示，分析其稳定性，若存在自持振荡，求出振幅和频率。

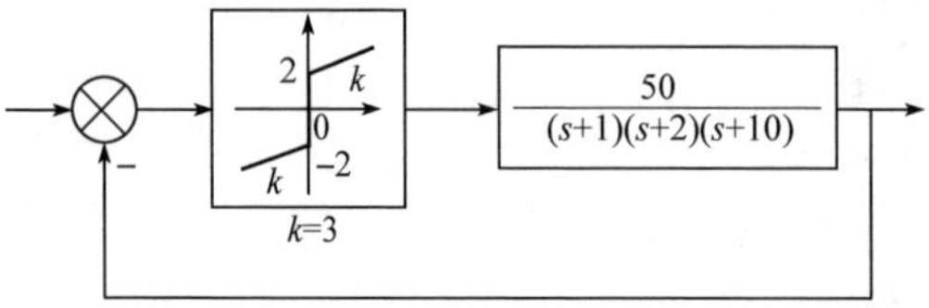

题 6-11 图

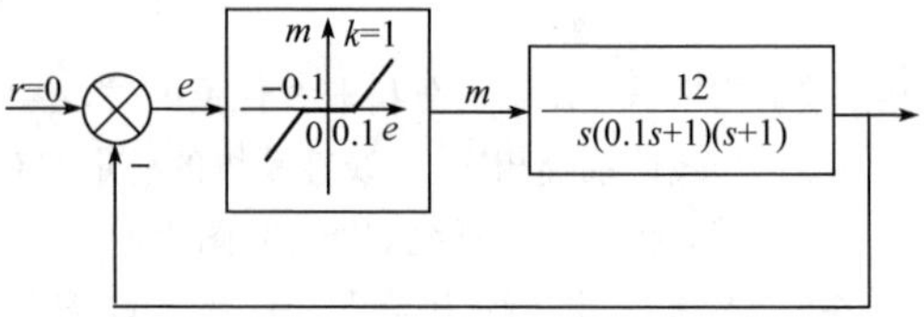

题 6-12 图

6-13 电子振荡器的框图如题 6-13 图所示，为使振荡器产生稳定的自持振荡，饱和特性线性区增益 k 的取值范围是多少？若 $k=0.25$，自持振荡的频率和振幅是多少？

6-14 电子振荡器的框图如题 6-14 图所示。为使振荡器产生稳定的自持振荡，饱和特性线性区增益 k 的取值范围是多少？若 $k=30$，自持振荡的振幅和频率是多少？

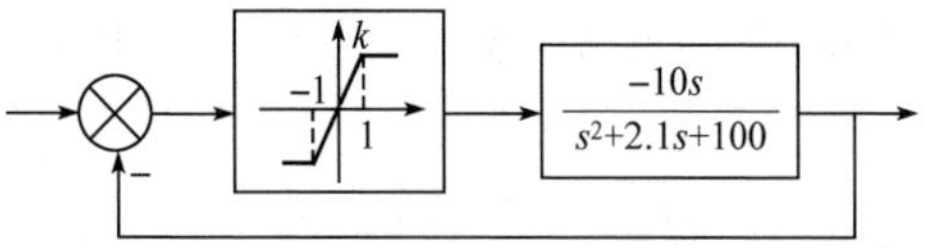

题 6-13 图

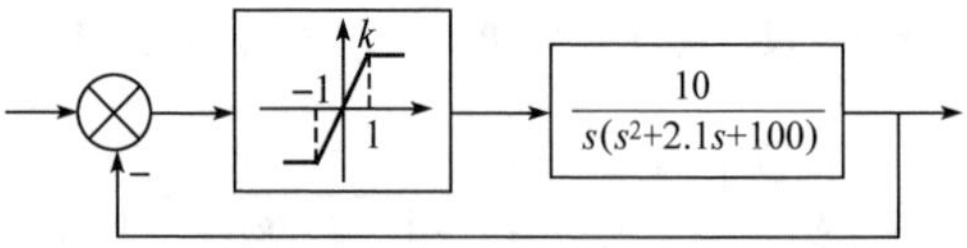

题 6-14 图

第 7 章　计算机控制系统

7.1　计算机控制系统概述

计算机控制系统就是用数字计算机做控制器的自动控制系统。

控制系统中的控制器以前多采用模拟电路(包括电阻、电容、运算放大器等)组成,称为模拟控制器。本书 2.2.4 节及附录 3 给出了模拟控制器常用的补偿网络电路图及传递函数。现在计算机越来越广泛地应用于控制系统中。计算机不但可以完成模拟控制器的功能,还可以实现许多模拟控制器难以实现或不能实现的复杂控制规律。控制系统中的计算机往往工作在工业生产环境或车载、舰载、机载环境,这就要求计算机可靠性高,抗电磁干扰、抗震动、抗冲击能力强。现在广泛应用于计算机控制系统的计算机有各种总线标准(如 ISA 总线)的工业控制计算机,单片计算机,可编程控制器(PLC)和数字信号处理器(DSP)等。

前述各章的控制系统中的变量都是连续时间的函数,它们都属于模拟信号。模拟信号的特点有两个:①它是一种连续时间信号,即在所讨论问题的一个连续时间区域内,除若干个第一类间断点外,函数都有定义;②信号的取值也是连续的。例如一个温度测量元件的测温范围是 0～100℃,输出电压范围是 0～5V。信号的取值可能是 0～5V 间的任何一个电压值。那么,可能的电压值就有无穷多个。

典型的计算机控制系统的功能框图见图 7-1-1(a)。

数字计算机中的信号是数字信号,系统中的模拟信号要转换成对应的数字信号才能进入计算机。这个转换过程称为模/数转换或 A/D 转换,完成这个转换工作的元器件称为模/数转换器或 A/D 转换器。

在计算机内部,数的运算和存储都是采用位数有限的二进制数。由于位数有限,所以能表示的不同数值的个数也是有限的。例如 8 位二进制数可以表示 $2^8=256$ 个不同的数值,16 位的二进制数可以表示 $2^{16}=65536$ 个不同的数值。因此,计算机中数字信号的取值只能是有限个离散的数值。

A/D 转换的过程需要一定时间,计算机控制系统中的 A/D 转换器通常是每隔一段固定的采样周期采样一次,进行一次 A/D 转换。经 A/D 转换后送入计算机的数字信号只在时间的一些离散点上即采样时刻有定义,而在相邻的两个采样时刻之间没有定义。只在时间的一些离散点上有定义的信号称为离散时间信号。控制系统计算机中的数字信号也是一种离散时间信号。

计算机的输出信号如果要控制模拟放大器或具有连续工作状态的控制对象,还需要把数字信号转换成模拟信号。这个转换过程称为数/模转换或 D/A 转换,完成这个转换工作的元器件称为数/模转换器或 D/A 转换器。

在图 7-1-1(a)中,计算机工作在离散状态,控制对象和测量元件工作在模拟状态下。偏差信号 $e(t)$是个模拟信号,经 A/D 转换器转换成离散的数字信号 $e^*(t)$送入计算机。计算机根据这些数字信息按预定的控制规律进行运算,计算机的输出是数字信号 $u^*(t)$,经 D/A 转换器转换成模拟信号 $u_h(t)$,去控制具有连续工作状态的控制对象,以使被控制量 $c(t)$满足性能指标的要求。图 7-1-1(b)是简化的等效框图,其中 A/D 转换器等效地表示为一个采样开关,D/A 转换器表示为一个采样开关和保持器,数字控制器的功能由计算机实现。

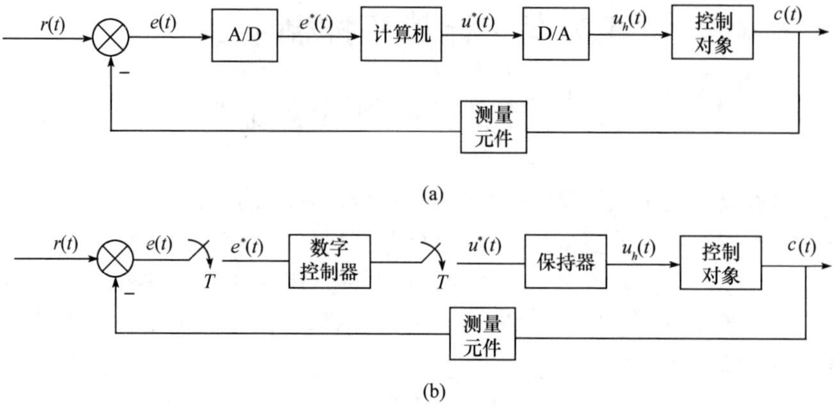

图 7-1-1　计算机控制系统

如果一个系统中的变量有离散时间信号,就把这个系统称为离散时间系统,简称离散系统。如果一个系统中的变量有数字信号,则称这样的系统为数字控制系统。计算机控制系统是最常见的离散系统和数字控制系统。

7.2 节

7.2　A/D 转换与采样定理

7.2.1　A/D 转换

A/D 转换将模拟信号变成数字信号。A/D 转换包括采样、量化和编码三个过程。

采样的过程可以用一个采样开关形象地表示,见图 7-2-1。假设采样开关每隔一定时间 T 闭合一次,T 称为采样周期,采样频率为

$$f_s=\frac{1}{T}$$

而采样角频率为

$$\omega_s=\frac{2\pi}{T}=2\pi f_s$$

采样角频率的单位是 rad/s。

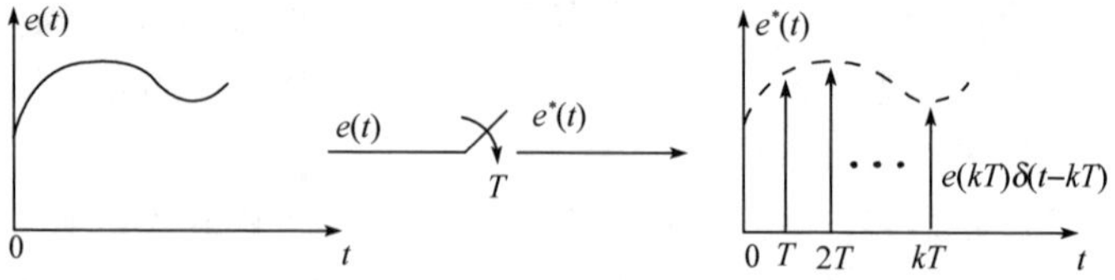

图 7-2-1

经过采样开关之后,连续信号 $e(t)$ 变成离散信号 $e^*(t)$ 见图 7-2-1,表达式为

$$e^*(t)=\sum_{k=0}^{\infty}e(kT)\delta(t-kT) \tag{7-2-1}$$

式中,$e(kT)$ 表示 $e(t)$ 在 kT 时刻的值,$\delta(t-kT)$ 可理解为

$$\delta(t-kT)=\begin{cases}1 & t=kT\\0 & t\neq kT\end{cases}$$

A/D 转换中的量化就是采用有限字长的一组二进制数去表示离散模拟信号的幅值。量化过程采用四舍五入的方法。设 A/D 的字长是 N 位，所要表示的模拟量的最大值是 A_m，$q=\frac{A_m}{2^N}$。量化带来的误差是 $\pm\frac{q}{2}$。A/D 的字长越长，量化所带来的误差也越小。通常系统中 A/D 的字长是足够长的，量化的误差也是足够小，本书不讨论量化误差问题，量化后得到的数字信号序列仍可用式(7-2-1)表示。

编码就是将量化后的数值变成按某种规则编码的二进制数码。常用的编码形式有原码、补码、偏移码、BCD 码等。

A/D 转换器的字长越长，或者说位数越多，则分辨率就越高。8 位及其以下的为低分辨率的，10～16 位属中高分辨率的。

A/D 转换需要一定时间，超过 1ms 的为低速，1μs～1ms 为中速，小于 1μs 的为高速。

7.2.2 采样定理

由数学中的傅里叶(简称傅氏)级数可知，任一信号 $x(t)$ 都可看成是由无穷多个正弦信号分量叠加而成。这些正弦信号的幅值和频率的关系称为信号 $x(t)$ 的频谱。若 $x(t)$ 的拉氏变换式是 $X(s)$，则 $X(\mathrm{j}\omega)$ 就是它的傅氏变换式，也称为频谱函数或频率特性，而 $|X(\mathrm{j}\omega)|$ 则是 $x(t)$ 的频谱。

采样定理(Shannon 定理)：对一个具有有限频谱($-\omega_{\max}<\omega<\omega_{\max}$)的连续信号进行采样，只有当采样角频率 $\omega_s>2\omega_{\max}$(采样频率 $f_s>2f_{\max}$)时，理论上才可能由采样信号准确地再现原来的连续信号。

定理中，$\omega_s>2\omega_{\max}$ 的含义是，对连续信号中的最高频率分量，在其一个周期内要采样 2 次以上。采样次数少，就不可能准确再现原信号。“理论上”指的是，采用后文所说的理想低通滤波器。

下面分析采样前后的信号频谱，并解释采样定理。

设连续信号 $x(t)$ 的频谱 $|X(\mathrm{j}\omega)|$ 是一个带宽有限的连续频谱，其最高角频率为 $\omega_{\max}$，如图 7-2-2(a)所示。设采样周期为 T，采样后的离散信号为

$$x^*(t)=x(t)\sum_{k=0}^{\infty}\delta(t-kT) \tag{7-2-2}$$

数学上可求出 $x^*(t)$ 的复数形式的傅氏级数及其拉氏变换 $X^*(s)$、傅氏变换 $X^*(\mathrm{j}\omega)$ 分别为

$$x^*(t)=\frac{1}{T}\sum_{n=-\infty}^{\infty}x(t)\mathrm{e}^{\mathrm{j}n\omega_s t} \tag{7-2-3}$$

$$X^*(s)=\frac{1}{T}\sum_{n=-\infty}^{\infty}X(s+\mathrm{j}n\omega_s) \tag{7-2-4}$$

$$X^*(\mathrm{j}\omega)=\frac{1}{T}\sum_{n=-\infty}^{\infty}X[\mathrm{j}(\omega+n\omega_s)] \tag{7-2-5}$$

式中，$\omega_s=\frac{2\pi}{T}$ 为采样角频率。于是 $x^*(t)$ 的频谱 $|X^*(\mathrm{j}\omega)|$ 为

$$|X^*(\mathrm{j}\omega)|=\frac{1}{T}\left|\sum_{n=-\infty}^{\infty}X[\mathrm{j}(\omega+n\omega_s)]\right| \tag{7-2-6}$$

可见,采样信号 $x^*(t)$ 的频谱 $|X^*(\mathrm{j}\omega)|$ 是以 ω_s 为周期的无穷多个频谱分量之和,其中 $n=0$ 时的频谱分量 $\frac{1}{T}|X(\mathrm{j}\omega)|$ 称为主频谱分量,其幅值是连续信号 $x(t)$ 频谱的 $\frac{1}{T}$ 倍;其余 $n=\pm1$, ±2,…时的各频谱分量都是由于采样而产生的高频频谱分量。若 $\omega_s>2\omega_{max}$,各频谱分量不会发生重叠,如图 7-2-2(b)所示。理想的低通滤波器(其幅频特性如图 7-2-2 中虚线画出的矩形)可将 $\omega>\frac{1}{2}\omega_s$ 的高频部分全部滤掉,只保留主频谱分量 $\frac{1}{T}|X(\mathrm{j}\omega)|$。离散信号主频谱分量

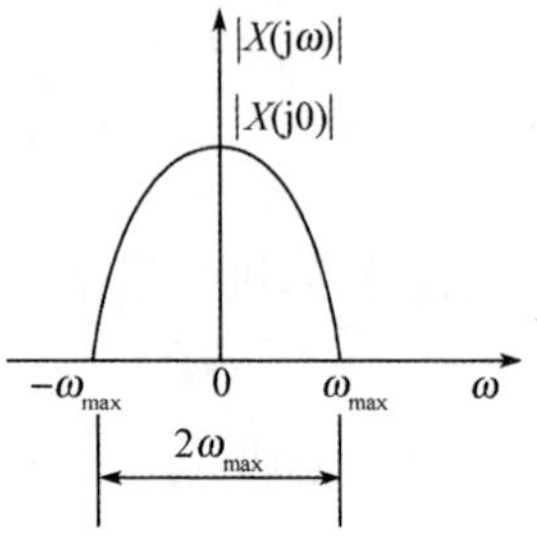

(a) 连续信号$x(t)$的频谱

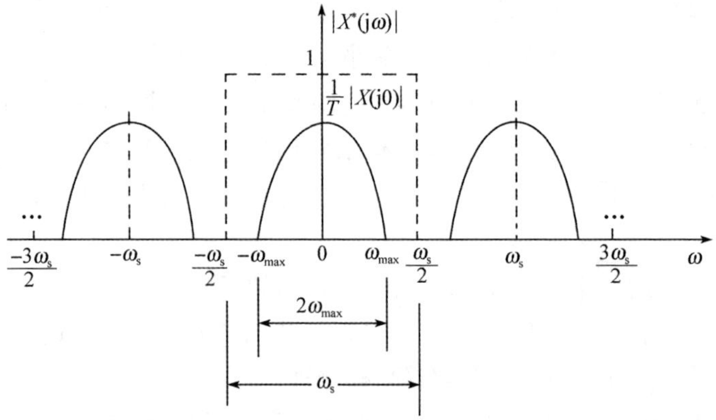

(b) $\omega_s>2\omega_{max}$

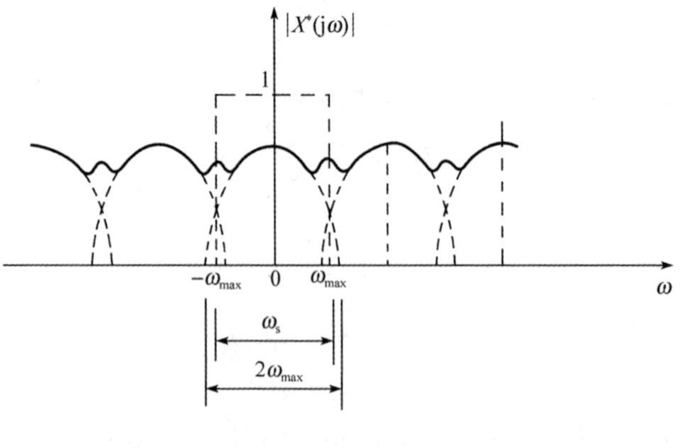

(c) $\omega_s<2\omega_{max}$

图 7-2-2 信号的频谱

与原连续信号频谱只是在幅值上差$\frac{1}{T}$倍，经过一个 T 倍的放大器就可得到原连续信号的频谱 $|X(\mathrm{j}\omega)|$，不失真地恢复原连续信号 $x(t)$。

若 $\omega_s<2\omega_{max}$，不同的频率分量之间将发生重叠，如图 7-2-2(c)所示，称为频率混叠现象。这样，即使有一个理想滤波器滤去高频部分也不能无失真地恢复原来的连续信号 $x(t)$。

可见，采样定理是从获得信号频谱的角度给出了采样频率的最小值。在工程实际中总是取 ω_s 比 $2\omega_{max}$ 大得多。

必须指出，对于实际的非周期连续信号，其频谱中最高频率是无限的，即使采样频率再高也存在频率混叠现象，但一般当频率相当高时，频谱中高频信号的幅值不大，所以常把高频部分幅值较小的长“尾巴”割掉，认为实际信号具有有限的最高频率值。这时，信息的损失不会很大，按照采样定理选择的采样频率也不至太高。这样恢复出的连续信号会有一定失真，但仍能满足工程实际的精度要求。

7.2.3 采样周期的选取

采样定理只是给出了采样周期的最大值。采样周期 T 选得越小，也就是采样角频率 ω_s 选得越高，对系统控制过程的信息了解便越多，控制效果也会越好。但是，采样周期 T 选得过短，将增加不必要的计算负担。反之，采样周期 T 选得过长，又会给控制过程带来较大的误差，降低系统的动态性能，甚至有可能导致系统不稳定。因此采样周期 T 要根据实际情况选择。有时要经过反复试验才能确定。

对于伺服系统，可以利用性能指标选择采样周期。

从频域性能指标看，控制系统的闭环频率特性通常具有低通高衰减的滤波特性。可以近似认为通过系统的信号的最高频率为截止频率 ω_b。伺服系统的开环传递函数的幅值穿越频率 ω_c 与闭环截止频率 ω_b 比较接近，近似地有 $\omega_b\approx\omega_c$。因此，通过伺服系统的信号的最高频率分量可以认为是 ω_c。根据工程实践经验，伺服系统的采样频率 ω_s 可选为

$$\omega_s\approx 10\omega_c \tag{7-2-7}$$

因为 $T=2\pi/\omega_s$，所以采样周期与幅值穿越频率 ω_c 的关系为

$$T=\frac{\pi}{5}\cdot\frac{1}{\omega_c} \tag{7-2-8}$$

从时域性能指标来看，采样周期 T 可根据阶跃响应的上升时间 t_r 和过渡过程时间 t_s 按下列经验公式选取

$$T=\frac{1}{10}t_r \tag{7-2-9}$$

$$T=\frac{1}{40}t_s \tag{7-2-10}$$

即在上升时间 t_r 内，采样 10 次左右，在整个过渡时间 t_s 内，采样 40 次左右。

7.3 D/A 转换

7.3 节

D/A 转换器将数字信号转换成模拟信号。D/A 转换的过程可以看成解码和保持的过程。

解码就是根据 D/A 转换器所采用的编码规则，将数字信号折算成对应的电压或电流值 $x(kT)$。这个电压或电流值仅仅是对应各采样时刻的，而相邻两采样时刻之间的值还没有

确定。

保持就是解决各相邻采样时刻之间的插值问题，将离散时间信号变成连续时间信号。实现保持功能的器件称为保持器。保持器有各种类型，D/A 转换器中一般使用零阶保持器(ZOH)，其传递函数通常记为 $H_0(s)$。零阶保持器是一种具有常值外推功能的保持器。它将采样时刻 kT 时的电压或电流值不增不减地保持到下一个采样时刻 $(k+1)T$ 到来之前。经零阶保持器保持之后，D/A 转换器输出的模拟信号记为 $x_h(t)$，则有

$$x_h(kT+\tau)=x(kT)\quad 0<\tau<T \tag{7-3-1}$$

当下一个采样时刻 $(k+1)T$ 到来时，应保持 $x[(k+1)T]$ 值继续外推。也就是说，任何一个采样时刻的离散信号值只能作为常值保持到下一个相邻的采样时刻到来之前，其保持时间只有一个采样周期。零阶保持器的输出 $x_h(t)$ 为阶梯信号，如图 7-3-1 所示。

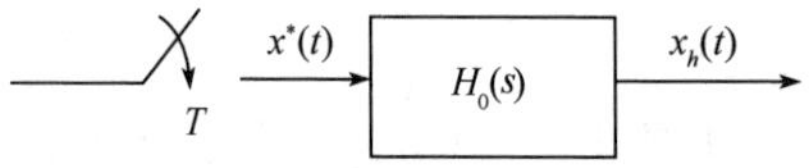

(a)

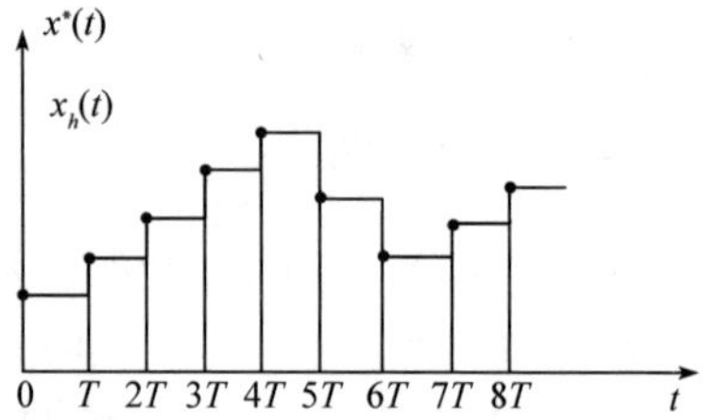

(b)

图 7-3-1 零阶保持器的输出特性

零阶保持器的单位冲激响应 $g_h(t)$ 是一个幅值为 1 持续时间为 T 的矩形脉冲，并可表示为两个阶跃函数之差

$$g_h(t)=1(t)-1(t-T)$$

对 $g_h(t)$ 取拉氏变换，可得零阶保持器的传递函数

$$H_0(s)=\frac{1}{s}-\frac{e^{-Ts}}{s}=\frac{1-e^{-Ts}}{s} \tag{7-3-2}$$

在式(7-3-2)中，令 $s=j\omega$，可得零阶保持器的频率特性为

$$H_0(j\omega)=\frac{1-e^{-j\omega T}}{j\omega}=T\,\frac{\sin\left(\frac{\omega T}{2}\right)}{\frac{\omega T}{2}}e^{-\frac{j\omega T}{2}} \tag{7-3-3}$$

幅频特性为

$$|H_0(j\omega)|=T\left|\frac{\sin\left(\frac{\omega T}{2}\right)}{\frac{\omega T}{2}}\right| \tag{7-3-4}$$

考虑到 $\sin\frac{\omega T}{2}$ 符号的正负，相频特性可写成

$$\angle H_0(j\omega)=-\frac{\omega T}{2}+\theta \tag{7-3-5}$$

$$\theta=\begin{cases}0 & \sin\dfrac{\omega T}{2}>0\\ \pi & \sin\dfrac{\omega T}{2}<0\end{cases}$$

当 $\omega\to 0$ 时幅频特性

$$\lim_{\omega\to 0}|H_0(\mathrm{j}\omega)|=\lim_{\omega\to 0}T\left|\frac{\sin\left(\dfrac{\omega T}{2}\right)}{\dfrac{\omega T}{2}}\right|=T$$

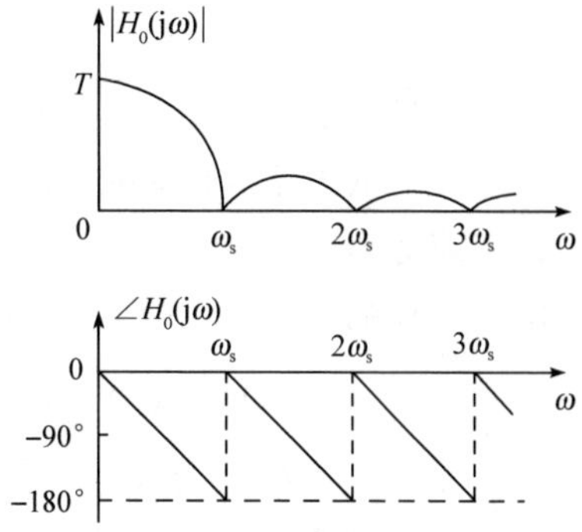

图 7-3-2　零阶保持器的频率特性

零阶保持器的频率特性如图 7-3-2 所示。从幅频特性看,零阶保持器是具有高频衰减特性的低通滤波器,$\omega\to 0$ 时的幅值为 T。从相频特性看,零阶保持器具有负的相角,会对闭环系统的稳定产生不利因素。

零阶保持器相对其他类型的保持器具有实现容易及相位滞后小等优点,是在数字控制系统中应用最广泛的一种保持器。在工程实践中,零阶保持器可用输出寄存器实现,在正常情况下,还应附加模拟滤波器,以有效地滤除高频分量。

7.4　z 变　换

7.4 节

线性连续控制系统可以用拉氏变换的方法进行分析。线性离散系统可以用 z 变换的方法进行分析。z 变换实际上是离散时间信号的拉氏变换的一种变形,它可由拉氏变换导出。

7.4.1　z 变换

设连续时间信号 $x(t)$ 可进行拉氏变换,其像函数为 $X(s)$。考虑到 $t<0$ 时,$x(t)=0$,则 $x(t)$ 经过周期为 T 的等周期采样后,得到离散时间信号

$$x^*(t)=\sum_{k=0}^{\infty}x(kT)\delta(t-kT)$$

对上式表示的离散信号进行拉氏变换,可得到

$$X^*(s)=\sum_{k=0}^{\infty}x(kT)\mathrm{e}^{-kTs} \tag{7-4-1}$$

$X^*(s)$ 称为离散拉氏变换式。因复变量 s 含在指数函数 e^{-kTs} 中不便计算,故引进一个新的复变量 z,即

$$z=\mathrm{e}^{Ts} \tag{7-4-2}$$

将式(7-4-2)代入式(7-4-1),便得到以 z 为变量的函数 $X(z)$,即

$$X(z)=\sum_{k=0}^{\infty}x(kT)z^{-k} \tag{7-4-3}$$

$X(z)$ 称为离散时间函数——脉冲序列 $x^*(t)$ 的 z 变换,记为

$$X(z)=\mathscr{Z}[x^*(t)]$$

z 变换式(7-4-3)表达的仅是连续时间信号在采样时刻上的信息,而不反映采样时刻之间的信息。规定连续时间函数 $x(t)$ 与经采样后得到的相应的采样脉冲序列 $x^*(t)$ 具有相同的 z 变

换，记

$$X(z)=\mathscr{Z}[x^*(t)]=\mathscr{Z}[x(t)]=\mathscr{Z}[X^*(s)]=\mathscr{Z}[X(s)] \tag{7-4-4}$$

从 z 变换的推导可以看出，z 变换是对离散时间信号进行的拉氏变换的一种表示方法。

求 z 变换的方法有许多种，下面介绍常用的 3 种方法。

1. 级数求和法

由 z 变换的定义，将式(7-4-3)展开得到

$$X(z)=x(0)+x(T)z^{-1}+x(2T)z^{-2}+\cdots+x(kT)z^{-k}+\cdots \tag{7-4-5}$$

式(7-4-5)是 z 变换的无穷级数表达形式，称为展开式或开式。显然，只要知道连续时间函数 $x(t)$ 在采样时刻 $kT(k=0,1,2,\cdots)$ 上的采样值 $x(kT)$，便可以写出 z 变换的展开式。展开式有无穷多项，应用时很不方便。如果展开式可简化为一个数学表达式，就称为闭合式或闭式。一些常用函数的 z 变换是可以写成闭式的。

例 7-4-1　求单位阶跃函数 $1(t)$ 的 z 变换。

解　单位阶跃函数 $1(t)$ 在所有采样时刻上的采样值均为 1，即

$$1(kT)=1 \quad k=0,1,2,\cdots$$

根据式(7-4-5)求得

$$X(z)=\mathscr{Z}[1(t)]=1+z^{-1}+z^{-2}+\cdots+z^{-k}+\cdots$$

这是一个等比级数，首项 $a_1=1$，公比 $q=z^{-1}$，当 $|q|=|z^{-1}|<1$ 时，根据无穷递减等比级数的和 S 的计算公式，有

$$X(z)=S=\frac{a_1}{1-q}=\frac{1}{1-z^{-1}}=\frac{z}{z-1}$$

例 7-4-2　求衰减指数 $\mathrm{e}^{-at}(a>0)$ 的 z 变换。

解　衰减指数 $\mathrm{e}^{-at}(a>0)$ 在各采样时刻上的采样值为 $1,\mathrm{e}^{-aT},\mathrm{e}^{-2aT},\mathrm{e}^{-3aT},\cdots,\mathrm{e}^{-kaT},\cdots$，将其代入式(7-4-5)有

$$X(z)=\mathscr{Z}[\mathrm{e}^{-aT}]=1+\mathrm{e}^{-aT}z^{-1}+\mathrm{e}^{-2aT}z^{-2}+\cdots+\mathrm{e}^{-kaT}z^{-k}+\cdots$$

这也是个等比级数，若满足条件 $|\mathrm{e}^{aT}z|>1$，则

$$X(z)=\mathscr{Z}[\mathrm{e}^{-at}]=\frac{1}{1-\mathrm{e}^{-aT}z^{-1}}=\frac{z}{z-\mathrm{e}^{-aT}}$$

例 7-4-3　求理想脉冲序列 $\delta_T(t)=\sum_{k=0}^{\infty}\delta(t-kT)$ 的 z 变换。

解　因为 T 为采样周期，所以

$$x^*(t)=\delta_T(t)=\sum_{k=0}^{\infty}\delta(t-kT)$$

$$X^*(s)=\mathscr{Z}[x^*(t)]=\sum_{k=0}^{\infty}\mathrm{e}^{-kTs}$$

由于 $z=\mathrm{e}^{Ts}$，上式可改写成

$$X(z)=\sum_{k=0}^{\infty}z^{-k}=1+z^{-1}+z^{-2}+\cdots$$

若 $|z|>1$，可将上式写成闭式

$$X(z)=\frac{1}{1-z^{-1}}=\frac{z}{z-1}$$

比较例 7-4-1 和例 7-4-3 可知，若两个脉冲序列在采样时刻的脉冲强度相等，则 z 变换相等。

2. 部分分式法

利用部分分式法求 z 变换时，先求出已知连续函数 $x(t)$ 的拉氏变换 $X(s)$。$X(s)$ 通常是 s 的有理分式，将其展成部分分式之和的形式，使每一部分分式对应简单的时间函数，然后分别求出（或查表）每一项的 z 变换。最后作通分化简运算，求得 $x(t)$ 的 z 变换 $X(z)$。

例 7-4-4 已知连续函数 $x(t)$ 的拉氏变换为 $X(s)=\frac{a}{s(s+a)}$，求其 z 变换。

解 将 $X(s)$ 展成如下部分分式

$$X(s)=\frac{1}{s}-\frac{1}{s+a}$$

对上式逐项求拉氏反变换，得到

$$x(t)=1(t)-\mathrm{e}^{-at}$$

由例 7-4-1 及例 7-4-2 知

$$\mathscr{Z}[1(t)]=\frac{z}{z-1}$$

$$\mathscr{Z}[\mathrm{e}^{-at}]=\frac{z}{z-\mathrm{e}^{-aT}}$$

所以

$$X(z)=\frac{z}{z-1}-\frac{z}{z-\mathrm{e}^{-aT}}=\frac{z(1-\mathrm{e}^{-aT})}{z^2-(1+\mathrm{e}^{-aT})z+\mathrm{e}^{-aT}}$$

3. 留数计算法

若已知连续信号 $x(t)$ 的拉氏变换 $X(s)$ 和它的全部极点 $s_i(i=1,2,\cdots,n)$，可用下列的留数计算公式求 $X(z)$

$$X(z)=\sum_{i=1}^{n}\mathrm{Res}\left[X(s)\frac{z}{z-\mathrm{e}^{sT}}\right]_{s=s_i} \tag{7-4-6}$$

当 $X(s)$ 具有非重极点 s_i 时

$$\mathrm{Res}\left[X(s)\frac{z}{z-\mathrm{e}^{sT}}\right]_{s=s_i}=\lim_{s\to s_i}\left[X(s)\frac{z}{z-\mathrm{e}^{sT}}(s-s_i)\right] \tag{7-4-7}$$

当 $X(s)$ 在 s_i 处具有 r 重极点时

$$\mathrm{Res}\left[X(s)\frac{z}{z-\mathrm{e}^{sT}}\right]_{s=s_i}=\frac{1}{(r-1)!}\lim_{s\to s_i}\frac{\mathrm{d}^{r-1}}{\mathrm{d}s^{r-1}}\left[X(s)\frac{z}{z-\mathrm{e}^{sT}}(s-s_i)^r\right] \tag{7-4-8}$$

例 7-4-5 求连续时间函数 $x(t)=\begin{cases}0 & t<0\\ t & t\geqslant 0\end{cases}$ 的 z 变换。

解 $x(t)$ 的拉氏变换为 $X(s)=\frac{1}{s^2}$，$X(s)$ 有两个 $s=0$ 的极点，即 $s_1=0,r_1=2$

$$X(z)=\frac{1}{(2-1)!}\lim_{s\to 0}\frac{\mathrm{d}}{\mathrm{d}s}\left[\frac{1}{s^2}\frac{z}{z-\mathrm{e}^{sT}}(s-0)^2\right]=\frac{Tz}{(z-1)^2}$$

例 7-4-6 求 $X(s)=\dfrac{s(2s+3)}{(s+1)^2(s+2)}$ 的 z 变换。

解 $X(s)$ 的极点为 $s_{1,2}=-1$(二重极点);$s_3=-2$

$$X(z)=\frac{1}{(2-1)!}\lim_{s\to -1}\frac{\mathrm{d}}{\mathrm{d}s}\left[\frac{s(2s+3)}{(s+1)^2(s+2)}\frac{z}{z-\mathrm{e}^{sT}}(s+1)^2\right]$$

$$+\lim_{s\to -2}\left[\frac{s(2s+3)}{(s+1)^2(s+2)}\frac{z}{z-\mathrm{e}^{sT}}(s+2)\right]$$

$$=\frac{-Tz\mathrm{e}^{-T}}{(z-\mathrm{e}^{-T})^2}+\frac{2z}{z-\mathrm{e}^{-2T}}$$

常用时间函数的 z 变换及相应的拉氏变换见附录 2。

7.4.2 z 变换的基本定理

z 变换有一些基本的定理,可使 z 变换的应用变得简单和方便。由于 z 变换是由拉氏变换导出的,所以这些定理与拉氏变换的基本定理有许多相似之处。

1. 线性定理

若 $X_1(z)=\mathscr{Z}[x_1(t)]$,$X_2(z)=\mathscr{Z}[x_2(t)]$,$X(z)=\mathscr{Z}[x(t)]$,并设 a 为常数或者是与时间 t 及复变量 z 无关的变量,则有

$$\mathscr{Z}[ax(t)]=aX(z) \tag{7-4-9}$$

$$\mathscr{Z}[x_1(t)\pm x_2(t)]=X_1(z)\pm X_2(z) \tag{7-4-10}$$

2. 实数位移定理

实数位移定理又称平移定理,实数位移的含意,是指整个采样序列在时间轴上左右平移若干采样周期,其中向左平移为超前,向右平移为滞后。

设连续时间函数 $x(t)$ 在 $t<0$ 时为零,$x(t)$ 的 z 变换为 $X(z)$,则有

$$\mathscr{Z}[x(t-nT)]=z^{-n}X(z) \tag{7-4-11}$$

$$\mathscr{Z}[x(t+nT)]=z^{n}\left[X(z)-\sum_{k=0}^{n-1}x(kT)z^{-k}\right] \tag{7-4-12}$$

实数位移定理中,式(7-4-11)称为滞后定理;式(7-4-12)称为超前定理。

算子 z 有明显的物理意义,z^{-n} 代表时域中的滞后环节,也称为滞后算子,它将采样信号滞后 n 个采样周期。z^n 代表超前环节,也称超前算子,它将采样信号超前 n 个采样周期。但 z^n 仅用于运算,在实际物理系统中并不存在,因为它不满足因果关系。实数位移定理是一个重要的定理,其作用相当于拉氏变换中的微分和积分定理,可将描述离散系统的差分方程转换为 z 域的代数方程。

3. 初值定理

若 $\mathscr{Z}[x(t)]=X(z)$,且当 $t<0$ 时,$x(t)=0$,则

$$x(0)=\lim_{t\to 0}x^*(t)=\lim_{k\to 0}x(kT)=\lim_{z\to\infty}X(z) \tag{7-4-13}$$

证明 由 z 变换的定义

$$X(z)=\sum_{k=0}^{\infty}x(kT)z^{-k}=x(0)+x(T)z^{-1}+x(2T)z^{-2}+\cdots$$

所以有 $\lim\limits_{z\to\infty}X(z)=x(0)$。

4. 终值定理

若 $\mathscr{Z}[x(t)]=X(z)$，且 $(z-1)X(z)$ 的全部极点都位于 z 平面单位圆之内，则

$$x(\infty)=\lim_{t\to\infty}x(t)=\lim_{k\to\infty}x(kT)=\lim_{z\to 1}(z-1)X(z) \tag{7-4-14}$$

定理中要求 $(z-1)X(z)$ 的全部极点都位于 z 平面单位圆内是 $x(t)$ 的终值为零或常数的条件，若允许在 $t\to\infty$ 时，$x(t)\to\infty$，可把条件放宽为 $(z-1)X(z)$ 有 $z=1$ 的极点。

5. 卷积定理

若 $\mathscr{Z}[x_1(t)]=X_1(z)$，$\mathscr{Z}[x_2(t)]=X_2(z)$，则

$$X_1(z)\cdot X_2(z)=\mathscr{Z}\left[\sum_{m=0}^{\infty}x_1(mT)\cdot x_2(kT-mT)\right]$$

7.4.3 z 反变换

根据 $X(z)$ 求 $x^*(t)$ 或 $x(kT)$ 的过程称为 z 反变换，并记为 $\mathscr{Z}^{-1}[X(z)]$。z 反变换是 z 变换的逆运算。下面介绍求 z 反变换的 3 种常用方法。

1. 长除法

当 $X(z)$ 是 z 的有理分式时，可用长除法求 z 反变换。

设

$$X(z)=\frac{N(z)}{D(z)}=\frac{b_0+b_1z^{-1}+b_2z^{-2}+\cdots+b_mz^{-m}}{a_0+a_1z^{-1}+a_2z^{-2}+\cdots+a_nz^{-n}}\quad n\geqslant m$$

用分子多项式 $N(z)$ 除以分母多项式 $D(z)$，将商按 z^{-1} 的升幂排列有

$$X(z)=\frac{N(z)}{D(z)}=x(0)+x(T)z^{-1}+x(2T)z^{-2}+\cdots+x(kT)z^{-k}+\cdots$$

$x(kT)$ 是 z^{-k} 的系数，于是有

$$\begin{aligned}x^*(t)=&x(0)\delta(t)+x(T)\delta(t-T)+x(2T)\delta(t-2T)+\cdots\\&+x(kT)\delta(t-kT)+\cdots\end{aligned}$$

例 7-4-7 已知 $X(z)=\dfrac{10z}{(z-1)(z-2)}$，求其 z 反变换 $x^*(t)$。

解 $X(z)=\dfrac{10z}{(z-1)(z-2)}=\dfrac{10z}{z^2-3z+2}=\dfrac{10z^{-1}}{1-3z^{-1}+2z^{-2}}$

用分子多项式除以分母多项式：

$$\begin{array}{r|l}
 & 10z^{-1}+30z^{-2}+70z^{-3}+150z^{-4}+\cdots \\
1-3z^{-1}+2z^{-2} & 10z^{-1} \\
 & -\underline{(10z^{-1}-30z^{-2}+20z^{-3})} \\
 & 30z^{-2}-20z^{-3} \\
 & -\underline{(30z^{-2}-90z^{-3}+60z^{-4})} \\
 & 70z^{-3}-60z^{-4} \\
 & -\underline{(70z^{-3}-210z^{-4}+140z^{-5})} \\
 & 150z^{-4}-140z^{-5} \\
 & \cdots\quad\cdots
\end{array}$$

由此得到级数形式的 $X(z)$：

$$X(z)=10z^{-1}+30z^{-2}+70z^{-3}+150z^{-4}+\cdots$$

由 z 变换的定义可知

$x(0)=0$

$x(T)=10$

$x(2T)=30$

$x(3T)=70$

$x(4T)=150$

$\cdots$

因此，脉冲序列 $x^*(t)$ 可写成

$$x^*(t)=10\delta(t-T)+30\delta(t-2T)+70\delta(t-3T)+150\delta(t-4T)+\cdots$$

用长除法要写出 $x(kT)$ 的一般表达式往往比较困难。

2. 部分分式法

这个方法要将 $X(z)$ 展成若干个分式之和，每个分式对应 z 变换表中的一项。考虑到 z 变换表中，所有 z 变换函数在其分子上普遍都有因子 z，所以应先将 $X(z)/z$ 展开为部分分式，然后将所得结果的每一项都乘以 z，得到 $X(z)$ 的部分分式展开式。

设 $X(z)$ 的极点为 $z_1,z_2,\cdots,z_n$，且无重极点，$X(z)/z$ 的部分分式展开式为

$$\frac{X(z)}{z}=\sum_{i=1}^{n}\frac{A_i}{z-z_i}$$

上式两端乘以 z，得到 $X(z)$ 的部分分式展开式

$$X(z)=\sum_{i=1}^{n}\frac{A_i z}{z-z_i}$$

逐项查表求出 $\dfrac{A_i z}{z-z_i}$ 的 z 反变换，然后写出

$$x(kT)=\mathscr{Z}^{-1}\left[\sum_{i=1}^{n}\frac{A_i z}{z-z_i}\right]$$

则脉冲序列 $x^*(t)$ 为

$$x^*(t)=\sum_{k=0}^{\infty}\left[\mathscr{Z}^{-1}\sum_{i=1}^{n}\frac{A_i z}{z-z_i}\right]\delta(t-kT)$$

例 7-4-8 已知 $X(z)=\dfrac{z}{(z+1)(z+2)}$，求 z 反变换 $x^*(t)$。

解

$$\frac{X(z)}{z}=\frac{1}{(z+1)(z+2)}=\frac{1}{z+1}-\frac{1}{z+2}$$

$$X(z)=\frac{z}{z+1}-\frac{z}{z+2}$$

查附录中的 z 变换表可知

$$\mathscr{Z}^{-1}\left[\frac{z}{z+1}\right]=(-1)^k,\quad \mathscr{Z}^{-1}\left[\frac{z}{z+2}\right]=(-2)^k$$

$$\begin{aligned}x^*(t)&=\sum_{k=0}^{\infty}\left[(-1)^k-(-2)^k\right]\cdot\delta(t-kT)\\&=\delta(t-T)-3\delta(t-2T)+7\delta(t-3T)-15\delta(t-4T)+\cdots\end{aligned}$$

3. 留数计算法

用留数计算法求取 $X(z)$ 的 z 反变换，首先求取 $x(kT)$，$k=0,1,2,\cdots$，即

$$x(kT)=\sum \mathrm{Res}[X(z)\cdot z^{k-1}]$$

其中，留数和 $\sum \mathrm{Res}[X(z)\cdot z^{k-1}]$ 可写为

$$\sum \mathrm{Res}[X(z)\cdot z^{k-1}]=\sum_{i=1}^{l}\frac{1}{(r_i-1)!}\frac{\mathrm{d}^{r_i-1}}{\mathrm{d}z^{r_i-1}}[(z-z_i)^{r_i}\cdot X(z)\cdot z^{k-1}]\Big|_{z=z_i}$$

式中，$z_i(i=1,2,\cdots,l)$ 为 $X(z)$ 彼此不相等的极点，彼此不相等的极点数为 l，r_i 为重极点 z_i 的重复个数。

由求得的 $x(kT)$ 可写出与已知像函数 $X(z)$ 对应的原函数——脉冲序列：

$$x^*(t)=\sum_{k=0}^{\infty}x(kT)\cdot\delta(t-kT)$$

例 7-4-9 求 $X(z)=\dfrac{z}{(z-a)(z-1)^2}$ 的 z 反变换。

解 $X(z)$ 中彼此不相同的极点为 $z_1=a$ 及 $z_2=1$，其中 z_1 为单极点，即 $r_1=1$，z_2 为二重极点，即 $r_2=2$，不相等的极点数为 $l=2$。

$$\begin{aligned}x(kT)&=(z-a)\cdot\frac{z}{(z-a)(z-1)^2}\cdot z^{k-1}\Big|_{z=a}\\&\quad+\frac{1}{(2-1)!}\cdot\frac{\mathrm{d}}{\mathrm{d}z}\left[(z-1)^2\cdot\frac{z}{(z-a)(z-1)^2}\cdot z^{k-1}\right]\Bigg|_{z=1}\\&=\frac{a^k}{(a-1)^2}+\frac{k}{1-a}-\frac{1}{(1-a)^2}\qquad k=0,1,2,\cdots\end{aligned}$$

因此有

$$x^*(t)=\sum_{k=0}^{\infty}\left[\frac{a^k}{(a-1)^2}+\frac{k}{1-a}-\frac{1}{(1-a)^2}\right]\cdot\delta(t-kT)$$

上面列举了求取 z 反变换的 3 种常用方法。其中，长除法最简单，但由长除法得到的 z 反变换为开式而非闭式。部分分式法和留数计算法得到的均为闭式。

7.5 z 传递函数

7.5 节

7.5.1 z 传递函数的概念

线性定常开环离散系统如图 7-5-1 所示。$G(s)$ 是连续部分的传递函数，它的输入信号是离散信号 $r^*(t)$，输出信号 $c(t)$ 是连续信号，$c(t)$ 经(虚拟的)同步采样器后得到离散信号 $c^*(t)$。

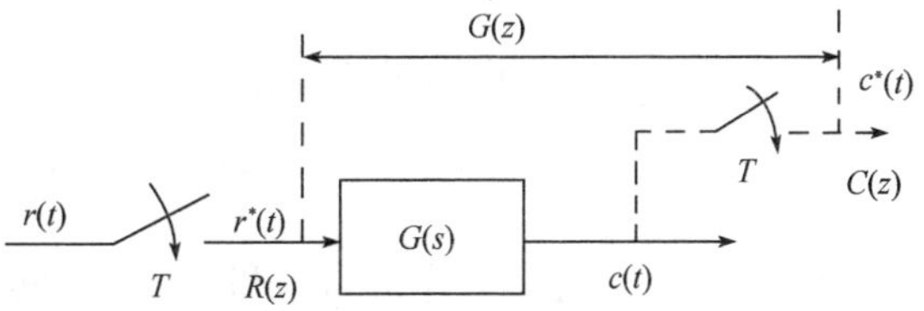

图 7-5-1 线性定常离散系统

在零初始条件下，系统输出量的离散信号的 z 变换与输入离散信号的 z 变换之比，称为系统的 z 传递函数，或称脉冲传递函数，它是线性离散系统常用的数学模型。可以证明，图 7-5-1 所示的传递函数为 $G(s)$ 的系统所对应的 z(脉冲)传递函数 $G(z)$ 就是

连续部分的单位冲激响应 $g(t)$ 的离散信号 $g^*(t)$ 的 z 变换，且有下式存在：

$$G(z)=\frac{\mathscr{Z}[c^*(t)]}{\mathscr{Z}[r^*(t)]}=\frac{C(z)}{R(z)}=\mathscr{Z}[g^*(t)]=\mathscr{Z}[G^*(s)]=\mathscr{Z}[G(s)] \tag{7-5-1}$$

例如，设

$$G(s)=\frac{10}{s(s+10)}=\frac{1}{s}-\frac{1}{s+10}$$

可求得

$$G(z)=\frac{z}{z-1}-\frac{z}{z-\mathrm{e}^{-10T}}=\frac{z(1-\mathrm{e}^{-10T})}{(z-1)(z-\mathrm{e}^{-10T})}$$

对拉氏变换式取 z 变换时，有下述结论可以应用。

(1) 若拉氏变换式含有因子项 e^{-Ts} 时，可将 $\mathrm{e}^{-Ts}=z^{-1}$ 提到 z 变换符号之外。例如

$$\mathscr{Z}[\mathrm{e}^{-Ts}G(s)]=\mathrm{e}^{-Ts}\mathscr{Z}[G(s)]=z^{-1}\mathscr{Z}[G(s)]$$

(2) 若拉氏变换式含有因子项 $(1-\mathrm{e}^{-Ts})$ 时，可将 $(1-\mathrm{e}^{-Ts})=1-z^{-1}$ 提到 z 变换符号之外。例如

$$\mathscr{Z}[(1-\mathrm{e}^{-Ts})G(s)]=(1-\mathrm{e}^{-Ts})\mathscr{Z}[G(s)]=(1-z^{-1})\mathscr{Z}[G(s)]$$

(3) 对拉氏变换式的乘积（其中一些是常规拉氏变换，另一些是离散拉氏变换）取 z 变换时，离散拉氏变换可提到 z 变换符号之外。例如

$$\mathscr{Z}[X^*(s)G_1(s)G_2(s)]=X^*(s)\mathscr{Z}[G_1(s)G_2(s)]=X(z)\mathscr{Z}[G_1(s)G_2(s)]$$

7.5.2 串联环节的脉冲传递函数

离散系统中，n 个环节串联时，串联环节间有无同步采样开关，脉冲传递函数是不相同的。

1. 串联环节间无采样开关

图 7-5-2(a)表示串联环节间无同步采样开关，其脉冲传递函数 $G(z)=C(z)/E(z)$，可由描述连续工作状态的传递函数 $G_1(s)$ 与 $G_2(s)$ 的乘积 $G_1(s)G_2(s)$ 求取，记为

$$G(z)=\mathscr{Z}[G_1(s)G_2(s)]=G_1G_2(z) \tag{7-5-2}$$

上式表明，两个串联环节间无同步采样开关隔离时，脉冲传递函数等于这两个环节传递函数乘积的 z 变换。

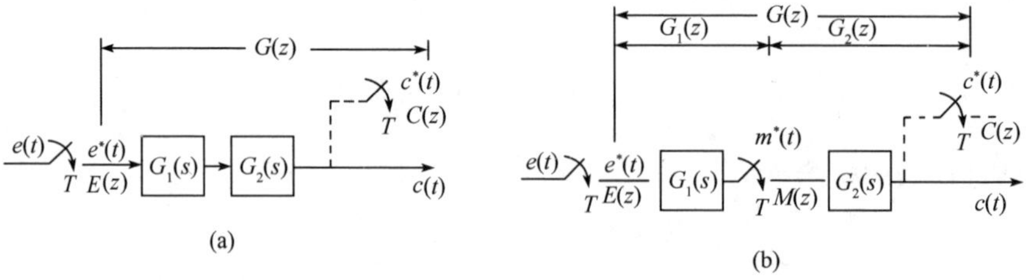

图 7-5-2　串联环节框图

上述结论可以推广到无采样开关隔离的 n 个环节相串联的情况中，即

$$G(z)=\mathscr{Z}[G_1(s)G_2(s)\cdots G_n(s)]=G_1G_2\cdots G_n(z) \tag{7-5-3}$$

例 7-5-1　两串联环节 $G_1(s)$ 和 $G_2(s)$ 之间无同步采样开关，$G_1(s)=\frac{a}{s+a}$，$G_2(s)=\frac{1}{s}$，求串联环节等效的脉冲传递函数 $G(z)$。

解 $$G(z)=G_1G_2(z)=\mathscr{Z}[G_1(s)G_2(s)]=\mathscr{Z}\left[\frac{a}{s(s+a)}\right]$$

$$=\mathscr{Z}\left[\frac{1}{s}-\frac{1}{s+a}\right]=\frac{z}{z-1}-\frac{z}{z-\mathrm{e}^{-aT}}=\frac{z(1-\mathrm{e}^{-aT})}{(z-1)(z-\mathrm{e}^{-aT})}$$

2. 串联环节间有同步采样开关

图 7-5-2(b)表示串联环节间有同步采样开关,有

$$M(z)=G_1(z)E(z),\quad G_1(z)=\mathscr{Z}[G_1(s)]$$

$$C(z)=G_2(z)M(z),\quad G_2(z)=\mathscr{Z}[G_2(s)]$$

于是,脉冲传递函数为

$$G(z)=\frac{C(z)}{E(z)}=G_1(z)G_2(z) \tag{7-5-4}$$

上式表明,有同步采样开关隔开的两个环节串联时,脉冲传递函数等于这两个环节脉冲传递函数的乘积。上述结论可以推广到有同步采样开关隔开的 n 个环节串联的情况,即

$$\begin{aligned}G(z)&=\mathscr{Z}[G_1(s)]\cdot\mathscr{Z}[G_2(s)]\cdots\mathscr{Z}[G_n(s)]\\&=G_1(z)G_2(z)\cdots G_n(z)\end{aligned} \tag{7-5-5}$$

例 7-5-2 两串联环节 $G_1(s)$和 $G_2(s)$之间有同步采样开关,$G_1(s)=\dfrac{a}{s+a}$,$G_2(s)=\dfrac{1}{s}$,求串联环节的脉冲传递函数 $G(z)$。

解 $$G(z)=G_1(z)G_2(z)=\mathscr{Z}[G_1(s)]\cdot\mathscr{Z}[G_2(s)]$$

$$=\mathscr{Z}\left[\frac{a}{s+a}\right]\cdot\mathscr{Z}\left[\frac{1}{s}\right]=\frac{az}{z-\mathrm{e}^{-aT}}\cdot\frac{z}{z-1}=\frac{az^2}{(z-\mathrm{e}^{-aT})(z-1)}$$

综上分析,在串联环节间有无同步采样开关隔离,脉冲传递函数是不相同的。这时,需注意

$$G_1G_2(z)\neq G_1(z)\cdot G_2(z)$$

其不同之处在于零点不同,而极点是一样的。

在图 7-5-2 中(a)和(b)两种情况下,假设前一个环节 $G_1(s)$的输入 $e^*(t)$是相同的。串联环节间有无采样开关,后面一个环节 $G_2(s)$的输入是不同的,无采样开关时,$G_2(s)$的输入是连续信号;有采样开关时,$G_2(s)$的输入是脉冲序列。$G_2(s)$的输入不同,其输出 $c^*(t)$也不相同,输出的 z 变换$C(z)$亦不相同,脉冲传递函数自然不相同。

3. 环节与零阶保持器串联

数字控制系统中通常有零阶保持器与环节串联的情况,如图 7-5-3 所示。零阶保持器的传递函数为 $H_0(s)=\dfrac{1-\mathrm{e}^{-Ts}}{s}$,与之串联的另一个环节的传递函数为 $G_0(s)$。两串联环节之间无同步采样开关隔离。整个环节的传递函数 $G(s)$为

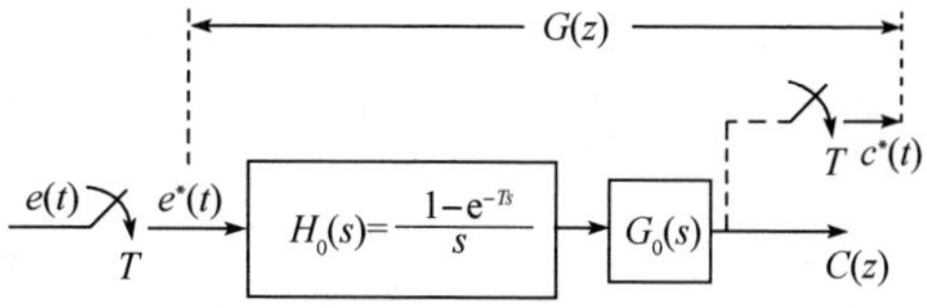

图 7-5-3 零阶保持器与环节串联

$$G(s)=H_0(s)G_0(s)=\frac{1-\mathrm{e}^{-Ts}}{s}G_0(s)=(1-\mathrm{e}^{-Ts})\frac{G_0(s)}{s}$$

故有

$$G(z)=\mathscr{Z}[G(s)]=(1-z^{-1})\mathscr{Z}\left[\frac{G_0(s)}{s}\right] \tag{7-5-6}$$

例 7-5-3 设系统如图 7-5-3 所示，与零阶保持器 $H_0(s)$ 串联的环节为 $G_0(s)=\frac{k}{s(s+a)}$，其中 k 和 a 是常量，求总的脉冲传递函数 $G(z)$。

解

$$\begin{aligned}G(z)&=(1-z^{-1})\mathscr{Z}\left[\frac{k}{s^2(s+a)}\right]\\&=(1-z^{-1})\mathscr{Z}\left[k\left(\frac{1}{as^2}-\frac{1}{a^2s}+\frac{1}{a^2(s+a)}\right)\right]\\&=\frac{k[(aT-1+\mathrm{e}^{-aT})z+(1-\mathrm{e}^{-aT}-aT\mathrm{e}^{-aT})]}{a^2(z-1)(z-\mathrm{e}^{-aT})}\end{aligned}$$

7.5.3 闭环离散系统的脉冲传递函数

图 7-5-4 表示一个闭环离散控制系统。现在求取它的闭环脉冲传递函数 $C(z)/R(z)$。它的开环脉冲传递函数为

$$G(z)=\frac{Y(z)}{E(z)}=G_1G_2H(z) \tag{7-5-7}$$

由图知

$$C(s)=G_1(s)G_2(s)E^*(s)\Rightarrow C(z)=E(z)G_1G_2(z) \tag{7-5-8}$$

$$E(s)=R(s)-Y(s)\Rightarrow E(z)=R(z)-Y(z) \tag{7-5-9}$$

$$Y(s)=E^*(s)G_1(s)G_2(s)H(s)\Rightarrow Y(z)=E(z)G_1G_2H(z)$$

将上式代入式(7-5-9)得

$$E(z)=R(z)-E(z)G_1G_2H(z)\Rightarrow E(z)=\frac{R(z)}{1+G_1G_2H(z)} \tag{7-5-10}$$

上式代入式(7-5-8)得

$$C(z)=\frac{R(z)G_1G_2(z)}{1+G_1G_2H(z)}$$

由此求出输出信号对于参考输入的闭环脉冲传递函数

$$\frac{C(z)}{R(z)}=\frac{G_1G_2(z)}{1+G_1G_2H(z)} \tag{7-5-11}$$

令闭环脉冲传递函数的分母为零，便可得到闭环离散系统的特征方程。图 7-5-4 所示系统的特征方程为

$$1+G_1G_2H(z)=0 \tag{7-5-12}$$

闭环离散系统的结构多种多样，而且并不是每个系统都能写出闭环脉冲传递函数。如果偏差信号不是以离散信号的形式输入到前向通道的第一个环节，则一般写不出闭环脉冲传递函数，只能写出输出的 z 变换的表达式。此时令输出的 z 变换式分母为零就可得到特征方程。表 7-5-1 所列为常见线性离散系统的框图及被控制信号的 z 变换 $C(z)$。

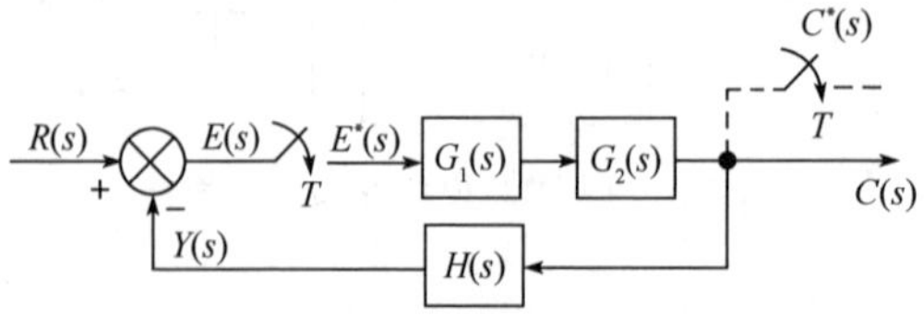

图 7-5-4　闭环离散控制系统

表 7-5-1　常见线性离散系统的框图及被控信号的 z 变换

序号	系统框图	C(z)计算式
1	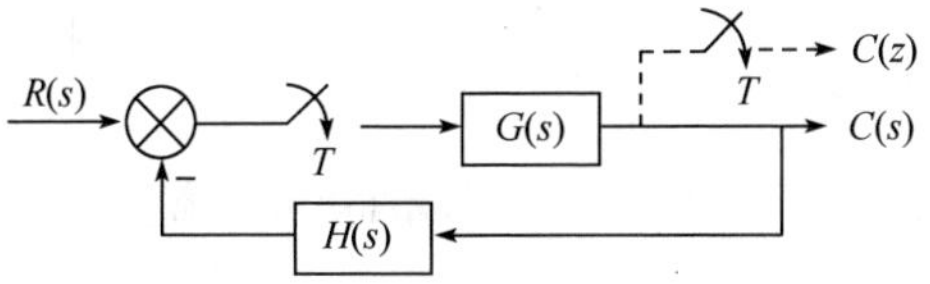	$\dfrac{G(z)\cdot R(z)}{1+GH(z)}$
2	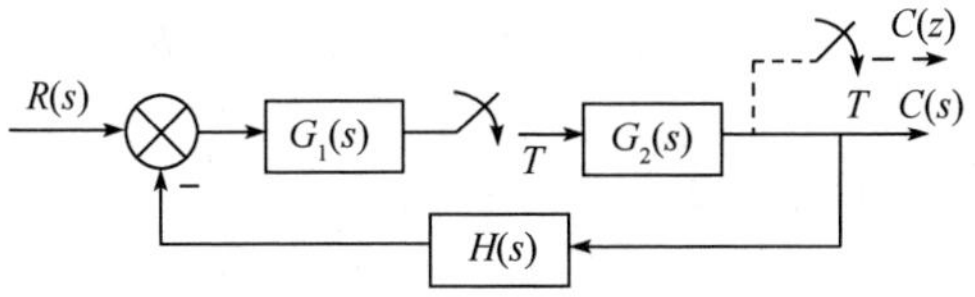	$\dfrac{RG_1(z)\cdot G_2(z)}{1+G_2HG_1(z)}$
3	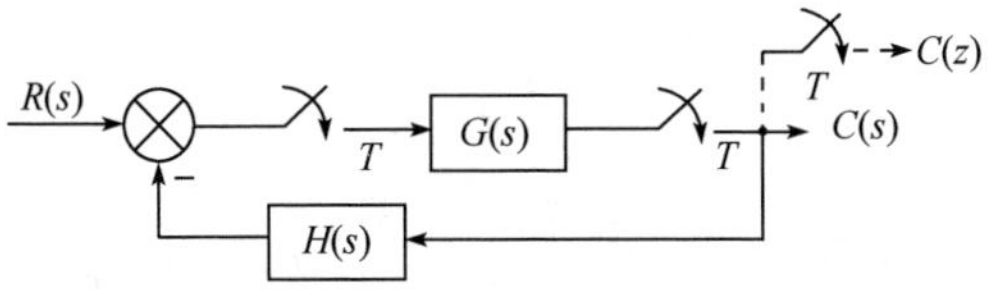	$\dfrac{G(z)\cdot R(z)}{1+G(z)\cdot H(z)}$
4	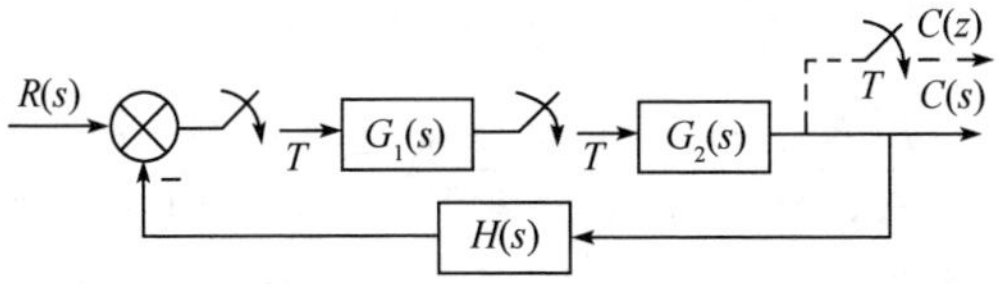	$\dfrac{G_1(z)\cdot G_2(z)\cdot R(z)}{1+G_1(z)G_2H(z)}$
5	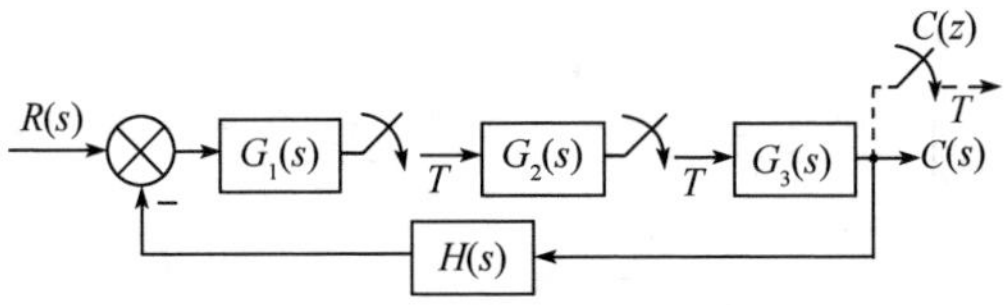	$\dfrac{RG_1(z)\cdot G_2(z)\cdot G_3(z)}{1+G_2(z)G_1G_3H(z)}$
6	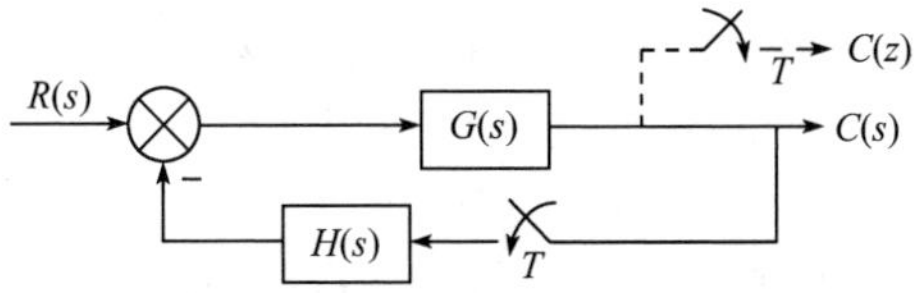	$\dfrac{RG(z)}{1+HG(z)}$
7	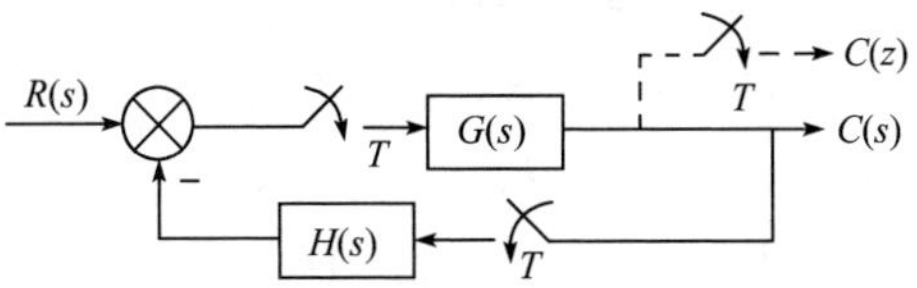	$\dfrac{G(z)\cdot R(z)}{1+G(z)\cdot H(z)}$
8	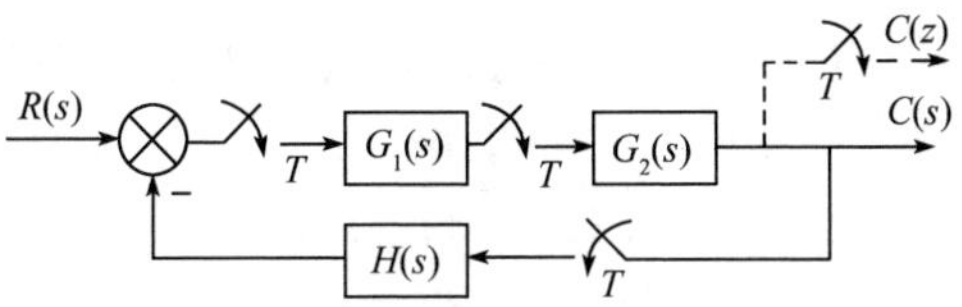	$\dfrac{G_1(z)\cdot G_2(z)\cdot R(z)}{1+G_1(z)\cdot G_2(z)\cdot H(z)}$

例 7-5-4 求图 7-5-5 所示线性离散系统的闭环脉冲传递函数。

偏差传递函数推导

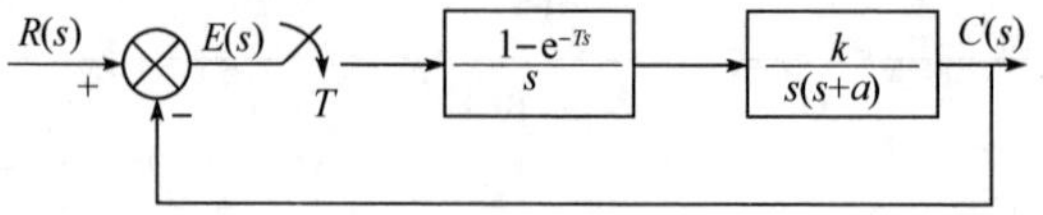

图 7-5-5 例 7-5-4 中的线性离散系统

解 系统开环脉冲传递函数为

$$G(z)=\mathscr{Z}[G(s)]=(1-z^{-1})\mathscr{Z}\left[\frac{1}{s}\cdot\frac{k}{s(s+a)}\right]$$

$$=\frac{k[(aT-1+e^{-aT})z+(1-e^{-aT}-aTe^{-aT})]}{a^2(z-1)(z-e^{-aT})}$$

偏差信号和输出信号对参考输入的闭环脉冲传递函数分别为

$$\frac{E(z)}{R(z)}=\frac{1}{1+G(z)}$$

$$=\frac{a^2(z-1)(z-e^{-aT})}{a^2z^2+[k(aT-1+e^{-aT})-a^2(1+e^{-aT})]z+[k(1-e^{-aT}-aTe^{-aT})+a^2e^{-aT}]}$$

$$\frac{C(z)}{R(z)}=\frac{G(z)}{1+G(z)}$$

$$=\frac{k[(aT-1+e^{-aT})z+(1-e^{-aT}-aTe^{-aT})]}{a^2z^2+[k(aT-1+e^{-aT})-a^2(1+e^{-aT})]z+[k(1-e^{-aT}-aTe^{-aT})+a^2e^{-aT}]}$$

例 7-5-5 线性离散系统的结构如图 7-5-6 所示，求系统输出信号 $c(t)$ 的 z 变换。

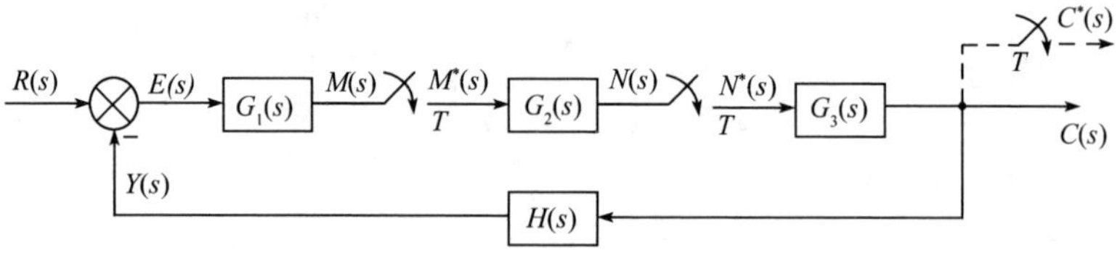

图 7-5-6 例 7-5-5 中的线性离散系统

解 由系统框图可求得

$$C(s)=G_3(s)N^*(s)\Rightarrow C(z)=G_3(z)N(z)$$

$$N(s)=G_2(s)M^*(s)\Rightarrow N(z)=G_2(z)M(z)$$

$$M(s)=G_1(s)E(s)=G_1(s)[R(s)-H(s)G_3(s)N^*(s)]$$

$$=G_1(s)R(s)-G_1(s)H(s)G_3(s)N^*(s)$$

$$\Rightarrow M(z)=G_1R(z)-G_1G_3H(z)N(z)$$

代入以上各式可得

$$N(z)=G_2(z)G_1R(z)-G_2(z)G_1G_3H(z)N(z)$$

$$\Rightarrow N(z)=\frac{G_2(z)G_1R(z)}{1+G_2(z)G_1G_3H(z)}$$

$$\Rightarrow C(z)=\frac{G_2(z)G_3(z)G_1R(z)}{1+G_2(z)G_1G_3H(z)}$$

由图 7-5-6 可见，该系统由于 $R(s)$ 未经采样就输入到 $G_1(s)$，所以，系统的闭环脉冲传递函数是求不出来的。

例 7-5-6 线性离散系统如图 7-5-7 所示，求参考输入 $R(s)$ 和扰动输入 $F(s)$ 同时作用时，系统输出量的 z 变换 $C(z)$。

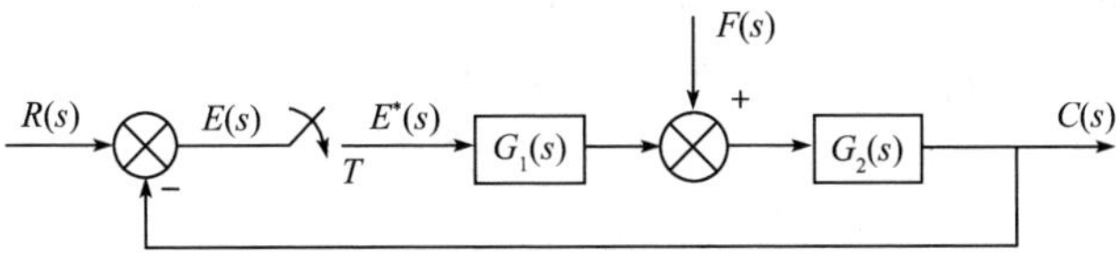

图 7-5-7 例 7-5-6 中的线性离散系统

解 设 $F(s)=0$，$R(s)$ 单独作用，输出为 $C_R(s)$

$$C_R(s)=G_1(s)G_2(s)E^*(s)$$
$$E(s)=R(s)-C_R(s)$$

对上两式取 z 变换，有

$$C_R(z)=G_1G_2(z)E(z)$$
$$E(z)=R(z)-C_R(z)$$

根据以上两式整理得

$$C_R(z)=\frac{G_1G_2(z)}{1+G_1G_2(z)}R(z)$$

设 $R(s)=0$，$F(s)$ 单独作用，输出为 $C_F(s)$

$$C_F(s)=G_2(s)F(s)+G_1(s)G_2(s)E^*(s)$$
$$E(s)=-C_F(s)$$

对上两式取 z 变换，有

$$C_F(z)=G_2F(z)+G_1G_2(z)E(z)$$
$$E(z)=-C_F(z)$$

根据以上两式整理，得到

$$C_F(z)=\frac{G_2F(z)}{1+G_1G_2(z)}$$

当 $R(s)$ 和 $F(s)$ 同时作用时系统输出的 z 变换为

$$C(z)=C_R(z)+C_F(z)=\frac{G_1G_2(z)R(z)}{1+G_1G_2(z)}+\frac{G_2F(z)}{1+G_1G_2(z)}$$

通过以上几个例子，对于线性离散系统的闭环脉冲传递函数和输出量的 z 变换可以得出以下几点结论。

1）如果输入信号未经采样就输入到某个包含零点或极点的连续环节，则求不出闭环脉冲传递函数，只能求出输出量的 z 变换表达式。

2）对于离散系统，即使其他部分相同，只有采样开关的个数或在系统中的位置不同，也是不同的结构形式，其 z 传递函数和输出量的 z 变换表达式都不同。因此离散系统闭环 z 传递函数及输出量的 z 变换表达式的求解要比连续系统复杂。可靠的方法是，先根据框图求出变量间的关系式，再消去中间变量，得到所要的 z 传递函数或 z 变换表达式。

3）闭环 z 传递函数确实存在时，它和对应的连续系统的表达式很相似，有相同的组成与结构。这时可以借用连续系统的梅森增益公式求解，但一定要小心。方法是，先按连续系统的情况写出传递函数的拉氏变换表达式，然后将各个拉氏变换表达式改写成对应的 z 变换式。关键是，对几个环节（包括输入量）的乘积取 z 变换时，对于未经采样开关而直接连在一起的环节，一定要先做乘积，再取 z 变换。对于被采样开关分开的环节，先分别取 z 变换再做乘积，当闭环 z 传递函数不存在时，用这种方法求输出量的 z 变换式偶尔有可能出错。

4）如果输出变量是连续信号，可认为是在闭环回路外设一个虚拟的采样开关。

5）若连续系统的闭环传递函数为 $\Phi(s)$，加入采样开关变成离散系统后，闭环脉冲传递函数为 $\Phi(z)$，则一般有 $\Phi(z)\neq\mathscr{Z}[\Phi(s)]$。

7.6节

7.6 线性离散系统的稳定性

线性离散系统的数学模型是建立在 z 变换基础上的。为了在 z 平面上分析线性离散系统的稳定性，首先要弄清 s 平面与 z 平面之间的映射关系。

7.6.1 s 平面到 z 平面的映射关系

定义 z 变换时，规定复变量 s 与复变量 z 的转换关系为

$$z=e^{Ts} \tag{7-6-1}$$

式中，T 为采样周期。

$$s=\sigma+j\omega$$

代入式(7-6-1)中得到

$$z=e^{(\sigma+j\omega)T}=e^{\sigma T}\cdot e^{j\omega T}=|z|e^{j\omega T}$$

于是得到 s 平面到 z 平面的基本映射关系式为

$$|z|=e^{\sigma T},\quad \angle z=\omega T$$

由上式可见，s 平面的 $\sigma=0$ 对应 z 平面的 $|z|=1$，即单位圆。如图 7-6-1 所示。当 s 从 s 平面虚轴的 $-j\infty$ 变到 $+j\infty$ 时，z 在 z 平面上将按逆时针方向沿单位圆转过无穷多圈。因此，s 平面的虚轴在 z 平面的映像为单位圆。

在 s 平面左半部，复变量 s 的实部 $\sigma<0$，因此 $|z|<1$。这样，s 平面的左半部映射到 z 平面单位圆内部。同时，s 平面的右半部 $\sigma>0$，在 z 平面的映像为单位圆外部区域。

从对 s 平面与 z 平面映射关系的分析可见，s 平面上的稳定区域左半 s 平面在 z 平面上的映像是单位圆内部区域，这说明，在 z 平面上，单位圆之内是 z 平面的稳定区域，单位圆之外是 z 平面的不稳定区域。z 平面上单位圆是稳定区域和不稳定区域的分界线。

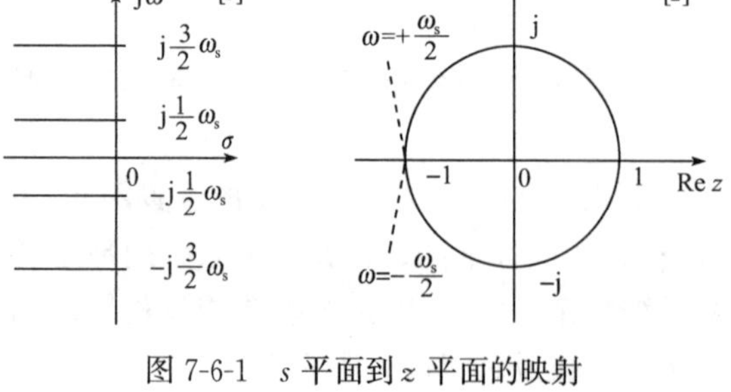

图 7-6-1　s 平面到 z 平面的映射

s 平面左半部可以分成宽度为 ω_s，频率范围为 $\frac{2n-1}{2}\omega_s\sim\frac{2n+1}{2}\omega_s$（$n=0,\pm1,\pm2,\cdots$）平行于横轴的无数多条带域，每一个带域都映射为 z 平面的单位圆内的圆域。其中 $-\frac{1}{2}\omega_s<\omega<\frac{1}{2}\omega_s$ 的带域称为主频带，其余称为次频带。

7.6.2 线性离散系统稳定的充要条件

设闭环线性离散系统的特征方程的根，或闭环脉冲传递函数的极点为 $z_1, z_2, \cdots, z_n$，则线性离散系统稳定的充要条件为

线性离散系统的全部特征根 $z_i(i=1,2,\cdots,n)$ 都分布在 z 平面的单位圆之内，或者说全部特征根的模都必须小于 1，即 $|z_i|<1(i=1,2,\cdots,n)$。

例 7-6-1 一线性离散系统闭环脉冲传递函数为

$$\frac{C(z)}{R(z)}=\frac{0.368z+0.264}{z^2-z+0.632}$$

判断系统的稳定性。

解 该线性离散系统的特征方程为

$$z^2-z+0.632=0$$

特征根为

$$z_{1,2}=\frac{1\pm\sqrt{1-4\times 0.632}}{2}=0.5\pm \mathrm{j}0.618$$

该系统的两个特征根 z_1 和 z_2 是一对共轭复根，模是相等的，即

$$|z_1|=|z_2|=\sqrt{0.5^2+0.618^2}=0.795<1$$

由于两个特征根 z_1 和 z_2 都分布在 z 平面单位圆之内，所以该系统是稳定的。

这个例子中的离散系统是一个二阶系统，只有两个特征根，求根比较容易，如果是一个高阶离散系统，求根就比较麻烦。

对于二阶系统，利用下述朱利稳定判据较简单。设特征方程是 $D(z)=z^2+az+b=0$，则稳定的充要条件为

朱利判据说明

$$D(1)>0,\quad D(-1)>0,\quad |D(0)|<1 \tag{7-6-2}$$

7.6.3 劳斯稳定判据

在线性离散系统中，判断稳定性需要判别特征方程的根是否在 z 平面的单位圆之内。因此不能直接将劳斯判据应用于以复变量 z 表示的特征方程。为了在线性离散系统中应用劳斯判据，则需要引用一个新的坐标变换，将 z 平面的稳定区域映射到新平面的左半部。采用 w 变换，将 z 平面上的单位圆内，映射为 w 平面的左半部。为此令

$$z=\frac{w+1}{w-1} \tag{7-6-3}$$

则有

$$w=\frac{z+1}{z-1} \tag{7-6-4}$$

w 变换是一种可逆的双向变换，变换式是比较简单的代数关系，便于应用。由 w 变换所确定的 z 平面与 w 平面的映射关系如图 7-6-2 所示。上述映射关系不难从数学上证明。为此分别设复变量 z 和 w 为

$$z=x+\mathrm{j}y \tag{7-6-5}$$

$$w=u+\mathrm{j}v \tag{7-6-6}$$

将式(7-6-5)和式(7-6-6)代入式(7-6-4)有

$$w=u+\mathrm{j}v=\frac{(x^2+y^2)-1}{(x-1)^2+y^2}-\mathrm{j}\frac{2y}{(x-1)^2+y^2} \tag{7-6-7}$$

注意到 $x^2+y^2=|z|^2$，由式(7-6-7)可知：

当$|z|=\sqrt{x^2+y^2}=1$时，$u=0$，$w=\mathrm{j}v$，即 z 平面的单位圆映射为 w 平面上的虚轴。

当$|z|=\sqrt{x^2+y^2}>1$时，$u>0$，即 z 平面单位圆外映射为 w 平面的右半部。

当$|z|=\sqrt{x^2+y^2}<1$时，$u<0$，即 z 平面单位圆内映射为 w 平面的左半部。

应指出，w 变换是线性变换，映射关系是一一对应的。z 的有理多项式经过 w 变换之后，可得到 w 的有理多项式。以 z 为变量的特征方程经过 w 变换之后，变成以 w 为变量的特征方程，仍然是代数方程。系统特征方程经过 w 变换之后，就可以应用劳斯判据来判断线性离散系统的稳定性。

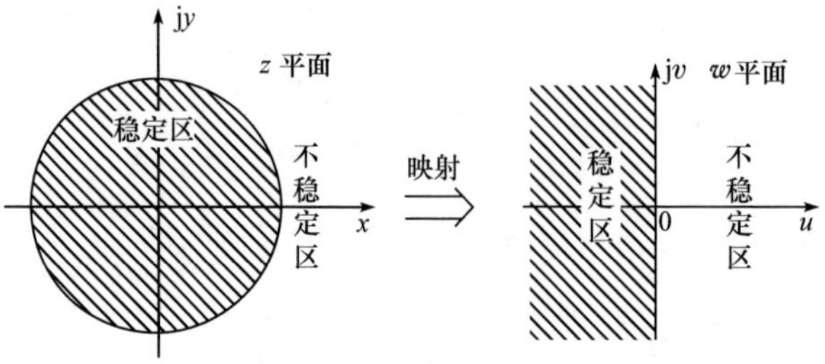

图 7-6-2　z 平面到 w 平面的映射

例 7-6-2　一线性离散系统的闭环脉冲传递函数为

$$\frac{C(z)}{R(z)}=\frac{0.368z+0.264}{z^2-z+0.632}$$

用劳斯判据判断系统的稳定性。

解　系统的特征方程为

$$z^2-z+0.632=0$$

将 $z=\dfrac{w+1}{w-1}$代入上式有

$$\left(\frac{w+1}{w-1}\right)^2-\left(\frac{w+1}{w-1}\right)+0.632=0$$

经整理后可得到以 w 为变量的特征方程

$$0.632w^2+0.736w+2.632=0$$

由此可列出劳斯表：

w^2	0.632	2.632
w^1	0.736	
w^0	2.632	

由劳斯表可以看出，这个系统是稳定的，与例 7-6-1 中的结论相同。

例 7-6-3　线性离散系统的框图如图 7-6-3 所示，试分析当 $T=0.5\mathrm{s}$ 和 $T=1\mathrm{s}$ 时增益 k 的临界值。

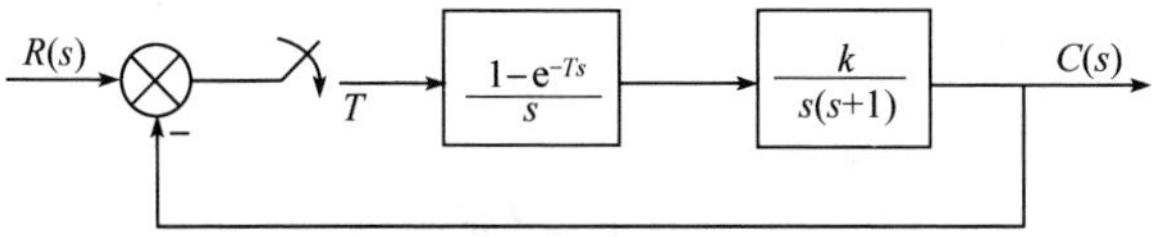

图 7-6-3 例 7-6-3 中的离散系统

解 系统的闭环脉冲传递函数为

$$\frac{C(z)}{R(z)}=\frac{k[(T-1+\mathrm{e}^{-T})z+(1-\mathrm{e}^{-T}-T\mathrm{e}^{-T})]}{z^2+[k(T-1+\mathrm{e}^{-T})-(1+\mathrm{e}^{-T})]z+[k(1-\mathrm{e}^{-T}-T\mathrm{e}^{-T})+\mathrm{e}^{-T}]}$$

特征方程为

$$D(z)=z^2+[k(T-1+\mathrm{e}^{-T})-(1+\mathrm{e}^{-T})]z+[k(1-\mathrm{e}^{-T}-T\mathrm{e}^{-T})+\mathrm{e}^{-T}]=0$$

1) 当采样周期为 $T=0.5\mathrm{s}$ 时,特征方程为

$$D(z)=z^2+(0.107k-1.607)z+(0.09k+0.607)=0$$

经过 w 变换可得到以 w 为变量的特征方程

$$D(w)=0.197kw^2+(0.786-0.18k)w+(3.214-0.017k)=0$$

劳斯表为

w^2	$0.197k$	$3.214-0.017k$
w^1	$0.786-0.18k$	
w^0	$3.214-0.017k$	

由此可得当 $T=0.5\mathrm{s}$ 时,欲使系统稳定,k 的取值范围是

$$0<k<4.37$$

则当 $T=0.5\mathrm{s}$ 时,k 的临界值为 $k_c=4.37$。

2) 当采样周期为 $T=1\mathrm{s}$ 时,特征方程为

$$D(z)=z^2+(0.368k-1.368)z+(0.264k+0.368)=0$$

经过 w 变换得到以 w 为变量的特征方程

$$D(w)=0.632kw^2+(1.264-0.528k)w+(2.763-0.104k)=0$$

劳斯表为

w^2	$0.632k$	$2.736-0.104k$
w^1	$1.264-0.528k$	
w^0	$2.736-0.104k$	

由此得到当 $T=1\mathrm{s}$ 时,在保证系统稳定的条件下,k 的取值范围为

$$0<k<2.39$$

即当 $T=1\mathrm{s}$ 时,k 的临界值为 $k_c=2.39$。

如果没有采样开关和零阶保持器,图 7-6-3 所示系统就是一个二阶线性连续系统,无论开环增益 k 取何值,系统始终是稳定的,而二阶线性离散系统却不一定是稳定的,它与系统的参数有关。当开环增益比较小时系统可能稳定,当开环增益比较大,超过临界值时,系统就会不稳定。

由此例还可看出,采样周期 T 是离散系统的一个重要参数。采样周期变化时,系统的开环脉冲传递函数、闭环脉冲传递函数和特征方程都要变化,因此系统的稳定性也发生变化。一般情况下,缩短采样周期 T 可使线性离散系统的稳定性得到改善,增大采样周期对稳定性不

利。这是因为缩短采样周期将导致采样频率提高，从而增加离散控制系统获取的信息量，使其在特征上更加接近相应的连续系统。

7.7节

7.7 线性离散系统的时域分析

7.7.1 极点在 z 平面上的分布与瞬态响应

在线性连续系统中，闭环极点在 s 平面上的位置与系统的瞬态响应有着密切的关系。闭环极点决定了瞬态响应中各分量的模态。例如，一个负实数极点对应一个指数衰减分量；一对具有负实部的共轭复数极点对应一个衰减的正弦分量。在线性离散系统中，闭环脉冲传递函数的极点(闭环离散系统的特征根)在 z 平面上的位置决定了系统时域响应中瞬态响应各分量的类型。系统输入信号不同时，仅会对瞬态响应中各分量的初值有影响，而不会改变其类型。

设系统的闭环脉冲传递函数为

$$\Phi(z)=\frac{M(z)}{D(z)}=\frac{k\prod_{i=1}^{m}(z-z_i)}{\prod_{i=1}^{n}(z-p_i)}\qquad n>m \tag{7-7-1}$$

式中，$M(z)$为$\Phi(z)$的分子多项式；$D(z)$为$\Phi(z)$的分母多项式，即特征多项式；z_i 为系统的闭环零点；p_i 为系统的闭环极点。

当$r(t)=1(t)$，$R(z)=\frac{z}{z-1}$时，系统输出的 z 变换为

$$C(z)=\Phi(z)R(z)=\frac{k\prod_{i=1}^{m}(z-z_i)}{\prod_{i=1}^{n}(z-p_i)}\frac{z}{z-1}$$

当特征方程无重根时，$C(z)$可展开为

$$C(z)=\frac{Az}{z-1}+\sum_{i=1}^{n}\frac{B_i z}{z-p_i} \tag{7-7-2}$$

式中

$$A=\left.\frac{M(z)}{D(z)}\right|_{z=1}$$

$$B_i=\left.\frac{M(z)(z-p_i)}{D(z)(z-1)}\right|_{z=p_i}$$

对式(7-7-2)进行 z 反变换可得

$$c(kT)=A+\sum_{i=1}^{n}B_i p_i^k$$

系统的瞬态响应分量为

$$\sum_{i=1}^{n}B_i p_i^k$$

显然，极点 p_i 在 z 平面上的位置决定了瞬态响应中各分量的类型。

1. 实数极点

当闭环脉冲传递函数的极点位于实轴上，则在瞬态响应中将含有一个相应的分量

$$c_i(kT)=B_i p_i^k$$

1）若 $0<p_i<1$，极点在单位圆内正实轴上，其对应的瞬态响应序列单调地衰减。

2）若 $p_i=1$，相应的瞬态响应是不变号的等幅序列。

3）若 $p_i>1$，极点在单位圆外正实轴上，对应的瞬态响应序列单调地发散。

4）若 $-1<p_i<0$，极点在单位圆内负实轴上，对应的瞬态响应是正、负交替变号的衰减振荡序列，振荡的角频率为 π/T。

5）若 $p_i=-1$，对应的瞬态响应是正、负交替变号的等幅序列，振荡的角频率为 π/T。

6）若 $p_i<-1$，极点在单位圆外负实轴上，相应的瞬态响应序列是正、负交替变号的发散序列，振荡的角频率为 π/T。

实数极点所对应的瞬态响应序列如图 7-7-1 所示。

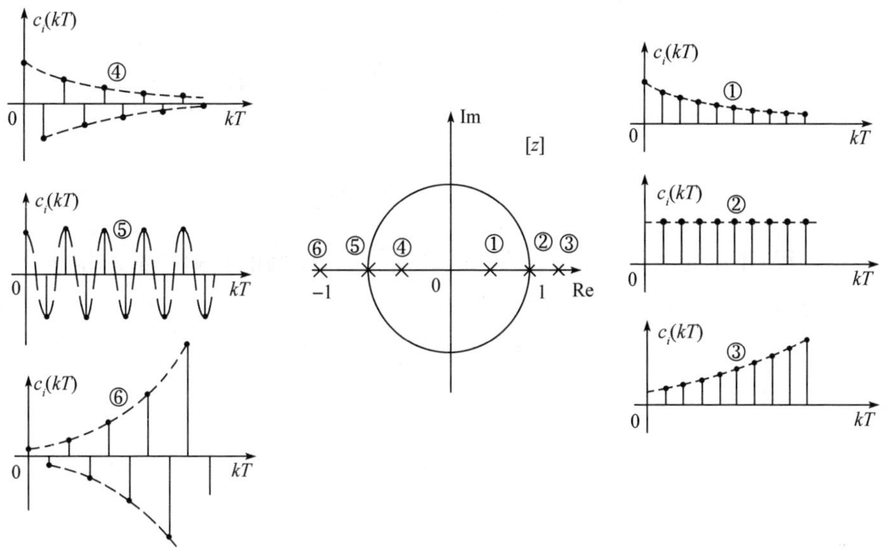

图 7-7-1　实数极点的瞬态响应

2. 共轭复数极点

如果闭环脉冲传递函数有共轭复数极点 $p_{i,i+1}=a\pm \mathrm{j}b$，可以证明，这一对共轭复数极点所对应的瞬态响应分量为

$$c_i(kT)=A_i\lambda_i^k\cos(k\theta_i+\psi_i)$$

式中，A_i 和 ψ_i 是由部分分式展开式的系数所决定的常数。

$$\lambda_i=\sqrt{a^2+b^2}=|p_i|$$

$$\theta_i=\arctan\frac{b}{a}$$

1）若 $\lambda_i=|p_i|<1$，极点在单位圆之内，这一对共轭复数极点所对应的瞬态响应是收敛振荡的脉冲序列，振荡的角频率为 θ_i/T。

2）若 $\lambda_i=|p_i|=1$，则这对共轭复数极点在单位圆上，其瞬态响应是等幅振荡的脉冲序列，振荡的角频率为 θ_i/T。

3）若 $\lambda_i=|p_i|>1$，极点在单位圆之外，这对共轭复数极点所对应的瞬态响应是振荡发散的脉冲序列，振荡的角频率为 θ_i/T。

复数极点的瞬态响应如图 7-7-2 所示 。

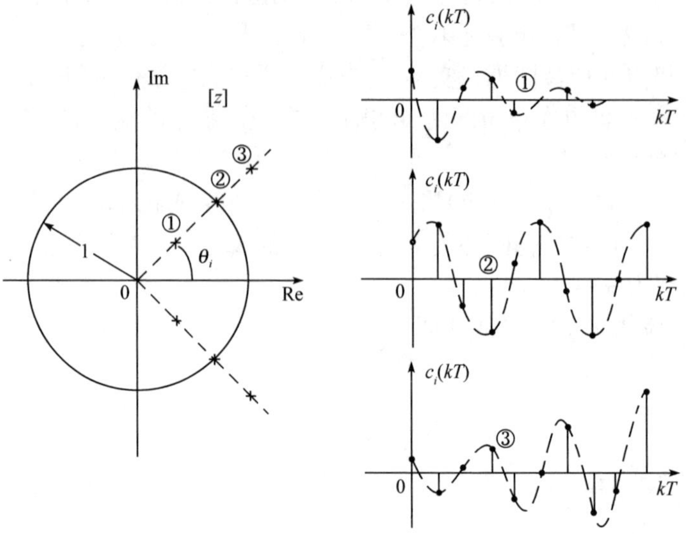

图 7-7-2 复数极点的瞬态响应

上述振荡过程,不论是发散的、衰减的还是等幅振荡,振荡的角频率都由相角 θ_i 决定。θ_i 是极点 p_i 与正实轴的夹角,由 z 变换的定义

$$z = e^{sT} = e^{(\sigma + j\omega)T} = e^{\sigma T} \cdot e^{j\omega T}$$

$$|z| = e^{\sigma T}, \quad \angle z = \omega T$$

所以有

$$\theta_i = \omega_i T$$

于是振荡角频率

$$\omega_i = \theta_i / T$$

角度 θ_i 越小,振荡的频率越低,一个振荡周期中包含的采样周期 T 越多;角度 θ_i 越大,振荡的频率越高,一个振荡周期中包含的采样周期越少。一个振荡周期中所含采样周期的个数 N 可由下式求出

$$N = \omega_s / \omega_i = 2\pi / \theta_i$$

例如,$\theta_i = \pi/4$,则 $N = 8$,一个振荡周期内含有 8 个采样周期。

当 $\theta_i = \pi$ 时,极点在负实轴上,$\omega_i = \dfrac{\pi}{T} = \dfrac{1}{2}\omega_s$,对应离散系统中频率最高的振荡。这种高频振荡即使是收敛的,也会使执行机构频繁动作,加剧磨损。所以在设计离散系统时应避免极点位于单位圆内负实轴,或者是极点与正实轴夹角接近 π 弧度的情况。

7.7.2 线性离散系统的时域响应

离散系统的时域响应是离散信号,指的是各采样时刻的数值。求出输出信号的 z 变换 $C(z)$,再用 z 反变换就可求出时域响应 $c^*(t)$。离散系统的动态性能指标,也是用单位阶跃响应衡量。

例 7-7-1 一线性离散系统的闭环脉冲传递函数为

$$\Phi(z)=\frac{C(z)}{R(z)}=\frac{0.368z+0.264}{z^2-z+0.632}$$

输入信号 $r(t)=1(t)$，采样周期 $T=1\text{s}$，试分析该系统的动态响应。

解
$$r(t)=1(t),\quad R(z)=\frac{z}{z-1}$$

则系统输出的 z 变换为

$$C(z)=\Phi(z)R(z)=\frac{0.368z+0.264}{z^2-z+0.632}\frac{z}{z-1}$$
$$=\frac{0.368z^{-1}+0.264z^{-2}}{1-2z^{-1}+1.632z^{-2}-0.632z^{-3}}$$

通过长除法，可将 $C(z)$ 展成无穷级数形式，即

$$\begin{aligned}C(z)=&0.368z^{-1}+z^{-2}+1.4z^{-3}+1.4z^{-4}+1.147z^{-5}+0.895z^{-6}\\&+0.802z^{-7}+0.868z^{-8}+0.993z^{-9}+1.077z^{-10}+1.081z^{-11}\\&+1.032z^{-12}+0.981z^{-13}+0.961z^{-14}+0.973z^{-15}\\&+0.997z^{-16}+1.015z^{-17}+\cdots\end{aligned}$$

由 z 变换的定义，求得 $c(t)$ 在各采样时刻的值 $c(kT)(k=0,1,2,\cdots)$ 为

$c(0)=0$ $\quad c(T)=0.368$ $\quad c(2T)=1$

$c(3T)=1.4$ $\quad c(4T)=1.4$ $\quad c(5T)=1.147$

$c(6T)=0.895$ $\quad c(7T)=0.802$ $\quad c(8T)=0.868$

$c(9T)=0.993$ $\quad c(10T)=1.077$ $\quad c(11T)=1.081$

$c(12T)=1.032$ $\quad c(13T)=0.981$ $\quad c(14T)=0.961$

$c(15T)=0.973$ $\quad c(16T)=0.997$ $\quad c(17T)=1.015$

…

阶跃响应的离散信号即脉冲序列 $c^*(t)$ 为

$$\begin{aligned}c^*(t)=&0.368\cdot\delta(t-T)+1\cdot\delta(t-2T)\\&+1.4\cdot\delta(t-3T)+1.4\cdot\delta(t-4T)\\&+1.147\cdot\delta(t-5T)+0.895\cdot\delta(t-6T)\\&+\cdots\end{aligned}$$

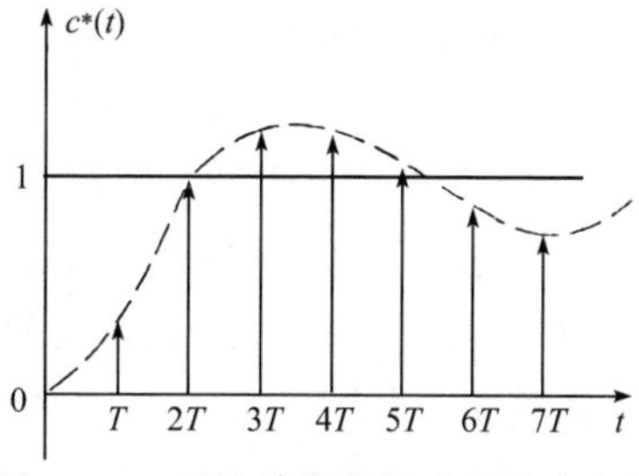

图 7-7-3　系统单位阶跃响应脉冲序列

由 $c(kT)(k=0,1,2,\cdots)$ 的数值，可以绘出该离散系统的单位阶跃响应 $c^*(t)$ 如图 7-7-3 所示。可以求得给定离散系统的单位阶跃响应的超调 $\sigma_p\approx40\%$，调整时间 $t_s\approx12\text{s}$（以误差小于 5%计算）。应当指出，由于离散系统的时域性能指标只能按采样时刻的采样值来计算，所以是近似的。

7.7.3　线性离散系统的稳态误差

1. 稳态误差与稳态误差终值

研究系统的稳态精度，必须首先检验系统的稳定性。只有系统稳定，稳态性能才有意义。

离散系统误差信号的脉冲序列 $e^*(t)$ 反映在采样时刻，系统希望输出与实际输出之差。误差信号的稳态分量称为稳态误差。当 $t\geqslant t_s$ 即过渡过程结束之后，系统误差信号的脉冲序列就是离散系统的稳态误差，一般记为 $e_{ss}^*(t)$。$e_{ss}^*(t)$ 是一个随时间变化的信号，当时间 $t\to\infty$ 时，它的数值就是稳态误差终值 $e_{ss}^*(\infty)$，即

$$e_{ss}^*(\infty)=\lim_{t\to\infty}e^*(t)=\lim_{t\to\infty}e_{ss}^*(t)$$

设误差信号的 z 变换为 $E(z)$，在满足 z 变换终值定理使用条件的情况下，可以利用 z 变换的终值定理求离散系统的稳态误差终值 $e_{ss}^*(\infty)$。

$$e_{ss}^*(\infty)=\lim_{t\to\infty}e^*(t)=\lim_{z\to1}(z-1)E(z)$$

2. 稳态误差系数

设单位负反馈线性离散系统如图 7-7-4 所示。$G(s)$为连续部分的传递函数，采样开关对误差信号 $e(t)$采样，得到误差信号的脉冲序列 $e^*(t)$。

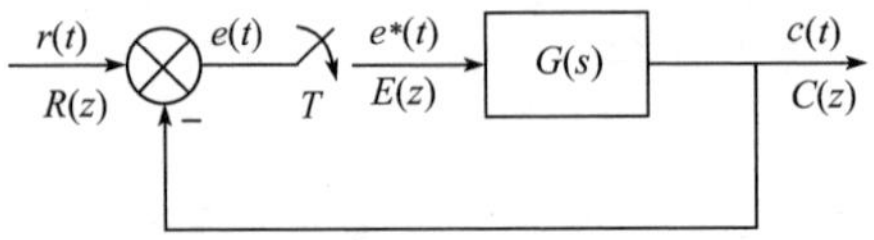

图 7-7-4 单位负反馈离散系统

该系统的开环脉冲传递函数为

$$G(z)=\mathscr{Z}[G(s)]$$

系统闭环脉冲传递函数为

$$\Phi(z)=\frac{C(z)}{R(z)}=\frac{G(z)}{1+G(z)}$$

系统闭环误差脉冲传递函数为

$$\Phi_e(z)=\frac{E(z)}{R(z)}=\frac{1}{1+G(z)}$$

系统误差信号的 z 变换为

$$E(z)=R(z)-C(z)=\Phi_e(z)R(z)$$

如果 $\Phi_e(z)$的极点都在 z 平面单位圆内，则离散系统是稳定的，可以对其稳态误差进行分析。根据 z 变换的终值定理，可以求出系统的稳态误差终值。

$$e_{ss}^*(\infty)=\lim_{t\to\infty}e^*(t)=\lim_{z\to1}(z-1)E(z)=\lim_{z\to1}\frac{(z-1)}{1+G(z)}R(z) \tag{7-7-3}$$

连续系统以开环传递函数 $G(s)$中含有 $s=0$ 的开环极点个数 v 作为划分系统型别的标准，分别把 $v=0$、1、2 的系统称为 0 型、1 型和 2 型系统。由 z 变换的定义 $z=e^{sT}$ 可知，若 $G(s)$有一个 $s=0$ 的开环极点，$G(z)$则有一个 $z=1$ 的开环极点。因此，在线性离散系统中，也可以把开环脉冲传递函数 $G(z)$具有 $z=1$ 的开环极点的个数 v 作为划分离散系统型别的标准，即把 $G(z)$中 $v=0$、1、2 的系统分别称为 0 型、1 型和 2 型离散系统。

下面对图 7-7-4 所示系统，分析不同型别的单位负反馈离散系统在典型输入信号作用下的稳态误差终值，并建立离散系统稳态误差系数的概念。

(1) 单位阶跃响应的稳态误差终值

当系统的输入信号为单位阶跃函数 $r(t)=1(t)$时，其 z 变换为

$$R(z)=\frac{z}{z-1}$$

根据式(7-7-3)，稳态误差终值为

$$e_{ss}^*(\infty)=\lim_{z\to1}(z-1)\frac{1}{1+G(z)}\cdot\frac{z}{z-1}=\lim_{z\to1}\frac{z}{1+G(z)}$$

$$=\frac{1}{1+\lim\limits_{z\to1}G(z)}=\frac{1}{1+K_p} \tag{7-7-4}$$

式中

$$K_p=\lim_{z\to 1}G(z) \tag{7-7-5}$$

K_p 称为稳态位置误差系数。若 $G(z)$ 没有 $z=1$ 的极点，则 $K_p\neq\infty$，从而 $e_{ss}^*(\infty)\neq 0$，这样的系统称为 0 型离散系统；若 $G(z)$ 有一个或一个以上 $z=1$ 的极点，则 $K_p=\infty$，从而 $e_{ss}^*(\infty)=0$，这样的系统相应地称为 1 型或 1 型以上的离散系统。因此，在阶跃信号作用下，0 型离散系统在 $t\to\infty$ 时，在采样点上存在着稳态误差；1 型或 1 型以上系统当 $t\to\infty$ 时，在采样点上不存在稳态误差。这种情况与连续系统很相似。

(2) 单位斜坡响应的稳态误差终值

当系统的输入为单位斜坡函数 $r(t)=t$ 时，其 z 变换为

$$R(z)=\frac{Tz}{(z-1)^2}$$

系统的稳态误差终值为

$$\begin{aligned}e_{ss}^*(\infty)&=\lim_{z\to 1}(z-1)\frac{1}{1+G(z)}\cdot\frac{Tz}{(z-1)^2}=\lim_{z\to 1}\frac{Tz}{(z-1)[1+G(z)]}\\&=\frac{T}{\lim\limits_{z\to 1}(z-1)G(z)}=\frac{T}{K_v}\end{aligned} \tag{7-7-6}$$

式中

$$K_v=\lim_{z\to 1}(z-1)G(z) \tag{7-7-7}$$

K_v 称为稳态速度误差系数。0 型系统的 $K_v=0$，1 型系统的 K_v 是一个有限值，2 型及 2 型以上系统的 $K_v=\infty$。所以在斜坡信号作用下，当 $t\to\infty$ 时，0 型离散系统的稳态误差终值为无穷大；1 型离散系统的稳态误差是有限值，2 型及 2 型以上离散系统在采样点上的稳态误差为 0。

(3) 单位加速度响应的稳态误差终值

当系统的输入信号为单位加速度函数 $r(t)=\frac{1}{2}t^2$ 时，其 z 变换为

$$R(z)=\frac{T^2z(z+1)}{2(z-1)^3}$$

系统的稳态误差终值为

$$\begin{aligned}e_{ss}^*(\infty)&=\lim_{z\to 1}(z-1)\frac{1}{1+G(z)}\cdot\frac{T^2z(z+1)}{2(z-1)^3}\\&=\lim_{z\to 1}\frac{T^2z(z+1)}{2[(z-1)^2+(z-1)^2G(z)]}\\&=\frac{T^2}{\lim\limits_{z\to 1}(z-1)^2G(z)}=\frac{T^2}{K_a}\end{aligned} \tag{7-7-8}$$

式中

$$K_a=\lim_{z\to 1}(z-1)^2G(z) \tag{7-7-9}$$

K_a 称为稳态加速度误差系数。0 型及 1 型系统的 $K_a=0$，2 型系统的 K_a 为常值。所以在加速度输入信号作用下，当 $t\to\infty$ 时，0 型和 1 型离散系统的稳态误差为无穷大，2 型离散系统在采样点上的稳态误差为有限值。

在三种典型信号作用下，0 型、1 型和 2 型单位负反馈离散系统当 $t\to\infty$ 时的稳态误差如表 7-7-1 所示。

表 7-7-1 单位反馈离散系统的稳态误差终值

输入信号		$r(t)=R_0\cdot 1(t)$	$r(t)=R_1\cdot t$	$r(t)=\frac{R_2}{2}t^2$
系统型别	0 型	$\frac{R_0}{1+K_p}$	∞	∞
	1 型	0	$\frac{R_1T}{K_v}$	∞
	2 型	0	0	$\frac{R_2T^2}{K_a}$

应当指出的是，用稳态误差系数或终值定理求出的只是当 $t\to\infty$ 时，系统的稳态误差终值 $e_{ss}^*(\infty)$，而不能反映过渡过程结束之后稳态误差 $e_{ss}^*(t)$ 变化的规律。在有些情况下，系统的稳态误差终值是无穷大，但在有限的时间内，系统的稳态误差是有限值。

3. 动态误差系数

应用稳态误差系数或终值定理，只能求出当时间 $t\to\infty$ 时系统的稳态误差终值，而不能提供误差随时间变化的规律。通过动态误差系数，可以获得稳态误差随时间变化的信息。

若系统误差的闭环脉冲传递函数为 $\Phi_e(z)$，根据 z 变换的定义，将 $z=e^{sT}$ 代入 $\Phi_e(z)$，得到以 s 为变量形式的闭环误差脉冲传递函数 $\Phi_e^*(s)$。

$$\Phi_e^*(s)=\Phi_e(z)\big|_{z=e^{sT}}$$

将 $\Phi_e^*(s)$ 展开成级数形式，有

$$\Phi_e^*(s)=c_0+c_1s+\frac{1}{2!}c_2s^2+\cdots+\frac{1}{m!}c_ms^m+\cdots$$

其中，$c_m=\left.\frac{d^m\Phi_e^*(s)}{ds^m}\right|_{s=0}$，$m=0,1,2,\cdots$。

定义 $\frac{1}{m!}c_m$ $(m=0,1,2,\cdots)$ 为动态误差系数，则过渡过程结束后 $(t>t_s)$，系统在采样时刻的稳态误差为

$$e_{ss}(kT)=c_0r(kT)+c_1\dot{r}(kT)+\frac{1}{2!}c_2\ddot{r}(kT)+\cdots$$

$$+\frac{1}{m!}c_mr^{(m)}(kT)+\cdots\quad(kT>t_s)$$

这与连续系统用动态误差系数计算稳态误差的方法相似。

例 7-7-2 单位负反馈离散系统的开环脉冲传递函数为

$$G(z)=\frac{e^{-T}z+(1-2e^{-T})}{(z-1)(z-e^{-T})}$$

采样周期 $T=1s$，闭环系统输入信号为 $r(t)=\frac{1}{2}t^2$。

1）用稳态误差系数求稳态误差终值 $e_{ss}^*(\infty)$。

2）用动态误差系数求 $t=20s$ 时的稳态误差。

解 1）

$$G(z)=\frac{e^{-T}z+(1-2e^{-T})}{(z-1)(z-e^{-T})}\Big|_{T=1}=\frac{0.368z+0.264}{z^2-1.368z+0.368}$$

$$K_p=\lim_{z\to1}\frac{0.368z+0.264}{z^2-1.368z+0.368}=\infty$$

$$K_v=\lim_{z\to1}(z-1)\frac{0.368z+0.264}{z^2-1.368z+0.368}=1$$

$$K_a=\lim_{z\to 1}(z-1)^2\frac{0.368z+0.264}{z^2-1.368z+0.368}=0$$

当 $r(t)=\frac{1}{2}t^2$ 时，稳态误差终值为

$$e_{ss}^*(\infty)=\frac{1}{K_a}=\infty$$

2）系统闭环误差脉冲传递函数

$$\Phi_e(z)=\frac{1}{1+G(z)}=\frac{z^2-1.368z+0.368}{z^2-z+0.632}$$

因为 $t>0$ 时 $\dot{r}(t)=t$，$\ddot{r}(t)=1$，$\dddot{r}(t)=0$，所以动态误差系数只需求出 c_0、c_1 和 c_2。

$$\Phi_e^*(s)=\Phi_e(z)\big|_{z=e^{Ts}}=\frac{e^{2s}-1.368e^s+0.368}{e^{2s}-e^s+0.632}$$

$$c_0=\Phi_e^*(0)=0$$

$$c_1=\frac{d}{ds}\Phi_e^*(s)\big|_{s=0}=1$$

$$c_2=\frac{d^2}{ds^2}\Phi_e^*(s)\big|_{s=0}=1$$

系统稳态误差在采样时刻的值为

$$e_{ss}(kT)=c_0r(kT)+c_1\dot{r}(kT)+\frac{1}{2!}c_2\ddot{r}(kT)=kT+0.5$$

由此可见系统的稳态误差是随时间线性增长的，当 $t\to\infty$ 时，稳态误差终值为无穷大。当 $t=20\text{s}$ 时，系统的稳态误差为

$$e_{ss}^*(20)=20.5$$

应用动态误差系数计算稳态误差，对单位反馈和非单位反馈都适用，还可以计算由扰动信号引起的稳态误差。

7.8 数字控制器的模拟化设计

7.8 节

对于图 7-1-1 的计算机控制系统，系统设计主要是设计数字控制器，使闭环控制系统既要满足系统的技术指标，又要满足实时控制的要求。数字控制器的设计方法有经典法和状态空间设计法，其中经典法又分为模拟化设计方法和离散（数字）化设计方法。本书讨论模拟化设计方法。模拟化设计方法是先将计算机控制系统看做连续（模拟）系统，然后采用连续系统设计方法设计补偿装置（称为连续或模拟补偿装置，或模拟控制器）。再用合适的离散化方法将连续的模拟补偿装置“离散 ”处理为数字补偿装置，用数字计算机来实现。采用的离散化方法应尽量保证数字补偿装置与对应的连续补偿装置在稳定性、动态性能和频率特性方面相接近。虽然这种方法是近似的，但使用经典控制理论的方法设计连续系统早已为工程技术人员所熟悉，并且积累了十分丰富的经验，因此这种设计方法仍被广泛地使用。

模拟化设计方法的步骤如下：

1）根据性能指标的要求用连续系统的理论设计补偿环节 $D(s)$，零阶保持器对系统的影响应折算到被控对象中去。

2）选择合适的离散化方法，由 $D(s)$ 求出离散形式的数字补偿装置脉冲传递函数 $D(z)$。

3）检查离散控制系统的性能是否满足设计的要求。

4）将 $D(z)$ 变为差分方程形式，并编制计算机程序来实现其控制规律。

如果有条件的话，还可以用数字机-模拟机混合仿真的方法检验系统的设计和计算机程序的编制是否正确。

差分法和 z 变换法比较

7.8.1 模拟补偿装置的离散化方法

将模拟补偿装置离散化为数字补偿装置首先注意的是应满足稳定性原则。即一个稳定的模拟补偿装置离散化后也应是一个稳定的数字补偿装置，如果模拟补偿装置只在 s 平面左半部有极点，对应的数字补偿装置只应在 z 平面单位圆内有极点。数字补偿装置在关键频段内的频率特性应与模拟补偿装置相近，这样才能起到设计时预期的补偿作用。对连续环节直接取 z 变换会改变阶跃响应，一般不用。常见的离散化方法有以下几种。

1. 带有虚拟零阶保持器的 z 变换

这种方法将模拟补偿装置的传递函数 $D(s)$ 串联一个虚拟的零阶保持器，然后再进行 z 变换，从而得到 $D(s)$ 的离散化形式 $D(z)$，即

$$D(z)=\mathscr{Z}\left[\frac{1-\mathrm{e}^{-Ts}}{s}\cdot D(s)\right] \tag{7-8-1}$$

例如，若已知 $D(s)=\dfrac{U(s)}{E(s)}=\dfrac{a}{s+a}$，则 $D(s)$ 的离散化形式 $D(z)$ 为

$$D(z)=\mathscr{Z}\left[\frac{1-\mathrm{e}^{-Ts}}{s}\cdot\frac{a}{s+a}\right]=\frac{1-\mathrm{e}^{-aT}}{z-\mathrm{e}^{-aT}}=\frac{(1-\mathrm{e}^{-aT})z^{-1}}{1-\mathrm{e}^{-aT}z^{-1}}$$

带有虚拟零阶保持器的 z 变换可保证数字补偿装置 $D(z)$ 的阶跃响应等于模拟补偿装置 $D(s)$ 阶跃响应的采样值。因此这种离散化方法也称为阶跃响应不变法。

2. 差分法

差分法的基本思想是将变量的导数用差分来近似，即

$$\frac{\mathrm{d}e}{\mathrm{d}t}\approx\frac{e(k)-e(k-1)}{T}$$

$$\frac{\mathrm{d}u}{\mathrm{d}t}\approx\frac{u(k)-u(k-1)}{T}$$

对上式两边分别取拉氏变换和 z 变换后可以看出，由差分法所确定的 s 域和 z 域间的关系为

$$s=\frac{1-z^{-1}}{T}$$

于是有

$$D(z)=D(s)\Big|_{s=\frac{1-z^{-1}}{T}} \tag{7-8-2}$$

例如，若已知 $D(s)=\dfrac{U(s)}{E(s)}=\dfrac{a}{s+a}$，根据式(7-8-2)可得到

$$D(z)=\frac{a}{s+a}\Big|_{s=\frac{1-z^{-1}}{T}}=\frac{aT}{1+aT-z^{-1}}$$

3. 根匹配法

无论是连续系统还是数字系统，其特性都是由零、极点和增益所决定的。根匹配法的基本思想如下：

1) s 平面 上一个 $s=-a$ 的零、极点映射为 z 平面上一个 $z=\mathrm{e}^{-aT}$ 的零极点,即

$$(s+a)\rightarrow(1-\mathrm{e}^{-aT}z^{-1})$$

$$(s+a\pm \mathrm{j}b)\rightarrow(1-2\mathrm{e}^{-aT}z^{-1}\cos bT+\mathrm{e}^{-2aT}z^{-2})$$

2) 数字补偿网络的放大系数 K_z 由其他特性(如终值相等)确定。

3) 当 $D(s)$的极点数 n 大于零点数m 时,可认为在 s 平面无穷远处还存在$n-m$ 个零点,因此在 z 平面上需配上$(n-m)$个相应的零点。如果认为 s 平面上的零点在$-\infty$,则 z 平面上相应的零点为 $z=\mathrm{e}^{-\infty T}=0$。

例如,已知 $D(s)=8\dfrac{0.25s+1}{0.1s+1}$,$T=0.015\mathrm{s}$,根据根匹配法的规则有

$$D(z)=K_z\frac{z-\mathrm{e}^{-4\times0.015}}{z-\mathrm{e}^{-10\times0.015}}=K_z\frac{z-0.94}{z-0.86}$$

K_z 可根据数字补偿网络的增益与模拟补偿网络的增益相等的条件来确定,即

$$\lim_{s\to0}8\frac{0.25s+1}{0.1s+1}=\lim_{z\to1}K_z\frac{z-0.94}{z-0.84}$$

于是有

$$K_z=\frac{\lim\limits_{s\to0}8\dfrac{0.25s+1}{0.1s+1}}{\lim\limits_{z\to1}\dfrac{z-0.94}{z-0.86}}=\frac{8}{0.43}=18.7$$

所以得到

$$D(z)=18.7\frac{z-0.94}{z-0.86}=18.7\frac{1-0.94z^{-1}}{1-0.86z^{-1}}$$

4. 双线性变换法

由 z 变换的定义、台劳级数公式并略去高次项,有

$$z=\mathrm{e}^{Ts}=\frac{\mathrm{e}^{\frac{1}{2}Ts}}{\mathrm{e}^{-\frac{1}{2}Ts}}=\frac{1+\dfrac{1}{2}Ts}{1-\dfrac{1}{2}Ts}$$

于是有

$$s=\frac{2}{T}\frac{z-1}{z+1}=\frac{2}{T}\frac{1-z^{-1}}{1+z^{-1}} \tag{7-8-3}$$

所以,双线性变换法的离散化公式为

$$D(z)=D(s)\Big|_{s=\frac{2}{T}\frac{z-1}{z+1}} \tag{7-8-4}$$

例如,$D(s)=\dfrac{a}{s+a}$,根据式(7-8-4)有

$$D(z)=\frac{a}{s+a}\Bigg|_{s=\frac{2}{T}\frac{z-1}{z+1}}=\frac{aT(z+1)}{(aT+2)z+(aT-2)}$$

双线性变换法是最常用的一种离散化方法,它的几何意义实际上是用小梯形的面积来近似积

分，如图 7-8-1 所示。

由上述各种离散化方法得到的数字控制器 $D(z)$，可以由计算机实现其控制规律。如果系统要求的幅值穿越频率为 ω_c，则采样角频率 ω_s 应选择为

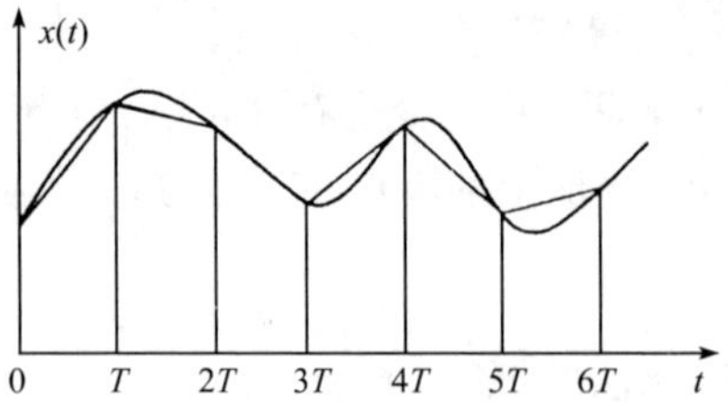

图 7-8-1 双线性变换法的几何意义

$$\omega_s > 10\omega_c$$

当采样角频率 ω_s 比较高，即采样周期 T 比较小时，这几种离散化方法的效果相差不多。当采样周期 T 逐渐变大时，这几种离散化方法得出的控制效果也逐渐变差。但相对来说，双线性变换法的效果比较好，因而得到了广泛的应用。

7.8.2 模拟化设计举例

下面通过一个具体例子说明模拟化设计的方法。

例 7-8-1 一个计算机控制系统的框图如图 7-8-2 所示。要求系统的开环放大倍数 $K_v \geqslant 30(1/s)$，幅值穿越频率 $\omega_c \geqslant 15(rad/s)$，相位裕度 $\gamma \geqslant 45°$。用模拟化方法设计数字控制器 $D(z)$。

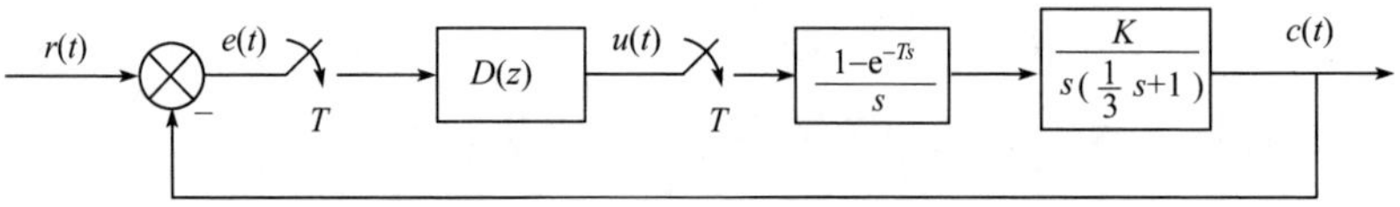

图 7-8-2 计算机控制系统

解 设零阶保持器的离散输入信号和连续输出信号分别是 $U^*(s)$ 和 $X(s)$。

$$e^{-Ts} = \frac{e^{-\frac{1}{2}Ts}}{e^{\frac{1}{2}Ts}} \approx \frac{1-\frac{1}{2}Ts}{1+\frac{1}{2}Ts} \quad \Rightarrow \quad \frac{X(s)}{U^*(s)} = \frac{1-e^{-Ts}}{s} = \frac{T}{\frac{1}{2}Ts+1}$$

$$|U^*(j\omega)| = \frac{1}{T}|U(j\omega)| \quad \Rightarrow \quad \left|\frac{X(j\omega)}{U(j\omega)}\right| = \frac{1}{T} \cdot \left|\frac{X(j\omega)}{U^*(j\omega)}\right| = \left|\frac{1}{\frac{1}{2}Tj\omega+1}\right|$$

所以带有零阶保持器的系统变成连续系统时，可认为零阶保持器的传递函数为

$$H_0(s) \approx \frac{1}{\frac{T}{2}s+1}$$

如果取采样周期 $T=0.01s$，采样角频率

$$\omega_s = \frac{2\pi}{T} = \frac{6.28}{0.01} = 628 \gg 10\omega_c$$

则

$$H_0(s) \approx \frac{1}{0.005s+1}$$

如果取 $K_v=30(1/s)$，并考虑了零阶保持器的影响之后，未补偿系统的开环传递函数为

$$G(s)=H_0(s)G_0(s)=\frac{30}{s\left(\frac{1}{3}s+1\right)(0.005s+1)}$$

画出其对数幅频特性如图 7-8-3 所示，由图可知，未补偿系统幅值穿越频率为

$$\omega_c'=10(\text{rad/s})<15(\text{rad/s})$$

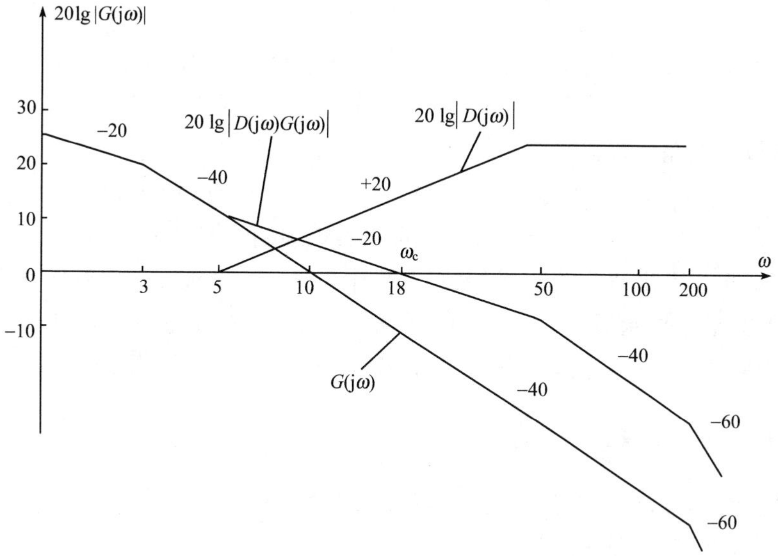

图 7-8-3　系统开环对数幅频特征

未补偿系统相位裕度

$$\gamma'=180°-90°-\arctan\frac{10}{3}-\arctan(0.005\times 10)\approx 14°<45°$$

未补偿系统的幅值穿越频率 ω_c' 和相位裕度 γ' 都比要求的小，宜采用超前补偿展宽频带并增加相位裕度。采用串联超前补偿，补偿环节传递函数为

$$D(s)=\frac{T_2 s+1}{T_1 s+1}=\frac{0.2s+1}{0.02s+1}$$

补偿后系统的开环传递函数为

$$D(s)H_0(s)G_0(s)=\frac{30(0.2s+1)}{s\left(\frac{1}{3}s+1\right)(0.02s+1)(0.005s+1)}$$

补偿后系统的幅值穿越频率为 $\omega_c=18(\text{rad/s})$，相位裕度为

$$\gamma=180°-90°+\arctan(0.2\times 18)-\arctan\frac{18}{3}-\arctan(0.02\times 18)$$
$$-\arctan(0.005\times 18)\approx 59°>45°$$

补偿后系统满足性能指标的要求。

用双线性变换法将 $D(s)$ 离散化为数字控制器 $D(z)$：

$$D(z)=\frac{U(z)}{E(z)}=D(s)\bigg|_{s=\frac{2}{T}\frac{1-z^{-1}}{1+z^{-1}}}=\frac{2T_2+T-(2T_2-T)z^{-1}}{2T_1+T-(2T_1-T)z^{-1}}$$

$$=\frac{\frac{2T_2+T}{2T_1+T}-\frac{2T_2-T}{2T_1+T}z^{-1}}{1-\frac{2T_1-T}{2T_1+T}z^{-1}}=\frac{8.2-7.8z^{-1}}{1-0.6z^{-1}} \tag{7-8-5}$$

式中,$U(z)$和 $E(z)$分别为数字控制器输出和输入信号的 z 变换。由上式可以得到

$$U(z)=8.2E(z)-7.8E(z)z^{-1}+0.6U(z)z^{-1} \tag{7-8-6}$$

由式(7-8-6)可以得到差分方程

$$u(kT)=8.2e(kT)-7.8e[(k-1)T]+0.6u[(k-1)T] \tag{7-8-7}$$

按照式(7-8-7)的差分方程编写计算机程序就可以实现预期的控制规律。

由式(7-8-5)可以看出数字控制器 $D(z)$有一个零点和一个极点。由其所对应的差分方程式(7-8-7)可看出,数字控制器当 $t=kT$ 时刻的输出 $u(kT)$不仅与当前时刻的输入 $e(kT)$有关,还与前一个采样时刻的输入 $e[(k-1)T]$和输出 $u[(k-1)T]$有关。

7.8.3 数字 PID 的基本算式

PID 控制是过程控制中广泛采用的一种控制规律。采用数字计算机实现 PID 控制有多种计算方法,这些算法在实践中仍在不断改进和完善。

典型 PID 控制器的控制规律的时域表达式为

$$u(t)=K_Pe(t)+K_I\int e(t)\mathrm{d}t+K_D\frac{\mathrm{d}e(t)}{\mathrm{d}t} \tag{7-8-8}$$

式中,$u(t)$和 $e(t)$分别为控制器的输出和输入;K_P、K_I、K_D 分别为比例、积分、微分系数。

PID 控制器的传递函数为

$$D(s)=\frac{U(s)}{E(s)}=K_P+\frac{K_I}{s}+K_Ds \tag{7-8-9}$$

控制器的结构如图 7-8-4(a)所示,比例控制、积分控制和微分控制是并联的关系。

对式(7-8-9)所表示的模拟 PID 控制器进行离散化,就可以得到数字 PID 控制器的脉冲传递函数 $D(z)$。离散化的方法很多,如果对积分部分用双线性变换,对导数部分用差分法变换,可得到数字 PID 控制器的脉冲传递函数

$$D(z)=\frac{U(z)}{E(z)}=K_P+\frac{K_IT}{2}\cdot\frac{1+z^{-1}}{1-z^{-1}}+\frac{K_D}{T}(1-z^{-1}) \tag{7-8-10}$$

其结构如图 7-8-4(b)所示。

式(7-8-10)的数字 PID 控制器在具体实现时可以表示成如下的差分方程($k\geqslant1,u(0)=0$)

$$\begin{aligned}u(kT)&=u_P(kT)+u_I(kT)+u_D(kT)\\&=K_Pe(kT)+\frac{K_IT}{2}\sum_{i=1}^{k}\{e[(i-1)T]+e(iT)\}+\frac{K_D}{T}\{e(kT)-e[(k-1)T]\}\end{aligned} \tag{7-8-11}$$

式(7-8-11)的控制算法给出了控制器输出量 $u(kT)$的数值,称为位置式 PID 算法或全量式 PID 算法。

全量式算法要用到此前时刻的全部输入量 $e(kT)$。为了简化,可以采用增量式 PID 算法。增量式算法给出的是控制量增量 $\Delta u(kT)$,见下式

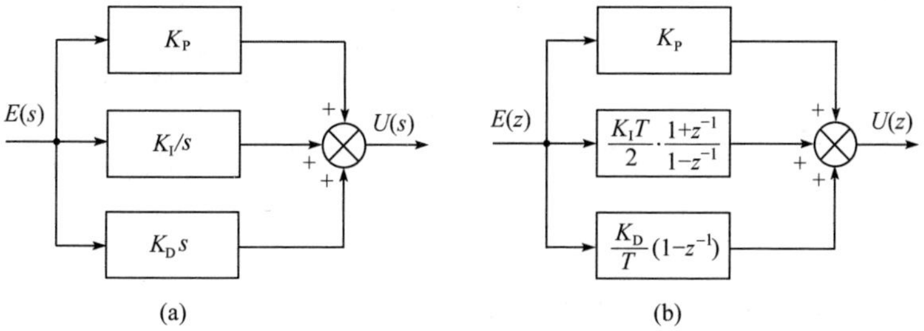

图 7-8-4　PID 控制器的结构

$$\begin{aligned}\Delta u(kT)&=u(kT)-u[(k-1)T]\\&=K_Pe(kT)+\frac{K_IT}{2}\sum_{i=1}^{k}\{e[(i-1)T]+e(iT)\}\\&\quad+\frac{K_D}{T}\{e(kT)-e[(k-1)T]\}-K_Pe[(k-1)T]\\&\quad-\frac{K_IT}{2}\sum_{i=1}^{k-1}\{e[(i-1)T]+e(iT)\}-\frac{K_D}{T}\{e[(k-1)T]-e[(k-2)T]\}\\&=K_P\{e(kT)-e[(k-1)T]\}+\frac{K_IT}{2}e(kT)\\&\quad+\frac{K_D}{T}\{e(kT)-2e[(k-1)T]+e[(k-2)T]\}\end{aligned} \tag{7-8-12}$$

增量式算法只用到最近几次的输入量，计算量明显减小。

7.8.4　PD-PID 双模控制

PD-PID 双模控制又叫积分分离 PID 算法。这种算法要选择一个偏差量的阈值 ε。当 $|e(kT)|>\varepsilon$，即大偏差时，采用 PD 控制，能够迅速减小偏差而又不引起过大超调。当 $|e(kT)|<\varepsilon$，即小偏差时，再加入积分控制变成 PID 控制，利用积分环节提高稳态精度。使用计算机，可以方便地实现这种带有逻辑判断功能的控制算法。

习　　题

参考答案 7

7-1　已知采样器的采样周期 $T=1\text{s}$，求对下列连续信号采样后得到的脉冲序列 $x^*(t)$ 的前 8 个值。

(1) $x(t)=1-\frac{1}{2}t+\frac{1}{3}t^2$　　(2) $x(t)=1-\cos(0.785t)$

(3) $x(t)=1-e^{-0.5t}$

7-2　已知采样器的采样角频率 $\omega_s=3\text{rad/s}$，求对下列连续信号采样后得到的脉冲序列的前 8 个值。说明是否满足采样定理，如果不满足采样定理会出现什么现象。

$x_1(t)=\sin t$　　$x_2(t)=\sin 4t$　　$x_3(t)=\sin t+\sin 3t$

7-3　求下列函数的 z 变换。

(1) $E(s)=\frac{1}{(s+a)(s+b)}$　　(2) $E(s)=\frac{k}{s(s+a)}$

(3) $E(s)=\frac{s+1}{s^2}$　　(4) $E(s)=\frac{1-e^{-s}}{s^2(s+1)}$　$T=1\text{s}$

(5) $e(t)=t\cdot e^{-2t}$　　(6) $e(t)=t^2$

7-4 求下列函数的 z 反变换。

(1) $X(z)=\dfrac{z}{z-0.4}$　　(2) $X(z)=\dfrac{z}{(z-1)(z-2)}$

(3) $X(z)=\dfrac{z}{(z-\mathrm{e}^{-T})(z-\mathrm{e}^{-2T})}$　　(4) $X(z)=\dfrac{z}{(z-1)^2(z-2)}$

(5) $X(z)=\dfrac{1}{z-1}$

7-5 求下列函数所对应脉冲序列的初值和终值。

(1) $X(z)=\dfrac{z}{z-\mathrm{e}^{-T}}$　　(2) $X(z)=\dfrac{z^2}{(z-0.8)(z-0.1)}$

(3) $X(z)=\dfrac{0.2385z^{-1}+0.2089z^{-2}}{1-1.0259z^{-1}+0.4733z^{-2}}\cdot\dfrac{1}{1-z^{-1}}$　　(4) $X(z)=\dfrac{10z^{-1}}{(1-z^{-1})^2}$

7-6 求题 7-6 图所示系统的开环脉冲传递函数。

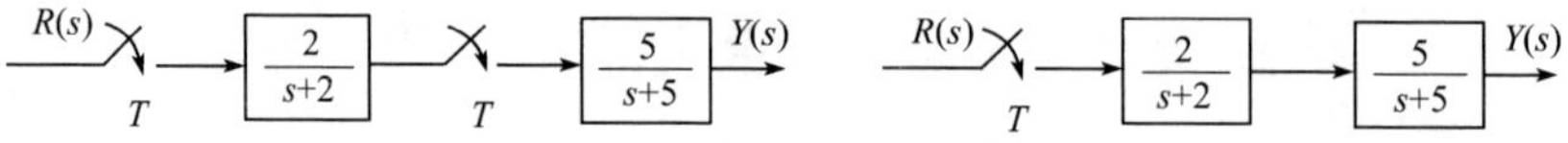

(a)　　(b)

题 7-6 图

7-7 求题 7-7 图所示系统的闭环脉冲传递函数。

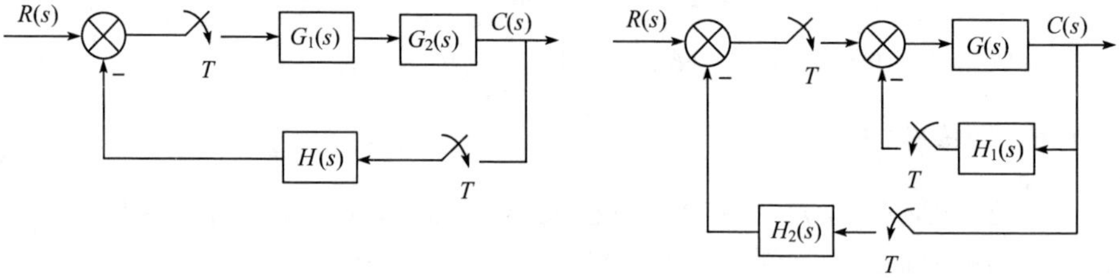

(a)　　(b)

题 7-7 图

7-8 推导题 7-8 图所示系统输出的 z 变换 $C(z)$。

7-9 线性离散系统的框图如题 7-9 图所示，采样周期 $T=1\text{s}$。求取该系统的单位阶跃响应的 z 变换式及前 8 个数值。

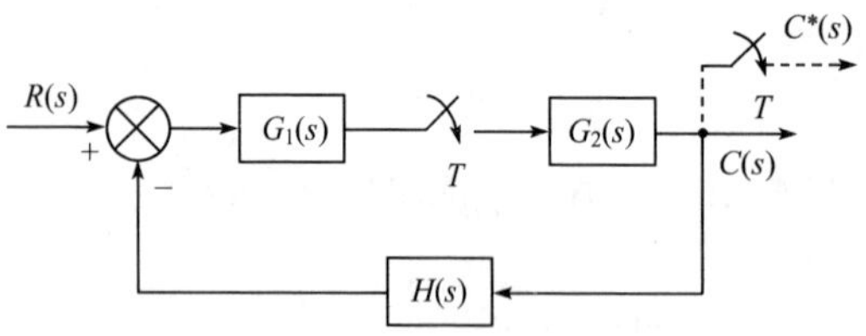

题 7-8 图

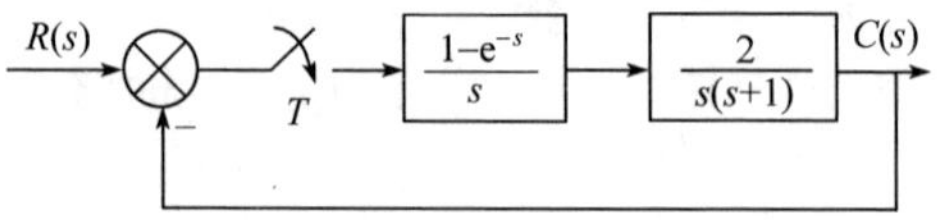

题 7-9 图

7-10 离散系统如题 7-10 图所示，采样周期 $T=1\text{s}$。

(1) 当 $K=8$ 时闭环系统是否稳定？

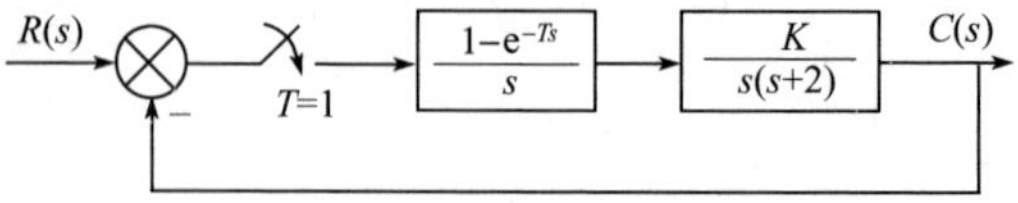

题 7-10 图

(2) 求系统稳定时 K 的临界值。

7-11 判断题 7-11 图所示系统的稳定性。

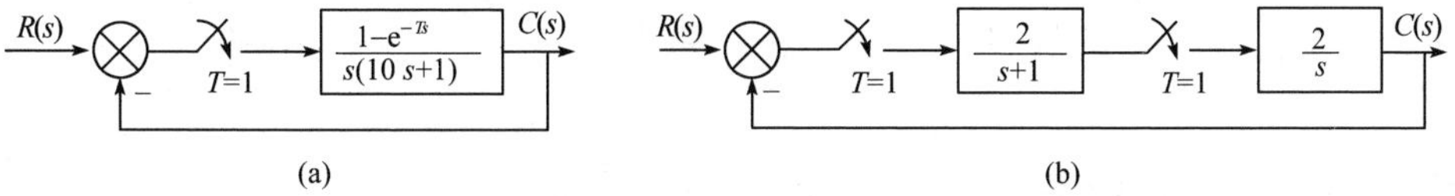

题 7-11 图

7-12 系统结构如题 7-12 图所示，采样周期 $T=0.2\text{s}$，输入信号 $r(t)=1+t+\dfrac{1}{2}t^2$。求该系统在 $t\to\infty$ 时的稳态误差终值。

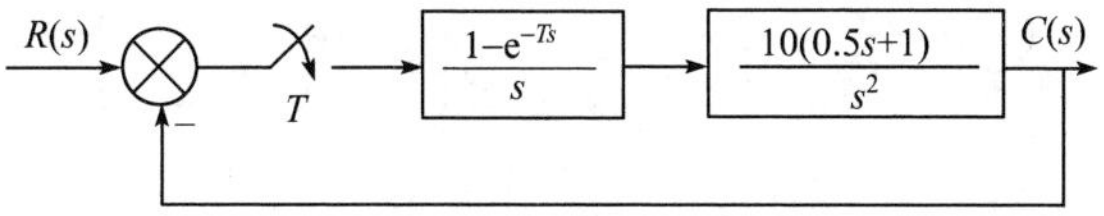

题 7-12 图

7-13 系统如题 7-13 图所示，采样周期 $T=0.25\text{s}$。当 $r(t)=2+0.1t$ 时，欲使稳态误差小于 0.1，求 K 值。

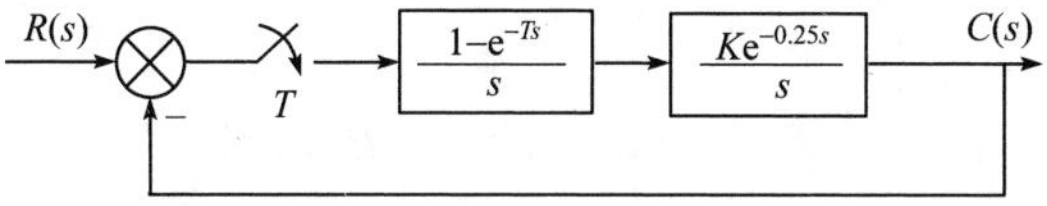

题 7-13 图

7-14 求题 7-14 图(a)、(b)两个网络单位阶跃响应的 z 变换式，并求其初值和终值。采样周期 $T=1\text{s}$。

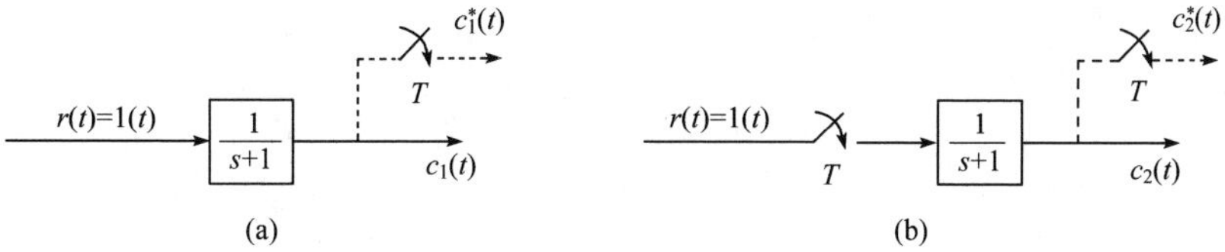

题 7-14 图

7-15 已知模拟控制器的传递函数为

$$G_c(s)=\frac{(\tau_1 s+1)(\tau_2 s+1)}{(T_1 s+1)(T_2 s+1)}$$

用双线性变换法和差分法将其离散为数字控制器的脉冲传递函数 $D(z)$。

7-16 数字控制器的脉冲传递函数为

$$D(z)=\frac{U(z)}{E(z)}=\frac{0.383(1-0.368z^{-1})(1-0.587z^{-1})}{(1-z^{-1})(1+0.592z^{-1})}$$

写出相应的差分方程的形式，求出其单位脉冲响应序列。

7-17 已知计算机控制系统的结构图如题 7-17 图所示，要求 $K_v=10$，$\sigma_p\%<25\%$，$t_s<1.5\text{s}$，用模拟化设计方法设计数字控制器 $D(z)$。

7-18 设离散系统的特征方程式如下，判断系统的稳定性。

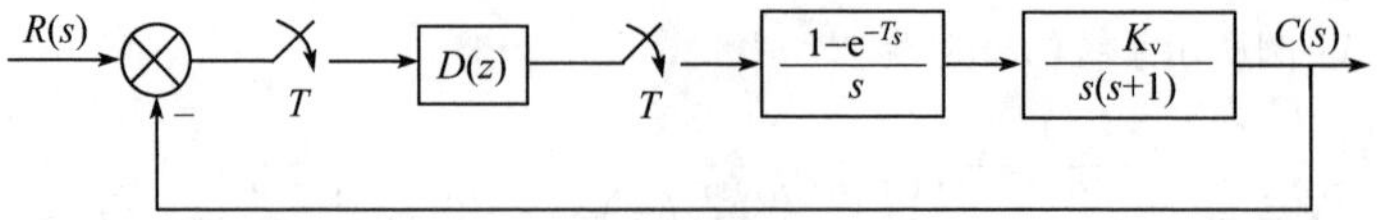

题 7-17 图

(1) $45z^3-11z^2+119z-36=0$　　　　(2) $(z+1)(z+0.5)(z+3)=0$

(3) $1+\dfrac{0.01758(z+0.8760)}{(z-1)(z-0.6703)}=0$

7-19 离散系统如题 7-19 图所示。在[z]平面上绘制 $0\leqslant K<\infty$的根轨迹图，求出特征数据，并确定系统临界稳定时的 K 值。

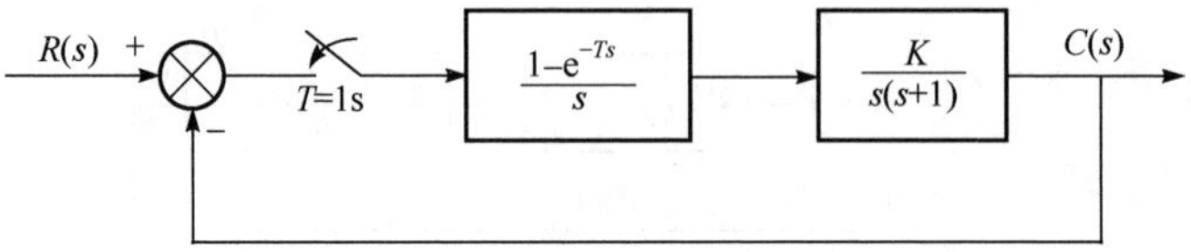

题 7-19 图

7-20 求题 7-20 图所示系统输出信号的 z 变换。

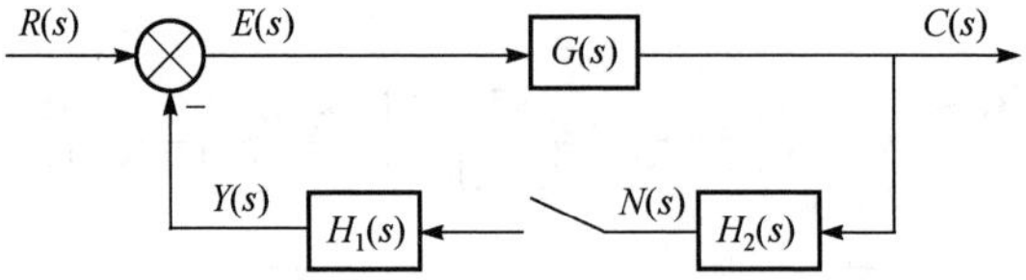

题 7-20 图

第 8 章　现代控制理论基础

前面七章内容属于经典控制理论，虽然对于单变量线性定常系统是非常有效，但它只能揭示输出和输入之间的外部特征，难以揭示系统内部的结构特征，也很难有效处理多变量控制系统和复杂的控制系统。

在 20 世纪 50 年代蓬勃兴起的航天技术的推动下，现代控制理论在 20 世纪 60 年代开始形成并得到了迅速的发展。现代控制理论的重要标志和基础就是状态空间方法。现代控制理论用状态空间法描述输入、状态、输出等各种变量间的因果关系。不但反映系统输入与输出的外部特征，而且揭示了系统内部的结构特征，可以研究更复杂而优良的控制方法。现代控制理论既适用于单变量控制系统，又适用于多变量控制系统，既可用于线性定常系统，又可用于线性时变系统，还可用于复杂的非线性系统。

8.1　状态空间法的基本概念

状态与状态变量　系统在时间域中运动信息的集合称为状态。确定系统状态的一组独立(数目最小的)变量称为状态变量。它是能完整、确定地描述系统的时域行为的最少的一组变量。

只要知道某一初始时刻 t_0 时的一组状态变量的值，并且知道从这一初始时刻起($t \geqslant t_0$)的输入变量，则系统中的所有状态(或变量)在此刻及以后的数值或变化情况都能唯一确定，这就是“确定系统状态”的含义。在输入已知时，为了确定系统未来的运动状态，一组状态变量的初值是必要并且充分的。或者说，状态变量是既足以完全确定系统运动状态而个数又最少的一组变量。

用 n 阶微分方程描述的 n 阶系统，状态变量的个数是 n。对于物理系统，没有其他要求时，可先取系统中独立储能元件的个数作为状态变量的个数。一个系统中选取哪些变量作为状态变量并不是唯一的。状态变量不一定是可测量的物理量，有时也可能是只具有数学意义而没有物理意义。对于 n 阶系统，找到 n 个相互独立的变量就可尝试构成一组状态变量。但在工程实践中应当优先选取容易测量的物理量作为状态变量，因为在系统设计中要用状态变量作反馈量。

状态向量　如果 n 个状态变量用 $x_1(t), x_2(t), \cdots, x_n(t)$ 表示，并把这些状态变量看做是向量 $\boldsymbol{x}(t)$ 的分量，则向量 $\boldsymbol{x}(t)$ 称为状态向量。记为

$$\boldsymbol{x}(t)=\begin{bmatrix} x_1(t) \\ x_2(t) \\ \vdots \\ x_n(t) \end{bmatrix}$$

或

$$\boldsymbol{x}^{\mathrm{T}}(t)=[x_1(t), x_2(t), \cdots, x_n(t)]$$

状态空间　以状态变量 $x_1(x), x_2(t), \cdots, x_n(t)$ 为坐标轴构成的 n 维空间。系统在任意

时刻的状态 $\boldsymbol{x}(t)$ 都可用状态空间中的一个点来表示。已知初始时刻 t_0 的状态 $\boldsymbol{x}(t_0)$，可得到状态空间中的一个初始点，随着时间的推移，$\boldsymbol{x}(t)$ 将在状态空间中描绘出一条轨迹，称为状态轨迹线。

状态方程 描述系统的状态变量之间及其和系统输入量之间关系的一阶微分方程组，称为系统的状态方程。

输出方程 描述系统输出变量与状态变量(有时还包括输入变量)之间的函数关系的代数方程，称为系统的输出方程。

状态空间表达式 状态方程与输出方程的组合称为状态空间表达式。它们构成对一个系统动态的完整描述。

一般地，对单变量系统，状态方程习惯写成如下形式：

$$\begin{cases}\dot{x}_1=a_{11}x_1+a_{12}x_2+\cdots+a_{1n}x_n+b_1u\\ \dot{x}_2=a_{21}x_1+a_{22}x_2+\cdots+a_{2n}x_n+b_2u\\ \quad\vdots\\ \dot{x}_n=a_{n1}x_1+a_{n2}x_2+\cdots+a_{nn}x_n+b_nu\end{cases}\tag{8-1-1}$$

输出方程为

$$y=c_1x_1+c_2x_2+\cdots+c_nx_n+du\tag{8-1-2}$$

写成向量矩阵形式为

$$\begin{cases}\dot{\boldsymbol{x}}=A\boldsymbol{x}+Bu\\ y=C\boldsymbol{x}+du\end{cases}\tag{8-1-3}$$

式中，$\boldsymbol{x}=\begin{bmatrix}x_1\\x_2\\\vdots\\x_n\end{bmatrix}$ 表示 n 维状态向量；

$A=\begin{bmatrix}a_{11}&a_{12}&\cdots&a_{1n}\\a_{21}&a_{22}&\cdots&a_{2n}\\\vdots&\vdots&&\vdots\\a_{n1}&a_{n2}&\cdots&a_{nn}\end{bmatrix}_{n\times n}$ 表示系统内部状态关系的系数矩阵；

$B=\begin{bmatrix}b_1\\b_2\\\vdots\\b_n\end{bmatrix}_{n\times 1}$ 表示输入对状态作用的输入矩阵；

$C=[c_1\quad c_2\quad\cdots\quad c_n]_{1\times n}$ 表示输出与状态关系的输出矩阵。

d 为直接联系输入量与输出量的直接传递系数，或称前馈系数。

对于多变量控制系统，设有 p 个输入，q 个输出，其状态空间表达式的形式是

$$\begin{cases}\dot{x}_1=a_{11}x_1+a_{12}x_2+\cdots+a_{1n}x_n+b_{11}u_1+b_{12}u_2+\cdots+b_{1p}u_p\\ \dot{x}_2=a_{21}x_1+a_{22}x_2+\cdots+a_{2n}x_n+b_{21}u_1+b_{22}u_2+\cdots+b_{2p}u_p\\ \quad\vdots\\ \dot{x}_n=a_{n1}x_1+a_{n2}x_2+\cdots+a_{nn}x_n+b_{n1}u_1+b_{n2}u_2+\cdots+b_{np}u_p\end{cases}\tag{8-1-4}$$

$$
\begin{cases}
y_1=c_{11}x_1+c_{12}x_2+\cdots+c_{1n}x_n+d_{11}u_1+d_{12}u_2+\cdots+d_{1p}u_p\\
y_2=c_{21}x_1+c_{22}x_2+\cdots+c_{2n}x_n+d_{21}u_1+d_{22}u_2+\cdots+d_{2p}u_p\\
\qquad\vdots\\
y_q=c_{q1}x_1+c_{q2}x_2+\cdots+c_{qn}x_n+d_{q1}u_1+d_{q2}u_2+\cdots+d_{qp}u_p
\end{cases}
\tag{8-1-5}
$$

用向量矩阵形式表示

$$
\begin{cases}
\dot{\boldsymbol{x}}=A\boldsymbol{x}+B\boldsymbol{u}\\
\boldsymbol{y}=C\boldsymbol{x}+D\boldsymbol{u}
\end{cases}
\tag{8-1-6}
$$

式中，$\boldsymbol{x}$ 和 A 同单变量系统；

$\boldsymbol{u}=\begin{pmatrix}u_1\\u_2\\\vdots\\u_p\end{pmatrix}$ 表示 p 维输入向量；$B=\begin{pmatrix}b_{11}&b_{12}&\cdots&b_{1p}\\b_{21}&b_{22}&\cdots&b_{2p}\\\vdots&\vdots&&\vdots\\b_{n1}&b_{n2}&\cdots&b_{np}\end{pmatrix}_{n\times p}$ 为输入矩阵；

$\boldsymbol{y}=\begin{pmatrix}y_1\\y_2\\\vdots\\y_q\end{pmatrix}$ 表示 q 维输出向量；$C=\begin{pmatrix}c_{11}&c_{12}&\cdots&c_{1n}\\c_{21}&c_{22}&\cdots&c_{2n}\\\vdots&\vdots&&\vdots\\c_{q1}&c_{q2}&\cdots&c_{qn}\end{pmatrix}_{q\times n}$ 为输出矩阵；

$D=\begin{pmatrix}d_{11}&d_{12}&\cdots&d_{1p}\\d_{21}&d_{22}&\cdots&d_{2p}\\\vdots&\vdots&&\vdots\\d_{q1}&d_{q2}&\cdots&d_{qp}\end{pmatrix}_{q\times p}$ 表示直接传递系数矩阵。

上述系统可简称为系统(A,B,C,D)。

状态空间表达式描述的系统也可以用框图表示系统的结构和信号传递的关系。式(8-1-6)所描述的系统，对应的框图如图 8-1-1 所示。图中双线箭头表示向量信号。

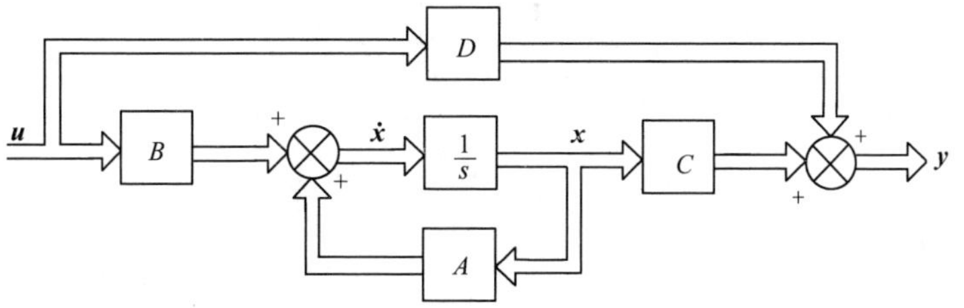

图 8-1-1　状态空间表达式的框图

8.2　线性定常系统状态空间表达式的建立

8.2 节

建立状态变量表达式常用的方法有两种。第一种方法是根据系统的工作原理和所遵循的规律，选择有关的物理量作状态变量，推导和整理成状态方程。第二种方法是由其他数学模型转化为状态空间表达式，包括由系统的动态微分方程式或传递函数推导出状态方程的几种方法。

8.2.1 根据系统的工作原理建立状态空间表达式

对于 n 阶实际系统，可以选为状态变量的物理量包括与独立储能元件能量有关的变量，或初选与输出变量及其导数有关的变量，或其他任意 n 个相互独立的变量作为状态变量。下面用例题说明建立状态空间表达式的方法。

例 8-2-1 RLC 电路如图 8-2-1 所示。电压 u_1、u_2 分别是输入变量和输出变量，建立状态空间表达式。

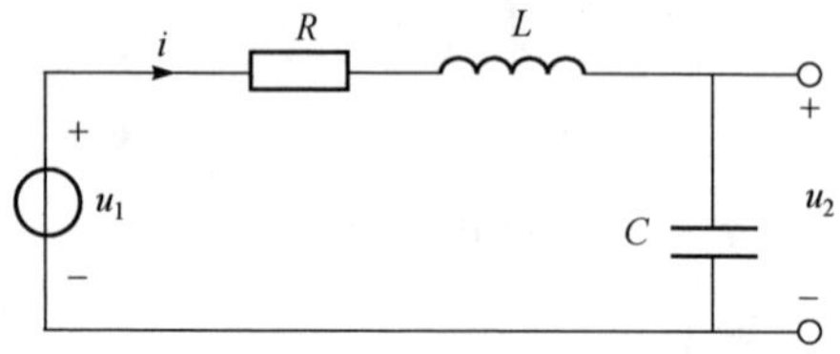

图 8-2-1 RLC 电路

解 根据电学原理，有

$$\begin{cases} L\dfrac{\mathrm{d}i(t)}{\mathrm{d}t}+Ri(t)+u_2(t)=u_1(t) \\ i(t)=C\dfrac{\mathrm{d}u_2(t)}{\mathrm{d}t} \end{cases}$$

电网络中有两个独立储能元件：电感和电容，系统是 2 阶系统，状态变量的个数是 2。先选取与电容、电感能量有关的变量 $u_2(t)$ 和 $i(t)$ 为状态变量，利用上式求得 $u_2(t)$ 和 $i(t)$ 的 2 个一阶微分方程如下：

$$\dot{u}_2(t)=\frac{1}{C}i(t)$$

$$\dot{i}(t)=-\frac{1}{L}u_2(t)-\frac{R}{L}i(t)+\frac{1}{L}u_1(t)$$

设 $u_2(t)=x_1(t)$，$i(t)=x_2(t)$，则状态方程为

$$\begin{cases} \dot{x}_1=\dfrac{1}{C}x_2 \\ \dot{x}_2=-\dfrac{1}{L}x_1-\dfrac{R}{L}x_2+\dfrac{1}{L}u_1 \end{cases}$$

输出方程为

$$y=x_1$$

状态空间表达式的向量矩阵形式为

$$\begin{bmatrix} \dot{x}_1 \\ \dot{x}_2 \end{bmatrix}=\begin{bmatrix} 0 & \dfrac{1}{C} \\ -\dfrac{1}{L} & -\dfrac{R}{L} \end{bmatrix}\begin{bmatrix} x_1 \\ x_2 \end{bmatrix}+\begin{bmatrix} 0 \\ \dfrac{1}{L} \end{bmatrix}u_1$$

$$y=[1 \quad 0]\begin{bmatrix} x_1 \\ x_2 \end{bmatrix}$$

简记为

$$\dot{\boldsymbol{x}}=A\boldsymbol{x}+Bu_1 \qquad y=C\boldsymbol{x}$$

式中

$$\dot{\boldsymbol{x}}=\begin{bmatrix}\dot{x}_1\\\dot{x}_2\end{bmatrix},\quad \boldsymbol{x}=\begin{bmatrix}x_1\\x_2\end{bmatrix},\quad A=\begin{bmatrix}0 & \dfrac{1}{C}\\-\dfrac{1}{L} & -\dfrac{R}{L}\end{bmatrix},\quad B=\begin{bmatrix}0\\\dfrac{1}{L}\end{bmatrix},\quad C=[1\quad 0]$$

若选状态变量为 $x_1=u_2$，$x_2=\dot{u}_2$，则状态空间表达式为

$$\dot{\boldsymbol{x}}=\begin{bmatrix}0 & 1\\-\dfrac{1}{LC} & -\dfrac{R}{L}\end{bmatrix}\boldsymbol{x}+\begin{bmatrix}0\\\dfrac{1}{LC}\end{bmatrix}u_1$$

$$y=[1\quad 0]\boldsymbol{x}$$

若选 $x_1=i$，$x_2=\int i\,\mathrm{d}t$，则有

$$\dot{\boldsymbol{x}}=\begin{bmatrix}-\dfrac{R}{L} & -\dfrac{1}{LC}\\1 & 0\end{bmatrix}\boldsymbol{x}+\begin{bmatrix}\dfrac{1}{L}\\0\end{bmatrix}u_1,\quad y=\begin{bmatrix}0 & \dfrac{1}{C}\end{bmatrix}\boldsymbol{x}$$

若选 $x_1=\dfrac{1}{C}\int i\,\mathrm{d}t+Ri$，$x_2=\dfrac{1}{C}\int i\,\mathrm{d}t$，则有

$$\dot{\boldsymbol{x}}=\begin{bmatrix}\dfrac{1}{RC}-\dfrac{R}{L} & -\dfrac{1}{RC}\\\dfrac{1}{RC} & -\dfrac{1}{RC}\end{bmatrix}\boldsymbol{x}+\begin{bmatrix}\dfrac{R}{L}\\0\end{bmatrix}u_1$$

$$y=[0\quad 1]\boldsymbol{x}$$

例 8-2-2 图 8-2-2 表示直流电动机系统。图中，SM 为电动机，ω 为电动机转速(rad/s)，ω_L 为负载轴转速(rad/s)，J_m、J_L 分别为电动机与负载的转动惯量，f_m、f_L 分别为电动机轴与负载轴的黏性摩擦系数，T_e 为电机电磁转矩。取电机电枢电压 u_a 为输入量，电机转速 ω 为输出量，列写状态空间表达式。

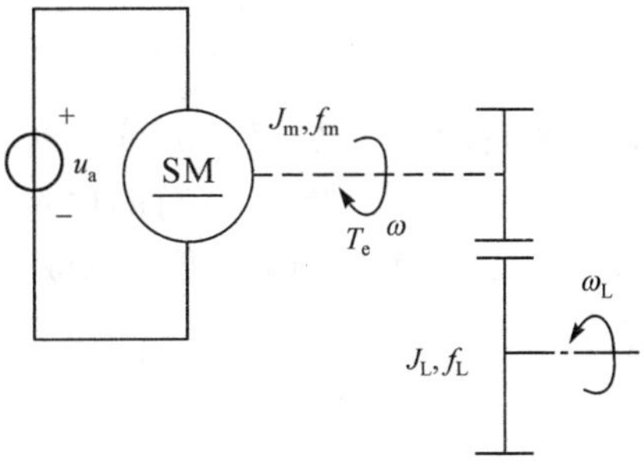

图 8-2-2 直流电动机系统

解 根据直流电机原理和牛顿转动定律，可得如下微分方程组(见 2.3.6 节)：

$$\begin{cases}L_a\dfrac{\mathrm{d}i_a}{\mathrm{d}t}+R_ai_a+K_e\omega=u_a\\T_a=K_ti_a=J\dfrac{\mathrm{d}\omega}{\mathrm{d}t}+f\omega\end{cases}\tag{8-2-1}$$

式中，L_a、R_a 分别为电枢绕组的电感和电阻，i_a 为电枢电流，K_e、K_t 分别为电机的反电势系数和转矩系数，J 为电动机轴的总转动惯量，f 为电动机轴的等效黏性摩擦系数。设 $i=\omega/\omega_L$ 为传动比，有(参见例 2-1-5)

$$J=J_m+\frac{1}{i^2}J_L,\quad f=f_m+\frac{1}{i^2}f_L$$

本系统中有两个独立储能元件：具有电感的电枢绕组和具有惯量的转动体，状态变量数是2。选取电枢电流 i_a 和电机转速 ω 为状态变量，即 $x_1=i_a, x_2=\omega$。

将式(8-2-1)改写成如下的以 x_1、x_2 表示的一阶微分方程组

$$\begin{cases}\dot{x}_1=\dfrac{\mathrm{d}i_a}{\mathrm{d}t}=-\dfrac{R_a}{L_a}x_1-\dfrac{K_e}{L_a}x_2+\dfrac{1}{L_a}u_a \\ \dot{x}_2=\dfrac{\mathrm{d}\omega}{\mathrm{d}t}=\dfrac{K_t}{J}x_1-\dfrac{f}{J}x_2\end{cases} \tag{8-2-2}$$

写成矩阵向量形式，得状态空间表达式如下：

$$\begin{cases}\dot{\boldsymbol{x}}=A\boldsymbol{x}+Bu_a \\ y=C\boldsymbol{x}\end{cases} \tag{8-2-3}$$

式中

$$\boldsymbol{x}=\begin{bmatrix}x_1\\x_2\end{bmatrix}=\begin{bmatrix}i_a\\\omega\end{bmatrix},\quad \dot{\boldsymbol{x}}=\begin{bmatrix}\dot{x}_1\\\dot{x}_2\end{bmatrix}$$

$$A=\begin{bmatrix}-\dfrac{R_a}{L_a} & -\dfrac{K_e}{L_a}\\ \dfrac{K_t}{J} & -\dfrac{f}{J}\end{bmatrix},\quad B=\begin{bmatrix}\dfrac{1}{L_a}\\0\end{bmatrix},\quad C=[0\quad 1]$$

8.2.2 根据微分方程和传递函数建立状态空间表达式

1. 方程中不含输入量的导数项，传递函数没有零点

设单变量 n 阶线性定常系统的微分方程和对应的传递函数如下：

$$y^{(n)}+a_1y^{(n-1)}+a_2y^{(n-2)}+\cdots+a_{n-1}\dot{y}+a_ny=b_nu \tag{8-2-4}$$

$$\frac{Y(s)}{U(s)}=\frac{b_n}{s^n+a_1s^{n-1}+a_2s^{n-2}+\cdots+a_{n-1}s+a_n} \tag{8-2-5}$$

首先选取状态变量。n 阶系统具有 n 个状态变量。根据微分方程原理，若 $y(0)$，$\dot{y}(0)$，…，$y^{(n-1)}(0)$及 $t\geqslant 0$ 时的输入 $u(t)$已知，则方程有唯一的解，系统在 $t\geqslant 0$ 时刻的运动状态便可完全确定。因此可以选取 $y,\dot{y},\cdots,y^{(n-1)}$ 这 n 个变量作为系统的一组状态变量，记为

$$\begin{cases}x_1=y\\x_2=\dot{y}\\x_3=\ddot{y}\\\quad\vdots\\x_n=y^{(n-1)}\end{cases} \tag{8-2-6}$$

其次，将式(8-2-6)和式(8-2-4)改写成如下的一阶微分方程组：

$$
\begin{cases}
\dot{x}_1=\dot{y}=x_2\\
\dot{x}_2=\ddot{y}=x_3\\
\quad\vdots\\
\dot{x}_{n-1}=y^{(n-1)}=x_n\\
\dot{x}_n\;=y^{(n)}=-a_ny-a_{n-1}\dot{y}-\cdots-a_1y^{(n-1)}+b_nu\\
\qquad=-a_nx_1-a_{n-1}x_2-\cdots-a_1x_n+b_nu
\end{cases}
\tag{8-2-7}
$$

最后写成矩阵向量形式为

$$
\dot{\boldsymbol{x}}=A\boldsymbol{x}+Bu \tag{8-2-8}
$$

式中，$\dot{\boldsymbol{x}}=\begin{bmatrix}\dot{x}_1\\ \dot{x}_2\\ \vdots\\ \dot{x}_{n-1}\\ \dot{x}_n\end{bmatrix}$， $\boldsymbol{x}=\begin{bmatrix}x_1\\ x_2\\ \vdots\\ x_{n-1}\\ x_n\end{bmatrix}$， $B=\begin{bmatrix}0\\ 0\\ \vdots\\ 0\\ b_n\end{bmatrix}$。

$$
A=\begin{bmatrix}
0 & 1 & 0 & \cdots & 0 & 0\\
0 & 0 & 1 & \cdots & 0 & 0\\
\vdots & \vdots & \vdots & & \vdots & \vdots\\
0 & 0 & 0 & \cdots & 0 & 1\\
-a_n & -a_{n-1} & -a_{n-2} & \cdots & -a_2 & -a_1
\end{bmatrix}
\tag{8-2-9}
$$

系统的输出方程为

$$
y=x_1=[1\quad 0\quad \cdots\quad 0]\boldsymbol{x}=C\boldsymbol{x} \tag{8-2-10}
$$

$$
C=[1\quad 0\quad \cdots\quad 0] \tag{8-2-11}
$$

系数矩阵 A 和输出矩阵 C 具有式(8-2-9)、式(8-2-11)的形式时，状态空间表达式称为可观测规范Ⅰ型。

2. 方程中含有输入量的导数项，传递函数有零点

这时单变量线性定常系统的微分方程式及传递函数如下：

$$
y^{(n)}+a_1y^{(n-1)}+\cdots+a_{n-1}\dot{y}+a_ny=b_0u^{(n)}+b_1u^{(n-1)}+\cdots+b_{n-1}\dot{u}+b_nu \tag{8-2-12}
$$

$$
\frac{Y(s)}{U(s)}=\frac{b_0s^n+b_1s^{n-1}+\cdots+b_{n-1}s+b_n}{s^n+a_1s^{n-1}+\cdots+a_{n-1}s+a_n} \tag{8-2-13}
$$

这时不能按式(8-2-6)选取系统的输出 y 及其导数 $y^{(i)}$ $(i=1,2,\cdots,n-1)$ 作为状态变量。因为若那样选取状态变量，则据式(8-2-12)得出一阶微分方程组为

$$
\begin{cases}
\dot{x}_1=x_2\\
\dot{x}_2=x_3\\
\quad\vdots\\
\dot{x}_n\;=-a_nx_1-a_{n-1}x_2-\cdots-a_1x_n+b_0u^{(n)}+b_1u^{(n-1)}\\
\qquad+\cdots+b_{n-1}\dot{u}+b_nu
\end{cases}
\tag{8-2-14}
$$

从上式看出，若在 $t=t_0$ 时刻作用一个阶跃函数，即 $u(t)=1(t)$，则 $\dot{u}(t)$ 便是 $t=t_0$ 时刻出现的 δ 函数，而 $u^{(i)}(t)(i=2,3,\cdots)$ 将是在 $t=t_0$ 时刻出现的高阶 δ 函数。按微分方程理论，这时得不出方程的唯一解，$t\geqslant t_0$ 的系统状态便不能由所选的状态向量 $\boldsymbol{x}$ 唯一确定，因此上面所

选的变量不具备在已知系统输入和初始状态条件下完全确定系统未来状态的特征。

综上可见，选取状态变量的原则是：在包含状态变量的 n 个一阶微分方程中，任一微分方程均不能有输入变量的导数项。

根据上述原则，下面介绍两种建立状态空间表达式的方法。

方法一

这种方法的思路是，在式(8-2-6)和式(8-2-7)的基础上，设 x_1 及 $\dot{x}_1,\dot{x}_2,\cdots,\dot{x}_n$ 中都含有输入量 u，见下式：

$$x_1=y-h_0u \tag{8-2-15}$$

$$\begin{cases}\dot{x}_1=x_2+h_1u\\ \dot{x}_2=x_3+h_2u\\ \quad\vdots\\ \dot{x}_{n-1}=x_n+h_{n-1}u\\ \dot{x}_n=-a_nx_1-a_{n-1}x_2-\cdots-a_1x_n+h_nu\end{cases} \tag{8-2-16}$$

式(8-2-16)不含输入量的导数。由式(8-2-13)、式(8-2-15)、式(8-2-16)可以求得 y 和 h_i 满足下式：

$$y=x_1+b_0u \tag{8-2-17}$$

$$\begin{cases}h_0=b_0\\ h_1=b_1-a_1b_0\\ h_2=b_2-a_2b_0-a_1h_1\\ \quad\vdots\\ h_n=b_n-a_nb_0-a_{n-1}h_1-a_{n-2}h_2-\cdots-a_2h_{n-2}-a_1h_{n-1}\end{cases} \tag{8-2-18}$$

式(8-2-16)和式(8-2-17)就是系统的状态空间表达式，它的矩阵向量形式为

$$\begin{cases}\dot{\boldsymbol{x}}=A\boldsymbol{x}+Bu\\ y=C\boldsymbol{x}+du\end{cases} \tag{8-2-19}$$

式中

$$A=\begin{bmatrix}0 & 1 & 0 & \cdots & 0\\ 0 & 0 & 1 & \cdots & 0\\ \vdots & \vdots & \vdots & & \vdots\\ 0 & 0 & 0 & \cdots & 1\\ -a_n & -a_{n-1} & -a_{n-2} & \cdots & -a_1\end{bmatrix} \tag{8-2-20}$$

$$B=\begin{bmatrix}h_1\\ h_2\\ \vdots\\ h_n\end{bmatrix} \tag{8-2-21}$$

$$C=\begin{bmatrix}1 & 0 & \cdots & 0\end{bmatrix} \tag{8-2-22}$$

$$d=b_0 \tag{8-2-23}$$

式(8-2-21)中的 h_i 按式(8-2-18)计算，可以证明，式(8-2-13)作多项式除法所得商中，s^{-i} 的系数就是输入矩阵 B 中的元素 h_i。上述状态空间表达式是可观测规范Ⅰ型。

方法二

对于式(8-2-13)所示系统，引进变量 Z，可得到图 8-2-3 所示框图。

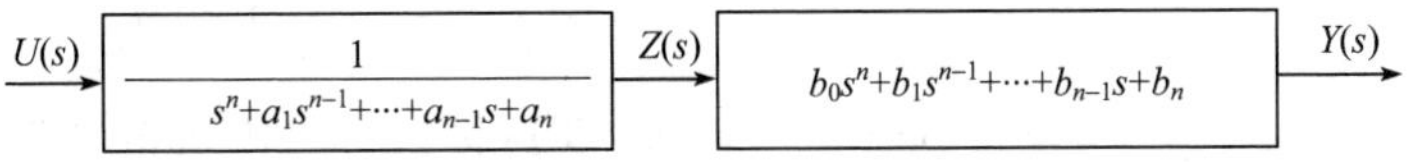

图 8-2-3　控制系统框图

由图 8-2-3 可写出两个常微分方程，即

$$z^{(n)}+a_1z^{(n-1)}+\cdots+a_{n-1}\dot{z}+a_nz=u \tag{8-2-24}$$

$$y=b_0z^{(n)}+b_1z^{(n-1)}+\cdots+b_{n-1}\dot{z}+b_nz \tag{8-2-25}$$

式(8-2-24)是与式(8-2-4)完全一样的不含输入量导数项的微分方程，故可选取

$$\begin{cases} x_1=z \\ x_2=\dot{x}_1=\dot{z} \\ \quad\vdots \\ x_n=\dot{x}_{n-1}=z^{(n-1)} \end{cases} \tag{8-2-26}$$

可以求得系数矩阵 A 与直接传递系数 d 同式(8-2-20)、式(8-2-23)。而输入矩阵为

$$B=\begin{bmatrix} 0 \\ \vdots \\ 0 \\ 1 \end{bmatrix} \tag{8-2-27}$$

输出矩阵为

$$C=[b_n-a_nb_0,b_{n-1}-a_{n-1}b_0,\cdots,b_2-a_2b_0,b_1-a_1b_0] \tag{8-2-28}$$

若 $b_0=0$，有

$$C=[b_n,b_{n-1},\cdots,b_2,b_1] \tag{8-2-29}$$

具有式(8-2-20)的系数矩阵 A 和式(8-2-27)的输入矩阵 B 的形式的状态空间表达式称为可控规范Ⅰ型。

可以证明，式(8-2-13)所示系统的状态空间表达式的 A、B、C 矩阵还可以写成如下形式：

$$A=\begin{bmatrix} 0 & 0 & \cdots & 0 & -a_n \\ 1 & 0 & \cdots & 0 & -a_{n-1} \\ 0 & 1 & \cdots & 0 & -a_{n-2} \\ \vdots & \vdots & & \vdots & \vdots \\ 0 & 0 & \cdots & 1 & -a_1 \end{bmatrix} \tag{8-2-30}$$

$$B=\begin{bmatrix} b_n-a_nb_0 \\ b_{n-1}-a_{n-1}b_0 \\ \vdots \\ b_1-a_1b_0 \end{bmatrix} \tag{8-2-31}$$

当 $b_0=0$ 时，有

$$B=\begin{bmatrix} b_n \\ b_{n-1} \\ \vdots \\ b_1 \end{bmatrix} \tag{8-2-32}$$

$$C=[0\quad\cdots\quad 0\quad 1] \tag{8-2-33}$$

$$d=b_0 \tag{8-2-34}$$

当矩阵 A、C 可以写成式(8-2-30)、式(8-2-33)的形式时，称为可观测规范Ⅱ型。可观测规范Ⅱ型中的 A、B、C 是可控规范Ⅰ型中 A、C、B 的转置。

根据传递函数建立与之等效的空间表达式的问题，也称为实现问题。求得的状态空间表达式既保持了原传递函数所特定的输入与输出的关系，也确定了系统的内部结构。

例 8-2-3 控制系统的微分方程为

$$\dddot{y}+5\ddot{y}+\dot{y}+2y=\dot{u}+2u \tag{8-2-35}$$

列写该系统的状态空间表达式。

解 1)应用方法一求解：

由式(8-2-35)得知：$a_1=5,a_2=1,a_3=2,b_0=b_1=0,b_2=1,b_3=2$。由式(8-2-18)得：$h_0=b_0=0,h_1=0,h_2=1,h_3=-3$。由多项式除法可得同样结论。由式(8-2-19)～式(8-2-23)知状态空间表达式为

$$\begin{bmatrix}\dot{x}_1\\ \dot{x}_2\\ \dot{x}_3\end{bmatrix}=\begin{bmatrix}0 & 1 & 0\\ 0 & 0 & 1\\ -2 & -1 & -5\end{bmatrix}\begin{bmatrix}x_1\\ x_2\\ x_3\end{bmatrix}+\begin{bmatrix}0\\ 1\\ -3\end{bmatrix}u \tag{8-2-36}$$

$$y=[1\quad 0\quad 0]\begin{bmatrix}x_1\\ x_2\\ x_3\end{bmatrix} \tag{8-2-37}$$

2)应用方法二求解：

对式(8-2-35)取拉普拉斯变换得

$$\frac{Y(s)}{U(s)}=\frac{s+2}{s^3+5s^2+s+2}$$

由式(8-2-20)、式(8-2-27)、式(8-2-29)得状态空间表达式为

$$\begin{bmatrix}\dot{x}_1\\ \dot{x}_2\\ \dot{x}_3\end{bmatrix}=\begin{bmatrix}0 & 1 & 0\\ 0 & 0 & 1\\ -2 & -1 & -5\end{bmatrix}\begin{bmatrix}x_1\\ x_2\\ x_3\end{bmatrix}+\begin{bmatrix}0\\ 0\\ 1\end{bmatrix}u \tag{8-2-38}$$

$$y=[2\quad 1\quad 0]\begin{bmatrix}x_1\\ x_2\\ x_3\end{bmatrix} \tag{8-2-39}$$

8.2.3 根据传递函数的实数极点建立状态空间表达式

下面按极点情况分两种情况进行研究。

1. 传递函数中只含有各个相异的实数极点

设 $s_1,s_2,\cdots,s_n$ 为式(8-2-13)的各个相异实极点，则可将该式展成部分分式

$$\frac{Y(s)}{U(s)}=\frac{C_1}{s-s_1}+\frac{C_2}{s-s_2}+\cdots+\frac{C_n}{s-s_n} \tag{8-2-40}$$

式中

$$C_i=\left[\frac{Y(s)}{U(s)}(s-s_i)\right]_{s=s_i}$$

将式(8-2-40)改写成

$$Y(s)=\frac{C_1}{s-s_1}U(s)+\frac{C_2}{s-s_2}U(s)+\cdots+\frac{C_n}{s-s_n}U(s) \tag{8-2-41}$$

根据式(8-2-41)选取状态变量

$$\begin{cases} X_1(s)=\dfrac{1}{s-s_1}U(s) \\ X_2(s)=\dfrac{1}{s-s_2}U(s) \\ \quad\vdots \\ X_n(s)=\dfrac{1}{s-s_n}U(s) \end{cases} \tag{8-2-42}$$

式(8-2-42)还可写成

$$\begin{cases} sX_1(s)=s_1X_1(s)+U(s) \\ sX_2(s)=s_2X_2(s)+U(s) \\ \quad\vdots \\ sX_n(s)=s_nX_n(s)+U(s) \end{cases} \tag{8-2-43}$$

由式(8-2-43)与式(8-2-41)得到时域的 n 个一阶微分方程及输出方程

$$\begin{cases} \dot{x}_1=s_1x_1+u \\ \dot{x}_2=s_2x_2+u \\ \quad\vdots \\ \dot{x}_n=s_nx_n+u \end{cases} \tag{8-2-44}$$

$$y=C_1x_1+C_2x_2+\cdots+C_nx_n \tag{8-2-45}$$

用矩阵向量形式表示,得出如下的状态空间表达式

$$\begin{bmatrix} \dot{x}_1 \\ \dot{x}_2 \\ \vdots \\ \dot{x}_n \end{bmatrix}=\begin{bmatrix} s_1 & & & 0 \\ & s_2 & & \\ & & \ddots & \\ 0 & & & s_n \end{bmatrix}\begin{bmatrix} x_1 \\ x_2 \\ \vdots \\ x_n \end{bmatrix}+\begin{bmatrix} 1 \\ 1 \\ \vdots \\ 1 \end{bmatrix}u \tag{8-2-46}$$

$$y=[C_1 \quad C_2 \quad \cdots \quad C_n]\boldsymbol{x} \tag{8-2-47}$$

式(8-2-46)中的系数矩阵 A 称为对角线标准型。

例 8-2-4 已知控制系统的传递函数为

$$\frac{Y(s)}{U(s)}=\frac{2s+1}{s^3+7s^2+14s+8}$$

求状态空间表达式。

解 令 $s^3+7s^2+14s+8=0$,解得传递函数的极点为 $s_1=-1,s_2=-2,s_3=-4$。

将$\dfrac{Y(s)}{U(s)}$展成部分分式

$$\frac{Y(s)}{U(s)}=\frac{-\frac{1}{3}}{s+1}+\frac{\frac{3}{2}}{s+2}+\frac{-\frac{7}{6}}{s+4}$$

根据式(8-2-46)、式(8-2-47)及上式直接得出状态空间表达式

$$\begin{bmatrix}\dot{x}_1\\\dot{x}_2\\\dot{x}_3\end{bmatrix}=\begin{bmatrix}-1&0&0\\0&-2&0\\0&0&-4\end{bmatrix}\begin{bmatrix}x_1\\x_2\\x_3\end{bmatrix}+\begin{bmatrix}1\\1\\1\end{bmatrix}u$$

$$y=\begin{bmatrix}-\frac{1}{3}&\frac{3}{2}&-\frac{7}{6}\end{bmatrix}\begin{bmatrix}x_1\\x_2\\x_3\end{bmatrix}$$

2. 传递函数中含有单重实极点

设 s_1 为 n 重极点，将式(8-2-13)展成如下的部分分式：

$$\frac{Y(s)}{U(s)}=\frac{C_{11}}{(s-s_1)^n}+\frac{C_{12}}{(s-s_1)^{n-1}}+\cdots+\frac{C_{1n}}{s-s_1} \tag{8-2-48}$$

式中

$$C_{1i}=\frac{1}{(i-1)!}\cdot\frac{\mathrm{d}^{i-1}}{\mathrm{d}s^{i-1}}\left[\frac{Y(s)}{U(s)}(s-s_1)^n\right]_{s=s_1}$$

将式(8-2-48)改写为

$$Y(s)=\frac{C_{11}}{(s-s_1)^n}U(s)+\frac{C_{12}}{(s-s_1)^{n-1}}U(s)+\cdots+\frac{C_{1n}}{s-s_1}U(s) \tag{8-2-49}$$

根据式(8-2-49)选取状态变量

$$\begin{cases}X_1(s)=\dfrac{1}{(s-s_1)^n}U(s)=\dfrac{1}{s-s_1}\left[\dfrac{1}{(s-s_1)^{n-1}}U(s)\right]=\dfrac{1}{s-s_1}X_2(s)\\X_2(s)=\dfrac{1}{(s-s_1)^{n-1}}U(s)=\dfrac{1}{s-s_1}\left[\dfrac{1}{(s-s_1)^{n-2}}U(s)\right]=\dfrac{1}{s-s_1}X_3(s)\\\quad\vdots\\X_{n-1}(s)=\dfrac{1}{(s-s_1)^2}U(s)=\dfrac{1}{s-s_1}\left[\dfrac{1}{s-s_1}U(s)\right]=\dfrac{1}{s-s_1}X_n(s)\\X_n(s)=\dfrac{1}{s-s_1}U(s)\end{cases} \tag{8-2-50}$$

由式(8-2-49)、式(8-2-50)得到用状态变量表示的一阶微分方程组及输出方程

$$\begin{cases}\dot{x}_1=s_1x_1+x_2\\\dot{x}_2=s_1x_2+x_3\\\quad\vdots\\\dot{x}_{n-1}=s_1x_{n-1}+x_n\\\dot{x}_n=s_1x_n+u\end{cases} \tag{8-2-51}$$

$$y=C_{11}x_1+C_{12}x_2+\cdots+C_{1n}x_n \tag{8-2-52}$$

写成矩阵向量形式

$$\begin{bmatrix}\dot{x}_1\\\dot{x}_2\\\vdots\\\dot{x}_{n-1}\\\dot{x}_n\end{bmatrix}=\begin{bmatrix}s_1&1&&&\\&s_1&1&0&\\&&\ddots&\ddots&\\&0&&\ddots&1\\&&&&s_1\end{bmatrix}\begin{bmatrix}x_1\\x_2\\\vdots\\x_{n-1}\\x_n\end{bmatrix}+\begin{bmatrix}0\\0\\\vdots\\0\\1\end{bmatrix}u \tag{8-2-53}$$

$$
y=\begin{bmatrix} C_{11} & C_{12} & \cdots & C_{1n} \end{bmatrix}\begin{bmatrix} x_1 \\ x_2 \\ \vdots \\ x_n \end{bmatrix} \tag{8-2-54}
$$

式(8-2-53)中的系数矩阵 A 称为约当(Jordan)标准型。

例 8-2-5 已知控制系统的传递函数为

$$
\frac{Y(s)}{U(s)}=\frac{2s^2+5s+1}{(s-2)^3}
$$

求系统的状态空间表达式。

解 从题中得知 $s=2$ 为三重极点,将$\frac{Y(s)}{U(s)}$展成如下的部分分式:

$$
\frac{Y(s)}{U(s)}=\frac{19}{(s-2)^3}+\frac{13}{(s-2)^2}+\frac{2}{s-2}
$$

根据式(8-2-53)、式(8-2-54)及上式直接得出状态空间表达式如下:

$$
\begin{bmatrix} \dot{x}_1 \\ \dot{x}_2 \\ \dot{x}_3 \end{bmatrix}=\begin{bmatrix} 2 & 1 & 0 \\ 0 & 2 & 1 \\ 0 & 0 & 2 \end{bmatrix}\begin{bmatrix} x_1 \\ x_2 \\ x_3 \end{bmatrix}+\begin{bmatrix} 0 \\ 0 \\ 1 \end{bmatrix}u
$$

$$
y=\begin{bmatrix} 19 & 13 & 2 \end{bmatrix}\begin{bmatrix} x_1 \\ x_2 \\ x_3 \end{bmatrix}
$$

3. 传递函数中含有多重实极点

设 s_1 为 l_1 重极点,s_2 为 l_2 重极点,…,s_k 为 l_k 重极点,且 $l_1+l_2+\cdots+l_k=n$。根据前边对单重极点研究得出的结论,可以直接得出此时的状态空间表达式,即

$$
\begin{bmatrix} \dot{x}_1 \\ \vdots \\ \vdots \\ \dot{x}_{l_1} \\ \dot{x}_{l_1+1} \\ \vdots \\ \vdots \\ \dot{x}_{l_1+l_2} \\ \vdots \\ \vdots \\ \vdots \\ \dot{x}_{l_k+1} \\ \vdots \\ \vdots \\ \dot{x}_n \end{bmatrix}
=
\left[\begin{array}{c|c|c|c}
\begin{matrix} s_1 & 1 & & 0 \\ & \ddots & \ddots & \\ & & \ddots & 1 \\ 0 & & & s_1 \end{matrix} & & & 0 \\
\hline
 & \begin{matrix} s_2 & 1 & 0 \\ & \ddots & \ddots \\ & & \ddots & 1 \\ & 0 & & s_2 \end{matrix} & & \\
\hline
 & & \ddots & \\
\hline
0 & & & \begin{matrix} s_k & 1 & & 0 \\ & \ddots & \ddots & \\ & & \ddots & 1 \\ 0 & & & s_k \end{matrix}
\end{array}\right]
\left[\begin{array}{c} x_1 \\ \vdots \\ \vdots \\ x_{l_1} \\ \hline x_{l_1+1} \\ \vdots \\ \vdots \\ x_{l_1+l_2} \\ \hline \vdots \\ \vdots \\ \vdots \\ \hline x_{l_k+1} \\ \vdots \\ \vdots \\ x_n \end{array}\right]
+
\left[\begin{array}{c} 0 \\ \vdots \\ 0 \\ 1 \\ \hline 0 \\ \vdots \\ 0 \\ 1 \\ \hline \vdots \\ \vdots \\ \vdots \\ \hline 0 \\ \vdots \\ 0 \\ 1 \end{array}\right]u
\tag{8-2-55}
$$

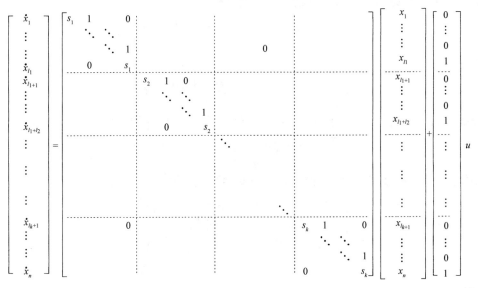

$$y=[C_{11}\cdots C_{1l_1},C_{21}\cdots C_{2l_2},\cdots,C_{k1},\cdots,C_{kl_k}]\boldsymbol{x} \tag{8-2-56}$$

例 8-2-6 已知控制系统的传递函数为

$$\frac{Y(s)}{U(s)}=\frac{4s^2+17s+16}{s^3+7s^2+16s+12}$$

列写系统的状态空间表达式。

解 令 $s^3+7s^2+16s+12=0$,解得 $s_1=-2,s_2=-2,s_3=-3$,将$\frac{Y(s)}{U(s)}$表达式展成下面的部分分式:

$$\frac{Y(s)}{U(s)}=\frac{-2}{(s+2)^2}+\frac{3}{s+2}+\frac{1}{s+3}$$

此例所给传递函数中既有重极点,又有单极点,根据式(8-2-53)、式(8-2-54)、式(8-2-46)、式(8-2-47)及上式得出该系统的状态空间表达式如下:

$$\begin{bmatrix}\dot{x}_1\\ \dot{x}_2\\ \dot{x}_3\end{bmatrix}=\begin{bmatrix}-2&1&0\\0&-2&0\\0&0&-3\end{bmatrix}\begin{bmatrix}x_1\\x_2\\x_3\end{bmatrix}+\begin{bmatrix}0\\1\\1\end{bmatrix}u$$

$$y=[-2\quad 3\quad 1]\begin{bmatrix}x_1\\x_2\\x_3\end{bmatrix}$$

当传递函数的分子、分母次数相同时,应先把传递函数化简成真分式与整数之和,然后使用上述方法求出真分式传递函数对应的状态空间表达式,再在输出方程中加上对应的项。

例 8-2-7 已知控制系统的传递函数为

$$\frac{Y(s)}{U(s)}=\frac{2s^3+19s^2+49s+20}{s^3+6s^2+11s+6}$$

列写系统的状态空间表达式。

解 首先将传递函数化简成整数与真分式之和:

$$\frac{Y(s)}{U(s)}=2+\frac{7s^2+27s+8}{s^3+6s^2+11s+6}$$

由此得

$$Y(s)=2U(s)+\frac{7s^2+27s+8}{s^3+6s^2+11s+6}U(s)$$

根据上式中的真分式传递函数写出状态方程,再在输出方程中加 $2u(t)$得

$$\frac{7s^2+27s+8}{s^3+6s^2+11s+6}=\frac{-6}{s+1}+\frac{18}{s+2}+\frac{-5}{s+3}$$

根据式(8-2-46)及式(8-2-47)得出状态空间表达式如下:

$$\begin{bmatrix}\dot{x}_1\\ \dot{x}_2\\ \dot{x}_3\end{bmatrix}=\begin{bmatrix}-1&0&0\\0&-2&0\\0&0&-3\end{bmatrix}\begin{bmatrix}x_1\\x_2\\x_3\end{bmatrix}+\begin{bmatrix}1\\1\\1\end{bmatrix}u$$

$$y=[-6\quad 18\quad -5]\begin{bmatrix}x_1\\x_2\\x_3\end{bmatrix}+2u$$

8.2.4 状态变量的非唯一性和特征值不变性

通过前面的例子可以看出，同一个系统的状态向量中变量的个数是一定的，等于系统的阶数。但状态变量的选取方法却是多种多样的，对应的系数矩阵 A 的元素也不完全相同。

若系数矩阵 A 是 n 阶方阵，s 是复变量，则 $|sI-A|$ 称为系统或矩阵 A 的特征多项式，它是 s 的 n 次多项式。$|sI-A|=0$ 称为系统或矩阵 A 的特征方程，方程的根就称为系统或矩阵 A 的特征值或特征根。对于单变量控制系统，特征根就是传递函数的极点。

一个系统的状态向量 $\boldsymbol{x}$ 经线性非奇异变换 $\boldsymbol{z}=P\boldsymbol{x}(|P|\neq 0)$ 后得到的向量 $\boldsymbol{z}$ 也是这个系统的状态向量。

数学上可以证明，一个系统可以有很多不同的状态向量和不同的系数矩阵，但这些系数矩阵的特征值是完全相同的。

若系数矩阵 A 为

$$A=\begin{bmatrix} 0 & 1 & 0 & \cdots & 0 & 0 \\ 0 & 0 & 1 & \cdots & 0 & 0 \\ \vdots & \vdots & \vdots & & \vdots & \vdots \\ 0 & 0 & 0 & \cdots & 0 & 1 \\ -a_n & -a_{n-1} & -a_{n-2} & \cdots & -a_2 & -a_1 \end{bmatrix}$$

则特征方程为

$$|sI-A|=s^n+a_1s^{n-1}+\cdots+a_{n-1}s+a_n=0$$

8.2.5 状态变量框图

状态变量结构框图由积分器、加法器、比例器组成，它表示出系统各状态变量间及它们和输入、输出量的关系，简称状态变量框图。n 阶系统的状态变量框图有 n 个积分器。下面通过例题说明状态变量框图的绘制方法。

例 8-2-8 控制系统的状态空间表达式为

$$\begin{bmatrix} \dot{x}_1 \\ \dot{x}_2 \\ \dot{x}_3 \end{bmatrix}=\begin{bmatrix} 0 & 1 & 0 \\ 0 & 0 & 1 \\ -6 & -3 & -2 \end{bmatrix}\begin{bmatrix} x_1 \\ x_2 \\ x_3 \end{bmatrix}+\begin{bmatrix} 0 \\ 0 \\ 1 \end{bmatrix}u$$

$$y=\begin{bmatrix} 1 & 1 & 0 \end{bmatrix}\begin{bmatrix} x_1 \\ x_2 \\ x_3 \end{bmatrix}$$

绘出该系统的状态变量框图。

解 根据状态空间表达式写出状态方程和输出方程如下：

$$\begin{cases} \dot{x}_1=x_2 \\ \dot{x}_2=x_3 \\ \dot{x}_3=-6x_1-3x_2-2x_3+u \end{cases}$$

$$y=x_1+x_2$$

此系统有 3 个状态变量，状态变量图中有 3 个积分器，每个积分器的输出信号代表 1 个状态变量，积分器的输入信号是其输出信号的导数。再根据状态方程和输出方程，使用适当的加法器和比例器，把各状态变量、输入量 u 和输出量 y 连接起来，就得到系统的状态变量框图，如图 8-2-4 所示。

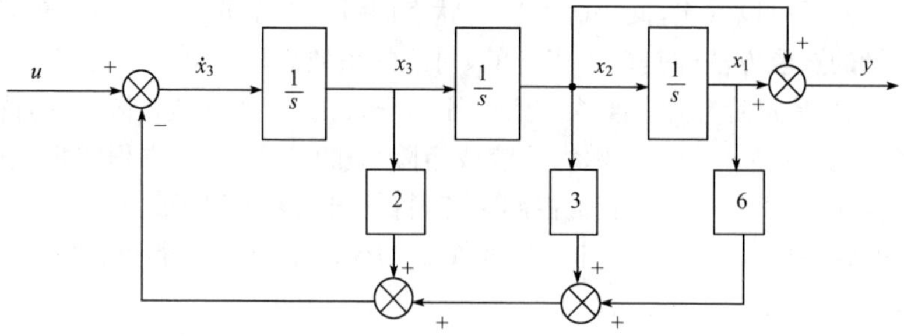

图 8-2-4 状态变量框图

根据状态变量框图也可以直接写出状态方程和输出方程。

8.3 由状态空间表达式求传递函数

设单变量线性定常系统的状态空间表达式为

$$\begin{cases}\dot{\boldsymbol{x}}=A\boldsymbol{x}+Bu \\ y=C\boldsymbol{x}+du\end{cases} \tag{8-3-1}$$

假设相应变量的初始条件为零，并考虑一般情况下 $d=0$，对上式进行拉氏变换，得

$$s\boldsymbol{X}(s)=A\boldsymbol{X}(s)+BU(s)$$

$$Y(s)=C\boldsymbol{X}(s)$$

所以

$$\boldsymbol{X}(s)=[sI-A]^{-1}BU(s)$$

$$Y(s)=C[sI-A]^{-1}BU(s)$$

由此得计算传递函数的公式

$$G(s)=\frac{Y(s)}{U(s)}=C[sI-A]^{-1}B \tag{8-3-2}$$

一个系统的状态空间表达式有多种，但求出的传递函数应当是相同的。

例 8-3-1 已知系统的状态空间表达式为

$$\begin{bmatrix}\dot{x}_1 \\ \dot{x}_2 \\ \dot{x}_3\end{bmatrix}=\begin{bmatrix}0 & 1 & 0 \\ 0 & 0 & 1 \\ -5 & -3 & -2\end{bmatrix}\begin{bmatrix}x_1 \\ x_2 \\ x_3\end{bmatrix}+\begin{bmatrix}0 \\ 0 \\ 1\end{bmatrix}u$$

$$y=[3 \quad 2 \quad 1]\begin{bmatrix}x_1 \\ x_2 \\ x_3\end{bmatrix}$$

求系统的传递函数。

解 由系统的状态方程中的系数矩阵 A 计算出

$$[sI-A]^{-1}=\begin{bmatrix}s & -1 & 0 \\ 0 & s & -1 \\ 5 & 3 & s+2\end{bmatrix}^{-1}=\frac{\operatorname{adj}[sI-A]}{|sI-A|}$$

$$=\frac{1}{s^3+2s^2+3s+5}\begin{bmatrix} s^2+2s+3 & s+2 & 1 \\ -5 & s(s+2) & s \\ -5s & -(3s+5) & s^2 \end{bmatrix}$$

式中，$|sI-A|$代表矩阵$(sI-A)$的行列式，$\mathrm{adj}(sI-A)$代表矩阵$(sI-A)$的伴随矩阵。将上式代入式(8-3-2)求得系统的传递函数为

$$G(s)=\frac{Y(s)}{U(s)}=\frac{[3\quad 2\quad 1]}{s^3+2s^2+3s+5}\begin{bmatrix} s^2+2s+3 & s+2 & 1 \\ -5 & s(s+2) & s \\ -5s & -(3s+5) & s^2 \end{bmatrix}\begin{bmatrix} 0 \\ 0 \\ 1 \end{bmatrix}$$

$$=\frac{[3\quad 2\quad 1]}{s^3+2s^2+3s+5}\begin{bmatrix} 1 \\ s \\ s^2 \end{bmatrix}=\frac{s^2+2s+3}{s^3+2s^2+3s+5}$$

本题的状态空间表达式是可控规范型，可以直接写出传递函数。

8.4 线性定常系统状态方程的解

8.4 节

8.4.1 齐次状态方程的解

设线性定常系统齐次状态方程为

$$\dot{\boldsymbol{x}}=A\boldsymbol{x} \tag{8-4-1}$$

式中，$\boldsymbol{x}$ 为系统的状态变量，是 n 维列向量，A 为 $n\times n$ 阶常系数矩阵。齐次状态方程的解就是 $u=0$ 时由初始条件引起的自由运动。记初始状态为 $\boldsymbol{x}(0)$。

采用拉普拉斯变换法求解状态方程的方法如下：

对式(8-4-1)进行拉氏变换，得

$$s\boldsymbol{X}(s)-\boldsymbol{x}(0)=A\boldsymbol{X}(s)$$

上式经整理，可写成

$$(sI-A)\boldsymbol{X}(s)=\boldsymbol{x}(0)$$

用$(sI-A)^{-1}$ 左乘上式两边，求得

$$\boldsymbol{X}(s)=(sI-A)^{-1}\boldsymbol{x}(0)$$

对上式取拉氏反变换，得齐次状态方程式(8-4-1)的解

$$\boldsymbol{x}(t)=\mathscr{L}^{-1}[(sI-A)^{-1}]\boldsymbol{x}(0) \tag{8-4-2}$$

因为

$$(sI-A)\left(\frac{I}{s}+\frac{A}{s^2}+\frac{A^2}{s^3}+\cdots+\frac{A^k}{s^{k+1}}+\cdots\right)=I$$

所以

$$(sI-A)^{-1}=\frac{I}{s}+\frac{A}{s^2}+\frac{A^2}{s^3}+\cdots+\frac{A^k}{s^{k+1}}+\cdots$$

对上式进行拉氏反变换，得

$$\mathscr{L}^{-1}[(sI-A)^{-1}]=I+At+\frac{1}{2!}A^2t^2+\cdots+\frac{1}{k!}A^kt^k+\cdots \tag{8-4-3}$$

式(8-4-3)右侧是 $n\times n$ 阶矩阵的无穷项和，仍为 $n\times n$ 阶矩阵，称此矩阵为矩阵指数，记为 e^{At}，即

$$e^{At}=I+At+\frac{1}{2!}A^2t^2+\cdots+\frac{1}{k!}A^kt^k+\cdots \tag{8-4-4}$$

可以证明,矩阵 e^{At} 的运算规律与数 e^{at} 相同。由式(8-4-2)～式(8-4-4)可求得

$$\boldsymbol{x}(t)=e^{At}\boldsymbol{x}(0)=\mathscr{L}^{-1}[(sI-A)^{-1}]\boldsymbol{x}(0) \tag{8-4-5}$$

对于式(8-4-1),若有

$$\boldsymbol{x}(t)=\Phi(t)\boldsymbol{x}(0)$$

则称 $\Phi(t)$ 为系统的状态转移矩阵。可见,对于线性定常系统,有

$$\Phi(t)=\mathscr{L}^{-1}[(sI-A)^{-1}]=e^{At} \tag{8-4-6}$$

例 8-4-1 求解齐次状态方程:

$$\dot{\boldsymbol{x}}=A\boldsymbol{x}=\begin{bmatrix}0 & 1\\ -2 & -3\end{bmatrix}\boldsymbol{x}$$

解 $(sI-A)=\begin{bmatrix}s & 0\\ 0 & s\end{bmatrix}-\begin{bmatrix}0 & 1\\ -2 & -3\end{bmatrix}=\begin{bmatrix}s & -1\\ 2 & s+3\end{bmatrix}$

$$(sI-A)^{-1}=\frac{\text{adj}(sI-A)}{|sI-A|}=\frac{1}{\begin{vmatrix}s & -1\\ 2 & s+3\end{vmatrix}}\begin{bmatrix}s+3 & 1\\ -2 & s\end{bmatrix}$$

$$=\begin{bmatrix}\dfrac{s+3}{(s+1)(s+2)} & \dfrac{1}{(s+1)(s+2)}\\ \dfrac{-2}{(s+1)(s+2)} & \dfrac{s}{(s+1)(s+2)}\end{bmatrix}=\begin{bmatrix}\dfrac{2}{s+1}-\dfrac{1}{s+2} & \dfrac{1}{s+1}-\dfrac{1}{s+2}\\ \dfrac{-2}{s+1}+\dfrac{2}{s+2} & \dfrac{-1}{s+1}+\dfrac{2}{s+2}\end{bmatrix}$$

对上式取拉氏反变换得

$$\mathscr{L}^{-1}[(sI-A)^{-1}]=\begin{bmatrix}2e^{-t}-e^{-2t} & e^{-t}-e^{-2t}\\ -2e^{-t}+2e^{-2t} & -e^{-t}+2e^{-2t}\end{bmatrix}$$

根据式(8-4-2)求得齐次状态方程的解:

$$\begin{bmatrix}x_1(t)\\ x_2(t)\end{bmatrix}=\begin{bmatrix}2e^{-t}-e^{-2t} & e^{-t}-e^{-2t}\\ -2e^{-t}+2e^{-2t} & -e^{-t}+2e^{-2t}\end{bmatrix}\begin{bmatrix}x_1(0)\\ x_2(0)\end{bmatrix}$$

即

$$x_1(t)=[2x_1(0)+x_2(0)]e^{-t}-[x_1(0)+x_2(0)]e^{-2t}$$

$$x_2(t)=[-2x_1(0)-x_2(0)]e^{-t}+2[x_1(0)+x_2(0)]e^{-2t}$$

该系统的特征根是−1,−2。可见,系统齐次状态方程的解是系统自由运动模态的线性组合。

8.4.2 矩阵指数和状态转移矩阵的性质

数学上可以证明,矩阵指数 e^{At} 和状态转移矩阵 $\Phi(t)$ 具有下述性质,它们与指数函数 e^{at} 的性质相似。

1) $\dfrac{d}{dt}e^{At}=Ae^{At}=e^{At}A$, $\dfrac{d}{dt}\Phi(t)=A\Phi(t)=\Phi(t)A$;

2) $e^{At}|_{t=0}=I$, $\Phi(t)|_{t=0}=\Phi(0)=I$;

3) $(e^{At})^{-1}=e^{-At}$, $\Phi^{-1}(t)=\Phi(-t)$;

4) $e^{A(t_1+t_2)}=e^{At_1}e^{At_2}$, $\Phi(t_1+t_2)=\Phi(t_1)\Phi(t_2)$;

5) n 为正整数，$(e^{At})^n=e^{nAt}$，$\Phi^n(t)=\Phi(nt)$；

6) 若 $AB=BA$，则 $e^{(A+B)t}=e^{At}e^{Bt}$；

7) 若 P 为非奇异矩阵，则 $e^{P^{-1}APt}=P^{-1}e^{At}P$。

8.4.3 非齐次状态方程的解

设 n 阶单输入线性定常系统的非齐次状态方程为

$$\dot{\boldsymbol{x}}=A\boldsymbol{x}+Bu \tag{8-4-7}$$

下面介绍两种求解线性定常非齐次状态方程的方法。

1. 一般法

将式(8-4-7)改写成

$$\dot{\boldsymbol{x}}-A\boldsymbol{x}=Bu \tag{8-4-8}$$

式(8-4-8)两边左乘 e^{-At}，即

$$e^{-At}(\dot{\boldsymbol{x}}-A\boldsymbol{x})=e^{-At}Bu$$

上式又可写成

$$\frac{d}{dt}[e^{-At}\boldsymbol{x}(t)]=e^{-At}Bu \tag{8-4-9}$$

对式(8-4-9)进行由 0 到 t 的积分，可得

$$\int_0^t \frac{d}{d\tau}[e^{-A\tau}\boldsymbol{x}(\tau)]d\tau=\int_0^t e^{-A\tau}Bu(\tau)d\tau$$

$$e^{-A\tau}\boldsymbol{x}(\tau)\Big|_0^t=\int_0^t e^{-A\tau}Bu(\tau)d\tau$$

$$e^{-At}\boldsymbol{x}(t)-\boldsymbol{x}(0)=\int_0^t e^{-A\tau}Bu(\tau)d\tau$$

于是求得非齐次状态方程的解为

$$\boldsymbol{x}(t)=e^{At}\boldsymbol{x}(0)+\int_0^t e^{A(t-\tau)}Bu(\tau)d\tau \tag{8-4-10}$$

用系统的状态转移矩阵表示，式(8-4-10)还可写成

$$\boldsymbol{x}(t)=\Phi(t)\boldsymbol{x}(0)+\int_0^t \Phi(t-\tau)Bu(\tau)d\tau \tag{8-4-11}$$

若初始时刻不为零而取 t_0 时，则有

$$\begin{aligned}\boldsymbol{x}(t)&=e^{A(t-t_0)}\boldsymbol{x}(t_0)+\int_{t_0}^t e^{A(t-\tau)}Bu(\tau)d\tau\\&=\Phi(t-t_0)\boldsymbol{x}(t_0)+\int_{t_0}^t \Phi(t-\tau)Bu(\tau)d\tau\end{aligned} \tag{8-4-12}$$

式(8-4-12)表明，非齐次状态方程式(8-4-7)的解包括两部分：一是与初始状态 $\boldsymbol{x}(t_0)$有关的状态转移分量 $\Phi(t-t_0)\boldsymbol{x}(t_0)$；二是式(8-4-12)中等号右边第二项，是与输入向量 $u(t)$有关的受控分量。

例 8-4-2 设线性定常系统的非齐次状态方程为

$$\dot{\boldsymbol{x}}=\begin{bmatrix}0 & 1\\-2 & -3\end{bmatrix}\boldsymbol{x}+\begin{bmatrix}0\\1\end{bmatrix}u$$

求取 $u(t)=1(t)$，$\boldsymbol{x}(0)=\mathbf{0}$ 时状态方程的解。

解 在例 8-4-1 中已经求得该系统的状态转移矩阵 $\Phi(t)$

$$\Phi(t)=\begin{bmatrix} 2e^{-t}-e^{-2t} & e^{-t}-e^{-2t} \\ -2e^{-t}+2e^{-2t} & -e^{-t}+2e^{-2t} \end{bmatrix}$$

据式(8-4-11)有

$$\begin{aligned}\boldsymbol{x}(t)&=\int_0^t \Phi(t-\tau)Bu(\tau)d\tau \\ &=\int_0^t \begin{bmatrix} 2e^{-(t-\tau)}-e^{-2(t-\tau)} & e^{-(t-\tau)}-e^{-2(t-\tau)} \\ -2e^{-(t-\tau)}+2e^{-2(t-\tau)} & -e^{-(t-\tau)}+2e^{-2(t-\tau)} \end{bmatrix}\begin{bmatrix}0\\1\end{bmatrix}d\tau \\ &=\int_0^t \begin{bmatrix} e^{-(t-\tau)}-e^{-2(t-\tau)} \\ -e^{-(t-\tau)}+2e^{-2(t-\tau)} \end{bmatrix}d\tau=\begin{bmatrix} \frac{1}{2}-e^{-t}+\frac{1}{2}e^{-2t} \\ e^{-t}-e^{-2t} \end{bmatrix}\end{aligned}$$

$$x_1(t)=\frac{1}{2}-e^{-t}+\frac{1}{2}e^{-2t}$$

$$x_2(t)=e^{-t}-e^{-2t}$$

2. 拉普拉斯变换法

对式(8-4-7)进行拉氏变换

$$s\boldsymbol{X}(s)-\boldsymbol{x}(0)=A\boldsymbol{X}(s)+BU(s)$$

即

$$(sI-A)\boldsymbol{X}(s)=\boldsymbol{x}(0)+BU(s) \tag{8-4-13}$$

$$\boldsymbol{X}(s)=(sI-A)^{-1}\boldsymbol{x}(0)+(sI-A)^{-1}BU(s) \tag{8-4-14}$$

$$\boldsymbol{x}(t)=\mathscr{L}^{-1}[(sI-A)^{-1}]\boldsymbol{x}(0)+\mathscr{L}^{-1}[(sI-A)^{-1}BU(s)] \tag{8-4-15}$$

例 8-4-3 应用拉普拉斯法求解非齐次状态方程

$$\dot{\boldsymbol{x}}=\begin{bmatrix}0 & 1\\ -2 & -3\end{bmatrix}\boldsymbol{x}+\begin{bmatrix}0\\1\end{bmatrix}u$$

已知 $u(t)=1(t)$，初始状态是 $\boldsymbol{x}(0)$。

解 在例 8-4-1 中已求得

$$(sI-A)^{-1}=\begin{bmatrix}\frac{s+3}{(s+1)(s+2)} & \frac{1}{(s+1)(s+2)} \\ \frac{-2}{(s+1)(s+2)} & \frac{s}{(s+1)(s+2)}\end{bmatrix}$$

将 $(sI-A)^{-1}$ 及 B 代入式(8-4-15)中，求得

$$\begin{aligned}\begin{bmatrix}x_1(t)\\x_2(t)\end{bmatrix}=&\mathscr{L}^{-1}\left(\begin{pmatrix}\frac{s+3}{(s+1)(s+2)} & \frac{1}{(s+1)(s+2)} \\ \frac{-2}{(s+1)(s+2)} & \frac{s}{(s+1)(s+2)}\end{pmatrix}\begin{pmatrix}x_1(0)\\x_2(0)\end{pmatrix}\right) \\ &+\mathscr{L}^{-1}\left(\begin{pmatrix}\frac{s+3}{(s+1)(s+2)} & \frac{1}{(s+1)(s+2)} \\ \frac{-2}{(s+1)(s+2)} & \frac{s}{(s+1)(s+2)}\end{pmatrix}\begin{pmatrix}0\\1\end{pmatrix}\frac{1}{s}\right)\end{aligned}$$

最后解得

$$\begin{bmatrix} x_1(t) \\ x_2(t) \end{bmatrix} = \begin{bmatrix} 2e^{-t}-e^{-2t} & e^{-t}-e^{-2t} \\ -2e^{-t}+2e^{-2t} & -e^{-t}+2e^{-2t} \end{bmatrix} \begin{bmatrix} x_1(0) \\ x_2(0) \end{bmatrix} + \begin{bmatrix} \dfrac{1}{2}-e^{-t}+\dfrac{1}{2}e^{-2t} \\ e^{-t}-e^{-2t} \end{bmatrix}$$

8.5 线性定常离散系统的状态空间表达式

8.5.1 由差分方程或 z 传递函数建立状态方程

单变量线性定常离散系统差分方程的一般形式为

$$\begin{aligned} & y(k+n)+a_1 y(k+n-1)+a_2 y(k+n-2)+\cdots+a_{n-1} y(k+1)+a_n y(k) \\ & = b_0 u(k+n)+b_1 u(k+n-1)+b_2 u(k+n-2)+\cdots+b_{n-1} u(k+1)+b_n u(k) \end{aligned} \tag{8-5-1}$$

式中,k 是 kT 的简称,表示 kT 时刻,T 是采样周期。$y(k)$、$u(k)$分别表示 kT 时刻的输出量与输入量。

在零初始条件下对式(8-5-1)取 z 变换可得系统的 z 传递函数为

$$G(z)=\frac{Y(z)}{U(z)}=\frac{b_0 z^n+b_1 z^{n-1}+\cdots+b_{n-1} z+b_n}{z^n+a_1 z^{n-1}+\cdots+a_{n-1} z+a_n} \tag{8-5-2}$$

与 8.2.2 节连续系统相似,该离散系统的状态空间表达式的向量矩阵形式为

$$\boldsymbol{x}(k+1)=A\boldsymbol{x}(k)+Bu(k) \tag{8-5-3}$$

$$y(k)=C\boldsymbol{x}(k)+Du(k) \tag{8-5-4}$$

式中

$$\boldsymbol{x}(k+1)=\begin{bmatrix} x_1(k+1) \\ x_2(k+1) \\ \vdots \\ x_{n-1}(k+1) \\ x_n(k+1) \end{bmatrix} \quad \boldsymbol{x}(k)=\begin{bmatrix} x_1(k) \\ x_2(k) \\ \vdots \\ x_{n-1}(k) \\ x_n(k) \end{bmatrix}$$

其中,A、B、C、D 同式(8-2-20)、式(8-2-27)、式(8-2-29)、式(8-2-23)或(8-2-30)、式(8-2-32)~式(8-2-34)中的 A、B、C、d。

8.5.2 定常系统状态方程的离散化

线性定常连续系统的状态方程为

$$\dot{\boldsymbol{x}}=A\boldsymbol{x}+Bu \tag{8-5-5}$$

其解为

$$\boldsymbol{x}(t)=e^{A(t-t_0)}\boldsymbol{x}(t_0)+\int_{t_0}^{t} e^{A(t-\tau)}Bu(\tau)\mathrm{d}\tau \tag{8-5-6}$$

取积分下限为 kT,积分上限为$(k+1)T$。系统采用零阶保持器。当 $kT\leqslant\tau<(k+1)T$ 时,$u(\tau)=u(kT)$是常数,故有

$$\boldsymbol{x}(k+1)=e^{AT}\boldsymbol{x}(k)+\int_{kT}^{(k+1)T} e^{A[(k+1)T-\tau]}B\mathrm{d}\tau\cdot u(k) \tag{8-5-7}$$

令 $\tau_1=(k+1)T-\tau$,则有

$$\int_{kT}^{(k+1)T} e^{A[(k+1)T-\tau]}B\mathrm{d}\tau=\int_{T}^{0} e^{A\tau_1}B\mathrm{d}(-\tau_1)=\int_{0}^{T} e^{A\tau_1}B\mathrm{d}\tau_1=\int_{0}^{T} e^{At}B\mathrm{d}t \tag{8-5-8}$$

故

$$\boldsymbol{x}(k+1)=e^{AT}\boldsymbol{x}(k)+\int_{0}^{T} e^{At}B\mathrm{d}tu(k)=\Phi(T)\boldsymbol{x}(k)+\int_{0}^{T}\Phi(t)B\mathrm{d}tu(k) \tag{8-5-9}$$

即

$$\boldsymbol{x}(k+1)=A_{\mathrm{T}}\boldsymbol{x}(k)+B_{\mathrm{T}}u(k)$$

其中

$$A_{\mathrm{T}}=\Phi(T)=\mathrm{e}^{AT}$$

$$B_{\mathrm{T}}=\int_0^T \Phi(t)B\mathrm{d}t$$

离散化后系统的输出方程仍为

$$y(k)=C\boldsymbol{x}(k)+Du(k) \tag{8-5-10}$$

8.5.3 线性定常离散系统状态方程的解

求解离散系统状态方程有递推法和 z 变换法。先介绍递推法，也称迭代法。

在状态方程

$$\boldsymbol{x}(k+1)=A\boldsymbol{x}(k)+Bu(k)$$

中依次令 $k=0,1,2,\cdots$，得到

$k=0$：$\boldsymbol{x}(1)=A\boldsymbol{x}(0)+Bu(0)$

$k=1$：$\boldsymbol{x}(2)=A\boldsymbol{x}(1)+Bu(1)=A^2\boldsymbol{x}(0)+ABu(0)+Bu(1)$

$k=2$：$\boldsymbol{x}(3)=A\boldsymbol{x}(2)+Bu(2)=A^3\boldsymbol{x}(0)+A^2Bu(0)+ABu(1)+Bu(2)$

$\vdots$

$$\begin{aligned} k=k-1：\boldsymbol{x}(k)&=A\boldsymbol{x}(k-1)+Bu(k-1)\\ &=A^k\boldsymbol{x}(0)+A^{k-1}Bu(0)+A^{k-2}Bu(1)+\cdots+ABu(k-2)+Bu(k-1) \end{aligned} \tag{8-5-11}$$

式(8-5-11)便是线性定常离散系统状态方程的通解，此式还可写成

$$\boldsymbol{x}(k)=A^k\boldsymbol{x}(0)+\sum_{j=0}^{k-1}A^{k-1-j}Bu(j) \quad (k=1,2,3,\cdots) \tag{8-5-12}$$

另外，对式(8-5-3)取 z 变换，求出 $\boldsymbol{X}(z)$ 后再取 z 反变换，可得

$$\boldsymbol{x}(k)=\mathscr{Z}^{-1}[(zI-A)^{-1}z]\boldsymbol{x}(0)+\mathscr{Z}^{-1}[(zI-A)^{-1}Bu(z)] \tag{8-5-13}$$

上式与式(8-4-15)相似。

8.6 节

8.6 李雅普诺夫稳定性分析

稳定是对控制系统最基本而又最重要的要求。经典和现代控制理论对于稳定有不同的理解和定义，也有很多关于稳定性的判据。经典控制理论中的劳斯稳定判据、奈奎斯特稳定判据等，只适用于线性定常系统。本节介绍李雅普诺夫关于稳定性的概念和关于稳定性的判定定理。李雅普诺夫关于稳定性的判别方法采用状态空间描述，它不仅适用于线性定常系统，也适用于线性时变系统和非线性系统，而且还是一些先进的系统设计方法的基础。

8.6.1 李雅普诺夫稳定性的定义

设系统的状态方程为

$$\dot{\boldsymbol{x}}=f(\boldsymbol{x},t) \tag{8-6-1}$$

式中，$\boldsymbol{x}$ 为系统的 n 维状态向量；$f(\boldsymbol{x},t)$ 为 n 维向量，它的各元素是 $x_1,x_2,\cdots,x_n$ 和时间 t 的函数。

假设在给定的初始条件下，式(8-6-1)有唯一解 $\boldsymbol{x}=\boldsymbol{x}(t,\boldsymbol{x}_0,t_0)$，且 $\boldsymbol{x}(t_0,\boldsymbol{x}_0,t_0)=\boldsymbol{x}_0$，其中 t_0 为初始时刻，$\boldsymbol{x}_0$ 为状态向量 $\boldsymbol{x}$ 的初始值。

在式(8-6-1)所描述的系统中，对所有 t，若总存在

$$\dot{\boldsymbol{x}}_{\mathrm{e}}=f(\boldsymbol{x}_{\mathrm{e}},t)=0 \tag{8-6-2}$$

则称 $\boldsymbol{x}_e$ 为系统的平衡状态。若已知状态方程，令 $\dot{\boldsymbol{x}}_e=0$ 所求得的解 $\boldsymbol{x}_e$ 就是平衡状态。对于线性定常系统，$f(\boldsymbol{x},t)=A\boldsymbol{x}$，当 A 为非奇异矩阵时，系统只有一个平衡状态；当 A 为奇异矩阵时，系统有无穷多个平衡状态。对于非线性系统，可以有一个或多个平衡状态，这些状态都和系统的常值解相对应。任意一个平衡状态 $\boldsymbol{x}_e$ 都可以通过坐标变换移到坐标原点。研究系统的稳定性，主要是研究平衡状态的稳定性，为研究方便，一律认为平衡状态为坐标原点。

以平衡状态 $\boldsymbol{x}_e$ 为圆心，半径为 k 的球域可用下式表示

$$\|\boldsymbol{x}-\boldsymbol{x}_e\|\leqslant k \tag{8-6-3}$$

式中，$\|\boldsymbol{x}-\boldsymbol{x}_e\|$ 称为欧几里得范数

$$\|\boldsymbol{x}-\boldsymbol{x}_e\|=[(x_1-x_{1e})^2+(x_2-x_{2e})^2+\cdots+(x_n-x_{ne})^2]^{\frac{1}{2}}$$

设 $S(\delta)$ 是包含使 $\|\boldsymbol{x}_0-\boldsymbol{x}_e\|\leqslant\delta$ 的所有点的一个球域，而 $S(\varepsilon)$ 是包含使 $\|\boldsymbol{x}-\boldsymbol{x}_e\|\leqslant\varepsilon(t\geqslant t_0)$ 的所有点的一个球域，其中 δ、ε 为给定的常数，t_0 为初始时刻，$\boldsymbol{x}_0$ 为初始状态。

定义一 若系统 $\dot{\boldsymbol{x}}=f(\boldsymbol{x},t)$ 对于任意选定的 $\varepsilon>0$，存在一个 $\delta(\varepsilon,t_0)>0$，使得当 $\|\boldsymbol{x}_0-\boldsymbol{x}_e\|\leqslant\delta(t=t_0)$ 时，恒有 $\|\boldsymbol{x}-\boldsymbol{x}_e\|\leqslant\varepsilon(t_0\leqslant t\leqslant\infty)$，则称系统的平衡状态在李雅普诺夫意义下是稳定的。

该定义说明，对于每一个球域 $S(\varepsilon)$，若存在一个球域 $S(\delta)$，当 $t\to\infty$ 时，从 $S(\delta)$ 球域出发的轨迹不离开 $S(\varepsilon)$ 球域，则系统的平衡状态在李雅普诺夫意义下是稳定的，见图 8-6-1(a)所示。

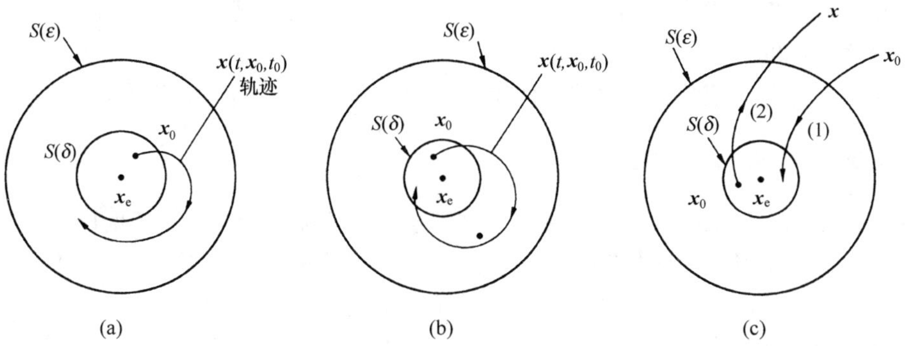

图 8-6-1　系统的稳定性

定义二 如果平衡状态 $\boldsymbol{x}_e$ 在李雅普诺夫意义下是稳定的，即从 $S(\delta)$ 球域出发的每一运动轨迹 $\boldsymbol{x}(t,\boldsymbol{x}_0,t_0)$，当 $t\to\infty$ 时，都不离开 $S(\varepsilon)$ 球域，且最后都能收敛到 $\boldsymbol{x}_e$ 附近，即

$$\lim_{t\to\infty}\|\boldsymbol{x}(t,\boldsymbol{x}_0,t_0)-\boldsymbol{x}_e\|=0$$

则称系统的平衡状态 $\boldsymbol{x}_e$ 是渐近稳定的。

渐近稳定性是个局部稳定的概念，图 8-6-1(b)中的球域 $S(\delta)$ 是渐近稳定的范围。

定义三 对所有的状态(状态空间的所有点)，如果由这些状态出发的轨迹都具有渐近稳定性，则称平衡状态 $\boldsymbol{x}_e$ 为大范围渐近稳定。即，如果状态方程(8-6-1)在任意初始条件下的解，当 $t\to\infty$ 时都收敛于 $\boldsymbol{x}_e$，则系统的平衡状态 $\boldsymbol{x}_e$ 称为大范围渐近稳定，见图 8-6-1(c)中轨迹曲线(1)。

大范围渐近稳定是全局性的稳定，其必要条件是在整个状态空间中只有一个平衡状态。对于线性系统，如果平衡状态是渐近稳定的，则必为大范围渐近稳定。对于非线性系统，一般能使平衡状态 $\boldsymbol{x}_e$ 为渐近稳定的 $S(\delta)$ 球域是不大的，称为小范围渐近稳定。

定义四 如果从 $S(\delta)$ 球域出发的轨迹，无论 $S(\delta)$ 球域选得多么小，至少有一条轨迹脱离 $S(\varepsilon)$ 球域，则称平衡状态 $\boldsymbol{x}_e$ 为不稳定。见图 8-6-1(c)中轨迹曲线(2)。

8.6.2 李雅普诺夫第一法(间接法)

李雅普诺夫第一法又称为间接法。它适用于线性定常系统和非线性不很严重的实际系统。对于非线性系统，首先要进行线性化，得到一个线性化模型。然后按线性系统稳定的条件分析稳定性。第一法的主要结论如下：

1) 线性定常系统渐近稳定的充分必要条件是，系数矩阵 A 的所有特征值均具有负实部。若特征值中有一个实部为零，其余实部为负，则线性系统在李雅普诺夫意义下是稳定的，但不是渐近稳定。

2) 若线性化系统的系数矩阵 A 的特征值均具有负实部，则实际系统就是渐近稳定的。线性化过程中被忽略的高阶导数项对系统的稳定性没有影响。

3) 系数矩阵 A 中只要有一个实部为正的特征值，则实际系统就是不稳定的，与被忽略的高阶导数项无关。

4) 系数矩阵 A 的特征值中，即使只有一个实部为零，其余的都具有负实部，那么实际系统就不能靠线性化的模型来判定其稳定性。这时系统的稳定与否，与被忽略的导数项有关，必须分析原始的非线性模型才能决定它的稳定性。

对于单变量线性定常系统，由于系数矩阵的特征值就是传递函数极点，所以该判定方法的正确性是显而易见的。

该方法是通过判定矩阵特征值实部的符号来判定系统的稳定性，故称为间接法。

8.6.3 李雅普诺夫第二法(直接法)

由 3.5 节图 3-5-1 和图 3-5-2 可知，对于此类力学系统，当物体处于平衡点时的势能比邻近区域都小时，平衡点是稳定的；若其势能比邻近区域都大时，平衡点是不稳定的。这种方法不用求解运动微分方程，也不用求解系统的特征值，就可直接判定平衡的稳定性。

判定系统稳定性的李雅普诺夫第二法又称直接法，它就是不求解运动微分方程，也不求解特征值，就能直接判定系统的稳定性。可以认为这种方法具有下述的物理背景：如果系统在运动过程中能量不断减小，则系统最终将到达稳定平衡位置，系统应是稳定的。例如，对于例 8-2-1 的 RLC 电路，设输入电压 $u_1(t)=0$，则系统中总的电磁场能量为 $E=\frac{1}{2}Li^2+\frac{1}{2}Cu_2^2$。可以求得 $\frac{\mathrm{d}E}{\mathrm{d}t}=-Ri^2<0$，该系统应是稳定的。

1. 标量函数的正定性与负定性

李雅普诺夫第二法要用到标量函数的符号类型(定号性)。设 $V(\boldsymbol{x})$ 是向量 $\boldsymbol{x}$ 的标量函数，Ω 是状态空间中包含原点的封闭有限区域($\boldsymbol{x}\in\Omega$)。标量函数的符号类型有以下几种。

(1) 正定性

对所有在 Ω 域中非零的 $\boldsymbol{x}$，有 $V(\boldsymbol{x})>0$，且在 $\boldsymbol{x}=\boldsymbol{0}$ 处有 $V(\boldsymbol{0})=0$，则称标量函数 $V(\boldsymbol{x})$ 在 Ω 域内是正定的。

例如，$V(\boldsymbol{x})=x_1^2+x_2^2$，$\boldsymbol{x}=[x_1 \quad x_2]^{\mathrm{T}}$。当 $x_1=x_2=0$ 时，$V(\boldsymbol{x})=0$；当 $x_1\neq0$(或 $x_2\neq0$)时，$V(\boldsymbol{x})>0$；所以 $V(\boldsymbol{x})$ 是正定的。

(2) 半正定性

在 Ω 域中，标量函数 $V(\boldsymbol{x})$ 除在状态空间原点及某些状态处 $V(\boldsymbol{x})=0$ 外，对所有其他状态，都有 $V(\boldsymbol{x})>0$，则称 $V(\boldsymbol{x})$ 为半正定。

例如，$V(\boldsymbol{x})=(x_1+x_2)^2$，$\boldsymbol{x}=[x_1 \quad x_2]^{\mathrm{T}}$。当 $x_1=x_2=0$ 时，$V(\boldsymbol{x})=0$；$x_1=-x_2\neq 0$ 时，$V(\boldsymbol{x})=0$；除上述的其他状态处均有 $V(\boldsymbol{x})>0$，所以 $V(\boldsymbol{x})$ 为半正定。

(3) 负定性

若 $V(\boldsymbol{x})$ 是正定的，则 $-V(\boldsymbol{x})$ 为负定。例如，$V(\boldsymbol{x})=x_1^2+x_2^2$ 为正定，则 $V(\boldsymbol{x})=-(x_1^2+x_2^2)$ 为负定。

(4) 半负定性

若 $V(\boldsymbol{x})$ 是半正定的，则 $-V(\boldsymbol{x})$ 为半负定。例如，$V(\boldsymbol{x})=(x_1+x_2)^2$ 是半正定的，则 $V(\boldsymbol{x})=-(x_1+x_2)^2$ 为半负定。

(5) 不定性

如果不论 Ω 域取多么小，$V(\boldsymbol{x})$ 既可为正，也可为负，则称这类标量函数为不定。例如，$V(\boldsymbol{x})=x_1x_2+x_2^2$ 为不定。因为对于 $\boldsymbol{x}=[a \quad -b]^{\mathrm{T}}$ 一类状态，在 $a>b>0$ 和 $b>a>0$ 时 $V(\boldsymbol{x})$ 分别为负数和正数。

各项均为自变量的二次单项式的函数称为二次型函数。设 $V(\boldsymbol{x})$ 是一个二次型标量函数，则可表示为

$$V(\boldsymbol{x})=\boldsymbol{x}^{\mathrm{T}}P\boldsymbol{x}=[x_1 \quad x_2 \quad \cdots \quad x_n]\begin{bmatrix} p_{11} & p_{12} & \cdots & p_{1n} \\ p_{21} & p_{22} & \cdots & p_{2n} \\ \vdots & \vdots & & \vdots \\ p_{n1} & p_{n2} & \cdots & p_{nn} \end{bmatrix}\begin{bmatrix} x_1 \\ x_1 \\ \vdots \\ x_n \end{bmatrix}$$

式中，P 为实对称矩阵，即有 $p_{ij}=p_{ji}$。二次型 $V(\boldsymbol{x})$ 为正定的充分必要条件是，P 的顺序主子式全大于零，即

$$p_{11}>0,\begin{vmatrix} p_{11} & p_{12} \\ p_{21} & p_{22} \end{vmatrix}>0,\cdots,\begin{vmatrix} p_{11} & p_{12} & \cdots & p_{1n} \\ p_{21} & p_{22} & \cdots & p_{2n} \\ \vdots & \vdots & & \vdots \\ p_{n1} & p_{n2} & \cdots & p_{nn} \end{vmatrix}>0$$

如果 P 的所有主子行列式为非负时，则 $V(\boldsymbol{x})$ 为半正定。若 P 的顺序主子式有正、有负、有零时，应再看 $-P$ 的情况。

当二次型 $V(\boldsymbol{x})=\boldsymbol{x}^{\mathrm{T}}P\boldsymbol{x}$ 是正定，半正定，…时，就称矩阵 P 是正定，半正定，…。因此，确定 $V(\boldsymbol{x})$ 的符号类型的又一个方法，就是确定 P 的符号类型。数学上可以证明，实对称矩阵 P 的特征值即特征方程 $|\lambda I-P|=0$ 的根都是实数。确定实对称矩阵 P 的符号类型有如下定理：

1) P 为正定的充要条件是它的特征值均为正；

2) P 为负定的充要条件是它的特征值均为负；

3) P 为半正定的充要条件是它的特征值均不小于零；

4) P 为半负定的充要条件是它的特征值均不大于零；

5) P 为符号不定的充要条件是它的特征值有的为正，有的为负。

2. 李雅普诺夫稳定性定理

李雅普诺夫第二法所建立的稳定判据，是基于下述事实：若系统内部的能量随时间推移而衰减，则系统最终将到达稳定的平衡位置。因此，如能找到系统的能量函数，只要能量函数对时间的导数是负的，则系统的平衡状态就是渐近稳定的。由于系统的形式是多种多样的，难于找到一种定义“能量函数”的统一形式和简单方法。为克服这一困难，李雅普诺夫引出一个虚构的能量函数，称为李雅普诺夫函数，简称李氏函数。此函数量纲不一定是能量量纲。李氏函数是标量函数，用$V(\boldsymbol{x})$表示，必须是正定的，通常选用状态变量的二次型函数作为李雅普诺夫函数。

定理 8-6-1 设定常系统的状态方程为

$$\dot{\boldsymbol{x}}=f(\boldsymbol{x}),\quad 且\ f(\boldsymbol{0})=\boldsymbol{0}$$

如果存在一个标量函数$V(\boldsymbol{x})$，$V(\boldsymbol{x})$对向量$\boldsymbol{x}$中各分量具有连续的一阶偏导数，且满足条件：

1) $V(\boldsymbol{x})$为正定；

2) $\dot{V}(\boldsymbol{x})$为负定。

则在状态空间原点处的平衡状态是渐近稳定的。如果随$\|\boldsymbol{x}\|\to\infty$有$V(\boldsymbol{x})\to\infty$，则在原点处的平衡状态是大范围渐近稳定的。

例 8-6-1 已知系统的状态方程为

$$\begin{cases}\dot{x}_1=x_2-x_1(x_1^2+x_2^2)\\ \dot{x}_2=-x_1-x_2(x_1^2+x_2^2)\end{cases}$$

分析平衡状态的稳定性。

解 原点$\boldsymbol{x}=\boldsymbol{0}$是给定系统的唯一平衡状态。选取正定的标量函数

$$V(\boldsymbol{x})=x_1^2+x_2^2$$

则有

$$\dot{V}(\boldsymbol{x})=\frac{\partial V}{\partial x_1}\cdot\frac{\mathrm{d}x_1}{\mathrm{d}t}+\frac{\partial V}{\partial x_2}\cdot\frac{\mathrm{d}x_2}{\mathrm{d}t}=2x_1\cdot\dot{x}_1+2x_2\cdot\dot{x}_2=-2(x_1^2+x_2^2)^2$$

显见，$\dot{V}(\boldsymbol{x})$为负定。又由于$\|\boldsymbol{x}\|\to\infty$时$V(\boldsymbol{x})\to\infty$，$\dot{V}(\boldsymbol{x})$为负定不变，故给定系统在平衡状态$\boldsymbol{x}=\boldsymbol{0}$为大范围渐近稳定。

图 8-6-2 示出本例所选李氏函数的圆簇，其中典型轨迹说明给定系统由初始状态$\boldsymbol{x}_0$随时间推移向状态平面原点运动，并当$t\to\infty$时趋于原点的运动过程。由此可见，李氏函数的几何意义是，$V(\boldsymbol{x})$表示系统状态$\boldsymbol{x}$到状态空间原点的距离，而$\dot{V}(\boldsymbol{x})<0$则表示状态$\boldsymbol{x}$趋向原点。

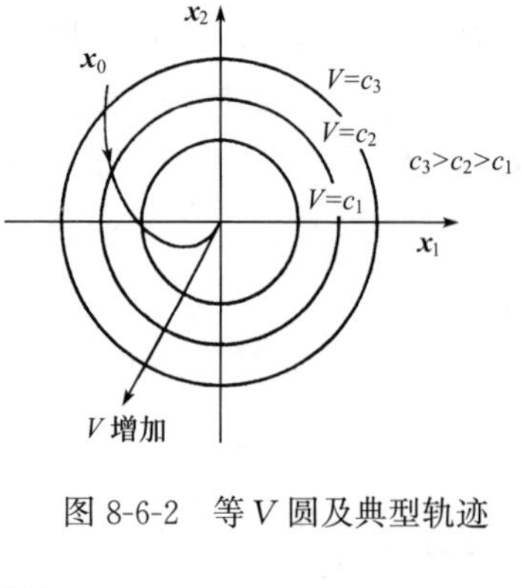

图 8-6-2 等 V 圆及典型轨迹

定理 8-6-2 设定常系统的状态方程为

$$\dot{\boldsymbol{x}}=f(\boldsymbol{x}),\quad 且\ f(\boldsymbol{0})=\boldsymbol{0}$$

如果存在一个标量函数$V(\boldsymbol{x})$，$V(\boldsymbol{x})$对向量$\boldsymbol{x}$中各分量具有连续的一阶偏导数，且满足条件：

1) $V(\boldsymbol{x})$为正定；

2) $\dot{V}(\boldsymbol{x})$为半负定；

3) $\dot{V}(\boldsymbol{x})$对任意t_0及任意$\boldsymbol{x}_0\neq\boldsymbol{0}$，在$t\geqslant t_0$时不恒为零。

则系统在状态空间原点处的平衡状态是渐近稳定的。

如果随$\|\boldsymbol{x}\|\to\infty$有$V(\boldsymbol{x})\to\infty$，则在原点处的平衡状态是大范围渐近稳定的。

由于$\dot{V}(\boldsymbol{x})$为半负定，故轨迹可能与某个特定的曲面$V(\boldsymbol{x})=c$相切，在切点处$\dot{V}(\boldsymbol{x})=0$，见图 8-6-3 中$A$点，然而，由于$\dot{V}(\boldsymbol{x})$对任意$t_0$及任意$\boldsymbol{x}_0\neq\boldsymbol{0}$，在$t\geqslant t_0$时不恒为零，所以轨迹不可能停留在切点处不动，而是要继续向原点运动。

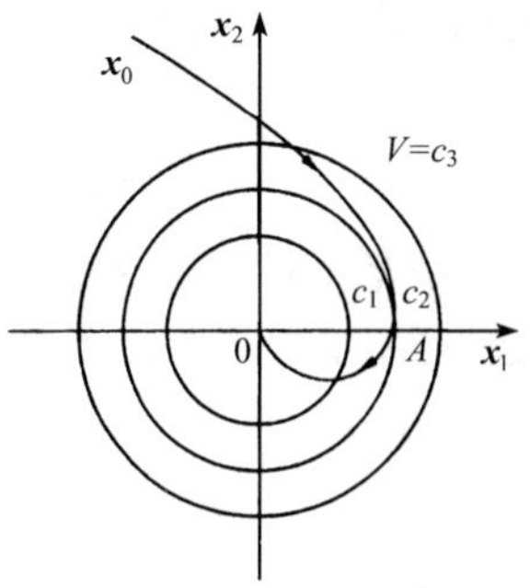

图 8-6-3　等V圆及典型轨迹

例 8-6-2　系统的状态方程为

$$\begin{cases}\dot{x}_1=x_2\\ \dot{x}_2=-x_1-x_2\end{cases}$$

分析该系统平衡状态的稳定性。

解　$\boldsymbol{x}=\boldsymbol{0}$为给定系统的唯一平衡状态。

1）选取具有正定性的李氏函数

$$V(\boldsymbol{x})=x_1^2+x_2^2$$

则有

$$\dot{V}(\boldsymbol{x})=2x_1\cdot\dot{x}_1+2x_2\cdot\dot{x}_2=-2x_2^2$$

由$\dot{V}(\boldsymbol{x})$表示式可见，当$x_1=x_2=0$时，$\dot{V}(\boldsymbol{x})=0$；当$x_1\neq0,x_2=0$时，亦有$\dot{V}(\boldsymbol{x})=0$。所以$\dot{V}(\boldsymbol{x})$为半负定。需进一步研究当$x_1\neq0,x_2=0$时$\dot{V}(\boldsymbol{x})$是否恒为零。

若要求在$t\geqslant t_0$时$\dot{V}(\boldsymbol{x})=-2x_2^2$恒为零，则$x_2$在$t\geqslant t_0$时必恒为零，而$\dot{x}_2$也必恒为零。从$\dot{x}_2=-x_1-x_2$来看，在$t\geqslant t_0$时，$\dot{x}_2=0,x_2=0$，则$x_1$也必须等于零。这就说明，$\dot{V}(\boldsymbol{x})$只可能在原点处恒为零。因此，给定系统在原点处的平衡状态是渐近稳定的。又由于$\|\boldsymbol{x}\|\to\infty$时$V(\boldsymbol{x})\to\infty$，故给定系统在原点处的平衡状态是大范围渐近稳定的。

图 8-6-3 所示为与本例对应的等V圆及典型轨迹。从图可见，在点A处$\boldsymbol{x}(t)$的运动轨迹与$V(\boldsymbol{x})=x_1^2+x_2^2=c_2$圆相切，但状态$\boldsymbol{x}(t)$并未在切点处停留下来，而是随时间推移继续向原点运动。

2）选取

$$V(\boldsymbol{x})=\frac{1}{2}[(x_1+x_2)^2+2x_1^2+x_2^2]$$

为李氏函数，$V(\boldsymbol{x})$为正定，而$\dot{V}(\boldsymbol{x})=-(x_1^2+x_2^2)$为负定。且当$\|\boldsymbol{x}\|\to\infty$时有$V(\boldsymbol{x})\to\infty$，所以给定系统在原点处的平衡状态是大范围渐近稳定的。

由上面的分析看出，由于选取不同的李氏函数，可能使分析过程有所不同，但只要能说明系统的稳定性，李氏函数的选取并非唯一。

定理 8-6-3　设定常系统的状态方程为

$$\dot{\boldsymbol{x}}=f(\boldsymbol{x}),\quad 且\ f(\boldsymbol{0})=\boldsymbol{0}$$

如果存在一个标量函数$V(\boldsymbol{x})$，$V(\boldsymbol{x})$对向量$\boldsymbol{x}$中各分量具有连续的一阶偏导数，且满足条件：

1）$V(\boldsymbol{x})$为正定；

2）$\dot{V}(\boldsymbol{x})$为半负定，但在原点外的某一$\boldsymbol{x}$处恒为零。

则系统在原点处的平衡状态在李雅普诺夫意义下是稳定的，但不是渐近稳定。系统保持在一个稳定的等幅振荡状态。

例 8-6-3 系统的状态方程为

$$\begin{cases}\dot{x}_1=kx_2\\ \dot{x}_2=-x_1\end{cases}$$

$k>0$,分析系统平衡状态的稳定性。

解 $\boldsymbol{x}=\mathbf{0}$ 是系统的唯一平衡状态。

选取 $V(\boldsymbol{x})=x_1^2+kx_2^2(k>0)$为李雅普诺夫函数 ,$V(\boldsymbol{x})$为正定,而

$$\dot{V}(\boldsymbol{x})=2x_1\dot{x}_1+2kx_2\dot{x}_2=2kx_1x_2-2kx_1x_2=0$$

系统在李雅普诺夫意义下是稳定的,但不是渐近稳定,保持在等幅振荡状态。

定理 8-6-4 设系统的状态方程为

$$\dot{\boldsymbol{x}}=f(\boldsymbol{x}),\quad 且\ f(\mathbf{0})=\mathbf{0}$$

如果存在一个标量函数 $V(\boldsymbol{x})$,$V(\boldsymbol{x})$对向量 $\boldsymbol{x}$ 中各分量具有连续的一阶偏导数,且满足条件:

1) $V(\boldsymbol{x})$在原点的某一邻域内是正定的;

2) $\dot{V}(\boldsymbol{x})$在同样的邻域内也是正定的。

则系统在原点处的平衡状态是不稳定的。

例 8-6-4 非线性系统的状态方程为

$$\begin{cases}\dot{x}_1=x_1^3+x_2\\ \dot{x}_2=-x_1+x_2^3\end{cases}$$

分析系统在原点的平衡状态的稳定性。

解 原点是系统的平衡状态。取李雅普诺夫函数 $V(\boldsymbol{x})=\dfrac{1}{2}(x_1^2+x_2^2)$

$$\dot{V}(\boldsymbol{x})=x_1\dot{x}_1+x_2\dot{x}_2=x_1^4+x_1x_2-x_1x_2+x_2^4=x_1^4+x_2^4$$

在原点的邻域内,$V(\boldsymbol{x})$和 $\dot{V}(\boldsymbol{x})$都是正定,所以原点处的平衡状态是不稳定的。

需要注意,应用李雅普诺夫第二法判断系统的稳定性,存在一个选取李氏函数是否合适的问题。若选取得合适,用李雅普诺夫第二法判断系统是稳定的,则系统必为稳定。若选取得不合适,不能揭示系统的稳定性,即不能得出系统稳定的结论,但系统不一定不稳定。这时,可选取不同形式的李氏函数重新进行分析,或改用其他方法进行研究。例 8-6-5 可说明这个问题。

例 8-6-5 系统的状态方程为

$$\begin{cases}\dot{x}_1=x_2\\ \dot{x}_2=-x_1-x_2\end{cases}$$

分析系统平衡状态的稳定性。

解 此为例 8-6-2 分析过的系统,该系统的平衡状态 $\boldsymbol{x}=\mathbf{0}$ 是大范围渐近稳定 。但若选取 $V(\boldsymbol{x})=2x_1^2+x_2^2$ 为李氏函数,$V(\boldsymbol{x})$为正定,而

$$\dot{V}(\boldsymbol{x})=4x_1\dot{x}_1+2x_2\dot{x}_2=2x_1x_2-2x_2^2$$

检验 $\dot{V}(\boldsymbol{x})$的符号类型:当 $x_1=x_2=0$ 时,$\dot{V}(\boldsymbol{x})=0$;当 $x_1>x_2>0$ 时,$\dot{V}(\boldsymbol{x})>0$;当 $x_2>x_1>0$ 时,$\dot{V}(\boldsymbol{x})<0$。可见 $\dot{V}(\boldsymbol{x})$为不定。此时不能确定系统是否稳定。

8.6.4 线性系统的李雅普诺夫稳定性分析

下面介绍采用李雅普诺夫第二法分析线性系统的稳定性。

1. 线性定常系统的李雅普诺夫稳定性分析

定理 8-6-5 线性定常系统 $\dot{\boldsymbol{x}}=A\boldsymbol{x}$ 渐近稳定的充分必要条件是，对于任意给定的一个正定对称阵 Q，有唯一的正定对称阵 P 使下式成立

$$A^{\mathrm{T}}P+PA=-Q \tag{8-6-4}$$

上式称为李雅普诺夫方程，而 $\boldsymbol{x}^{\mathrm{T}}P\boldsymbol{x}$ 是该系统的一个李雅普诺夫函数。上述定理同时也是矩阵 A 的所有特征值均具有负实部的充分必要条件。

利用上述定理时，通常取 Q 为单位矩阵。若系统任意的状态轨迹在非零状态不存在 $\dot{V}(\boldsymbol{x})$ 恒为零时，Q 矩阵可取为半正定，即允许将单位矩阵主对角线上部分元素取为零而作为 Q。但解得的 P 仍应为正定。

例 8-6-6 线性定常系统的状态方程为

$$\begin{bmatrix}\dot{x}_1\\\dot{x}_2\end{bmatrix}=\begin{bmatrix}0 & 1\\-1 & -1\end{bmatrix}\begin{bmatrix}x_1\\x_2\end{bmatrix}$$

分析系统平衡状态 $\boldsymbol{x}=\boldsymbol{0}$ 的稳定性。

解 选 $Q=I$， 设 $P=\begin{bmatrix}p_{11} & p_{12}\\p_{12} & p_{22}\end{bmatrix}$

由

$$A^{\mathrm{T}}P+PA=-Q$$

有

$$\begin{bmatrix}0 & -1\\1 & -1\end{bmatrix}\begin{bmatrix}p_{11} & p_{12}\\p_{12} & p_{22}\end{bmatrix}+\begin{bmatrix}p_{11} & p_{12}\\p_{12} & p_{22}\end{bmatrix}\begin{bmatrix}0 & 1\\-1 & -1\end{bmatrix}=\begin{bmatrix}-1 & 0\\0 & -1\end{bmatrix}$$

$$\begin{bmatrix}-2p_{12} & p_{11}-p_{12}-p_{22}\\p_{11}-p_{12}-p_{22} & 2p_{12}-2p_{22}\end{bmatrix}=\begin{bmatrix}-1 & 0\\0 & -1\end{bmatrix}$$

解得

$$P=\begin{bmatrix}\dfrac{3}{2} & \dfrac{1}{2}\\\dfrac{1}{2} & 1\end{bmatrix}$$

因为

$$p_{11}=\frac{3}{2}>0,\quad \begin{vmatrix}p_{11} & p_{12}\\p_{12} & p_{22}\end{vmatrix}=\begin{vmatrix}\dfrac{3}{2} & \dfrac{1}{2}\\\dfrac{1}{2} & 1\end{vmatrix}=\frac{5}{4}>0$$

所以矩阵 P 为正定。给定系统的平衡状态 $\boldsymbol{x}=\boldsymbol{0}$ 是大范围渐近稳定的。

2. 线性定常离散系统的李雅普诺夫稳定性分析

设线性定常离散系统状态方程为

$$\boldsymbol{x}(k+1)=A\boldsymbol{x}(k) \tag{8-6-5}$$

式中，A 为常数非奇异矩阵，原点是平衡状态。取正定二次型函数

$$V[\boldsymbol{x}(k)]=\boldsymbol{x}^{\mathrm{T}}(k)P\boldsymbol{x}(k) \tag{8-6-6}$$

设

$$\Delta V[\boldsymbol{x}(k)]=V[\boldsymbol{x}(k+1)]-V[\boldsymbol{x}(k)] \tag{8-6-7}$$

对于离散系统，取 $\Delta V[\boldsymbol{x}(k)]$代替连续系统中的 $\dot{V}(\boldsymbol{x})$，只要 $\Delta V(\boldsymbol{x}(k))$是负定的，则系统是渐近稳定的。

$$\begin{aligned}\Delta V[\boldsymbol{x}(k)]&=\boldsymbol{x}^{\mathrm{T}}(k+1)P\boldsymbol{x}(k+1)-\boldsymbol{x}^{\mathrm{T}}(k)P\boldsymbol{x}(k)\\&=[A\boldsymbol{x}(k)]^{\mathrm{T}}PA\boldsymbol{x}(k)-\boldsymbol{x}^{\mathrm{T}}(k)P\boldsymbol{x}(k)\\&=\boldsymbol{x}^{\mathrm{T}}(k)(A^{\mathrm{T}}PA-P)\boldsymbol{x}(k)\end{aligned} \tag{8-6-8}$$

令

$$A^{\mathrm{T}}PA-P=-Q \tag{8-6-9}$$

于是有

$$\Delta V[\boldsymbol{x}(k)]=-\boldsymbol{x}^{\mathrm{T}}(k)Q\boldsymbol{x}(k) \tag{8-6-10}$$

希望 $\Delta V[\boldsymbol{x}(k)]$是负定的，就是希望 Q 是正定的。

定理 8-6-6 系统(8-6-5)渐近稳定的充分必要条件是，给定任一正定对称矩阵 Q，存在一个正定对称矩阵 P，使式(8-6-9)成立。

$\boldsymbol{x}^{\mathrm{T}}(k)P\boldsymbol{x}(k)$是系统的一个李雅普诺夫函数，式(8-6-9)称为离散的李雅普诺夫方程。通常可取 Q 为单位矩阵。如果 $\Delta V[\boldsymbol{x}(k)]$沿任一解的序列不恒为零，则 Q 可取为半正定矩阵。

例 8-6-7 线性定常离散系统的状态方程为

$$\boldsymbol{x}(k+1)=\begin{bmatrix}0 & 1\\ \frac{1}{2} & 0\end{bmatrix}\boldsymbol{x}(k)$$

分析系统平衡状态 $\boldsymbol{x}_{\mathrm{e}}=\mathbf{0}$ 的稳定性。

解 (1)取 $Q=I$， $P=\begin{bmatrix}p_{11} & p_{12}\\ p_{12} & p_{22}\end{bmatrix}$

由

$$A^{\mathrm{T}}PA-P=-Q$$

有

$$\begin{bmatrix}0 & \frac{1}{2}\\ 1 & 0\end{bmatrix}\begin{bmatrix}p_{11} & p_{12}\\ p_{12} & p_{22}\end{bmatrix}\begin{bmatrix}0 & 1\\ \frac{1}{2} & 0\end{bmatrix}-\begin{bmatrix}p_{11} & p_{12}\\ p_{12} & p_{22}\end{bmatrix}=\begin{bmatrix}-1 & 0\\ 0 & -1\end{bmatrix}$$

$$\begin{bmatrix}\frac{1}{4}p_{22}-p_{11} & -\frac{1}{2}p_{12}\\ -\frac{1}{2}p_{12} & p_{11}-p_{22}\end{bmatrix}=\begin{bmatrix}-1 & 0\\ 0 & -1\end{bmatrix}$$

解得

$$P=\begin{bmatrix}\frac{5}{3} & 0\\ 0 & \frac{8}{3}\end{bmatrix}$$

显见，矩阵 P 为正定，系统在 $\boldsymbol{x}_{\mathrm{e}}=\mathbf{0}$ 的平衡状态是大范围渐近稳定的。

(2)求系统特征值

$$|zI-A|=z^2-\frac{1}{2}=0, \quad 解得\ z_{1,2}=\pm\frac{\sqrt{2}}{2}$$

两个特征根均在[z]平面的单位圆内，故系统在 $\boldsymbol{x}_{\mathrm{e}}=\mathbf{0}$ 的平衡状态是大范围渐近稳定的。

8.7 线性系统的可控性与可观测性

8.7节

经典控制理论用传递函数作为数学模型，描述系统输入和输出特性。只要系统是稳定的，输出量便可以受控制，同时输出量总是可以被测量的，因而没有提出可控性与可观测性的概念。现代控制理论用状态方程和输出方程描述系统，这就存在着系统内的所有状态是否受输入的影响和是否可由输出反映和确定的问题，这就是可控性和可观测性问题。

8.7.1 线性系统的可控性与可控性判据

如果系统的所有状态都被输入控制，则称系统（或状态）是完全可控的，简称可控。否则，就称系统（或状态）是不完全可控的，简称不可控。在系统的状态方程中，若某一状态与输入无任何直接、间接关系，则可判断此状态不受输入控制，系统不可控。

1. 线性定常连续系统的可控性

设 n 阶线性定常连续系统的状态方程为

$$\dot{\boldsymbol{x}}=A\boldsymbol{x}+B\boldsymbol{u} \tag{8-7-1}$$

式中，$\boldsymbol{x}$、$\boldsymbol{u}$ 分别为 n 维、p 维向量，A、B 分别为 $n\times n$、$n\times p$ 维实数矩阵。

如果存在一个无约束的允许输入向量 $\boldsymbol{u}(t)$，能在有限时间间隔$[t_0,t_f]$内使系统的状态向量从任意给定的初始状态 $\boldsymbol{x}(t_0)$转移到任意期望的终态 $\boldsymbol{x}(t_f)$，则称该线性定常连续系统是状态完全可控的，简称系统可控。

定理 8-7-1 n 阶线性定常连续系统

$$\dot{\boldsymbol{x}}=A\boldsymbol{x}+B\boldsymbol{u}$$

状态完全可控的充要条件为，系统的可控性矩阵

$$Q_k=[B \quad AB \quad A^2B \quad \cdots \quad A^{n-1}B]$$

的秩为 n 即

$$\mathrm{rank}Q_k=\mathrm{rank}[B \quad AB \quad A^2B \quad \cdots \quad A^{n-1}B]=n \tag{8-7-2}$$

此时称(A,B)为可控矩阵对。

可控性矩阵 Q_k 是一个 $n\times np$ 的矩阵，如果是单输入系统，$p=1$，输入矩阵 B 是 n 维列向量，则可控性矩阵 Q_k 是个 $n\times n$ 的方阵

证明 由于线性定常系统的状态转移特性仅与时间间隔有关，而与初始时间无关，故可取初始时刻 $t_0=0$。为了证明定理简单而又不失一般性，可假定系统的期望终态为零状态，即 $\boldsymbol{x}(t_f)=\boldsymbol{0}$。

状态方程(8-7-1)的解为

$$\boldsymbol{x}(t)=\mathrm{e}^{A(t-t_0)}\boldsymbol{x}(t_0)+\int_{t_0}^{t}\mathrm{e}^{A(t-\tau)}B\boldsymbol{u}(\tau)\mathrm{d}\tau$$

考虑到 $t_0=0$，$\boldsymbol{x}(t_f)=\boldsymbol{0}$，则 $t=t_f$ 时的解可写为

$$\boldsymbol{x}(t_f)=\mathrm{e}^{At_f}\boldsymbol{x}(0)+\int_{0}^{t_f}\mathrm{e}^{A(t_f-\tau)}B\boldsymbol{u}(\tau)\mathrm{d}\tau=0$$

或

$$\int_{0}^{t_f}\mathrm{e}^{-A\tau}B\boldsymbol{u}(\tau)\mathrm{d}\tau=-\boldsymbol{x}(0) \tag{8-7-3}$$

由凯莱-哈密尔顿定理，$\mathrm{e}^{-A\tau}$ 可写成

$$e^{-A\tau}=\sum_{i=0}^{n-1}a_i(\tau)A^i$$

式中，$a_i(\tau)$是τ的幂函数。将上式代入式(8-7-3)有

$$\sum_{i=0}^{n-1}A^iB\int_0^{t_f}a_i(\tau)\boldsymbol{u}(\tau)\mathrm{d}\tau=-\boldsymbol{x}(0) \tag{8-7-4}$$

令

$$\int_0^{t_f}a_i(\tau)\boldsymbol{u}(\tau)\mathrm{d}\tau=\boldsymbol{F}_i$$

式中，$\boldsymbol{F}_i$ 是 p 维列向量，于是式(8-7-4)可写成

$$\sum_{i=0}^{n-1}A^iB\boldsymbol{F}_i=[B\quad AB\quad A^2B\quad \cdots\quad A^{n-1}B]\begin{bmatrix}\boldsymbol{F}_0\\ \boldsymbol{F}_1\\ \vdots\\ \boldsymbol{F}_{n-1}\end{bmatrix}=-\boldsymbol{x}(0)$$

令

$$\boldsymbol{F}=\begin{bmatrix}\boldsymbol{F}_0\\ \boldsymbol{F}_1\\ \vdots\\ \boldsymbol{F}_{n-1}\end{bmatrix}$$

则有

$$\boldsymbol{Q}_k\boldsymbol{F}=-\boldsymbol{x}(0) \tag{8-7-5}$$

式(8-7-5)是具有 $n\times p$ 个变量，n 个方程的线性非齐次方程组。$\boldsymbol{Q}_k$ 是 $n\times np$ 维矩阵，其元素是已知常数，与矩阵 A、B 有关。$\boldsymbol{x}(0)$是给定的初始状态，n 个元素都是已知的常量。$\boldsymbol{F}$ 是具有 $n\times p$ 个元素的向量，它的元素是待求的未知数，与输入向量 $\boldsymbol{u}$ 有关。

可见，若 $\boldsymbol{u}(t)$有解，则 $\boldsymbol{F}$ 应有解。由线性代数的理论可知，非齐次线性方程组(8-7-5)有解的充要条件是，它的系数矩阵 $\boldsymbol{Q}_k$ 和增广矩阵$[\boldsymbol{Q}_k\quad \boldsymbol{x}(0)]$的秩相等，即

$$\mathrm{rank}\boldsymbol{Q}_k=\mathrm{rank}[\boldsymbol{Q}_k\quad \boldsymbol{x}(0)] \tag{8-7-6}$$

考虑到初始状态 $\boldsymbol{x}(0)$是任意给定的，欲使式(8-7-6)成立，$\boldsymbol{Q}_k$ 的秩必须是满秩的，即 $\boldsymbol{Q}_k$ 的秩必须为 n。这样，系统状态完全可控的充要条件为可控矩阵 $\boldsymbol{Q}_k$ 的秩为 n。

对于单输入系统，$p=1$，可控阵 $\boldsymbol{Q}_k$ 为 $n\times n$ 的方阵，$\mathrm{rank}\boldsymbol{Q}_k=n$ 说明 $\boldsymbol{Q}_k$ 是非奇异的，其逆矩阵存在。

例 8-7-1 线性定常连续系统的状态方程为

$$\dot{\boldsymbol{x}}=\begin{bmatrix}-4 & 1\\ 2 & -3\end{bmatrix}\boldsymbol{x}+\begin{bmatrix}1\\ 2\end{bmatrix}u$$

判断系统状态的可控性。

解

$$B=\begin{bmatrix}1\\ 2\end{bmatrix},\quad AB=\begin{bmatrix}-4 & 1\\ 2 & -3\end{bmatrix}\begin{bmatrix}1\\ 2\end{bmatrix}=\begin{bmatrix}-2\\ -4\end{bmatrix}$$

系统可控阵的秩为

$$\mathrm{rank}\boldsymbol{Q}_k=\mathrm{rank}[B\quad AB]=\mathrm{rank}\begin{bmatrix}1 & -2\\ 2 & -4\end{bmatrix}=1<n=2$$

所以系统的状态不是完全可控的。

例 8-7-2 一个多输入的线性定常连续系统的状态方程为

$$\dot{\boldsymbol{x}}=\begin{bmatrix}-2 & 1\\ 0 & -3\end{bmatrix}\boldsymbol{x}+\begin{bmatrix}0 & 1\\ 1 & -1\end{bmatrix}\boldsymbol{u}$$

判断系统的状态可控性。

解 $B=\begin{bmatrix}0 & 1\\ 1 & -1\end{bmatrix}$，$AB=\begin{bmatrix}-2 & 1\\ 0 & -3\end{bmatrix}\begin{bmatrix}0 & 1\\ 1 & -1\end{bmatrix}=\begin{bmatrix}1 & -3\\ -3 & 3\end{bmatrix}$

$$\operatorname{rank}\boldsymbol{Q}_k=\operatorname{rank}[B\quad AB]=\operatorname{rank}\begin{bmatrix}0 & 1 & 1 & -3\\ 1 & -1 & -3 & 3\end{bmatrix}=n=2$$

所以系统的状态是完全可控的。

例 8-7-3 对于图 8-7-1 所示电路，电压 u_1 和 u_2 分别为输入和输出信号。取电容两端电压 x_1 和 x_2 为状态变量。列写状态方程和输出方程，并说明参数满足什么条件时该系统状态不是完全可控的。

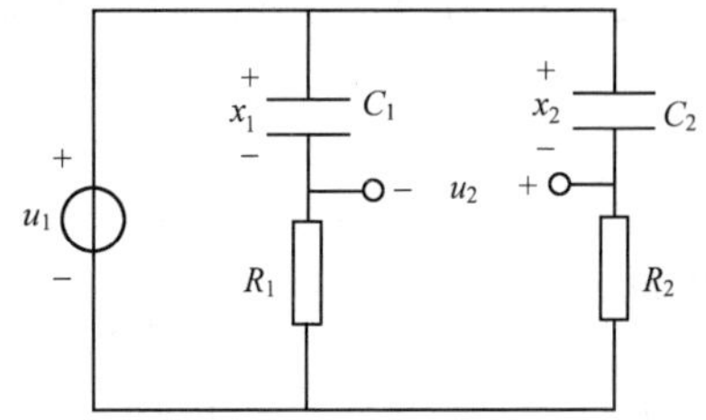

图 8-7-1 RC 电路

解

$$\begin{cases}x_1+R_1C_1\dot{x}_1=u_1\\ x_2+R_2C_2\dot{x}_2=u_1\end{cases}\Rightarrow\begin{cases}\dot{x}_1=-\dfrac{1}{R_1C_1}x_1+\dfrac{1}{R_1C_1}u_1\\ \dot{x}_2=-\dfrac{1}{R_2C_2}x_2+\dfrac{1}{R_2C_2}u_1\end{cases}$$

上式就是状态方程。输出方程为

$$u_2=x_1-x_2$$

$$A=\begin{bmatrix}-\dfrac{1}{R_1C_1} & 0\\ 0 & -\dfrac{1}{R_2C_2}\end{bmatrix},\quad B=\begin{bmatrix}\dfrac{1}{R_1C_1}\\ \dfrac{1}{R_2C_2}\end{bmatrix},\quad C=[1\quad -1]$$

$$AB=\begin{bmatrix}-\dfrac{1}{R_1^{\ 2}C_1^{\ 2}}\\ -\dfrac{1}{R_2^{\ 2}C_2^{\ 2}}\end{bmatrix},\quad \boldsymbol{Q}_k=[B\quad AB]=\begin{bmatrix}\dfrac{1}{R_1C_1} & -\dfrac{1}{R_1^{\ 2}C_1^{\ 2}}\\ \dfrac{1}{R_2C_2} & -\dfrac{1}{R_2^{\ 2}C_2^{\ 2}}\end{bmatrix}$$

$$|\boldsymbol{Q}_k|=-\frac{1}{R_1C_1R_2^{\ 2}C_2^{\ 2}}+\frac{1}{R_1^{\ 2}C_1^{\ 2}R_2C_2}$$

$$|\boldsymbol{Q}_k|=0\quad\Rightarrow\frac{1}{R_1C_1}=\frac{1}{R_2C_2}\quad\Rightarrow R_1C_1=R_2C_2$$

该系统状态不完全可控的条件是 $R_1C_1=R_2C_2$。

对很多实际系统进行可控性分析以后可以看出，只有当系统参数严格满足某些等式时系统才是不可控的，而实际系统参数一般情况下不可能严格满足这些等式，所以常见的实际系统几乎都是可控的。

2. 线性定常离散系统的可控性

设 n 阶线性定常离散系统的状态方程为

$$\boldsymbol{x}(k+1)=A\boldsymbol{x}(k)+B\boldsymbol{u}(k)\tag{8-7-7}$$

式中，$\boldsymbol{x}(k)$是 n 维状态向量；$\boldsymbol{u}(k)$是 p 维输入向量，每个元素 $u_i(k)$在 $kT<t<(k+1)T$ 时间间隔内为常值；A 是$n\times n$ 的系数矩阵；B 是$n\times p$ 的输入矩阵。

对于式(8-7-7)的线性定常离散系统，如果存在着无约束的阶梯输入序列

$$u_i(k), u_i(k+1), \cdots, u_i(k+m-1) \quad (i=1,2,\cdots,p)$$

在有限的 m 个采样周期 $t\in[kT,(k+m)T]$ 之内，能使系统的状态向量从任意给定的初态 $\boldsymbol{x}(k)$，转移到任意期望的终态 $\boldsymbol{x}_{\mathrm{f}}(k+m)$，则称该离散系统是状态完全可控的，简称系统可控。

定理 8-7-2 n 阶线性定常离散系统

$$\boldsymbol{x}(k+1)=A\boldsymbol{x}(k)+B\boldsymbol{u}(k)$$

状态完全可控的充要条件为，系统的可控性矩阵

$$Q_k=[B \quad AB \quad A^2B \quad \cdots \quad A^{n-1}B] \tag{8-7-8}$$

的秩为 n，即

$$\mathrm{rank}\boldsymbol{Q}_k=\mathrm{rank}[B \quad AB \quad A^2B \quad \cdots \quad A^{n-1}B]=n \tag{8-7-9}$$

对于单输入系统，可控性矩阵 Q_k 是 $n\times n$ 的矩阵；对于多输入系统，可控阵 Q_k 是 $n\times np$ 的矩阵。

例 8-7-4 设单变量线性定常离散系统的状态方程为

$$\boldsymbol{x}(k+1)=\begin{bmatrix}1 & 2 & -1\\0 & 1 & 0\\1 & -4 & 3\end{bmatrix}\boldsymbol{x}(k)+\begin{bmatrix}0\\0\\1\end{bmatrix}u(k)$$

判断系统的可控性。

解

$$B=\begin{bmatrix}0\\0\\1\end{bmatrix},\quad AB=\begin{bmatrix}1 & 2 & -1\\0 & 1 & 0\\1 & -4 & 3\end{bmatrix}\begin{bmatrix}0\\0\\1\end{bmatrix}=\begin{bmatrix}-1\\0\\3\end{bmatrix}$$

$$A^2B=A(AB)=\begin{bmatrix}1 & 2 & -1\\0 & 1 & 0\\1 & -4 & 3\end{bmatrix}\begin{bmatrix}-1\\0\\3\end{bmatrix}=\begin{bmatrix}-4\\0\\8\end{bmatrix}$$

可控阵为

$$\boldsymbol{Q}_k=[B \quad AB \quad A^2B]=\begin{bmatrix}0 & -1 & -4\\0 & 0 & 0\\1 & 3 & 8\end{bmatrix}$$

$$\mathrm{rank}\boldsymbol{Q}_k=\mathrm{rank}\begin{bmatrix}0 & -1 & -4\\0 & 0 & 0\\1 & 3 & 8\end{bmatrix}=2<3=n$$

所以系统的状态不是完全可控的。

例 8-7-5 双输入线性定常离散系统的状态方程为

$$\boldsymbol{x}(k+1)=\begin{bmatrix}-2 & 2 & -1\\0 & -2 & 0\\1 & -4 & 0\end{bmatrix}\boldsymbol{x}(k)+\begin{bmatrix}0 & 0\\0 & 1\\1 & 0\end{bmatrix}\boldsymbol{u}(k)$$

判断系统的可控性。

解 $B=\begin{bmatrix}0 & 0\\0 & 1\\1 & 0\end{bmatrix},\quad AB=\begin{bmatrix}-2 & 2 & -1\\0 & -2 & 0\\1 & -4 & 0\end{bmatrix}\begin{bmatrix}0 & 0\\0 & 1\\1 & 0\end{bmatrix}=\begin{bmatrix}-1 & 2\\0 & -2\\0 & -4\end{bmatrix}$

$$A^2B=A(AB)=\begin{bmatrix}-2 & 2 & -1\\0 & -2 & 0\\1 & -4 & 0\end{bmatrix}\begin{bmatrix}-1 & 2\\0 & -2\\0 & -4\end{bmatrix}=\begin{bmatrix}2 & -4\\0 & 4\\-1 & 10\end{bmatrix}$$

$$\mathrm{rank}\boldsymbol{Q}_k=\mathrm{rank}\begin{bmatrix}0 & 0 & -1 & 2 & 2 & -4\\0 & 1 & 0 & -2 & 0 & 4\\1 & 0 & 0 & -4 & -1 & 10\end{bmatrix}=3=n$$

所以该系统的状态是完全可控的。

3. 线性定常系统的输出可控性

设线性定常连续系统的状态空间表达式为

$$\begin{cases}\dot{\boldsymbol{x}}=A\boldsymbol{x}+B\boldsymbol{u}\\ \boldsymbol{y}=C\boldsymbol{x}+D\boldsymbol{u}\end{cases} \tag{8-7-10}$$

式中，$\boldsymbol{x}$、$\boldsymbol{u}$、$\boldsymbol{y}$ 分别是 n 维、p 维、q 维向量，A 是 $n\times n$ 矩阵，B 是 $n\times p$ 矩阵，C 是 $q\times n$ 矩阵，D 是 $q\times p$ 矩阵。

如果存在一个幅度上无约束的分段连续的输入向量 $\boldsymbol{u}(t)$，能在有限的时间间隔$[t_0,t_f]$内，将任一初始输出 $\boldsymbol{y}(t_0)$转移到任意期望的最终输出 $\boldsymbol{y}(t_f)$，则称式(8-7-10)所描述的线性定常连续系统为输出完全可控，简称输出可控。

式(8-7-10)所描述的线性定常连续系统，输出完全可控的充要条件是

$$\operatorname{rank}[CB\quad CAB\quad \cdots\quad CA^{n-1}B\quad D]=q$$

式中，q 是输出变量的个数。

例 8-7-6 设线性定常连续系统的状态方程和输出方程为

$$\dot{\boldsymbol{x}}=\begin{bmatrix}-4 & 1\\ 2 & -3\end{bmatrix}\boldsymbol{x}+\begin{bmatrix}1\\ 2\end{bmatrix}u$$

$$y=[1\quad 0]\boldsymbol{x}$$

判断该系统的输出可控性和状态可控性。

解 该系统 $n=2,p=1,q=1$

$$A=\begin{bmatrix}-4 & 1\\ 2 & -3\end{bmatrix},\quad B=\begin{bmatrix}1\\ 2\end{bmatrix},\quad C=[1\quad 0]$$

$$CB=[1\quad 0]\begin{bmatrix}1\\ 2\end{bmatrix}=1$$

$$CAB=[1\quad 0]\begin{bmatrix}-4 & 1\\ 2 & -3\end{bmatrix}\begin{bmatrix}1\\ 2\end{bmatrix}=-2$$

$$\operatorname{rank}[CB\quad CAB]=\operatorname{rank}[1\quad -2]=1=q$$

所以系统的输出是完全可控的。

$$AB=\begin{bmatrix}-4 & 1\\ 2 & -3\end{bmatrix}\begin{bmatrix}1\\ 2\end{bmatrix}=\begin{bmatrix}-2\\ -4\end{bmatrix}$$

$$\operatorname{rank}\boldsymbol{Q}_k=\operatorname{rank}[B\quad AB]=\operatorname{rank}\begin{bmatrix}1 & -2\\ 2 & -4\end{bmatrix}=1<2=n$$

所以该系统的状态不是完全可控的。

8.7.2 线性系统的可观测性与可观性判据

用现代控制理论设计系统时常采用全部状态进行反馈。但在实际系统中，状态变量常常不能或不全能直接测量出来。那么，能不能从输出的测量值反过来计算出系统的状态？这就涉及系统状态的可观测性。

如果系统的所有状态都可由输出计算出来，则称系统是状态完全可观测的，简称可观。否则，就称系统是状态不完全可观测的，简称不可观。在系统的状态空间表达式中，若某一状态与输出无任何直接、间接关系，则可判断此状态是不可观测的，系统不可观。

1. 线性定常连续系统的可观测性判据

设 n 阶线性定常连续系统的状态方程和输出方程为

$$\dot{\boldsymbol{x}}=A\boldsymbol{x}+B\boldsymbol{u} \tag{8-7-11}$$

$$\boldsymbol{y}=C\boldsymbol{x} \tag{8-7-12}$$

式中，$\boldsymbol{x}$、$\boldsymbol{u}$、$\boldsymbol{y}$ 分别是 n 维、p 维、q 维向量，A 是 $n\times n$ 矩阵，B 是 $n\times p$ 矩阵，C 是 $q\times n$ 矩阵。

对于任意的初始时刻 t_0，若能在有限时间间隔 $[t_0, t_f]$ 内，根据输出量 $\boldsymbol{y}(t)$ 和输入量 $\boldsymbol{u}(t)$，能唯一地确定系统的初始状态 $\boldsymbol{x}(t_0)$，则称系统的状态是完全可观测的，简称系统可观。

定理 8-7-3 对于式(8-7-11)、式(8-7-12)所示 n 阶线性定常连续系统，状态完全可观测的充要条件为，系统的可观测性矩阵

$$\boldsymbol{Q}_g=\begin{bmatrix} C \\ CA \\ \vdots \\ CA^{n-1} \end{bmatrix}$$

的秩为 n，即

$$\mathrm{rank}\boldsymbol{Q}_g=\mathrm{rank}\begin{bmatrix} C \\ CA \\ \vdots \\ CA^{n-1} \end{bmatrix}=n$$

或

$$\mathrm{rank}\boldsymbol{Q}_g^{\mathrm{T}}=\mathrm{rank}[C^{\mathrm{T}} \quad A^{\mathrm{T}}C^{\mathrm{T}} \quad \cdots \quad (A^{\mathrm{T}})^{n-1}C^{\mathrm{T}}]=n$$

此时称 (A, C) 为可观测矩阵对。

可观阵 Q_g 是一个 $nq\times n$ 的矩阵，如果是单输出系统，则可观阵 Q_g 是个 $n\times n$ 的方阵。

证明 状态方程 $\dot{\boldsymbol{x}}=A\boldsymbol{x}+B\boldsymbol{u}$ 的解为

$$\boldsymbol{x}(t)=\mathrm{e}^{A(t-t_0)}\boldsymbol{x}(t_0)+\int_{t_0}^{t}\mathrm{e}^{A(t-\tau)}B\boldsymbol{u}(\tau)\mathrm{d}\tau \tag{8-7-13}$$

将式(8-7-13)代入 $\boldsymbol{y}=C\boldsymbol{x}$，有

$$\boldsymbol{y}(t)=C\mathrm{e}^{A(t-t_0)}\boldsymbol{x}(t_0)+C\int_{t_0}^{t}\mathrm{e}^{A(t-\tau)}B\boldsymbol{u}(\tau)\mathrm{d}\tau \tag{8-7-14}$$

状态是否可观，决定于能否从式(8-7-14)中解出 $\boldsymbol{x}(t_0)$。由于 $\boldsymbol{u}(t)$ 是已知的输入向量，所以单独根据 $\boldsymbol{y}(t)$ 求取状态向量 $\boldsymbol{x}(t_0)$ 与根据

$$\boldsymbol{y}(t)-C\int_{t_0}^{t}\mathrm{e}^{A(t-\tau)}B\boldsymbol{u}(\tau)\mathrm{d}\tau$$

求解 $\boldsymbol{x}(t_0)$ 是等价的，故设 $\boldsymbol{u}=\boldsymbol{0}$。对于线性定常系统，取 $t_0=0$，亦不失一般性。基于上述考虑，可从方程

$$\boldsymbol{y}(t)=C\mathrm{e}^{At}\boldsymbol{x}(0) \tag{8-7-15}$$

出发来证明定理 8-7-3。

由凯莱-哈密尔顿定理有

$$\mathrm{e}^{At}=\sum_{i=0}^{n-1}a_i(t)A^i$$

将其代入式(8-7-15)，有

$$\boldsymbol{y}(t)=\sum_{i=0}^{n-1}a_i(t)CA^i\boldsymbol{x}(0)=\sum_{i=0}^{n-1}a_i(t)\boldsymbol{\beta}_i \tag{8-7-16}$$

式中 $\boldsymbol{\beta}_i=CA^i\boldsymbol{x}(0)$ 是 q 维列向量，$i=0,1,\cdots,n-1$。由式(8-7-16)知，由 $\boldsymbol{y}(t)$ 的 n 个测量值可唯一确定 $\boldsymbol{\beta}_i$。$\boldsymbol{\beta}_i=CA^i\boldsymbol{x}(0)$ 即

$$\begin{bmatrix} C \\ CA \\ \vdots \\ CA^{n-1} \end{bmatrix} \boldsymbol{x}(0) = \begin{bmatrix} \boldsymbol{\beta}_0 \\ \boldsymbol{\beta}_1 \\ \vdots \\ \boldsymbol{\beta}_{n-1} \end{bmatrix}$$

由数学知，上式有唯一解的充要条件是 $\mathrm{rank}Q_g = n$。

例 8-7-7 系统的状态空间表达式如下，判断状态的可观性。

$$\dot{\boldsymbol{x}}(t) = \begin{bmatrix} 1 & 3 & 2 \\ 0 & 4 & 2 \\ 0 & 0 & 1 \end{bmatrix} \boldsymbol{x}(t) + \begin{bmatrix} 0 & 1 \\ 0 & 0 \\ 1 & 0 \end{bmatrix} \boldsymbol{u}(t)$$

$$\boldsymbol{y}(t) = \begin{bmatrix} 1 & 0 & 0 \\ 0 & 0 & 1 \end{bmatrix} \boldsymbol{x}(t)$$

解 $$\mathrm{rank}Q_g = \mathrm{rank}\begin{bmatrix} C \\ CA \\ CA^2 \end{bmatrix} = \mathrm{rank}\begin{bmatrix} 1 & 0 & 0 \\ 0 & 0 & 1 \\ 1 & 3 & 2 \\ 0 & 0 & 1 \\ 1 & 15 & 10 \\ 0 & 0 & 1 \end{bmatrix} = 3 = n$$

所以系统的状态是完全可观的。

例 8-7-8 对于例 8-7-3 所示系统，求出状态不完全可观测的条件。

解 $Q_g = \begin{bmatrix} C \\ CA \end{bmatrix} = \begin{bmatrix} 1 & -1 \\ -\dfrac{1}{R_1C_1} & \dfrac{1}{R_2C_2} \end{bmatrix}$，令 $|Q_g| = 0$，得 $\dfrac{1}{R_1C_1} = \dfrac{1}{R_2C_2}$，即

$$R_1C_1 = R_2C_2$$

这就是系统不完全可观测的条件。

2. 线性定常离散系统的可观测性判据

设 n 阶线性定常离散系统的状态空间表达式是

$$\boldsymbol{x}(k+1) = A\boldsymbol{x}(k) + B\boldsymbol{u}(k) \tag{8-7-17}$$

$$\boldsymbol{y}(k) = C\boldsymbol{x}(k) \tag{8-7-18}$$

式中，$\boldsymbol{x}(k)$、$\boldsymbol{u}(k)$、$\boldsymbol{y}(k)$ 分别是 n 维、p 维、q 维向量，A 是 $n\times n$ 矩阵，B 是 $n\times p$ 矩阵，C 是 $q\times n$ 矩阵。

对于式(8-7-17)、式(8-7-18)所描述的系统，如果根据有限个采样周期内的输出量 $\boldsymbol{y}(k)$，能够唯一地确定初始状态 $\boldsymbol{x}(0)$，则称系统的状态是完全可观测的，简称系统是可观的。

定理 8-7-4 n 阶线性定常离散系统

$$\boldsymbol{x}(k+1) = A\boldsymbol{x}(k) + B\boldsymbol{u}(k)$$
$$\boldsymbol{y}(k) = C\boldsymbol{x}(k)$$

状态完全可观测的充要条件为

$$\mathrm{rank}Q_g = \mathrm{rank}\begin{bmatrix} C \\ CA \\ \vdots \\ CA^{n-1} \end{bmatrix} = n$$

或写成

$$\mathrm{rank}\begin{bmatrix} C^{\mathrm{T}} & A^{\mathrm{T}}C^{\mathrm{T}} & \cdots & (A^{\mathrm{T}})^{n-1}C^{\mathrm{T}} \end{bmatrix} = n$$

证明 为简单起见，可设输入向量为零，这并不失其一般性。由状态方程及输出方程，有

$$\boldsymbol{y}(0)=C\boldsymbol{x}(0)$$
$$\boldsymbol{y}(1)=CA\boldsymbol{x}(0)$$
$$\vdots$$
$$\boldsymbol{y}(n-1)=CA^{n-1}\boldsymbol{x}(0)$$

写成矩阵形式为

$$\begin{bmatrix}\boldsymbol{y}(0)\\ \boldsymbol{y}(1)\\ \vdots\\ \boldsymbol{y}(n-1)\end{bmatrix}=\begin{bmatrix}C\\ CA\\ \vdots\\ CA^{n-1}\end{bmatrix}\boldsymbol{x}(0) \tag{8-7-19}$$

式(8-7-19)的矩阵方程含有 $n\times q$ 个方程及 n 个未知数 $x_1(0),x_2(0),\cdots,x_n(0)$。由数学可证得，当系统输出测量值 $\boldsymbol{y}(0),\boldsymbol{y}(1),\cdots,\boldsymbol{y}(n-1)$ 为已知时，状态向量 $\boldsymbol{x}(0)$ 存在唯一解的条件是方程(8-7-19)的系数矩阵的秩等于 n 即

$$\text{rank}\begin{bmatrix}C\\ CA\\ \vdots\\ CA^{n-1}\end{bmatrix}=n$$

例 8-7-9 线性离散系统的状态空间表达式如下，判断可观性。

$$\boldsymbol{x}(k+1)=\begin{bmatrix}a & 1\\ 0 & b\end{bmatrix}\boldsymbol{x}(k)+\begin{bmatrix}1\\ 1\end{bmatrix}u(k)$$
$$y(k)=[1\quad -1]\boldsymbol{x}(k)$$

解
$$\text{rank}Q_g=\text{rank}\begin{bmatrix}C\\ CA\end{bmatrix}=\text{rank}\begin{bmatrix}1 & -1\\ a & 1-b\end{bmatrix}$$

由可观阵 Q_g 可知，当 $a\neq b-1$ 时，$\text{rank}Q_g=2$，系统可观；当 $a=b-1$ 时，$\text{rank}Q_g=1$，系统不可观。

8.7.3 可控规范型和可观测规范型

1. 可控规范型

若系数矩阵 A 如式(8-2-20)，输入矩阵 B 如式(8-2-27)，则能计算出可控性矩阵 Q_k 为

$$Q_k=\begin{bmatrix}0 & 0 & 0 & \cdots & 0 & 1\\ 0 & 0 & 0 & \cdots & 1 & -a_1\\ \vdots & \vdots & \vdots & & -a_1 & \vdots\\ 0 & 0 & 1 & & \vdots & \vdots\\ 0 & 1 & -a_1 & \cdots & \cdots & \cdots\\ 1 & -a_1 & a_1^2-a_2 & \cdots & \cdots & \cdots\end{bmatrix}$$

$|Q_k|=1$，故 Q_k 的秩为 n，系统一定可控。这就是把它们称为可控规范型的原因。

设单变量线性定常连续系统的状态方程为

$$\dot{\boldsymbol{x}}=A\boldsymbol{x}+Bu$$

其中，A 和 B 的形式不是可控规范型，但系统是可控的，其可控性矩阵 $Q_k=[B\quad AB\quad\cdots\quad A^{n-1}B]$ 是非奇异的，则必存在一个非奇异变换矩阵 P，使

$$\boldsymbol{z}=P\boldsymbol{x}\ 或\ \boldsymbol{x}=P^{-1}\boldsymbol{z}$$

将状态方程化为可控规范型

$$\dot{\boldsymbol{z}}=A_1\boldsymbol{z}+B_1u$$

式中，$A_1=PAP^{-1}$，$B_1=PB$ 符合可控规范型的形式。

变换矩阵 P 可由下式确定

$$P=\begin{bmatrix} P_1 \\ P_1A \\ \vdots \\ P_1A^{n-1} \end{bmatrix}$$

$$P_1=[0 \quad 0 \quad \cdots \quad 0 \quad 1][B \quad AB \quad \cdots \quad A^{n-1}B]^{-1}$$

写出系统可控规范型的另一种方法是求特征多项式，这是传递函数分母。由此可直接写出可控规范型。

2. 可观测规范型

若系数矩阵 A 和输出矩阵 C 如式(8-2-30)、式(8-2-33)或式(8-2-20)、式(8-2-22)，则可求得 Q_g 的秩为 n，系统一定是可观测的，这也就是称它们为可观测规范型的原因。

设单变量系统的状态空间表达式为

$$\begin{cases} \dot{\boldsymbol{x}}=A\boldsymbol{x}+Bu \\ y=C\boldsymbol{x} \end{cases}$$

其中，矩阵 A 和 C 不是可观测规范型，但系统的状态是完全可观的，其可观测性矩阵

$$Q_g=\begin{pmatrix} C \\ CA \\ \vdots \\ CA^{n-1} \end{pmatrix}$$

是非奇异的，则可找到一个非奇异变换矩阵 T 使

$$\boldsymbol{z}=T^{-1}\boldsymbol{x}, \quad \boldsymbol{x}=T\boldsymbol{z}$$

将状态空间表达式化为可观测规范型

$$\dot{\boldsymbol{z}}=A_1\boldsymbol{z}+B_1u$$
$$y=C_1\boldsymbol{z}$$

式中

$$A_1=T^{-1}AT, \quad B_1=T^{-1}B, \quad C_1=CT$$

变换矩阵 T 可由下式确定

$$T=[T_1 \quad AT_1 \quad \cdots \quad A^{n-1}T_1]$$

$$T_1=\begin{bmatrix} C \\ CA \\ \vdots \\ CA^{n-1} \end{bmatrix}^{-1}\begin{bmatrix} 0 \\ 0 \\ \vdots \\ 0 \\ 1 \end{bmatrix}$$

证明从略。

8.7.4 对偶原理

设有两个 n 阶线性定常系统 S_1 和 S_2，其状态空间表达式分别为

$$S_1: \dot{\boldsymbol{x}}=A\boldsymbol{x}+B\boldsymbol{u}$$

$$y = Cx$$

$$S_2: \dot{z} = A^T z + C^T v$$

$$w = B^T z$$

则称系统 S_1 与系统 S_2 是对偶系统。

系统 S_1 的可控性矩阵和可观测性矩阵分别为

$$Q_{k1} = [B \quad AB \quad \cdots \quad A^{n-1}B]$$

$$Q_{g1} = [C^T \quad A^T C^T \quad \cdots \quad (A^T)^{n-1} C^T]$$

系统 S_2 的可控性矩阵和可观测性矩阵分别为

$$Q_{k2} = [C^T \quad A^T C^T \quad \cdots \quad (A^T)^{n-1} C^T]$$

$$Q_{g2} = [B \quad AB \quad \cdots \quad A^{n-1}B]$$

对比两个系统的可控性矩阵和可观测性矩阵可知：系统 S_1 的可控阵与对偶系统 S_2 的可观阵相同；系统 S_1 的可观阵与对偶系统 S_2 的可控阵相同。所谓对偶原理是指，如果系统 S_1 和系统 S_2 是互为对偶的两个系统，则系统 S_1 的可控性与对偶系统 S_2 的可观测性相同；而系统 S_1 的可观测性与对偶系统 S_2 的可控性相同。

利用对偶原理，可以使系统的可观测性的研究转化为对其对偶系统的可控性的研究；或者使系统的可控性研究转化为对其对偶系统可观测性的研究。利用这一特性，不仅可作相互校验，而且在线性系统的设计中也是很有用的。互为对偶的系统 S_1 和 S_2 的特征方程相同，即

$$|sI - A| = |sI - A^T| = 0$$

对偶原理同样适用于线性定常离散系统。

8.7.5 非奇异线性变换的不变特性和可控性与可观测性判据的其他形式

1. 非奇异线性变换的不变特性

对于状态变量为 x 的系统，设 P 为非奇异矩阵，并设 $x = Pz$，代入原状态空间表达式后将得到一个新的状态空间表达式，这时称对系统进行了非奇异线性变换。

可以证明，非奇异线性变换具有下述不变特性：变换后系统的特征值不变，系统的传递函数(矩阵)不变，系统可控性不变，系统的可观测性不变。

2. 可控性判据的另一种形式

如果系统有互不相等的实数特征值，则可控性判据可给出如下：

设线性定常系统

$$\dot{x} = Ax + Bu$$

具有互不相同的实特征值 $\lambda_1, \lambda_2, \cdots, \lambda_n$，则状态完全可控的充分必要条件是，系统经非奇异变换后得到的对角线标准型状态方程

$$\dot{z} = \begin{bmatrix} \lambda_1 & & & \\ & \lambda_2 & 0 & \\ & 0 & \ddots & \\ & & & \lambda_n \end{bmatrix} z + \widetilde{B} u$$

中，输入矩阵 $\widetilde{B}$ 中不包含元素全为零的行。

在对角线标准型中，各状态变量之间没有耦合关系，影响每一个状态变量的唯一途径只是

输入 $\boldsymbol{u}$ 的控制作用。这样，只有 $\widetilde{B}$ 中不包含元素全为零的行，即每个状态变量都受 $\boldsymbol{u}$ 的控制，才能保证系统的状态是完全可控的。如果 $\widetilde{B}$ 阵某一行元素全为零，这表明输入 $\boldsymbol{u}$ 不能直接影响该行所对应的状态变量，而该状态变量又不能通过其他状态变量间接受控，所以系统的状态不是完全可控的。

例如，线性系统的状态方程为

$$\dot{\boldsymbol{x}}=\begin{bmatrix}-4 & 1\\ 0 & -2\end{bmatrix}\boldsymbol{x}+\begin{bmatrix}1\\0\end{bmatrix}u$$

取非奇异变换矩阵

$$P=\begin{bmatrix}1 & 1\\ 0 & 2\end{bmatrix},\quad P^{-1}=\begin{bmatrix}1 & -\frac{1}{2}\\ 0 & \frac{1}{2}\end{bmatrix}$$

对给定系统进行线性变换 $\boldsymbol{z}=P^{-1}\boldsymbol{x}$，则可得到对角线标准型为

$$\dot{\boldsymbol{z}}=P^{-1}AP\boldsymbol{z}+P^{-1}Bu=\begin{bmatrix}-4 & 0\\ 0 & -2\end{bmatrix}\boldsymbol{z}+\begin{bmatrix}1\\0\end{bmatrix}u$$

系统有两个互不相等的特征值 $\lambda_1=-4$，$\lambda_2=-2$。由对角线标准型可以看出，输入矩阵 $\widetilde{B}$ 中第二行元素全为 0，状态变量 z_1 是可控的，状态变量 z_2 是不可控的，所以系统的状态不是完全可控的。

当系统具有实数重特征值时，可控性判据可给出如下：

设线性定常系统

$$\dot{\boldsymbol{x}}=A\boldsymbol{x}+B\boldsymbol{u}$$

的特征值中含有实数重特征值及互不相等的实数特征值。重特征值为 λ_1(m_1 重)，λ_2(m_2 重)，…，λ_k(m_k 重)，$\sum_{i=1}^{k} m_i=q$，$i\neq j$ 时，$\lambda_i\neq\lambda_j$；互不相等的特征值为 λ_{q+1}，λ_{q+2}，…，λ_n。系统经线性非奇异变换之后可化为约当标准型状态方程

$$\dot{\boldsymbol{z}}=\begin{bmatrix}J_1 & & & & & & & \\ & J_2 & & & & 0 & & \\ & & \ddots & & & & & \\ & & & J_k & & & & \\ & & 0 & & \lambda_{q+1} & & & \\ & & & & & \lambda_{q+2} & & \\ & & & & & & \ddots & \\ & & & & & & & \lambda_n\end{bmatrix}\boldsymbol{z}+\widetilde{B}\boldsymbol{u}$$

系统状态完全可控的充要条件为：输入矩阵 $\widetilde{B}$ 与每个约当块最后一行相对应的各行，其元素不全为零，且与互不相等特征值对应的各行，其元素不全为零。如果两个约当块有相同的特征值，上述结论不成立。

若系统的状态方程为

$$\dot{\boldsymbol{x}}=\begin{bmatrix}0 & 1 & 0\\0 & 0 & 1\\2 & -5 & 4\end{bmatrix}\boldsymbol{x}+\begin{bmatrix}1\\0\\0\end{bmatrix}u$$

取变换矩阵为

$$P=\begin{bmatrix}1 & 0 & 1\\1 & 1 & 2\\1 & 2 & 4\end{bmatrix};\quad P^{-1}=\begin{bmatrix}0 & 2 & -1\\-2 & 3 & -1\\1 & -2 & 1\end{bmatrix}$$

对给定系统进行线性变换 $\boldsymbol{z}=P^{-1}\boldsymbol{x}$，因为系统的特征值为 $\lambda_1=\lambda_2=1,\lambda_3=2$，有一对重特征值，则变换后可得约当标准型的状态方程为

$$\dot{\boldsymbol{z}}=P^{-1}AP\boldsymbol{z}+P^{-1}Bu=\left[\begin{array}{cc:c}1 & 1 & 0\\0 & 1 & 0\\\hdashline 0 & 0 & 2\end{array}\right]\boldsymbol{z}+\left[\begin{array}{c}0\\-2\\\hdashline 1\end{array}\right]u$$

输入矩阵中与约当块最后一行所对应的行的元素不为零，与互不相等的特征值所对应的行的元素也不为零，所以系统的状态是完全可控的。

3. 可观测性判据的另一种形式

当系统的特征值是实数且互不相同时，有如下判断系统可观测性的定理：

设线性定常系统

$$\begin{aligned}\dot{\boldsymbol{x}}&=A\boldsymbol{x}+B\boldsymbol{u}\\\boldsymbol{y}&=C\boldsymbol{x}\end{aligned}$$

的实数特征值 $\lambda_1,\lambda_2,\cdots,\lambda_n$ 互不相同，则状态完全可观的充分必要条件是，系统经非奇异线性变换后的具有对角线标准型的状态空间表达式：

$$\dot{\boldsymbol{z}}=\begin{bmatrix}\lambda_1 & & & \\ & \lambda_2 & 0 & \\ & 0 & \ddots & \\ & & & \lambda_n\end{bmatrix}\boldsymbol{z}+\widetilde{B}\boldsymbol{u}$$

$$\boldsymbol{y}=\widetilde{C}\boldsymbol{z}$$

的输出矩阵 $\widetilde{C}$ 中不含元素全为零的列。

当系统含有重特征值时，有如下可观性判据：

设线性定常连续系统

$$\begin{aligned}\dot{\boldsymbol{x}}&=A\boldsymbol{x}+B\boldsymbol{u}\\\boldsymbol{y}&=C\boldsymbol{x}\end{aligned}$$

的特征值是实数且含有重特征值及互不相等的特征值。重特征值为 λ_1（m_1 重），λ_2（m_2 重），$\cdots$，λ_k（m_k 重），$\sum_{i=1}^{k}m_i=q,i\neq j$ 时，$\lambda_i\neq\lambda_j$；互不相等的特征值为 $\lambda_{q+1},\lambda_{q+2},\cdots,\lambda_n$。系统经线性非奇异变换之后可化为约当标准型状态空间表达式

$$\dot{z}=\begin{bmatrix} J_1 & & & & & & & \\ & J_2 & & & & 0 & & \\ & & \ddots & & & & & \\ & & & J_k & & & & \\ & & 0 & & \lambda_{q+1} & & & \\ & & & & & \lambda_{q+2} & & \\ & & & & & & \ddots & \\ & & & & & & & \lambda_n \end{bmatrix} z+\widetilde{B}u$$

$$y=\widetilde{C}z$$

系统状态完全可观的充要条件为：输出矩阵 $\widetilde{C}$ 中与每个约当块首列相对应的各列，其元素不全为零，且与互不相等特征值对应的各列，其元素不全为零。如果两个约当块有相同的特征值，上述结论不成立。

设系统的状态方程和输出方程为

$$\begin{bmatrix} \dot{x}_1 \\ \dot{x}_2 \end{bmatrix}=\begin{bmatrix} -3 & 1 \\ 0 & -3 \end{bmatrix}\begin{bmatrix} x_1 \\ x_2 \end{bmatrix}$$

$$\begin{bmatrix} y_1 \\ y_2 \end{bmatrix}=\begin{bmatrix} 0 & 0 \\ 1 & 0 \end{bmatrix}\begin{bmatrix} x_1 \\ x_2 \end{bmatrix}$$

系数矩阵 A 是约当标准型，输出矩阵 C 中与约当块首列相对应的列不是元素全为零的列，所以系统的状态是完全可观的。

若系统的状态方程不变，而输出方程为

$$\begin{bmatrix} y_1 \\ y_2 \end{bmatrix}=\begin{bmatrix} 0 & 0 \\ 0 & 1 \end{bmatrix}\begin{bmatrix} x_1 \\ x_2 \end{bmatrix}$$

则系统的状态不是完全可观的。

4. 可控性和可观测性与传递函数的关系

对于单变量线性定常系统，若传递函数中存在着可以对消的零极点，即传递函数有相同的零极点，有公因式，则由于状态变量选择的不同，系统或是状态不可控的，或是不可观测的，或者是既不可控又不可观测的。若传递函数中不存在可对消的零极点，则系统是既可控又可观测的。

8.8 线性系统的状态反馈与极点配置

8.8 节

8.8.1 状态反馈

反馈是控制系统设计的主要方法。经典控制理论用输出量作为反馈量。现代控制理论除了输出反馈外，广泛采用状态作为反馈量，这就是状态反馈。状态反馈可以提供更多的补偿信息，只要对状态进行简单的计算（一般是对状态进行线性组合）再反馈，就可以获得优良的控制性能。

设 n 阶线性定常系统为

$$\dot{\boldsymbol{x}}=A\boldsymbol{x}+B\boldsymbol{u},\quad \boldsymbol{y}=C\boldsymbol{x} \tag{8-8-1}$$

式中，$\boldsymbol{x}$、$\boldsymbol{u}$、$\boldsymbol{y}$ 分别为 n 维、p 维、q 维向量，A、B、C 分别是 $n\times n$、$n\times p$、$q\times n$ 的实数矩阵。若

将系统的控制量 $\boldsymbol{u}$ 取为状态变量的线性函数：

$$\boldsymbol{u}=\boldsymbol{r}-K\boldsymbol{x} \tag{8-8-2}$$

这就形成状态反馈。式中 $\boldsymbol{r}$ 是 p 维参考输入向量，K 为 $p\times n$ 的反馈增益矩阵。状态反馈的结构图见图 8-8-1。可以证明，上述状态反馈不改变系统的可控性，不改变传递函数的零点，但可能改变系统的可观测性。

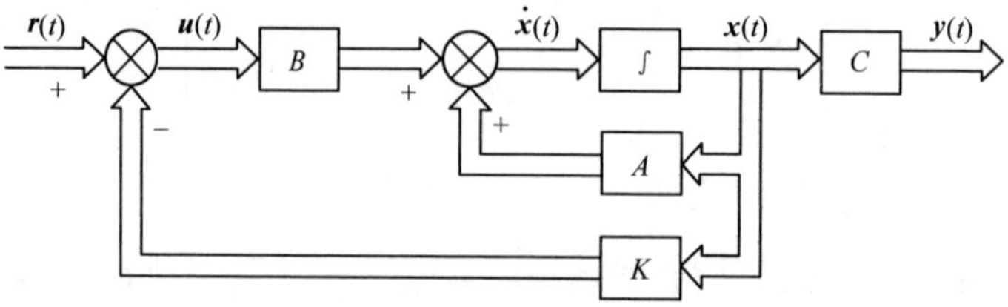

图 8-8-1　状态反馈的结构图

8.8.2　单变量控制系统的极点配置

系统的动态特性与系统的极点在 s 平面上的分布情况有密切关系。合理地配置极点的位置能获得满意的动态性能。这里讨论单变量控制系统用状态反馈方法配置极点的问题。设单变量线性定常连续系统传递函数为式(8-2-13)，状态空间表达式为

$$\dot{\boldsymbol{x}}=A\boldsymbol{x}+Bu$$
$$y=C\boldsymbol{x}$$

系统的特征方程为

$$|sI-A|=0$$

引入状态反馈之后，系统的状态方程和输出方程为

$$\dot{\boldsymbol{x}}=(A-BK)\boldsymbol{x}+Br$$
$$y=C\boldsymbol{x}$$

系统的输入矩阵和输出方程没变，而系数矩阵为$(A-BK)$，特征多项式为

$$|sI-(A-BK)|$$

由此可见，状态反馈通过改变系统的系数矩阵，改变系统的特征多项式，可以达到改变系统极点的目的。

线性定常系统通过线性状态反馈，可实现闭环极点任意配置的充分必要条件是系统的状态是完全可控的。下面说明这个问题。

若系统的状态完全可控，则状态方程可写成可控规范型的形式，即

$$A=\begin{bmatrix}0 & 1 & 0 & \cdots & 0\\ 0 & 0 & 1 & \cdots & 0\\ \vdots & \vdots & \vdots & & \vdots\\ 0 & 0 & 0 & \cdots & 1\\ -a_n & -a_{n-1} & -a_{n-2} & \cdots & -a_1\end{bmatrix},\quad B=\begin{bmatrix}0\\0\\\vdots\\0\\1\end{bmatrix} \tag{8-8-3}$$

设状态反馈阵为

$$K=[k_1\quad k_2\quad \cdots\quad k_n]$$

则引入状态反馈后，系统的系数矩阵和输入矩阵为

$$A-BK=\begin{bmatrix}0 & 1 & 0 & \cdots & 0\\ 0 & 0 & 1 & \cdots & 0\\ \vdots & \vdots & \vdots & & \vdots\\ 0 & 0 & 0 & \cdots & 1\\ -(a_n+k_1) & -(a_{n-1}+k_2) & -(a_{n-2}+k_3) & \cdots & -(a_1+k_n)\end{bmatrix}$$

$$B=\begin{bmatrix}0\\0\\ \vdots\\0\\1\end{bmatrix} \tag{8-8-4}$$

引入状态反馈之后，系数矩阵改变了，输入矩阵没有变，式(8-8-4)仍是可控规范型。由于输出方程没变，所以传递函数零点(分子)没变。

引入状态反馈后，闭环系统的特征多项式为

$$|sI-(A-BK)|=s^n+(a_1+k_n)s^{n-1}+\cdots+(a_{n-1}+k_2)s+(a_n+k_1) \tag{8-8-5}$$

可见状态反馈改变了传递函数的分母即系统极点。若给出希望的极点，则特征多项式应为

$$\prod_{i=1}^{n}(s-\lambda_i)=s^n+e_1s^{n-1}+\cdots+e_{n-1}s+e_n \tag{8-8-6}$$

式中，$\lambda_i(i=1,2,\cdots,n)$是要求的闭环系统极点。

令式(8-8-5)和式(8-8-6)两个特征多项式相等，则对应项系数相等，即

$$\begin{cases}a_n+k_1=e_n\\ a_{n-1}+k_2=e_{n-1}\\ \quad\vdots\\ a_1+k_n=e_1\end{cases}$$

由此可解出

$$\begin{cases}k_1=e_n-a_n\\ k_2=e_{n-1}-a_{n-1}\\ \quad\vdots\\ k_n=e_1-a_1\end{cases}$$

可见，状态反馈可以实现极点的任意配置。

例 8-8-1 已知单变量系统的传递函数为

$$G(s)=\frac{100}{s(s+1)(s+2)}$$

设计一状态反馈阵，使闭环极点为$\lambda_1=-5$，$\lambda_2=-2+\mathrm{j}2$，$\lambda_3=-2-\mathrm{j}2$。

解 由于传递函数没有零极点对消，所以系统的状态是完全可控完全可观的，其可控规范型为

$$\dot{\boldsymbol{x}}=\begin{bmatrix}0 & 1 & 0\\ 0 & 0 & 1\\ 0 & -2 & -3\end{bmatrix}\boldsymbol{x}+\begin{bmatrix}0\\0\\1\end{bmatrix}u$$

$$y=100x_1$$

令状态反馈阵为

$$K=[k_1 \quad k_2 \quad k_3]$$

则经 K 引入的状态反馈后系统的系数矩阵为

$$A-BK=\begin{bmatrix}0 & 1 & 0\\ 0 & 0 & 1\\ -k_1 & -k_2-2 & -k_3-3\end{bmatrix}$$

其特征多项式为

$$|sI-(A-BK)|=s^3+(k_3+3)s^2+(k_2+2)s+k_1$$

由给定闭环极点要求的特征多项式为

$$(s+5)(s+2+\mathrm{j}2)(s+2-\mathrm{j}2)=s^3+9s^2+28s+40$$

令两个特征多项式相等可解出

$$k_1=40,\quad k_2=26,\quad k_3=6$$

即

$$K=[40 \quad 26 \quad 6]$$

状态反馈不改变系统的零点，所以系统传递函数为

$$\Phi(s)=\frac{100}{s^3+9s^2+28s+40}$$

具有上述状态反馈的系统的状态变量框图如图 8-8-2 所示。

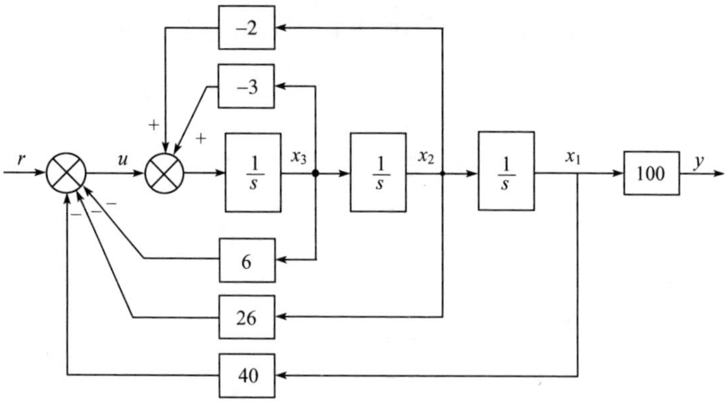

图 8-8-2　状态反馈系统的状态变量框图

离散系统状态反馈配置闭环极点的方法与连续系统类似，离散系统要求的闭环极点是在 z 平面单位圆之内。下面通过一个例子说明。

例 8-8-2　已知线性离散定常系统的状态方程为

$$\boldsymbol{x}(k+1)=\begin{bmatrix}0 & 1\\ -0.16 & -1\end{bmatrix}\boldsymbol{x}(k)+\begin{bmatrix}0\\ 1\end{bmatrix}u(k)$$

确定一个适当的状态反馈矩阵 K，使闭环系统的极点为 $z_1=0.5+\mathrm{j}0.5$，$z_2=0.5-\mathrm{j}0.5$。

解　系统可控阵的秩为

$$\operatorname{rank}\begin{bmatrix}0 & 1\\ 1 & -1\end{bmatrix}=2=n$$

所以系统是状态完全可控的，通过状态反馈可以实现极点的任意配置。引入状态反馈后系统的特征多项式为

$$|zI-(A-BK)|=\begin{vmatrix} z & -1 \\ 0.16+k_1 & z+1+k_2 \end{vmatrix}=z^2+(1+k_2)z+0.16+k_1$$

根据给定极点的要求,系统特征多项式为

$$(z-0.5-\mathrm{j}0.5)(z-0.5+\mathrm{j}0.5)=z^2-z+0.5$$

令两个特征多项式相等,即

$$z^2+(1+k_2)z+0.16+k_1=z^2-z+0.5$$

比较同次项的系数有

$$1+k_2=-1,\quad 0.16+k_1=0.5$$

从而解得

$$k_1=0.34,\quad k_2=-2$$

所以反馈阵

$$K=[k_1\quad k_2]=[0.34\quad -2]$$

8.9 状态观测器

8.9节

现代控制理论常用的系统设计方法包括极点配置、最优控制、自适应控制、变结构控制等,它们都要用状态反馈,要使用全部状态变量。但在大部分情况下,控制对象的状态变量不能全部直接得到。而状态观测器是获得状态变量的一种常用的有效方法。

状态观测器可看成是实际控制对象的一个实时仿真系统,它具有或利用控制对象的数学模型和输入变量,并采用适当的控制方法,以保证状态观测器的状态可以很快逼近控制对象的状态。所以状态观测器的状态又称为实际状态的估计值或估计状态。状态观测器的状态当然是可以直接得到并取出的。于是可用状态观测器的状态代替实际状态进行状态反馈。目前使用的状态观测器绝大多数是用计算机程序实现的。

8.9.1 全维状态观测器

若状态观测器中状态向量的维数等于控制对象状态向量的维数,称为全维状态观测器。

1. 全维状态观测器的结构

设状态完全可观测的线性定常控制对象为

$$\dot{\boldsymbol{x}}=A\boldsymbol{x}+B\boldsymbol{u} \tag{8-9-1}$$

$$\boldsymbol{y}=C\boldsymbol{x} \tag{8-9-2}$$

初步构造的仿真系统为

$$\dot{\boldsymbol{x}}_g=A\boldsymbol{x}_g+B\boldsymbol{u} \tag{8-9-3}$$

$$\boldsymbol{y}_g=C\boldsymbol{x}_g \tag{8-9-4}$$

控制对象和仿真系统状态方程的解分别为

$$\boldsymbol{x}(t)=\Phi(t-t_0)\boldsymbol{x}(t_0)+\int_{t_0}^{t}\Phi(t-\tau)B\boldsymbol{u}(\tau)\mathrm{d}\tau$$

$$\boldsymbol{x}_g(t)=\Phi(t-t_0)\boldsymbol{x}_g(t_0)+\int_{t_0}^{t}\Phi(t-\tau)B\boldsymbol{u}(\tau)\mathrm{d}\tau$$

如果两者的初始状态相同,即 $\boldsymbol{x}(t_0)=\boldsymbol{x}_g(t_0)$,则两个方程的解相同,即 $\boldsymbol{x}_g(t)=\boldsymbol{x}(t)$。但在实

际应用时存在着下述问题：

1）$\boldsymbol{x}(t_0)$不能完全确定，特别是那些不能直接测量的状态变量。因此不能保证 $\boldsymbol{x}_g(t_0)=\boldsymbol{x}(t_0)$。

2）干扰噪声对实际系统和对仿真系统的影响不同。

3）数学模型(A、B、C)不准确。

因此实际系统的状态与上述仿真系统的状态之间存在误差，即 $\boldsymbol{x}(t)-\boldsymbol{x}_g(t)\neq 0$。由于 $\boldsymbol{y}(t)=C\boldsymbol{x}(t)$，$\boldsymbol{y}_g(t)=C\boldsymbol{x}_g(t)$，所以输出之间的误差 $\boldsymbol{y}(t)-\boldsymbol{y}_g(t)$反映了两个系统状态之间的误差，可以利用这一点对 $\boldsymbol{x}_g(t)$进行修正。如图 8-9-1 所示，将 $\boldsymbol{y}(t)-\boldsymbol{y}_g(t)$通过矩阵 G 反馈到仿真系统的输入端，这就构成了较为理想的全维状态观测器。它的状态方程为

$$\dot{\boldsymbol{x}}_g=A\boldsymbol{x}_g+B\boldsymbol{u}+G(\boldsymbol{y}-\boldsymbol{y}_g) \tag{8-9-5}$$

或者写成

$$\dot{\boldsymbol{x}}_g=(A-GC)\boldsymbol{x}_g+B\boldsymbol{u}+G\boldsymbol{y} \tag{8-9-6}$$

由式(8-9-6)可以看出，状态观测器的系数矩阵为($A-GC$)。

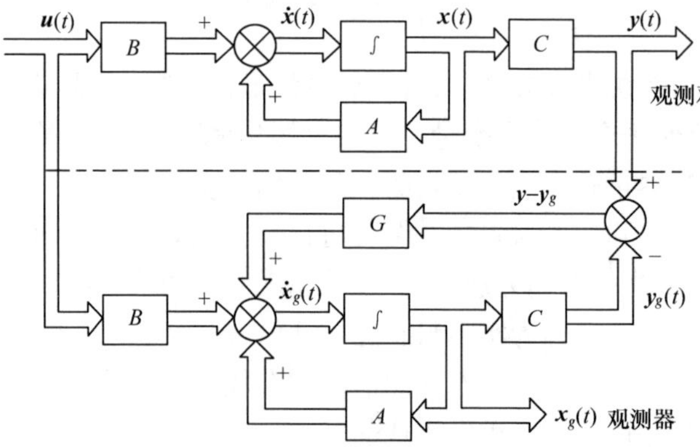

图 8-9-1　状态观测器

将 $\boldsymbol{y}=C\boldsymbol{x}$ 及 $\boldsymbol{y}_g=C\boldsymbol{x}_g$ 代入式(8-9-5)有

$$\dot{\boldsymbol{x}}_g=A\boldsymbol{x}_g+B\boldsymbol{u}-GC(\boldsymbol{x}_g-\boldsymbol{x}) \tag{8-9-7}$$

由式(8-9-1)减去式(8-9-7)有

$$(\dot{\boldsymbol{x}}-\dot{\boldsymbol{x}}_g)=(A-GC)(\boldsymbol{x}-\boldsymbol{x}_g) \tag{8-9-8}$$

式(8-9-8)可以看作是以($\boldsymbol{x}-\boldsymbol{x}_g$)为状态变量的齐次状态方程，其系数矩阵与状态观测器的系数矩阵相同。该齐次方程的解为

$$[\boldsymbol{x}(t)-\boldsymbol{x}_g(t)]=\mathrm{e}^{(A-GC)(t-t_0)}[\boldsymbol{x}(t_0)-\boldsymbol{x}_g(t_0)] \tag{8-9-9}$$

由式(8-9-9)可以看出，若 $\boldsymbol{x}_g(t_0)=\boldsymbol{x}(t_0)$，则由状态观测器估计出的状态 $\boldsymbol{x}_g(t)$与对象的实际状态 $\boldsymbol{x}(t)$相同，即 $\boldsymbol{x}_g(t)=\boldsymbol{x}(t)$。若初始状态 $\boldsymbol{x}_g(t_0)\neq\boldsymbol{x}(t_0)$，只要式(8-9-8)所描述的系统具有渐近稳定性，即($A-GC$)的特征值都在 s 平面左半部，则齐次状态方程的解随着时间的推移逐渐衰减为零，即

$$\lim_{t\to\infty}[\boldsymbol{x}(t)-\boldsymbol{x}_g(t)]=0$$

我们期望齐次状态方程(8-9-8)的解(8-9-9)尽快衰减，也就是说，希望 $\boldsymbol{x}_g(t)$在足够短的时间内趋近于 $\boldsymbol{x}(t)$，在过渡过程结束之后，$\boldsymbol{x}_g(t)$与 $\boldsymbol{x}(t)$之间的误差保持在允许范围之内。系数矩

阵$(A-GC)$的特征值,或者说状态观测器的极点决定了齐次状态方程解的衰减速度,也就是$\boldsymbol{x}_g(t)$趋向$\boldsymbol{x}(t)$的速度。这样,对$\boldsymbol{x}_g(t)$趋向$\boldsymbol{x}(t)$的速度的要求就表现为对$(A-GC)$的特征值的要求,或者说是对状态观测器极点的要求。因此,希望状态观测器的极点可任意配置。

矩阵$(A-GC)$的特征值与其转置矩阵$(A^{\mathrm{T}}-C^{\mathrm{T}}G^{\mathrm{T}})$的特征值相等。若记$A^{\mathrm{T}}=A_1$,$C^{\mathrm{T}}=B_1$,$G^{\mathrm{T}}=K$,则$(A^{\mathrm{T}}-C^{\mathrm{T}}G^{\mathrm{T}})$的特征值即$(A_1-B_1K)$的特征值。存在一个线性状态反馈矩阵$K$使系统的极点可任意配置的充要条件是系统$(A_1,B_1)$完全可控,即$(A^{\mathrm{T}},C^{\mathrm{T}})$完全可控,由对偶性原理,$(A^{\mathrm{T}},C^{\mathrm{T}})$完全可控相当于$(A,C)$完全可观。因此,存在一个线性反馈矩阵$G$使状态观测器极点可以任意配置的充要条件是系统$(A,C)$状态完全可观。

例 8-9-1 观测对象的状态空间表达式为

$$\begin{bmatrix}\dot{x}_1\\ \dot{x}_2\end{bmatrix}=\begin{bmatrix}0 & 1\\ -2 & -3\end{bmatrix}\begin{bmatrix}x_1\\ x_2\end{bmatrix}+\begin{bmatrix}0\\ 1\end{bmatrix}u$$

$$y=\begin{bmatrix}2 & 0\end{bmatrix}\begin{bmatrix}x_1\\ x_2\end{bmatrix}$$

设计观测器,使观测器的极点为$\lambda_1=\lambda_2=-3$。

解 对象可观测性矩阵的秩为

$$\operatorname{rank}\begin{bmatrix}C\\ CA\end{bmatrix}=\operatorname{rank}\begin{bmatrix}2 & 0\\ 0 & 2\end{bmatrix}=2=n$$

所以对象的状态是完全可观的,观测器的极点可以任意配置。设反馈矩阵为

$$G=\begin{bmatrix}g_1\\ g_2\end{bmatrix}$$

则观测器的系数矩阵为

$$(A-GC)=\begin{bmatrix}0 & 1\\ -2 & -3\end{bmatrix}-\begin{bmatrix}g_1\\ g_2\end{bmatrix}\begin{bmatrix}2 & 0\end{bmatrix}=\begin{bmatrix}-2g_1 & 1\\ -2g_2-2 & -3\end{bmatrix}$$

观测器的特征多项式为

$$|sI-(A-GC)|=\begin{vmatrix}s+2g_1 & -1\\ 2+2g_2 & s+3\end{vmatrix}=s^2+(3+2g_1)s+(6g_1+2g_2+2)$$

由指定极点所决定的观测器期望特征多项式为

$$(s+3)^2=s^2+6s+9$$

令以上两个多项式相等,则有

$$\begin{cases}3+2g_1=6\\ 6g_1+2g_2+2=9\end{cases}$$

由此可解出

$$\begin{cases}g_1=1.5\\ g_2=-1\end{cases}$$

即

$$G=\begin{bmatrix}1.5\\ -1\end{bmatrix}$$

于是观测器的方程为

$$\dot{\boldsymbol{x}}_g=(A-GC)\boldsymbol{x}_g+Bu+Gy=\begin{bmatrix}-3 & 1\\ 0 & -3\end{bmatrix}\boldsymbol{x}_g+\begin{bmatrix}0\\1\end{bmatrix}u+\begin{bmatrix}1.5\\-1\end{bmatrix}y$$

2. 带观测器的闭环控制系统

有了状态观测器，系统的状态就可以重构，应用状态反馈就可以实现系统的闭环控制，其结构如图 8-9-2 所示。

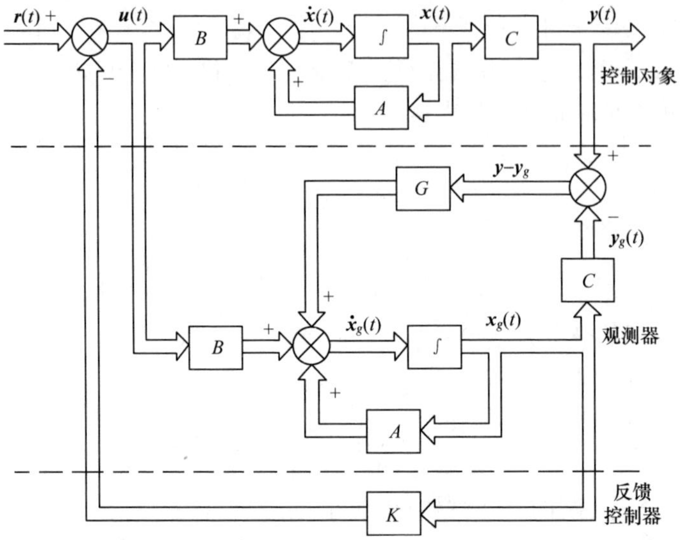

图 8-9-2　带观测器的闭环系统结构图

设控制对象的状态方程和输出方程为

$$\dot{\boldsymbol{x}}=A\boldsymbol{x}+B\boldsymbol{u} \tag{8-9-10}$$

$$\boldsymbol{y}=C\boldsymbol{x} \tag{8-9-11}$$

若(A,B)矩阵对是可控的，(A,C)矩阵对是可观的，则可以通过选择状态反馈矩阵 K，使闭环系统的极点按性能指标的要求来配置。如果状态 $\boldsymbol{x}(t)$不能直接测量，那么根据(A,C)矩阵对是可观的条件，可以构造一个观测器，以观测器估计出的状态 $\boldsymbol{x}_g(t)$代替对象实际状态 $\boldsymbol{x}(t)$进行状态反馈。状态观测器的状态方程为

$$\dot{\boldsymbol{x}}_g=(A-GC)\boldsymbol{x}_g+B\boldsymbol{u}+G\boldsymbol{y} \tag{8-9-12}$$

这时的控制量为

$$\boldsymbol{u}=\boldsymbol{r}-K\boldsymbol{x}_g \tag{8-9-13}$$

由式(8-9-10)～式(8-9-13)所描述的带有状态观测器的状态反馈系统的阶数为 $2n$，引入变量 $\boldsymbol{x}-\boldsymbol{x}_g$ 后，可写成如下的方程

$$\dot{\boldsymbol{x}}=(A-BK)\boldsymbol{x}+BK(\boldsymbol{x}-\boldsymbol{x}_g)+B\boldsymbol{r} \tag{8-9-14}$$

$$\dot{\boldsymbol{x}}-\dot{\boldsymbol{x}}_g=(A-GC)(\boldsymbol{x}-\boldsymbol{x}_g) \tag{8-9-15}$$

所以带观测器的反馈系统的状态空间表达式可用分块矩阵方程的形式描述

$$\begin{bmatrix}\dot{\boldsymbol{x}}\\ \dot{\boldsymbol{x}}-\dot{\boldsymbol{x}}_g\end{bmatrix}=\begin{bmatrix}A-BK & BK\\ 0 & A-GC\end{bmatrix}\begin{bmatrix}\boldsymbol{x}\\ \boldsymbol{x}-\boldsymbol{x}_g\end{bmatrix}+\begin{bmatrix}B\\0\end{bmatrix}\boldsymbol{r} \tag{8-9-16}$$

$$\boldsymbol{y}=[C \mid 0]\begin{bmatrix}\boldsymbol{x}\\ \hdashline \boldsymbol{x}-\boldsymbol{x}_g\end{bmatrix} \tag{8-9-17}$$

若这个复合系统用(A_1,B_1,C_1)表示，则

$$A_1=\begin{bmatrix}A-BK & BK\\ 0 & A-GC\end{bmatrix};\quad B_1=\begin{bmatrix}B\\ 0\end{bmatrix};\quad C_1=[C \mid 0]$$

该复合系统的传递函数为

$$\Phi_1(s)=\frac{Y(s)}{R(s)}=C_1(sI-A_1)^{-1}B_1$$

式中

$$(sI-A_1)^{-1}=\begin{bmatrix}sI-(A-BK) & -BK\\ 0 & sI-(A-GC)\end{bmatrix}^{-1}$$

应用分块矩阵等式

$$\begin{bmatrix}R & S\\ 0 & T\end{bmatrix}^{-1}=\begin{bmatrix}R^{-1} & -R^{-1}ST^{-1}\\ 0 & T^{-1}\end{bmatrix}$$

可得复合系统的传递函数为

$$\begin{aligned}\Phi_1(s)&=C_1(sI-A_1)^{-1}B_1\\ &=[C \mid 0]\begin{bmatrix}[sI-(A-BK)]^{-1} & [sI-(A-BK)]^{-1}BK[sI-(A-GC)]^{-1}\\ 0 & [sI-(A-GC)]^{-1}\end{bmatrix}\begin{bmatrix}B\\ 0\end{bmatrix}\\ &=[C \mid 0]\begin{bmatrix}[sI-(A-BK)]^{-1}B\\ 0\end{bmatrix}=C[sI-(A-BK)]^{-1}B\end{aligned} \tag{8-9-18}$$

当控制对象的状态变量 $\boldsymbol{x}(t)$ 可直接测量时，用 $\boldsymbol{x}(t)$ 进行状态反馈构成的闭环系统的状态空间表达式为

$$\dot{\boldsymbol{x}}=(A-BK)\boldsymbol{x}+B\boldsymbol{r}$$
$$\boldsymbol{y}=C\boldsymbol{x}$$

闭环系统的传递函数 $\Phi(s)$ 为

$$\Phi(s)=\frac{Y(s)}{R(s)}=C[sI-(A-BK)]^{-1}B \tag{8-9-19}$$

比较式(8-9-18)和式(8-9-19)可知，由状态观测器估计出的状态 $\boldsymbol{x}_g(t)$ 进行状态反馈和直接用实际状态 $\boldsymbol{x}(t)$ 进行状态反馈的系统闭环传递函数完全相同。

复合系统的特征多项式为

$$\det(sI-A_1)=\det\begin{bmatrix}sI-(A-BK) & -BK\\ 0 & sI-(A-GC)\end{bmatrix}$$

由于上式是三角矩阵，所以

$$\det(sI-A_1)=\det[sI-(A-BK)]\cdot\det[sI-(A-GC)] \tag{8-9-20}$$

上式表明，复合系统的特征多项式，等于矩阵($A-BK$)的特征多项式与矩阵($A-GC$)的特征多项式的乘积。其中($A-BK$)是状态反馈系统的系数矩阵，($A-GC$)是观测器子系统的系数矩阵，它们是分别求出的。

由上面的分析可以得出这样的结论：

在用状态观测器的状态进行状态反馈的系统中，状态反馈的设计和状态观测器的设计可以相互独立地进行。即可以分别设计系统的状态反馈矩阵 K 和状态观测器的反馈矩阵 G。

这个原理称为分离原理。

在设计带观测器的状态反馈系统时应注意，观测器的过渡过程应比系统的过渡过程短。在确定观测器极点时，其负实部应该比系统极点更负，或者说观测器极点在 s 平面左半部距虚轴的距离应该比系统极点距虚轴的距离更远。

一般可取观测器极点距虚轴距离是系统极点距虚轴距离 5 倍以上。

例 8-9-2 控制对象的状态空间表达式为

$$\dot{\boldsymbol{x}}(t)=\begin{bmatrix}0 & 1\\0 & -5\end{bmatrix}\boldsymbol{x}(t)+\begin{bmatrix}0\\1\end{bmatrix}u(t)$$

$$y(t)=\begin{bmatrix}1 & 0\end{bmatrix}\boldsymbol{x}(t)$$

设计带状态观测器的状态反馈系统，使反馈系统的极点配置在 $s_{1,2}=-1\pm \mathrm{j}1$。

解 （1）检查控制对象的可控性和可观性

系统可控阵和可观阵的秩分别为

$$\operatorname{rank}\begin{bmatrix}B & AB\end{bmatrix}=\operatorname{rank}\begin{bmatrix}0 & 1\\1 & -5\end{bmatrix}=2=n$$

$$\operatorname{rank}\begin{bmatrix}C\\CA\end{bmatrix}=\operatorname{rank}\begin{bmatrix}1 & 0\\0 & 1\end{bmatrix}=2=n$$

所以系统的状态是完全可控且完全可观的，矩阵 K、G 存在，系统及观测器的极点可任意配置。

（2）设计状态反馈矩阵

设 $K=\begin{bmatrix}k_1 & k_2\end{bmatrix}$，引入状态反馈后，系统的特征多项式为

$$|sI-(A-BK)|=\begin{vmatrix}s & -1\\k_1 & s+5+k_2\end{vmatrix}=s^2+(5+k_2)s+k_1$$

由反馈系统极点要求而确定的特征多项式为

$$(s+1-\mathrm{j})(s+1+\mathrm{j})=s^2+2s+2$$

由两个特征多项式相等得

$$\begin{cases}5+k_2=2\\k_1=2\end{cases}$$

由此解出

$$k_1=2,\quad k_2=-3$$

即

$$K=\begin{bmatrix}k_1 & k_2\end{bmatrix}=\begin{bmatrix}2 & -3\end{bmatrix}$$

（3）设计状态观测器的反馈矩阵 G

取状态观测器的极点为 $\lambda_1=\lambda_2=-5$，则希望观测器具有的特征多项式为

$$(s+5)^2=s^2+10s+25$$

设反馈矩阵为

$$G=\begin{bmatrix}g_1\\g_2\end{bmatrix}$$

则观测器子系统的特征多项式为

$$|sI-(A-GC)|=\begin{vmatrix}s+g_1 & -1\\g_2 & s+5\end{vmatrix}=s^2+(5+g_1)s+5g_1+g_2$$

令两个多项式相等，有

$$\begin{cases}5+g_1=10\\5g_1+g_2=25\end{cases}$$

由此解出

$$g_1=5,\quad g_2=0$$

即

$$G=\begin{bmatrix}5\\0\end{bmatrix}$$

8.9.2 降维状态观测器

若控制对象的 q 个输出变量是相互独立的，则有 q 个状态变量可由输出变量的线性变换得出，观测器只需观测其他 $n-q$ 个状态变量。这样的观测器称 $n-q$ 维降维观测器。

下面介绍一种常用的降维观测器，它的设计思路如下。首先将原系统变换成 2 个子系统，其中一个子系统的状态就是原系统的输出量。然后对状态未知的子系统设计状态观测器。最后，将 2 个子系统的状态变换到原系统中。

设有状态完全可观的控制对象

$$\dot{\boldsymbol{x}}_0=A_0\boldsymbol{x}_0+B_0\boldsymbol{u} \tag{8-9-21}$$

$$\boldsymbol{y}=C_0\boldsymbol{x}_0 \tag{8-9-22}$$

若 $\mathrm{rank}C_0=q$，则可构造一个 $n\times n$ 的非奇异矩阵

$$Q=\begin{bmatrix}P\\ \cdots\\ C_0\end{bmatrix} \tag{8-9-23}$$

其中 P 为 $(n-q)\times n$ 的矩阵，是使 Q 为非奇异的任意矩阵。C_0 是控制对象的 $q\times n$ 输出矩阵。由 Q 阵引入如下的非奇异变换

$$\boldsymbol{x}_0=Q^{-1}\boldsymbol{x},\quad \boldsymbol{x}=Q\boldsymbol{x}_0 \tag{8-9-24}$$

变换后对象的状态方程和输出方程为

$$\dot{\boldsymbol{x}}=A\boldsymbol{x}+B\boldsymbol{u} \tag{8-9-25}$$

$$\boldsymbol{y}=C\boldsymbol{x} \tag{8-9-26}$$

在上两式中

$$\boldsymbol{x}=\begin{bmatrix}\boldsymbol{x}_1\\ \cdots\\ \boldsymbol{x}_2\end{bmatrix}$$

其中，$\boldsymbol{x}_1$ 是 $n-q$ 维列向量，$\boldsymbol{x}_2$ 是 q 维列向量，C 是 $q\times n$ 矩阵。

$$A=QA_0Q^{-1}=\begin{bmatrix}A_{11} & A_{12}\\ A_{21} & A_{22}\end{bmatrix}$$

其中，A_{11} 是 $(n-q)\times(n-q)$ 矩阵，A_{12} 是 $(n-q)\times q$ 矩阵，A_{21} 是 $q\times(n-q)$ 矩阵，A_{22} 是 $q\times q$ 矩阵。

$$B=QB_0=\begin{bmatrix}B_1\\ \cdots\\ B_2\end{bmatrix}$$

其中，B_1 是 $(n-q)\times p$ 矩阵，B_2 是 $q\times p$ 矩阵，p 是输入向量 $\boldsymbol{u}$ 的维数。

$$C=C_0Q^{-1}=C_0\begin{bmatrix}P\\ \cdots\\ C_0\end{bmatrix}^{-1}$$

考虑到 $C_0=C_0\begin{bmatrix}P\\ \cdots\\ C_0\end{bmatrix}^{-1}\begin{bmatrix}P\\ \cdots\\ C_0\end{bmatrix}=C\begin{bmatrix}P\\ \cdots\\ C_0\end{bmatrix}$ 及 $C_0=[0 \mid I]\begin{bmatrix}P\\ \cdots\\ C_0\end{bmatrix}$，则有

$$C=[0 \mid I]$$

其中，0 是 $q\times(n-q)$ 的零矩阵，I 是 $q\times q$ 单位阵。

变换后对象的状态方程和输出方程又可写成

$$\begin{bmatrix} \dot{\boldsymbol{x}}_1 \\ \dot{\boldsymbol{x}}_2 \end{bmatrix} = \begin{bmatrix} A_{11} & A_{12} \\ A_{21} & A_{22} \end{bmatrix} \begin{bmatrix} \boldsymbol{x}_1 \\ \boldsymbol{x}_2 \end{bmatrix} + \begin{bmatrix} B_1 \\ B_2 \end{bmatrix} \boldsymbol{u} \tag{8-9-27}$$

$$\boldsymbol{y} = [0 \mid I] \begin{bmatrix} \boldsymbol{x}_1 \\ \boldsymbol{x}_2 \end{bmatrix} \tag{8-9-28}$$

由以上两式可构成 2 个子系统，它们的状态仍是完全可观的。由式(8-9-27)，子系统 2 的状态方程为

$$\dot{\boldsymbol{x}}_2 = A_{21}\boldsymbol{x}_1 + A_{22}\boldsymbol{x}_2 + B_2\boldsymbol{u} \tag{8-9-29}$$

取原系统的输出 $\boldsymbol{y}$ 作为系统 2 的输出 $\boldsymbol{y}_2$，由式(8-9-28)知，它就是系统 2 的状态，即

$$\boldsymbol{y}_2 = \boldsymbol{y} = \boldsymbol{x}_2 \tag{8-9-30}$$

子系统 2 的状态可由原系统的输出得到。

由式(8-9-27)，子系统 1 的状态方程是

$$\dot{\boldsymbol{x}}_1 = A_{11}\boldsymbol{x}_1 + A_{12}\boldsymbol{x}_2 + B_1\boldsymbol{u} = A_{11}\boldsymbol{x}_1 + A_{12}\boldsymbol{y} + B_1\boldsymbol{u} \tag{8-9-31}$$

设

$$\boldsymbol{v} = A_{12}\boldsymbol{y} + B_1\boldsymbol{u} \tag{8-9-32}$$

子系统 1 的状态方程又可写成

$$\dot{\boldsymbol{x}}_1 = A_{11}\boldsymbol{x}_1 + \boldsymbol{v} \tag{8-9-33}$$

需要设计子系统 1 的全维状态观测器。先要确定子系统 1 的输出 $\boldsymbol{y}_1$，$\boldsymbol{y}_1$ 应是 $\boldsymbol{x}_1$ 中各分量的线性组合，同时又必须与系统的输出 $\boldsymbol{y}$ 有关，从而能由系统的输出 $\boldsymbol{y}$ 计算出来。最方便的方法是，取子系统 2 的状态方程(8-9-29)中含有 $\boldsymbol{x}_1$ 的项作为输出 $\boldsymbol{y}_1$。故设

$$\boldsymbol{y}_1 = A_{21}\boldsymbol{x}_1 \tag{8-9-34}$$

设 $\boldsymbol{x}_{1g}$ 和 $\boldsymbol{y}_{1g}$ 是观测器的状态和输出，则子系统 1 的观测器的方程可写为

$$\dot{\boldsymbol{x}}_{1g} = A_{11}\boldsymbol{x}_{1g} + A_{12}\boldsymbol{y} + B_1\boldsymbol{u} + G(\boldsymbol{y}_1 - \boldsymbol{y}_{1g}) \tag{8-9-35}$$

或

$$\dot{\boldsymbol{x}}_{1g} = A_{11}\boldsymbol{x}_{1g} + \boldsymbol{v} + G(\boldsymbol{y}_1 - \boldsymbol{y}_{1g}) \tag{8-9-36}$$

其中

$$\boldsymbol{y}_{1g} = A_{21}\boldsymbol{x}_{1g} \tag{8-9-37}$$

G 为 $(n-q)\times q$ 矩阵，上述 $(n-q)$ 维状态观测器的结构见图 8-9-3。

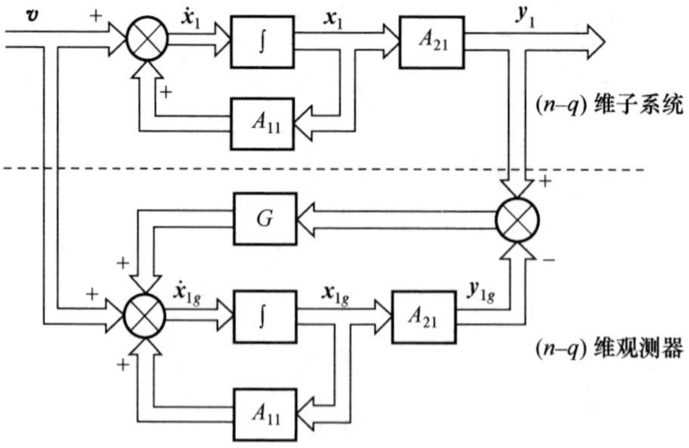

图 8-9-3 $(n-q)$维状态观测器

可证明式(8-9-31)或式(8-9-33)与式(8-9-34)构成的子系统是可观的，(A_{11}, A_{21})是可观矩阵对，因此对应的状态观测器的极点可任意配置。由式(8-9-29)得

$$\boldsymbol{y}_1=A_{21}\boldsymbol{x}_1=\dot{\boldsymbol{x}}_2-A_{22}\boldsymbol{x}_2-B_2\boldsymbol{u} \tag{8-9-38}$$

即

$$\boldsymbol{y}_1=\dot{\boldsymbol{y}}-A_{22}\boldsymbol{y}-B_2\boldsymbol{u} \tag{8-9-39}$$

观测器方程(8-9-35)变为

$$\dot{\boldsymbol{x}}_{1g}=A_{11}\boldsymbol{x}_{1g}+A_{12}\boldsymbol{y}+B_1\boldsymbol{u}+G(\dot{\boldsymbol{y}}-A_{22}\boldsymbol{y}-B_2\boldsymbol{u})-GA_{21}\boldsymbol{x}_{1g} \tag{8-9-40}$$

即

$$\dot{\boldsymbol{x}}_{1g}=(A_{11}-CA_{21})\boldsymbol{x}_{1g}+(A_{12}\boldsymbol{y}+B_1\boldsymbol{u})+G(\dot{\boldsymbol{y}}-A_{22}\boldsymbol{y}-B_2\boldsymbol{u}) \tag{8-9-41}$$

上式是该降维观测器的动态方程，其中，$\boldsymbol{y}$，$\dot{\boldsymbol{y}}$，$\boldsymbol{u}$ 是已知的，是输入量；$(A_{11}-GA_{21})$是降维观测器的系数矩阵，降维观测器的特征方程为

$$|sI-(A_{11}-GA_{21})|=0 \tag{8-9-42}$$

式(8-9-41)的右边有导数项 $\dot{\boldsymbol{y}}$，在实际中它可能具有较大误差，影响状态 $\boldsymbol{x}_{1g}$ 的准确性。因此，对该观测器作了下述修改，以便避开导数项。先将该导数项移到方程左边得

$$\dot{\boldsymbol{x}}_{1g}-G\dot{\boldsymbol{y}}=(A_{11}-GA_{21})\boldsymbol{x}_{1g}+(A_{12}\boldsymbol{y}+B_1\boldsymbol{u})+G(-A_{22}\boldsymbol{y}-B_2\boldsymbol{u}) \tag{8-9-43}$$

设新变量

$$\boldsymbol{w}=\boldsymbol{x}_{1g}-G\boldsymbol{y} \tag{8-9-44}$$

则

$$\boldsymbol{x}_{1g}=\boldsymbol{w}+G\boldsymbol{y} \tag{8-9-45}$$

将式(8-9-45)代入式(8-9-43)得

$$\dot{\boldsymbol{w}}=(A_{11}-GA_{21})\boldsymbol{w}+(A_{11}-GA_{21})G\boldsymbol{y}+(A_{12}\boldsymbol{y}+B_1\boldsymbol{u})+G(-A_{22}\boldsymbol{y}-B_2\boldsymbol{u}) \tag{8-9-46}$$

即

$$\dot{\boldsymbol{w}}=(A_{11}-GA_{21})\boldsymbol{w}+(B_1-GB_2)\boldsymbol{u}+[(A_{11}-GA_{21})G+A_{12}-GA_{22}]\boldsymbol{y} \tag{8-9-47}$$

上式又可写成

$$\dot{\boldsymbol{w}}=(A_{11}-GA_{21})\boldsymbol{w}+K_1\boldsymbol{u}+K_2\boldsymbol{y} \tag{8-9-48}$$

或

$$\dot{\boldsymbol{w}}=(A_{11}-GA_{21})\boldsymbol{w}+[K_1\quad K_2]\begin{bmatrix}\boldsymbol{u}\\ \boldsymbol{y}\end{bmatrix} \tag{8-9-49}$$

其中

$$K_1=B_1-GB_2 \tag{8-9-50}$$

$$K_2=(A_{11}-GA_{21})G+A_{12}-GA_{22} \tag{8-9-51}$$

式(8-9-46)～式(8-9-49)是目前应用较广的降维观测器的动态方程，它们的右边没有导数项 $\dot{\boldsymbol{y}}$。式(8-9-45)也称为降维观测器的估计方程。

式(8-9-25)、式(8-9-26)描述的对象的状态观测向量 $\boldsymbol{x}_g$ 由两部分组成，一是 $n-q$ 维状态观测器给出的状态 $\boldsymbol{x}_{1g}$，二是输出传感器测得的状态 $\boldsymbol{x}_2=\boldsymbol{y}$，所以有

$$\boldsymbol{x}_g=\begin{bmatrix}\boldsymbol{x}_{1g}\\ \boldsymbol{x}_2\end{bmatrix}=\begin{bmatrix}\boldsymbol{x}_{1g}\\ \boldsymbol{y}\end{bmatrix}=\begin{bmatrix}\boldsymbol{w}+G\boldsymbol{y}\\ \boldsymbol{y}\end{bmatrix}=\begin{bmatrix}I_{n-q}\\ 0\end{bmatrix}\boldsymbol{w}+\begin{bmatrix}G\\ I_q\end{bmatrix}\boldsymbol{y} \tag{8-9-52}$$

式中，I_{n-q}、I_q 分别是$(n-q)$维和 q 维单位阵，0 是 $q\times(n-q)$维零矩阵。

由式 (8-9-33)、式 (8-9-34)、式 (8-9-36)、式 (8-9-37)可知状态观测值的误差满足下式：

$$\dot{\boldsymbol{x}}_1-\dot{\boldsymbol{x}}_{1g}=(A_{11}-GA_{21})(\boldsymbol{x}_1-\boldsymbol{x}_{1g}) \tag{8-9-53}$$

上式是一个以 $\boldsymbol{x}_1-\boldsymbol{x}_{1g}$ 为状态向量的齐次状态方程，只要适当地选择 G 矩阵就可使系数矩阵的特征值具有负实部，并可控制$(\boldsymbol{x}_1-\boldsymbol{x}_{1g})$的衰减速度。

状态观测向量 $\boldsymbol{x}_g$ 经过以下非奇异变换

$$\boldsymbol{x}_{0g}=\boldsymbol{Q}^{-1}\boldsymbol{x}_g \tag{8-9-54}$$

才能得到由式(8-9-21)、式(8-9-22)描述的控制对象的状态观测值 $\boldsymbol{x}_{0g}$。分离定理同样适用于降维观测器。

由式(8-9-49)、式(8-9-52)、式(8-9-54)可绘出带降维观测器的系统结构框图见图 8-9-4。

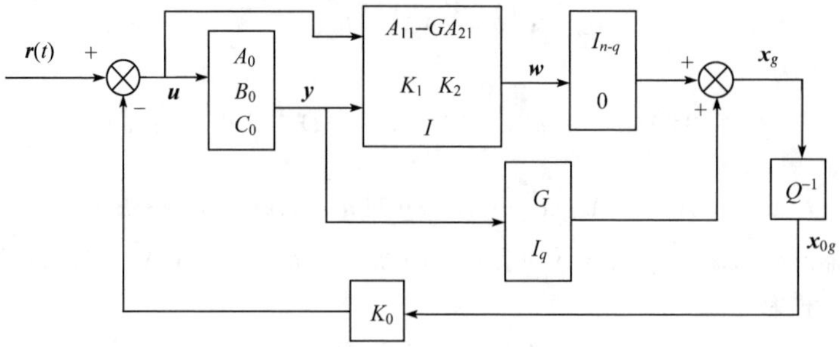

图 8-9-4 带降维观测器的系统

设计降维状态观测器的步骤如下：

1) 确定非奇异线性变换矩阵 Q,并对控制对象进行线性变换,将输出测得的 q 个状态变量与降维观测器的 $n-q$ 个状态变量分离开来。

2) 由降维观测器的希望极点确定矩阵 G。

3) 由式(8-9-45)、式(8-9-49)、式(8-9-52)构造 $n-q$ 维状态观测器和状态观测值 $\boldsymbol{x}_g$。

4) 用 $\boldsymbol{x}_{0g}=Q^{-1}\boldsymbol{x}_g$ 将 $\boldsymbol{x}_g$ 变换到控制对象的状态空间。

例 8-9-3 控制对象的状态空间表达式为

$$\dot{\boldsymbol{x}}_0=A_0\boldsymbol{x}_0+B_0u$$
$$y_0=C_0\boldsymbol{x}_0$$

其中,$A_0=\begin{bmatrix}4&4&4\\-11&-12&-12\\13&14&13\end{bmatrix}$,$B_0=\begin{bmatrix}1\\-1\\0\end{bmatrix}$,$C_0=[1\quad 1\quad 1]$。

设计带降维状态观测器的状态反馈系统。

1) 求出状态反馈矩阵 K_0,使系统的极点是 $-1\pm i$,-2。

2) 取观测器的极点是 -6,-8,求降维状态观测器的动态方程。

解 根据希望的系统极点可计算出反馈矩阵 $K_0=[203,194,151]$。

控制对象的可观测矩阵的秩为

$$\operatorname{rank}\begin{bmatrix}C_0\\C_0A_0\\C_0A_0^{\ 2}\end{bmatrix}=\operatorname{rank}\begin{bmatrix}1&1&1\\6&6&5\\23&22&17\end{bmatrix}=3=n$$

对象的状态是完全可观的。输出量的维数 $q=1$,可构造 $n-q=3-1=2$ 维降维观测器。

设非奇异变换矩阵为

$$Q=\begin{bmatrix}P\\ \cdots\\ C_0\end{bmatrix}=\begin{bmatrix}0&0&1\\0&1&0\\1&1&1\end{bmatrix}, \text{ 则 } Q^{-1}=\begin{bmatrix}-1&-1&1\\0&1&0\\1&0&0\end{bmatrix}$$

对控制对象进行线性变换

$$\boldsymbol{x}_0=Q^{-1}\boldsymbol{x},\quad \boldsymbol{x}=Q\boldsymbol{x}_0$$

则有

$$\dot{\boldsymbol{x}}=A\boldsymbol{x}+Bu,\quad y=C\boldsymbol{x}$$

其中

$$A=QA_0Q^{-1}=\begin{bmatrix}0&0&1\\0&1&0\\1&1&1\end{bmatrix}\begin{bmatrix}4&4&4\\-11&-12&-12\\13&14&13\end{bmatrix}\begin{bmatrix}-1&-1&1\\0&1&0\\1&0&0\end{bmatrix}=\begin{bmatrix}0&1&13\\-1&-1&-11\\-1&0&6\end{bmatrix}$$

$$B=QB_0=\begin{bmatrix}0&0&1\\0&1&0\\1&1&1\end{bmatrix}\begin{bmatrix}1\\-1\\0\end{bmatrix}=\begin{bmatrix}0\\-1\\0\end{bmatrix}$$

$$C=C_0Q^{-1}=[1\quad 1\quad 1]\begin{bmatrix}-1&-1&1\\0&1&0\\1&0&0\end{bmatrix}=[0\quad 0\quad 1]$$

变换后的方程为

$$\dot{\boldsymbol{x}}=\left[\begin{array}{cc:c}0&1&13\\-1&-1&-11\\\hdashline -1&0&6\end{array}\right]\boldsymbol{x}+\left[\begin{array}{c}0\\-1\\\hdashline 0\end{array}\right]u$$

$$y=[0\quad 0\ \vdots\ 1]\boldsymbol{x}$$

$$A_{11}=\begin{bmatrix}0&1\\-1&-1\end{bmatrix},\quad A_{12}=\begin{bmatrix}13\\-11\end{bmatrix},\quad B_1=\begin{bmatrix}0\\-1\end{bmatrix}$$

$$A_{21}=[-1\quad 0],\quad A_{22}=[6],\quad B_2=[0]$$

$$C_1=[0\quad 0],\quad C_2=[1]$$

设反馈矩阵

$$G=\begin{bmatrix}g_1\\g_2\end{bmatrix}$$

则观测器的特征方程为

$$|sI-(A_{11}-GA_{21})|=\begin{vmatrix}s-g_1&-1\\1-g_2&s+1\end{vmatrix}=s^2+(1-g_1)s+(1-g_1-g_2)=0$$

由观测器希望极点所确定的特征方程为

$$(s+6)(s+8)=s^2+14s+48=0$$

比较两个特征方程对应项系数可解出

$$G=\begin{bmatrix}-13\\-34\end{bmatrix}$$

则

$$K_1=B_1-GB_2=\begin{bmatrix}0\\-1\end{bmatrix}-\begin{bmatrix}-13\\-34\end{bmatrix}[0]=\begin{bmatrix}0\\-1\end{bmatrix}$$

$$A_{11}-GA_{21}=\begin{bmatrix}0&1\\-1&-1\end{bmatrix}-\begin{bmatrix}-13\\-34\end{bmatrix}[-1\quad 0]=\begin{bmatrix}-13&1\\-35&1\end{bmatrix}$$

$$\begin{aligned}K_2&=(A_{11}-GA_{21})G+A_{12}-GA_{22}\\&=\begin{bmatrix}-13&1\\-35&-1\end{bmatrix}\begin{bmatrix}-13\\-34\end{bmatrix}+\begin{bmatrix}13\\-11\end{bmatrix}-\begin{bmatrix}-13\\-34\end{bmatrix}[6]\\&=\begin{bmatrix}135\\489\end{bmatrix}+\begin{bmatrix}13\\-11\end{bmatrix}-\begin{bmatrix}-78\\-204\end{bmatrix}=\begin{bmatrix}226\\682\end{bmatrix}\end{aligned}$$

于是状态观测器的动态方程为

$$\begin{aligned}\dot{\boldsymbol{w}}&=(A_{11}-GA_{21})\boldsymbol{w}+[K_1\quad K_2]\begin{bmatrix}u\\y\end{bmatrix}\\&=\begin{bmatrix}-13&1\\-35&-1\end{bmatrix}\boldsymbol{w}+\begin{bmatrix}0&226\\-1&682\end{bmatrix}\begin{bmatrix}u\\y\end{bmatrix}\end{aligned}$$

8.10 二次型性能指标的最优控制

如果所设计的系统能使某个性能指标达到最好值,就是最优控制系统。性能指标的确定是个比较复杂的实际问题。最常用的是二次型性能指标，它是状态变量和控制变量的二次型函数的积分。

设线性定常系统的状态方程为

$$\dot{\boldsymbol{x}}(t)=A\boldsymbol{x}(t)+B\boldsymbol{u}(t) \tag{8-10-1}$$

二次型性能指标为

$$J=\int_0^{\infty}[\boldsymbol{x}^{\mathrm{T}}(t)Q\boldsymbol{x}(t)+\boldsymbol{u}^{\mathrm{T}}(t)R\boldsymbol{u}(t)]\mathrm{d}t \tag{8-10-2}$$

式中，Q 为正定（或半正定）实对称阵，R 为正定实对称阵。式(8-10-2)中的 $\boldsymbol{x}^{\mathrm{T}}(t)Q\boldsymbol{x}(t)$ 表示状态变量与平衡位置 $\boldsymbol{x}_e=0$ 的偏差，$\boldsymbol{u}^{\mathrm{T}}(t)R\boldsymbol{u}(t)$ 与控制功率成正比。可见，使 J 最小，就是使系统偏差最小，并使控制过程消耗的能量最小。可以证明，当系统是状态完全可控时，使 J 最小的控制是状态 $\boldsymbol{x}(t)$ 的线性函数，即

$$\boldsymbol{u}(t)=-K\boldsymbol{x}(t) \tag{8-10-3}$$

其中

$$K=R^{-1}B^{\mathrm{T}}P \tag{8-10-4}$$

P 为对称正定常数矩阵，且满足下列黎卡提代数方程

$$PA+A^{\mathrm{T}}P-PBR^{-1}B^{\mathrm{T}}P+Q=0 \tag{8-10-5}$$

例 8-10-1 系统的状态方程为

$$\dot{x}_1=x_2$$
$$\dot{x}_2=u$$

性能指标为

$$J=\int_0^{\infty}({x_1}^2+2bx_1x_2+a{x_2}^2+u^2)\mathrm{d}t$$

其中 $a-b^2>0$，$b>0$，求最优控制 $u(t)$，使 J 最小。

解

$$A=\begin{bmatrix}0 & 1\\0 & 0\end{bmatrix},\quad B=\begin{bmatrix}0\\1\end{bmatrix}$$

$$\mathrm{rank}Q_k=\mathrm{rank}\begin{bmatrix}0 & 1\\1 & 0\end{bmatrix}=2=n$$

系统的状态是完全可控的。

$$Q=\begin{bmatrix}1 & b\\b & a\end{bmatrix},\quad R=1$$

因 $a-b^2>0$，所以 Q 是正定的，$R=1$ 也是正定的。

设 P 为对称阵，则有

$$P=\begin{bmatrix}p_{11} & p_{12}\\p_{12} & p_{22}\end{bmatrix}$$

由黎卡提方程

$$PA+A^{\mathrm{T}}P-PBR^{-1}B^{\mathrm{T}}P+Q=0$$

得

$$\begin{bmatrix}p_{11} & p_{12}\\p_{12} & p_{22}\end{bmatrix}\begin{bmatrix}0 & 1\\0 & 0\end{bmatrix}+\begin{bmatrix}0 & 0\\1 & 0\end{bmatrix}\begin{bmatrix}p_{11} & p_{12}\\p_{12} & p_{22}\end{bmatrix}$$
$$-\begin{bmatrix}p_{11} & p_{12}\\p_{12} & p_{22}\end{bmatrix}\begin{bmatrix}0\\1\end{bmatrix}\begin{bmatrix}0 & 1\end{bmatrix}\begin{bmatrix}p_{11} & p_{12}\\p_{12} & p_{22}\end{bmatrix}+\begin{bmatrix}1 & b\\b & a\end{bmatrix}=\begin{bmatrix}0 & 0\\0 & 0\end{bmatrix}$$

由此得到 3 个代数方程

$$\begin{cases}p_{12}^2=1\\p_{11}-p_{12}p_{22}+b=0\\2p_{12}-p_{22}^2+a=0\end{cases}\Rightarrow\begin{cases}p_{12}=\pm1\\p_{11}=p_{12}p_{22}-b\\p_{22}=\pm\sqrt{2p_{12}+a}\end{cases}$$

由于 P 是正定的，所以 $p_{11}>0$，$p_{11}p_{22}-p_{12}^2>0$，故有 $p_{22}>0$，又 $b>0$，故 $p_{12}>0$。可得

$$\begin{cases} p_{11}=\sqrt{a+2}-b \\ p_{12}=1 \\ p_{22}=\sqrt{a+2} \end{cases} \quad \text{即} \quad P=\begin{bmatrix} \sqrt{a+2}-b & 1 \\ 1 & \sqrt{a+2} \end{bmatrix}$$

最优反馈矩阵

$$K=R^{-1}B^{\mathrm{T}}P=[1 \quad \sqrt{a+2}]$$

最优控制信号为

$$u(t)=-K\boldsymbol{x}(t)=-x_1(t)-\sqrt{a+2}\,x_2(t)$$

系统的框图如图 8-10-1 所示。

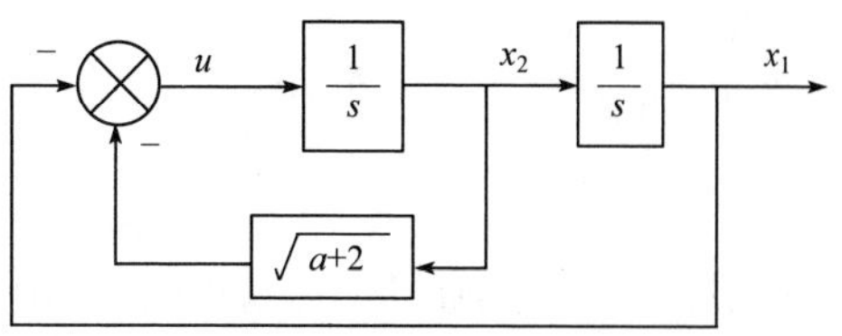

图 8-10-1 最优控制系统框图

习 题

参考答案 8

8-1 列写由下列微分方程所描述的线性定常系统的状态空间表达式

(1) $\ddot{y}(t)+2\dot{y}(t)+y(t)=0$

(2) $\dddot{y}(t)+3\ddot{y}(t)+2\dot{y}(t)+2y(t)=u(t)$

(3) $\dddot{y}(t)+3\ddot{y}(t)+2\dot{y}(t)+y(t)=\ddot{u}(t)+2\dot{u}(t)+u(t)$

8-2 已知控制系统的传递函数如下,列写状态空间表达式。

(1) $\dfrac{Y(s)}{U(s)}=\dfrac{1}{s^2(s+10)}$ (2) $\dfrac{Y(s)}{U(s)}=\dfrac{1}{s(s+1)(s+8)}$

(3) $\dfrac{Y(s)}{U(s)}=\dfrac{s^2+4s+5}{s^3+6s^2+11s+6}$

8-3 设系统的状态空间表达式为

$$\begin{bmatrix} \dot{x}_1 \\ \dot{x}_2 \end{bmatrix}=\begin{bmatrix} -5 & -1 \\ 3 & -1 \end{bmatrix}\begin{bmatrix} x_1 \\ x_2 \end{bmatrix}+\begin{bmatrix} 2 \\ 5 \end{bmatrix}u \quad y=[1 \quad 2]\begin{bmatrix} x_1 \\ x_2 \end{bmatrix}$$

求系统的传递函数。

8-4 系统的状态方程为

$$\begin{bmatrix} \dot{x}_1 \\ \dot{x}_2 \end{bmatrix}=\begin{bmatrix} 0 & 1 \\ -2 & -3 \end{bmatrix}\begin{bmatrix} x_1 \\ x_2 \end{bmatrix}$$

当 $\boldsymbol{x}(0)=\begin{bmatrix} 1 \\ -1 \end{bmatrix}$ 时,求 $x_1(t)$ 和 $x_2(t)$。

8-5 已知系统的状态方程为

$$\begin{bmatrix} \dot{x}_1 \\ \dot{x}_2 \end{bmatrix}=\begin{bmatrix} 0 & 1 \\ -6 & -5 \end{bmatrix}\begin{bmatrix} x_1 \\ x_2 \end{bmatrix}+\begin{bmatrix} 1 \\ 1 \end{bmatrix}u(t)$$

当 $\boldsymbol{x}(0)=\boldsymbol{0}, u(t)=1(t)$ 时,求状态方程的解。

8-6 已知线性定常离散系统的差分方程为

$$y(k+3)+3y(k+2)+2y(k+1)+y(k)=u(k+2)+2u(k+1)$$

列写系统的状态方程。

8-7 已知线性定常离散系统的差分方程为

$$y(k+2)+3y(k+1)+2y(k)=u(k)$$

列写系统的状态方程并求解(初始条件为零)。

8-8 求取下列状态方程的离散化方程。

(1) $\dot{\boldsymbol{x}}=\begin{bmatrix} 0 & 1 \\ 0 & 0 \end{bmatrix}\boldsymbol{x}+\begin{bmatrix} 0 \\ 1 \end{bmatrix}u$ (2) $\dot{\boldsymbol{x}}=\begin{bmatrix} 0 & 1 \\ 0 & -2 \end{bmatrix}\boldsymbol{x}+\begin{bmatrix} 0 \\ 1 \end{bmatrix}u$

8-9 判断下列二次型函数是正定、负定,还是不定的。

(1) $V(x)=-x_1^2-10x_2^2-4x_3^2+6x_1x_2+2x_2x_3$

(2) $V(x)=-x_1^2+4x_2^2+x_3^2+2x_1x_2-6x_2x_3-2x_1x_3$

8-10 已知线性定常系统的状态方程为

$$\dot{\boldsymbol{x}}=\begin{bmatrix}-1 & -2\\ 1 & -4\end{bmatrix}\boldsymbol{x}$$

用李雅普诺夫第二法判断系统平衡状态的稳定性。

8-11 线性定常系统的状态方程为

$$\dot{\boldsymbol{x}}=\begin{bmatrix}-1 & 1\\ 2 & 3\end{bmatrix}\boldsymbol{x}$$

应用李雅普诺夫第二法分析系统平衡状态的稳定性。

8-12 已知线性定常离散系统的状态方程为

$$x_1(k+1)=x_1(k)+3x_2(k)$$
$$x_2(k+1)=-3x_1(k)-2x_2(k)-3x_3(k)$$
$$x_3(k+1)=x_1(k)$$

分析系统平衡状态的稳定性。

8-13 已知线性定常离散系统的齐次状态方程为

$$\boldsymbol{x}(k+1)=A\boldsymbol{x}(k)=\begin{bmatrix}0 & 1 & 0\\ 0 & 0 & 1\\ 0 & \dfrac{K}{2} & 0\end{bmatrix}\boldsymbol{x}(k)\quad K>0$$

求系统在平衡状态 $\boldsymbol{x}_e=\boldsymbol{0}$ 处渐近稳定时参数 K 的取值范围。

8-14 判断下述系统的状态可控性。

(1) $\dot{\boldsymbol{x}}(t)=\begin{bmatrix}1 & 1 & 0\\ 0 & 1 & 0\\ 0 & 1 & 1\end{bmatrix}\boldsymbol{x}(t)+\begin{bmatrix}0\\ 1\\ 0\end{bmatrix}u(t)$

(2) $\dot{\boldsymbol{x}}(t)=\begin{bmatrix}1 & 3 & 2\\ 0 & 2 & 0\\ 0 & 1 & 2\end{bmatrix}\boldsymbol{x}(t)+\begin{bmatrix}2 & 1\\ 1 & 1\\ -1 & -1\end{bmatrix}\boldsymbol{u}(t)$

(3) $\boldsymbol{x}(k+1)=\begin{bmatrix}1 & 0 & 0\\ 0 & 2 & 0\\ 0 & 0 & -1\end{bmatrix}\boldsymbol{x}(k)+\begin{bmatrix}1\\ 0\\ 2\end{bmatrix}u(k)$

(4) $\boldsymbol{x}(k+1)=\begin{bmatrix}-2 & 1 & 0\\ 0 & -2 & 0\\ 0 & 0 & 1\end{bmatrix}\boldsymbol{x}(k)+\begin{bmatrix}0 & -1\\ 1 & 0\\ 2 & 0\end{bmatrix}\boldsymbol{u}(k)$

(5) $\boldsymbol{x}(k+1)=\begin{bmatrix}-2 & 1 & 0\\ 0 & -2 & 0\\ 0 & 0 & -3\end{bmatrix}\boldsymbol{x}(k)+\begin{bmatrix}1 & 2\\ 0 & 0\\ 3 & 0\end{bmatrix}\boldsymbol{u}(k)$

(6) $\boldsymbol{x}(k+1)=\begin{bmatrix}1 & 3 & 2\\ 0 & 2 & 0\\ 0 & 1 & 3\end{bmatrix}\boldsymbol{x}(k)+\begin{bmatrix}2 & 1\\ 1 & 1\\ -1 & -1\end{bmatrix}\boldsymbol{u}(k)$

8-15 判断下述系统的输出可控性。

(1) $\dot{\boldsymbol{x}}(t)=\begin{bmatrix}1 & 0\\ -1 & 2\end{bmatrix}\boldsymbol{x}(t)+\begin{bmatrix}1\\ 0\end{bmatrix}u(t)$

$y(t)=[0\quad 1]\,\boldsymbol{x}(t)$

(2) $\dot{\boldsymbol{x}}(t)=\begin{bmatrix}-3 & 1 & 0\\ 0 & -3 & 0\\ 0 & 0 & -1\end{bmatrix}\boldsymbol{x}(t)+\begin{bmatrix}1 & -1\\ 0 & 0\\ 2 & 0\end{bmatrix}\boldsymbol{u}(t)$

$\boldsymbol{y}(t)=\begin{bmatrix}1 & 0 & 1\\ -1 & 1 & 0\end{bmatrix}\boldsymbol{x}(t)$

8-16 判断下述系统的状态可观性。

(1) $\dot{\boldsymbol{x}}(t)=\begin{bmatrix}1 & 3 & 2\\ 0 & 2 & 0\\ 0 & 1 & 3\end{bmatrix}\boldsymbol{x}(t)+\begin{bmatrix}2 & 1\\ 1 & 1\\ -1 & -1\end{bmatrix}\boldsymbol{u}(t)$

$y(t)=[1\quad 0\quad 0]\boldsymbol{x}(t)$

(2) $\dot{\boldsymbol{x}}(t)=\begin{bmatrix}-3 & 1 & 0\\ 0 & -3 & 0\\ 0 & 0 & -1\end{bmatrix}\boldsymbol{x}(t)+\begin{bmatrix}0 & 1\\ -1 & 1\\ 1 & 0\end{bmatrix}\boldsymbol{u}(t)$

$\boldsymbol{y}(t)=\begin{bmatrix}0 & 1 & 0\\ 0 & 2 & 0\end{bmatrix}\boldsymbol{x}(t)$

(3) $\dot{\boldsymbol{x}}(t)=\begin{bmatrix}-2 & 0 & 0\\ 0 & 1 & 0\\ 0 & 0 & 2\end{bmatrix}\boldsymbol{x}(t)+\begin{bmatrix}0 & -1\\ 0 & 0\\ 2 & 0\end{bmatrix}\boldsymbol{u}(t)$

$\boldsymbol{y}(t)=\begin{bmatrix}1 & 0 & 1\\ -1 & 1 & 0\end{bmatrix}\boldsymbol{x}(t)$

(4) $\boldsymbol{x}(k+1)=\begin{bmatrix}a & 0 & 0 & 0\\ 0 & b & 0 & 0\\ 0 & 0 & c & 0\\ 0 & 0 & 0 & d\end{bmatrix}\boldsymbol{x}(k)+\begin{bmatrix}0\\ 1\\ 0\\ 1\end{bmatrix}u(k)$

$y(k)=[0\quad 0\quad 1\quad 0]\boldsymbol{x}(k)$

8-17 给定二阶系统

$$\dot{\boldsymbol{x}}(t)=\begin{bmatrix}a & 1\\ 0 & b\end{bmatrix}\boldsymbol{x}(t)+\begin{bmatrix}1\\ 1\end{bmatrix}u(t)$$

$$y(t)=[1\quad -1]\boldsymbol{x}(t)$$

a 和 b 取何值时,系统状态既完全可控又完全可观?

8-18 系统传递函数为

$$G(s)=\frac{K(s+a)}{s^3+6s^2+11s+6}$$

(1) a 取何值时系统是既可控又可观的?

(2) 当 $a=1$ 时,选择一组状态空间表达式,使系统是可控但是不可观的。

(3) 当 $a=1$ 时,选择一组状态空间表达式,使系统是不可控但是可观的。

8-19 设连续系统的状态空间表达式为

$$\dot{\boldsymbol{x}}(t)=\begin{bmatrix}1 & 0\\ 0 & -1\end{bmatrix}\boldsymbol{x}(t)+\begin{bmatrix}1\\ 0\end{bmatrix}u(t)$$

$$y(t)=[0\quad 1]\boldsymbol{x}(t)$$

(1) 判断状态的可控性和可观性。

(2) 求离散化之后的状态空间表达式。

(3) 判断离散化之后系统的状态可控性和可观性。

8-20 系统的状态方程如下，如果状态完全可控，将它们变成可控规范型。

(1) $\dot{\boldsymbol{x}}(t)=\begin{bmatrix}-1 & 0\\ 0 & -2\end{bmatrix}\boldsymbol{x}(t)+\begin{bmatrix}2\\ 5\end{bmatrix}u(t)$

(2) $\dot{\boldsymbol{x}}(t)=\begin{bmatrix}-1 & 1 & 0\\ 0 & -1 & 0\\ 0 & 0 & -2\end{bmatrix}\boldsymbol{x}(t)+\begin{bmatrix}0\\ 4\\ 3\end{bmatrix}u(t)$

8-21 已知下列系统是状态完全可观的，将它们化为可观规范型

(1) $\dot{\boldsymbol{x}}(t)=\begin{bmatrix}3 & 2\\ 1 & -1\end{bmatrix}\boldsymbol{x}(t)+\begin{bmatrix}1\\ 2\end{bmatrix}u(t)$

$y(t)=\begin{bmatrix}1 & 1\end{bmatrix}\boldsymbol{x}(t)$

(2) $\boldsymbol{x}(k+1)=\begin{bmatrix}0 & 1 & 0\\ 1 & 1 & 0\\ 1 & 0 & -1\end{bmatrix}\boldsymbol{x}(k)+\begin{bmatrix}1\\ 0\\ 2\end{bmatrix}u(k)$

$y(k)=\begin{bmatrix}0 & 0 & 1\end{bmatrix}\boldsymbol{x}(k)$

8-22 系统的状态空间表达式如下，求传递函数。

(1) $\dot{\boldsymbol{x}}(t)=\begin{bmatrix}1 & 1\\ 2 & -1\end{bmatrix}\boldsymbol{x}(t)+\begin{bmatrix}1\\ 2\end{bmatrix}u(t)$

$y(t)=\begin{bmatrix}1 & 1\end{bmatrix}\boldsymbol{x}(t)$

(2) $\dot{\boldsymbol{x}}(t)=\begin{bmatrix}0 & 1 & 0\\ 0 & 0 & 1\\ -6 & -11 & -6\end{bmatrix}\boldsymbol{x}(t)+\begin{bmatrix}0\\ 1\\ -3\end{bmatrix}u(t)$

$y(t)=\begin{bmatrix}4 & 5 & 1\end{bmatrix}\boldsymbol{x}(t)$

8-23 设控制对象传递函数为

$$\frac{Y(s)}{U(s)}=\frac{10}{s(s+2)(s+5)}$$

用状态反馈使闭环极点配置在-4，$-1\pm \mathrm{j}1$。

8-24 离散系统的状态方程为

$$\boldsymbol{x}(k+1)=\begin{bmatrix}1 & 0.1\\ 0 & 1\end{bmatrix}\boldsymbol{x}(k)+\begin{bmatrix}0.005\\ 0.1\end{bmatrix}u(k)$$

用状态反馈使闭环极点配置在0.6和0.8。

8-25 已知控制对象的状态方程和输出方程为

$$\dot{\boldsymbol{x}}(t)=\begin{bmatrix}0 & 1\\ -3 & -4\end{bmatrix}\boldsymbol{x}(t)+\begin{bmatrix}0\\ 1\end{bmatrix}u(t)$$

$$y(t)=\begin{bmatrix}2 & 0\end{bmatrix}\boldsymbol{x}(t)$$

设计全维状态观测器，使观测器的极点配置在$s_1=s_2=-10$。

8-26 已知离散系统如下：

$$\boldsymbol{x}(k+1)=\begin{bmatrix}0 & -0.16\\ 1 & -1\end{bmatrix}\boldsymbol{x}(k)+\begin{bmatrix}0\\ 1\end{bmatrix}u(k)$$

$$y(k)=\begin{bmatrix}0 & 1\end{bmatrix}\boldsymbol{x}(k)$$

设计状态观测器，使观测器的极点为$0.5\pm \mathrm{j}0.5$。

8-27 控制对象的状态方程与输出方程为

$$\dot{\boldsymbol{x}}(t)=\begin{bmatrix}0 & 1\\ 0 & -5\end{bmatrix}\boldsymbol{x}(t)+\begin{bmatrix}0\\ 100\end{bmatrix}u(t)$$

$$y(t)=\begin{bmatrix}1 & 0\end{bmatrix}\boldsymbol{x}(t)$$

设计全维状态观测器，并用观测器的状态进行状态反馈，使系统的闭环极点为$-5\pm j4$，观测器的极点为-20，-25。

8-28 系统的状态空间表达式如下：

$$\dot{\boldsymbol{x}}(t)=\begin{bmatrix}1 & 0\\0 & 0\end{bmatrix}\boldsymbol{x}(t)+\begin{bmatrix}1\\1\end{bmatrix}u(t)$$

$$y(t)=[2\quad -1]\boldsymbol{x}(t)$$

设计降维观测器，使观测器的极点为-10。

8-29 系统的状态空间表达式如下：

$$\dot{\boldsymbol{x}}(t)=\begin{bmatrix}-1 & 0 & 0\\0 & 1 & 1\\0 & 0 & 1\end{bmatrix}\boldsymbol{x}(t)+\begin{bmatrix}1 & 0\\0 & 1\\0 & 1\end{bmatrix}\boldsymbol{u}(t)$$

$$\boldsymbol{y}(t)=\begin{bmatrix}1 & 0 & 0\\0 & 1 & 1\end{bmatrix}\boldsymbol{x}(t)$$

设计降维观测器，使观测器的极点为-3。

8-30 设系统的状态方程为

$$\dot{x}=ax+u$$

性能指标为

$$J=\int_0^{\infty}[qx^2(t)+ru^2(t)]\mathrm{d}t$$

其中，$q>0$，$r>0$，求最优控制$u(t)$使J为最小。

8-31 设系统的状态方程为

$$\begin{cases}\dot{x}_1=x_2\\ \dot{x}_2=u\end{cases}$$

性能指标为

$$J=\int_0^{\infty}(x_1{}^2+4x_2{}^2+u^2)\mathrm{d}t$$

求最优控制$u(t)$，使J最小。

8-32 (1) 下述两个矩阵中，只有一个是系统的状态转移矩阵。指出哪一个是系统的状态转移矩阵并说明理由。

$$\Phi_1(t)=\begin{bmatrix}2\mathrm{e}^{-t}-\mathrm{e}^{-2t} & \mathrm{e}^{-t}-\mathrm{e}^{-2t}\\-2\mathrm{e}^{-t}+2\mathrm{e}^{-2t} & -\mathrm{e}^{-t}+2\mathrm{e}^{-2t}\end{bmatrix},\quad \Phi_2(t)=\begin{bmatrix}2\mathrm{e}^{-t}-\mathrm{e}^{-2t} & 2\mathrm{e}^{-t}-\mathrm{e}^{-2t}\\-2\mathrm{e}^{-t}+\mathrm{e}^{-2t} & -\mathrm{e}^{-t}+2\mathrm{e}^{-2t}\end{bmatrix}$$

(2) 根据选定的状态转移矩阵，确定系数矩阵A。

8-33 设一线性定常系统的状态方程为

$$\dot{\boldsymbol{x}}=A\boldsymbol{x}$$

其中$A\in R^{2\times2}$。若

$$\boldsymbol{x}(0)=\begin{bmatrix}1\\-1\end{bmatrix}\text{时，}\quad \boldsymbol{x}(t)=\begin{bmatrix}\mathrm{e}^{-2t}\\-\mathrm{e}^{-2t}\end{bmatrix}$$

$$\boldsymbol{x}(0)=\begin{bmatrix}2\\-1\end{bmatrix}\text{时，}\quad \boldsymbol{x}(t)=\begin{bmatrix}2\mathrm{e}^{-t}\\-\mathrm{e}^{-t}\end{bmatrix}$$

求$\boldsymbol{x}(0)=\begin{bmatrix}1\\3\end{bmatrix}$时的$\boldsymbol{x}(t)$。

8-34 计算机控制系统的方框图如题 8-34 图所示，采样时间$T=0.5\text{s}$。

(1) 求此对象的离散状态方程$x(k+1)=A_\mathrm{d}x(k)+B_\mathrm{d}u(k)$。

(2) 求离散状态反馈矩阵$K_\mathrm{d}=[k_1\quad k_2]$，使闭环极点为$z_{1,2}=0.5\pm0.2i$。

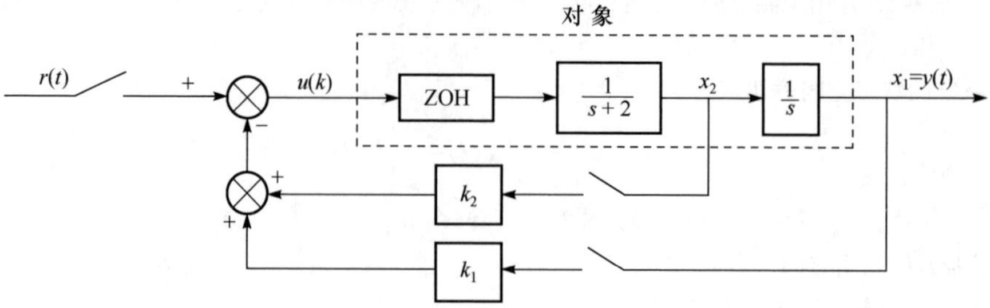

题 8-34 图

8-35 单输入系统有 3 个输出，传递函数分别为

$$G_1(s)=\frac{Y_1(s)}{U(s)}=\frac{1}{s+1},\quad G_2(s)=\frac{Y_2(s)}{U(s)}=\frac{1}{s+2},\quad G_3(s)=\frac{Y_3(s)}{U(s)}=\frac{1}{s+3}$$

求该系统的可控规范型状态空间表达式。

8-36 设系统的状态空间表达式为

$$\dot{\boldsymbol{x}}=\begin{bmatrix}0 & 1\\ 0 & -5\end{bmatrix}\boldsymbol{x}+\begin{bmatrix}0\\ 100\end{bmatrix}u$$

$$y=[1\quad 0]\boldsymbol{x}$$

其中

$$\boldsymbol{x}=\begin{bmatrix}x_1\\ x_2\end{bmatrix}$$

若该系统的状态 x_2 不可测量，设计降维状态观测器，使观测器的极点为 -10。求观测器的动态方程和状态 x_2 的估计方程。

第 9 章　基于 MATLAB 的系统分析、设计与仿真

9.1　引　　言

MATLAB 是 MATrix LABoratory 的缩写。作为工具软件，它具有强大的矩阵计算能力和良好的图形可视化功能，为用户提供了非常直观和简洁的程序开发环境，因此被称为第四代计算机语言，并在控制领域获得广泛应用。这里将使用 MATLAB，特别是其中的 Simulink 软件包，按照教材的顺序，对“自动控制原理”课程中介绍的主要概念、原理、典型示例进行计算、绘图和数字仿真。

9.1.1　进入 MATLAB 操作环境和执行 MATLAB 的命令与程序

点击 MATLAB 图标就进入了它的操作环境，同时也打开了它的命令窗口。

在 MATLAB 的命令窗口打入 MATLAB 命令和函数，回车后立即执行该命令。

在命令窗口修改程序不方便。程序较长时，应打开一个新文件，在新文件内编写和修改程序。然后为程序命名，并保存在同一子目录下。此后在命令窗口打入程序名并回车后，就执行该程序。

9.1.2　Simulink 软件包

Simulink 软件包可用来对动态系统进行建模、仿真和分析。Simulink 采用模块和图标组成系统的结构图模型。这种图形界面与《自动控制原理》中的传递函数动态框图非常相似，同时采用类似于电子示波器的模块显示仿真曲线，所以特别适用于学习《自动控制原理》时做系统仿真和分析用。

1. 开启 Simulink 窗口及模块库

在 MATLAB 环境下点击窗口上面的 Simulink 图标，就打开了 Simulink 窗口，同时显示出 Simulink 的模块库。有的版本，模块库是以图形窗口的形式出现。有的版本，模块库首先以文字菜单形式出现。如果希望看到模块库图标，用鼠标右键点击所选项，再点击左键就可出现模块图标。

2. 建立新文件

在 Simulink 窗口下，用鼠标点击 new model 图标或选取菜单 File 中 New 的子菜单下的 Model 后，会弹出一个 Untitle 文件。新文件建立后，可以用菜单 File 中的 Save as 命令保存程序，这时要给该文件取名。

3. 复制模块

打开模块子库，将鼠标移到所要复制的模块上，然后按下左键并拖动鼠标到目标窗口，再松开键，用右键可在任意窗口内复制模块，此时原模块保留。

4. 模块之间的连接

将鼠标移到一个模块的输入(出)端,按下左键,拖动鼠标到另一个模块的输出(入)端,松开,连线完毕。若要从一条已经存在的连线上引出另一条连线,首先把鼠标指针移到这个连线上,按下右键,拖动鼠标到目标端口,再松开键。

5. 选择对象与删除对象

用鼠标左键在所选对象上单击一下,被选对象就会出现相应标记。若要删除模块或连线,首先要选中该模块或连线,然后再按 Delete 或 Clear 键。

6. 仿真与显示

若要开始仿真,则在 Simulink 菜单中点击"仿真开始"图标或 Start。

双击 Scope 模块就打开示波器。仿真开始后,示波器上就显示出变量随时间变化的曲线。

9.2 系统的初步概念与数学模型

9.2.1 开环控制与闭环控制

图 9-2-1 所表示的 Simulink 框图用来比较开环和闭环系统的抗干扰能力。图中,控制对象的传递函数为 $G(s)=2/(s+1)$,希望的输出值为 5,采用开环控制和闭环控制两种方案。当干扰 $f=0$ 时,开环系统输入 $r_1=0.5$,闭环系统输入 $r_2=5.5$,两者输出都是 5,系统误差为 0。当干扰 $f=1(t)$ 时,仿真表明开环系统误差 $e_1=-2$,闭环系统误差 $e_2=-0.182$。可见,闭环系统的抗干扰能力远远高于开环系统,闭环系统比开环系统的精度高。

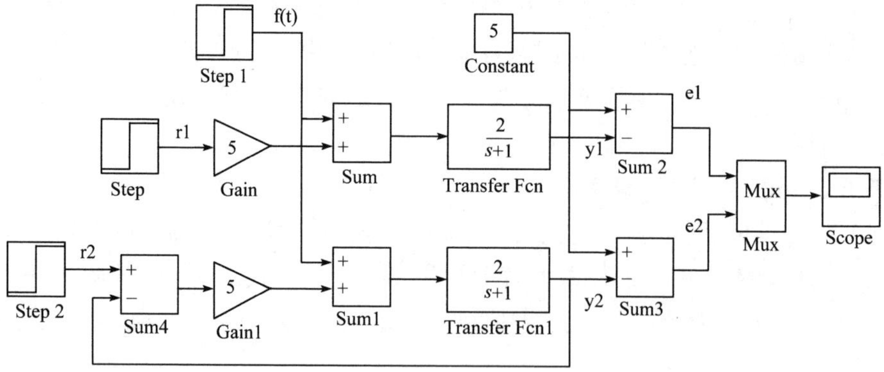

图 9-2-1 开环系统和闭环系统的稳态误差

9.2.2 系统的稳定性

图 9-2-2 的框图用来演示系统的稳定性,图中包括理想线性系统和带有饱和非线性的实际系统。前向通路线性环节的放大系数 $k<6$ 时系统稳定,$k>6$ 时不稳定。线性系统不稳定时,输出趋于无穷大。带有饱和非线性的实际系统不稳定时,输出是等幅振荡。

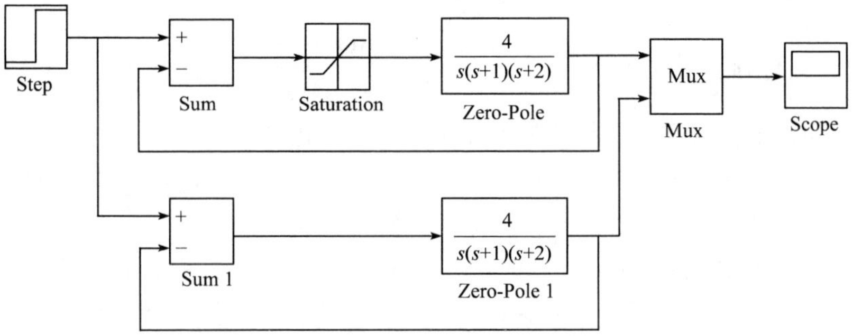

图 9-2-2 系统的稳定性

9.2.3 MATLAB 函数简介

MATLAB 中多项式用行向量表示，向量中的元素是降幂排列的多项式的各项系数。

1) conv，多项式相乘。

求 $(s+2)(s+3)(s+4)(s+5)=s^4+14s^3+71s^2+154s+120$ 的命令如下：

conv([1 2],conv([1 3],conv([1 4],[1 5])))

2) roots，求多项式的根。

求 $s^4+14s^3+71s^2+154s+120=0$ 的根的程序如下：

d=[1 14 71 154 120];roots(d)

结果为：−2，−3，−4，−5

3) poly，由根构造多项式。

例：d1=[−2 −3 −4 −5];poly(d1)

4) [r,p,k]=residue(n1,d1)，将有理分式 n1/d1 展开成部分分式，r、p、k 分别代表展开式中的系数(留数)、极点和余项。

5) [n1,d1]=residue(r,p,k)，将部分分式展开式还原为有理分式。

对于式

$$\frac{s^4+17s^3+95s^2+213s+154}{s^4+14s^3+71s^2+154s+120}=\frac{6}{s+5}-\frac{5}{s+4}+\frac{4}{s+3}-\frac{2}{s+2}+1$$

下列程序使它们互相转换：n1=[1 17 95 213 154];d1=[1 14 71 154 120];

[r,p,k]=residue(n1,d1),[n2,d2]=residue(r,p,k)

6) g2=zpk(g1),[z,p,k]=tf2zp，把传递函数的有理分式转换成零极点形式。

对于式

$$\frac{48s+288}{s^4+14s^3+71s^2+154s+120}=\frac{48(s+6)}{(s+5)(s+4)(s+3)(s+2)}$$

下列程序实现上述转换：g1=tf([48 288],[1 14 71 154 120]),g2=zpk(g1),

或 [z,p,k]=tf2zp([48 288],[1 14 71 154 120])

9.2.4 系统的数学模型

例 9-2-1 传递函数为 $G(s)=\frac{s+5}{s^4+2s^3+3s^2+4s+5}$，下列程序能将此模型输入到 MATLAB 工作空间并在屏幕上显示出来：

n=[1 5];d=[1 2 3 4 5];g=tf(n,d)

例 9-2-2 传递函数为 $G(s)=\dfrac{6(s+5)}{(s^2+3s+1)^2(s+6)(s^3+6s^2+5s+3)}$，下列程序将此模型输入到 MATLAB 工作空间并在屏幕上显示有理分式形式。

n=6*[1 5];d=conv(conv(conv([1 3 1],[1 3 1]),[1 6]),[1 6 5 3]);
g=tf(n,d)

例 9-2-3 系统的零点是：－1.9294，－0.0353±0.9287i。系统的极点是：－0.9567±1.2272i，0.0433±0.6412i。零极点增益是 6。下面的程序将此系统模型输入到 MATLAB 工作空间并在屏幕上显示出零极点形式及有理分式形式。

k=6;z=[-1.9294;-0.0353+0.9287i;-0.0353-0.9287i];

p=[-0.9567+1.2272i;-0.9567-1.2272i;0.0433+0.6412i;0.0433-0.6412i];
g=zpk(z,p,k),g1=tf(g)

9.3 系统的时域分析法

9.3.1 系统的时域响应

图 9-3-1 的 Simulink 仿真框图可演示系统对典型信号的时间响应曲线。图 9-3-2 的框图专门用于二阶系统的仿真，并容易加入初始条件。

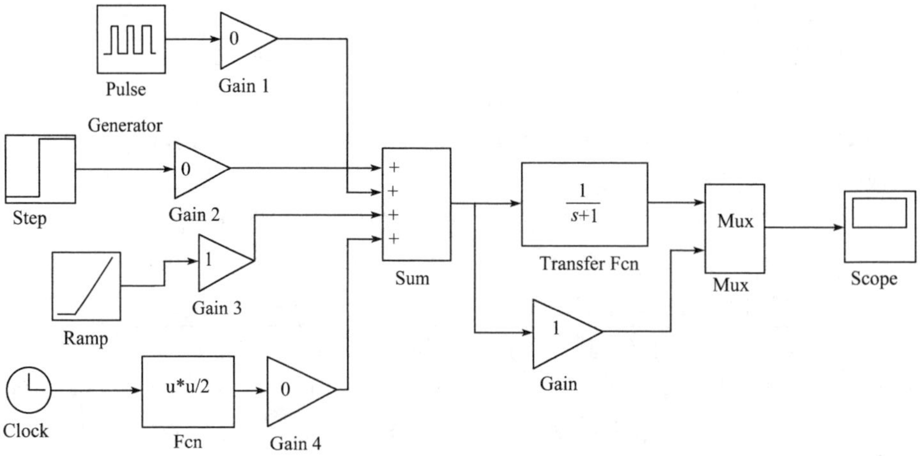

图 9-3-1　系统时域响应仿真框图

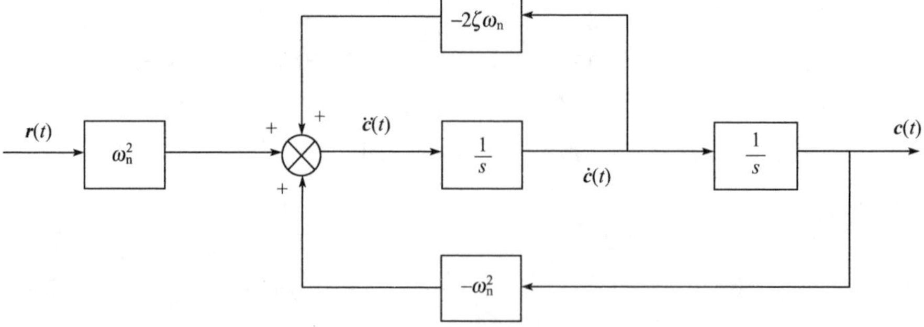

图 9-3-2　二阶系统的仿真框图

9.3.2 线性系统的稳定性

线性系统稳定的充要条件是其传递函数的全部极点都具有负实部。MATLAB 命令 roots 或 tf2zp 可以求出系统的极点，从而非常容易判定传递函数是否具有正实部极点。

例 9-3-1 系统的特征多项式为 $D(s)=s^4+2s^3+3s^2+4s+5$，求多项式根的 MATLAB 程序为 d=[1 2 3 4 5]，roots(d)。可知特征根为 $0.2878\pm1.4161i$，$-1.2878\pm0.8579i$。系统有两个正实部极点，系统不稳定。

例 9-3-2 系统的闭环传递函数为 $\Phi(s)=\dfrac{s^2+s+1}{s^4+3s^3+3s^2+2s+2}$，求系统闭环零点和极点的程序为

n=[1 1 1],d=[1 3 3 2 2],[z p]=tf2zp(n,d)

可知系统的零点是 $0.5\pm0.866i$，极点是 $-1.5661\pm0.4588i$，$0.0661\pm0.8664i$，系统有两个正实部极点，系统不稳定。

用 g 表示该闭环传递函数并求出极点的程序为

g=tf([1 1 1],[1 3 3 2 2]),roots(g·den{1})

9.3.3 稳态误差

图 9-3-3 是一个单位负反馈系统的 Simulink 框图，可用来演示稳态误差。前向通路的传递函数 $G(s)=10/(s(s+1))$，输入信号 $r(t)=1+t+t^2$。理论上，稳态误差 $e_{ss}(t)=0.28+0.2t$。当 $t=10$s 时有 $e_{ss}(10)=2.28$。由示波器可看出仿真结果为 $e_{ss}(10)=2.28$。

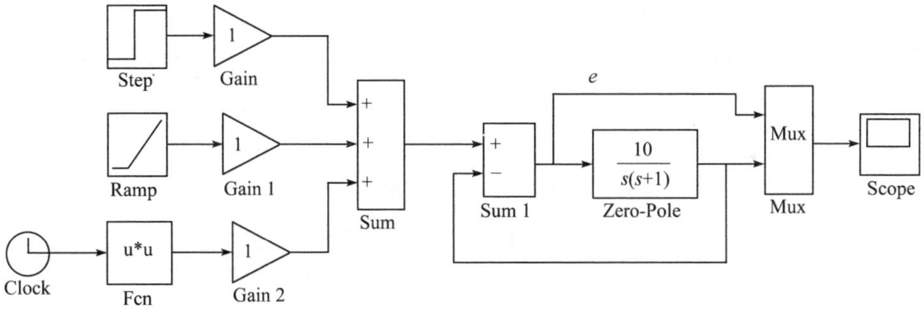

图 9-3-3 稳态误差仿真框图

9.4 根 轨 迹

9.4.1 根轨迹的绘制

MATLAB 命令 rlocus(n,d)可绘出 $1+\dfrac{kN(s)}{D(s)}=0$ 的根轨迹，其中 k 为参变量。而 $\dfrac{kN(s)}{D(s)}$ 又可理解为单位负反馈系统的开环传递函数，该命令绘出相应的闭环根轨迹。函数 [k,p]=rlocfind(n,d)及 rlocfind(n,d)能在图形窗口根轨迹图中显示出十字光标，用鼠标选择图中一点时，能在图中显示该点，并在 MATLAB 命令窗口中给出所选的点及对应的增益。

例 9-4-1 单位负反馈系统的开环传递函数为

$$G(s)=\frac{k}{s(s+2.73)(s^2+2s+2)}$$

绘根轨迹并显示出十字光标的程序为

```
n=1;d=conv([1  2.73  0],[1  2  2]);
rlocus(n,d);[k,p]=rlocfind(n,d)
```

在命令窗口可反复使用 rlocfind(n,d),以便显示光标并选择图中某一点,用此方法可求出根轨迹与实轴的分离点、与虚轴的交点及对应的增益。

9.4.2 基于根轨迹的系统设计

MATLAB 命令 rltool 或 rltool(G)或 rltool(G,GC),可用来绘制根轨迹图形,并且能形象地在前向通路中添加零极点(即串联补偿网络),同时还可看出对典型输入信号(如阶跃信号)的时间响应,从而容易设计出要求的控制器。

设计滞后超前补偿网络时可以先设计超前网络,即添加适当的零极点,使系统动态性能指标满足要求。再在紧靠原点处放一对零极点$(s-z_1)/(s-s_1)$,使 z_1/s_1 满足所要求的放大倍数。

例 9-4-2 控制对象的传递函数如下:

$$G(s)=\frac{9600}{s(s+4)(s+10)(s+20)}$$

采用单位负反馈,使 $\sigma_p\leqslant 20\%$, $t_s\leqslant 2s$,开环放大系数为 22,用根轨迹法设计串联补偿网络。

解 程序为 k=9600;z=[];p=[0;-4;-10;-20];g=zpk(z,p,k), rltool(g)。

先取超前网络 $G_{c1}(s)=(s+6.88)/(s+34.6)$,可知 $\sigma_p=10\%$,$t_s=1.7s$,$\lim\limits_{s\to 0}s\,G_{c1}(s)G_0(s)=2.39$。

再取滞后网络 $G_{c2}(s)=(s+0.01)/(s+0.001)$,知 $\sigma_p=10.6\%$,$t_s=1.73s$。

系统开环放大系数 $K=\lim\limits_{s\to 0}sG_{c1}(s)G_{c2}(s)G_0(s)=23.9$。

补偿网络 $G_c(s)=G_{c1}(s)G_{c2}(s)=\dfrac{(s+0.01)(s+6.88)}{(s+0.001)(s+34.6)}$。这是滞后超前网络。

9.5 频率特性

9.5.1 绘制 Nyquist 图

绘制传递函数 g 的 Nyquist 图的 MATLAB 命令是 nyquist(g)。

例 9-5-1 系统传递函数为 $G(s)=\dfrac{1}{s^2+s+1}$,绘制该系统 Nyquist 图的程序是:

```
g=tf(1,[1  1  1]),nyquist(g)
```

例 9-5-2 传递函数为 $G(s)=\dfrac{75(s+2)}{(s+10)(s^3+3s^2+2s+5)}$,绘制该系统的 Nyquist 图的程序是:

```
g=tf(75*[1  2],conv([1  10],[1  3  2  5])),nyquist(g)
```

将图形在(−1,j0)附近放大后可知图形顺时针包围(−1,j0)点,或者说图形在(−1,j0)左方负穿越负实轴,故系统不稳定。

9.5.2 绘制 Bode 图

绘制传递函数 g 的 Bode 图的 MATLAB 命令是:bode(g),在同一图上绘制传递函数 g1、g2 的 Bode 图的命令是:bode(g1,g2)。

例 9-5-3 传递函数为 $G(s)=\dfrac{7.5\left(\dfrac{1}{3}s+1\right)}{s\left(\dfrac{1}{2}s+1\right)\left(\dfrac{1}{2}s^2+\dfrac{s}{2}+1\right)}$,绘制该系统 Bode 图的程序为

```
g=tf(7.5*[1/3,1],conv([0.5  1  0],[0.5  0.5  1]));bode(g)
```

9.5.3 求稳定裕度

MATLAB 函数[kg,r,wg,wc]=margin(g)用来求传递函数 g 的幅值裕度 k_g,相位裕度 γ(度),相位穿越频率 ω_g,幅值穿越频率 ω_c。函数 margin(g)将绘出 g 的 Bode 图并标出幅值裕度(dB),相位裕度及对应的频率。

例 9-5-4 已知传递函数 $G(s)=\dfrac{7}{2(s^3+2s^2+3s+2)}$,求幅值裕度 k_g,相位裕度 γ 的程序是

```
g=tf(3.5,[1  2  3  2]);[kg,r]=margin(g)
```

或者

```
g=tf(3.5,[1  2  3  2]);margin(g)
```

9.5.4 求框图的传递函数并绘 Bode 图

下述 M 文件,可求出仿真框图的传递函数,绘制相应的 Bode 图,并求出稳定裕度和穿越频率。仿真框图的文件名称是“ktu”,图中用模块“in”表示输入量,模块“out”表示输出量。仿真框图与该 M 文件存放于同一个文件夹中。

```
[a  b  c  d]=linmod2('ktu'),g1=ss(a,b,c,d);g=tf(g1),margin(g),grid
```

9.6 典型非线性环节

为了方便,下面的非线性系统中,非线性环节含有的放大系数全折算到线性环节。同时,非线性环节用常数 1 代替后得到的系统称为原系统对应的线性系统。

9.6.1 饱和非线性

图 9-6-1 是饱和非线性的 Simulink 框图。线性环节的传递函数为

$$G(s)=\frac{k}{s(s+1)(s+2)}=\frac{k}{s^3+3s^2+2s}$$

取不同的 k 值进行仿真,仿真结果表明,当输入信号超出饱和限值时,饱和非线性环节起作用。对应的线性系统稳定的条件,也就是原非线性系统不产生自持振荡的条件。

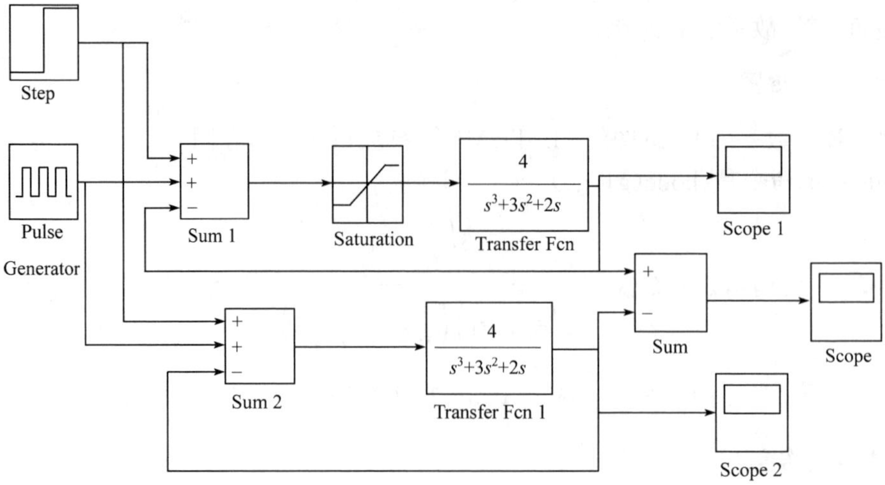

图 9-6-1　饱和非线性仿真框图

9.6.2　间隙非线性

图 9-6-2 是间隙非线性系统的 Simulink 框图。线性环节的传递函数是 $G(s)=\dfrac{1}{s(10s+1)}$。对应的线性系统是稳定的。但仿真表明，此非线性系统有自持振荡。只有当 $G(s)$ 的放大系数足够小时，非线性系统才没有自持振荡。

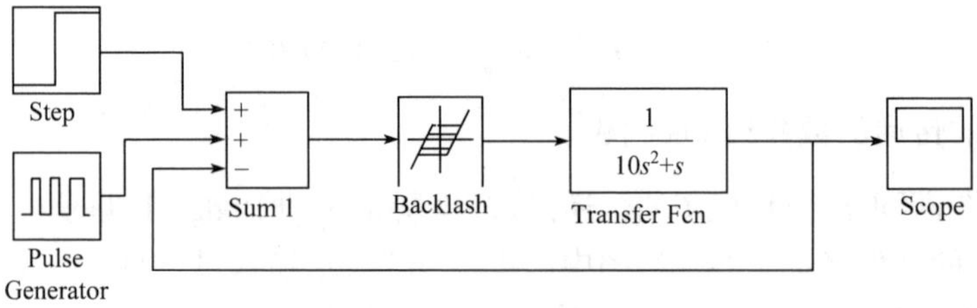

图 9-6-2　间隙非线性仿真框图

9.7　计算机控制系统

图 9-7-1 表示一个采用零阶保持器的单位负反馈系统的 Simulink 框图。系统开环传递函

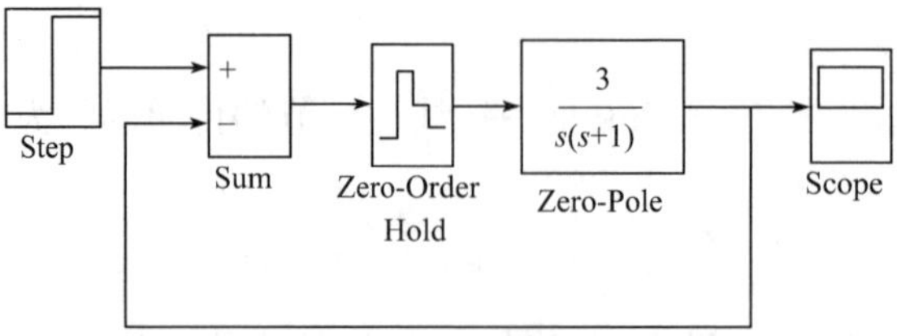

图 9-7-1　带有零阶保持器的仿真框图

数(不包括零阶保持器)是$G(s)=k/(s(s+1))$。没有零阶保持器时,闭环系统始终是稳定的。选取不同的采样周期和不同的放大系数k进行仿真可以发现,系统的稳定性与采样周期有关。

图 9-7-2 表示一个z传递函数的仿真框图。输入信号为脉冲函数。改变传递函数的极点可以观察到z传递函数极点对响应曲线的影响,并可以确认当极点处于z平面的单位圆内时,系统是稳定的。当极点处于单位圆外时,系统是不稳定的。

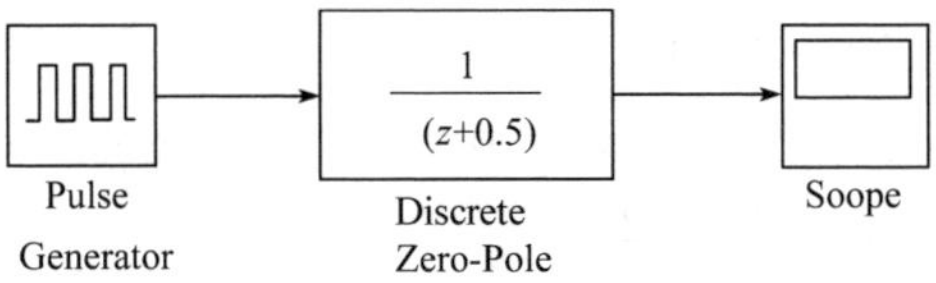

图 9-7-2 z传递函数的仿真框图

图 9-7-3 是一个负反馈系统的z传递函数仿真框图,输入量是单位加速度函数,示波器显示出误差信号。

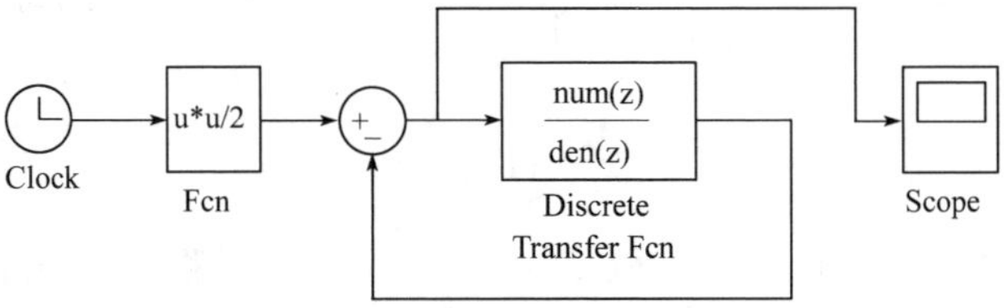

图 9-7-3 z传递函数仿真框图

9.8 状态空间法

9.8.1 数学模型及相互转换

例 9-8-1 系统状态方程为

$$\dot{\boldsymbol{x}}=\begin{bmatrix}0 & 1 & 0\\0 & 0 & 1\\0 & -3 & -4\end{bmatrix}\boldsymbol{x}+\begin{bmatrix}0\\1\\-2\end{bmatrix}u,\quad y=[1\quad 0\quad 0]\boldsymbol{x}$$

下列程序将此模型输入到 MATLAB 工作空间,表示成状态空间形式,并转换成传递函数的有理分式形式和零极点形式。

```
a=[0  1  0;0  0  1;0  -3  -4];b=[0;1;-2];c=[1  0  0];
d=[0];g=ss(a,b,c,d),g1=tf(g),g2=zpk(g)
```

例 9-8-2 传递函数为$G(s)=\dfrac{s+2}{s^3+4s^2+3s}$,下列程序可将此模型显示于屏幕上并转换成状态空间形式。

```
n=[1  2];d=[1  4  3  0];g=tf(n,d),g1=ss(g)
```

例 9-8-3 连续系统状态方程为$\dot{\boldsymbol{x}}=\begin{bmatrix}0 & 1\\0 & 1\end{bmatrix}\boldsymbol{x}+\begin{bmatrix}0\\1\end{bmatrix}u$,离散化后的状态方程为$\boldsymbol{x}(k+1)=a\boldsymbol{x}(k)+bu(k)$。设$T$为采样周期,下列程序可求出系数矩阵 a 与输入矩阵 b。

```
a1=[0  1;0  1];b1=[0;1];t=sym('T');[a,b]=c2d(a1,b1,t)
```

9.8.2 矩阵指数及状态方程的解

例 9-8-4 已知 a= $\begin{bmatrix} 0 & 1 \\ -2 & -3 \end{bmatrix}$,下列程序可求出矩阵指数 e^{at} 。

```
a=[0  1;-2  -3],t=sym('t'),eat=expm(a*t)
```

例 9-8-5 下列程序可求解例 8-4-1。

```
a=[0  1;-2  -3];syms t x10 x20;x0=[x10;x20];eat=expm(a*t),x=eat*x0
```

例 9-8-6 下列程序可求解例 8-4-2。

```
a=[0  1;-2  -3];syms t y;eaty=expm(a*(t-y)),b=[0;1];int(eaty*b,y,0,t)
```

9.8.3 系统的稳定性

系数矩阵特征值的实部全都是负数是系统稳定的充分必要条件。

例 9-8-7 系统系数矩阵 A= $\begin{bmatrix} -1 & -2 \\ 1 & -4 \end{bmatrix}$,下列程序可求出系统的特征值:特征值是-2,-3,系统是稳定的。

```
a=[-1  -2;1  -4];eig(a)。
```

例 9-8-8 系数矩阵同例 9-8-7。取 $Q=\begin{bmatrix} 1 & 0 \\ 0 & 1 \end{bmatrix}$。下列程序可求出李雅普诺夫方程 $A^{\mathrm{T}}P+PA=-Q$ 的解 P,并求出 $|P|$。

```
a=[-1  -2;1  -4];q=[1  0;0  1];p=lyap(a',q),dept=det(p)
```

9.8.4 系统的可控性与可观测性

MATLAB 函数 ctrb(a,b)是求可控性矩阵,obsv(a,c)是求可观测性矩阵,rank(a)是求矩阵 a 的秩。

例 9-8-9 系统的状态空间表达式是

$$\dot{\boldsymbol{x}}=\begin{bmatrix} -3 & 1 \\ 1 & -3 \end{bmatrix}\boldsymbol{x}+\begin{bmatrix} 1 & 1 \\ 1 & 1 \end{bmatrix}\boldsymbol{u}, \quad \boldsymbol{y}=\begin{bmatrix} 1 & 1 \\ 1 & -1 \end{bmatrix}\boldsymbol{x}$$

下列程序能求出系统的可控性矩阵,可观测性矩阵及其秩。

```
a=[-3  1;1  -3];b=[1  1;1  1];c=[1  1;1  -1];
ca=ctrb(a,b),rca=rank(ca),oa=obsv(a,c),roa=rank(oa)
```

9.8.5 极点配置

设 a、b 分别是系数矩阵和输入矩阵,p 是指定的一组极点,$u=-k\boldsymbol{x}$。MATLAB 函数 k=place(a,b,p)或 k=acker(a,b,p)可求出反馈阵 k,实现极点配置。place,可求解多变量系统,但不适用于多重极点情况。acker,可求解多重极点,但不能求解多变量系统。

例 9-8-10 系统的状态方程是 $\dot{\boldsymbol{x}}=\begin{bmatrix} 0 & 1 & 0 \\ 0 & 0 & 1 \\ 0 & -2 & -3 \end{bmatrix}\boldsymbol{x}+\begin{bmatrix} 0 \\ 0 \\ 1 \end{bmatrix}u$,下列程序可求得状态反馈阵 k,使闭环极点为$-5$,$-2\pm 2\mathrm{i}$。

a=[0 1 0;0 0 1;0 -2 -3];b=[0;0;1];
p=[-2+2i;-2-2i;-5];k=place(a,b,p)

9.8.6 状态观测器

例 9-8-11 系统的状态空间表达式为 $\dot{\boldsymbol{x}}=\begin{bmatrix}0 & 1\\-2 & -3\end{bmatrix}\boldsymbol{x}+\begin{bmatrix}0\\1\end{bmatrix}u$，$y=[2\quad 0]\boldsymbol{x}$，下列程序可求出观测器的反馈阵 g，使观测器的极点为 $p_1=p_2=-3$。

a=[0 1;-2 -3];b=[0;1];c=[2 0];a1=a';b1=c';c1=b';
p=[-3 -3];k=acker(a1,b1,p);g=k'

9.8.7 带观测器的极点配置及最优控制

例 9-8-12 系统的状态空间表达式为 $\dot{\boldsymbol{x}}=\begin{bmatrix}0 & 1\\0 & -5\end{bmatrix}\boldsymbol{x}+\begin{bmatrix}0\\1\end{bmatrix}u$，$y=[1\quad 0]\boldsymbol{x}$，下列程序可求出状态反馈阵 k 及状态观测器反馈阵 g，使系统的极点是 $-1\pm i$，观测器的极点是 -5、-5。

a=[0 1;0 -5];b=[0;1];c=[1 0];p=[-1+i -1-i];k=acker(a,b,p),
a1=a';b1=c';c1=b';p1=[-5 -5];k1=acker(a1,b1,p1);g=k1'

例 9-8-13 求解例 8-9-3 的 MATLAB 程序如下。该程序适用于三阶单变量控制系统。仿真框图见图 9-8-1。图中，State-Space 表示 a0，b0，I；State-Space 1 表示 ag，k1k2，I；Gain～Gain4 分别表示 $(g,I)^{T}$，k0，$(I,0)^{T}$，q1，c0。

a0=[4 4 4;-11 -12 -12;13 14 13];b0=[1;-1;0];c0=[1 1 1];
p0=[-1+i;-1-i;-2];k0=place(a0,b0,p0),q=(0 0 1;0 1 0;1 1 1),
q1=inv(q),a=q * a0 * q1,b=q * b0,c=c0 * q1,a11=[a(1,1),a(1,2);a(2,1),a(2,2)],
a12=[a(1,3);a(2,3)],a21=[a(3,1),a(3,2)],a22=a(9),b1=[b(1,1);b(2,1)],
b2=b(3),c1=[c(1,1),c(1,2)],c2=c(3),p=[-6;-8];g1=place(a11',a21',p);
g=g1',k1=b1-g * b2,ag=a11-g * a21,k2=ag * g+a12-g * 22

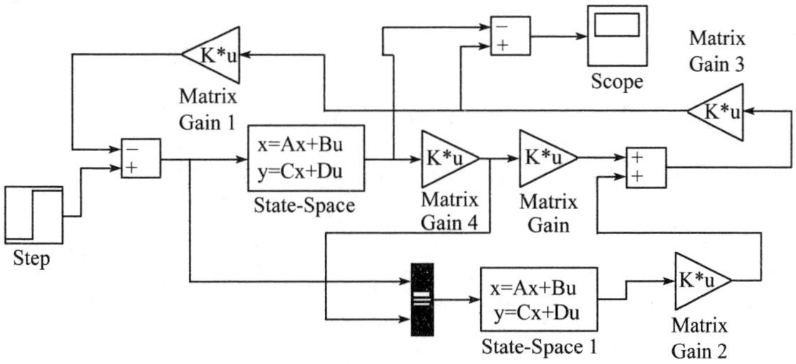

图 9-8-1 带降维状态观测器的系统

例 9-8-14 状态方程为

$$\dot{\boldsymbol{x}}=\begin{bmatrix}0 & 1 & 0\\0 & 0 & 1\\0 & -2 & -3\end{bmatrix}\boldsymbol{x}+\begin{bmatrix}0\\0\\1\end{bmatrix}u$$

$$y=[1\quad 0\quad 0]\boldsymbol{x}$$

性能指标为

$$J_1=\int_0^{\infty}(100x_1{}^2+x_2^2+x_3^2+0.01u^2)\mathrm{d}t$$

及

$$J_2=\int_0^{\infty}(x_1{}^2+x_2^2+x_3^2+0.01u)\mathrm{d}t$$

最优控制 $u=-k_1\boldsymbol{x}$ 及 $u=-k_2\boldsymbol{x}$ 分别使 J_1、J_2 最小。求最优控制反馈矩阵 k_1、k_2 的程序如下：

```
a=[0  1  0;0  0  1;0  -2  -3];b=[0;0;1];c=[1  0  0];d=[0];
q1=[100  0  0;0  1  0;0  0  1];r=[0.01];q2=[1  0  0;0  1  0;0  0  1];
k1=lqr(a,b,q1,r);k2=lqr(a,b,q2,r)
```

附录 1　拉普拉斯变换的基本特性

	基本运算	$f(t)$	$F(s)=L[f(t)]$
1	拉氏变换定义	$f(t)$	$F(s)=\int_0^{\infty} f(t)e^{-st}dt$
2	位移(时间域)	$f(t-\tau)$	$e^{-\tau s}F(s),\tau>0$
3	相似性	$f(at)$	$\frac{1}{a}F\left(\frac{s}{a}\right),a>0$
4	一阶导数	$\frac{df(t)}{dt}$	$sF(s)-f(0)$
5	n 阶导数	$\frac{d^n}{dt^n}f(t)$	$s^nF(s)-s^{n-1}f(0)-s^{n-2}f'(0)-\cdots-f^{(n-1)}(0)$
6	积分	$\int f(t)dt$，$\int_0^t f(\tau)d\tau$	初始条件为零，$\frac{F(s)}{s}$
7	位移(s 域)	$e^{-at}f(t)$	$F(s+a)$
8	初始值	$\lim\limits_{t\to 0^+} f(t)$	$\lim\limits_{s\to\infty} sF(s)$
9	终值	$\lim\limits_{t\to\infty} f(t)$	$\lim\limits_{s\to 0} sF(s)$
10	卷积	$f_1(t)*f_2(t)=\int_0^t f_1(\tau)f_2(t-\tau)d\tau$	$F_1(s)F_2(s)$

附录 2 拉氏变换-z 变换表

$X(s)$	$x(t)$	$X(z)$
1	$\delta(t)$	1
e^{-kTs}	$\delta(t-kT)$	z^{-k}
$\frac{1}{s}$	$1(t)$	$\frac{z}{z-1}$
$\frac{1}{s^2}$	t	$\frac{Tz}{(z-1)^2}$
$\frac{1}{s^3}$	$\frac{1}{2}t^2$	$\frac{T^2z(z+1)}{2(z-1)^3}$
$\frac{1}{s+a}$	e^{-at}	$\frac{z}{z-e^{-aT}}$
$\frac{1}{(s+a)^2}$	te^{-at}	$\frac{Tze^{-aT}}{(z-e^{-aT})^2}$
$\frac{a}{s(s+a)}$	$1-e^{-at}$	$\frac{z(1-e^{-aT})}{(z-1)(z-e^{-aT})}$
$\frac{1}{(s+a)(s+b)}$	$\frac{1}{b-a}(e^{-at}-e^{-bt})$	$\frac{1}{b-a}\left(\frac{z}{z-e^{-aT}}-\frac{z}{z-e^{-bT}}\right)$
$\frac{\omega}{s^2+\omega^2}$	$\sin\omega t$	$\frac{z\sin\omega T}{z^2-2z\cos\omega T+1}$
$\frac{s}{s^2+\omega^2}$	$\cos\omega t$	$\frac{z(z-\cos\omega T)}{z^2-2z\cos\omega T+1}$
$\frac{\omega}{(s+a)^2+\omega^2}$	$e^{-at}\sin\omega t$	$\frac{ze^{-aT}\sin\omega T}{z^2-2ze^{-aT}\cos\omega T+e^{-2aT}}$
$\frac{s+a}{(s+a)^2+\omega^2}$	$e^{-at}\cos\omega t$	$\frac{z(z-e^{-aT}\cos\omega T)}{z^2-2ze^{-aT}\cos\omega T+e^{-2aT}}$
—	a^k	$\frac{z}{z-a}$

附录 3　常用补偿网络

补偿方式	线路图	传递函数	频率特性
超前	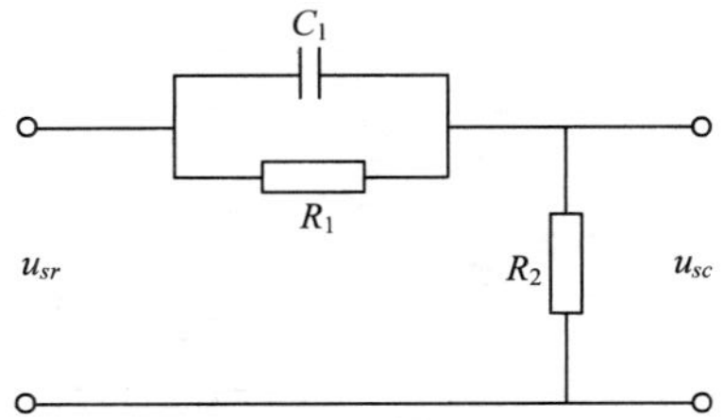	$\frac{U_{sc}(s)}{U_{sr}(s)}=\frac{K(\tau s+1)}{Ts+1}$ $K=\frac{R_2}{R_1+R_2};\tau=R_1C_1;T=\frac{R_1R_2}{R_1+R_2}C_1$	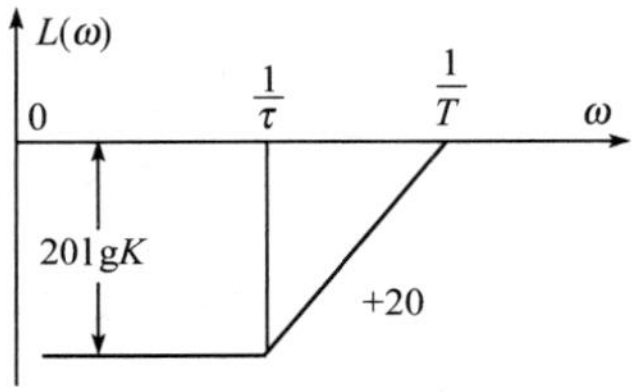
滞后	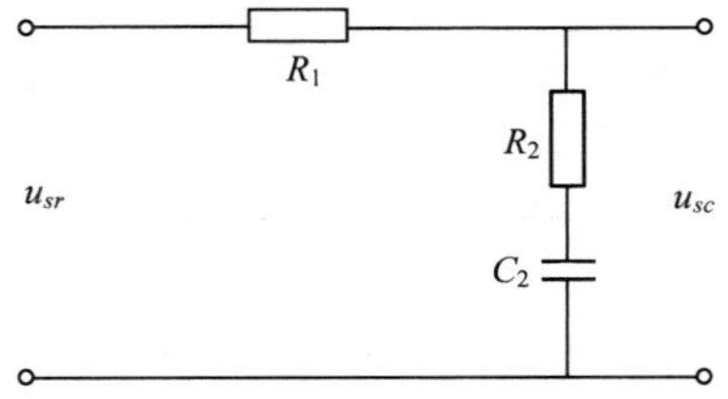	$\frac{U_{sc}(s)}{U_{sr}(s)}=\frac{\tau s+1}{Ts+1}$ $\tau=R_2C_2;T=(R_1+R_2)C_2$	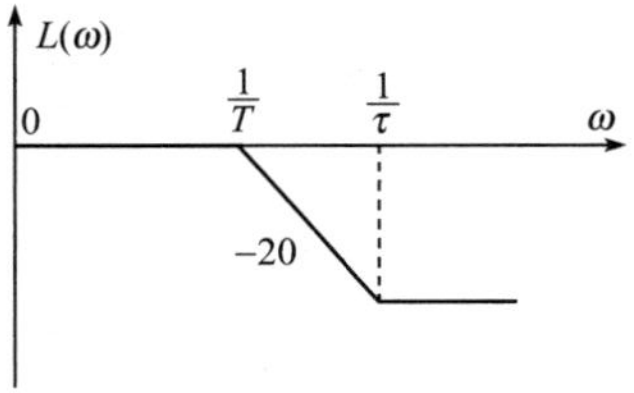
滞后	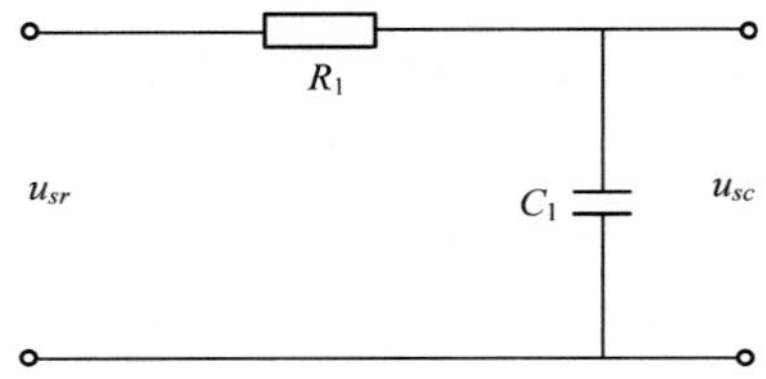	$\frac{U_{sc}(s)}{U_{sr}(s)}=\frac{1}{Ts+1}$ $T=R_1C_1$	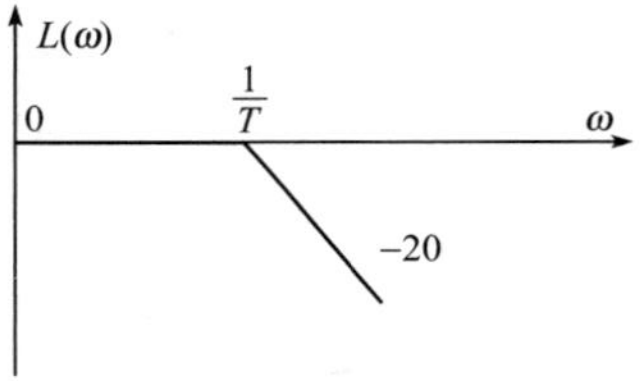

续表

补偿方式	线路图	传递函数	频率特性
滞后超前	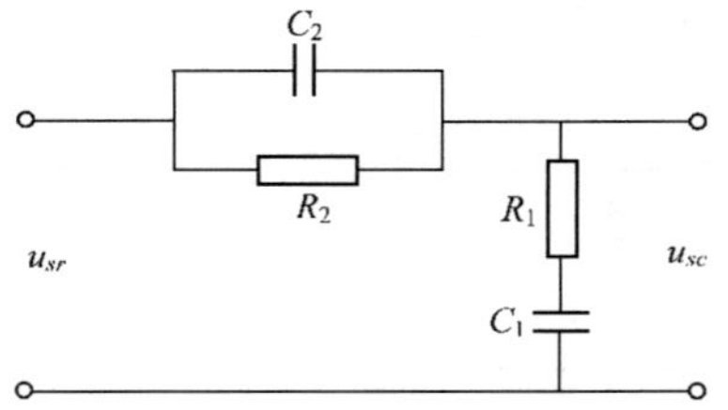	$\frac{U_{sc}(s)}{U_{sr}(s)}=\frac{(T_1s+1)(T_2s+1)}{T_1T_2s^2+\left[T_1\left(1+\frac{R_2}{R_1}\right)+T_2\right]s+1}$ $T_1=R_1C_1;T_2=R_2C_2$ $K_1=\frac{T_1+T_2}{T_1\left(1+\frac{R_2}{R_1}\right)+T_2}$	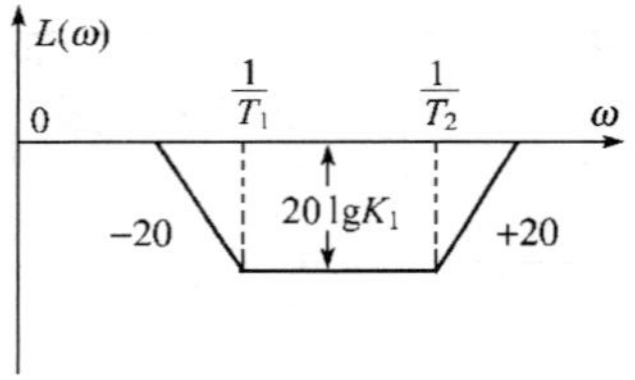
滞后补偿	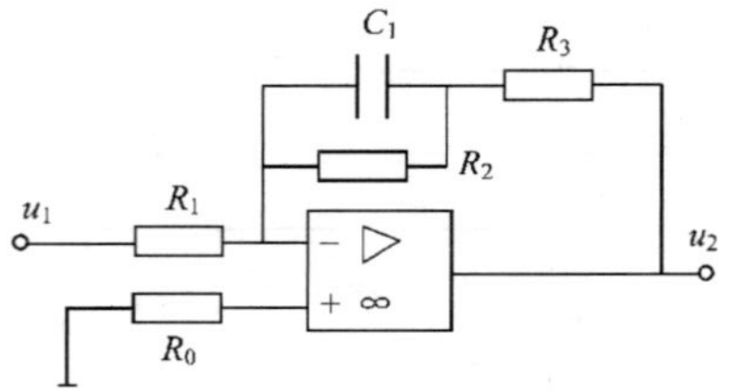	$\frac{U_2(s)}{U_1(s)}=-\frac{R_2+R_3}{R_1}\cdot\frac{\frac{R_2R_3}{R_2+R_3}C_1s+1}{R_2C_1s+1}$	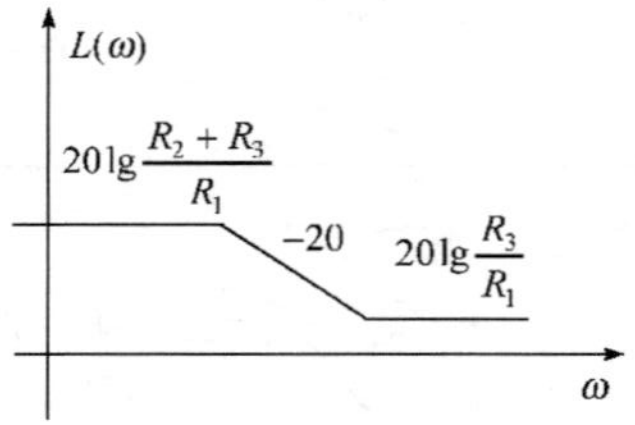
超前补偿	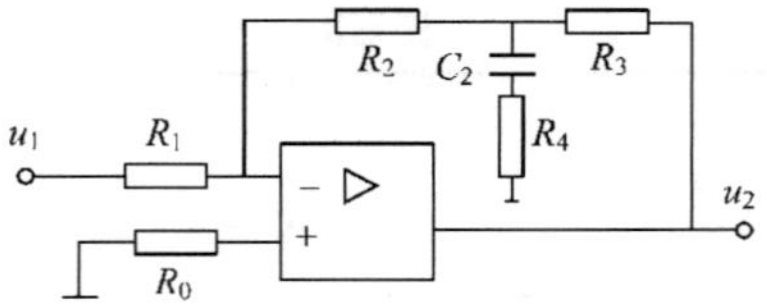	$\frac{U_2(s)}{U_1(s)}=-\frac{R_2+R_3}{R_1}\cdot\frac{\left(\frac{R_2R_3}{R_2+R_3}+R_4\right)C_2s+1}{R_4C_2s+1}$	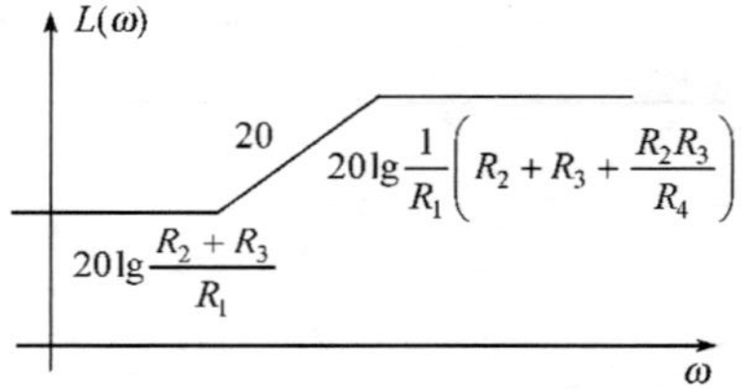

补偿方式	线路图	传递函数	频率特性
滞后超前补偿	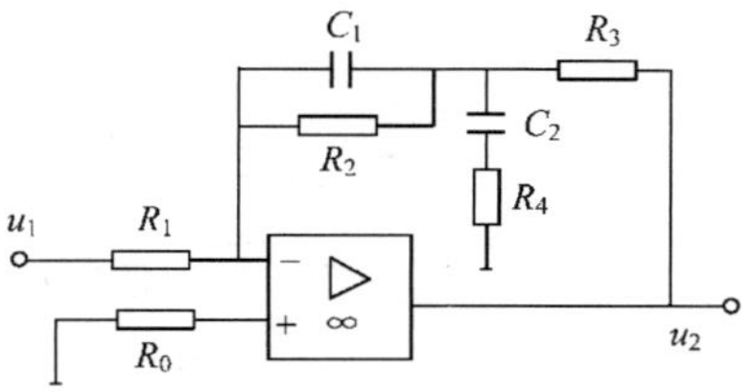	$\frac{U_2(s)}{U_1(s)}=-\frac{1}{R_1}\cdot[(R_2R_3R_4C_1C_2s^2+(R_2R_3C_1+R_2R_3C_2+R_2R_4C_2+R_3R_4C_2)s+R_2+R_3)/(R_2C_1s+1)(R_4C_2s+1)]$	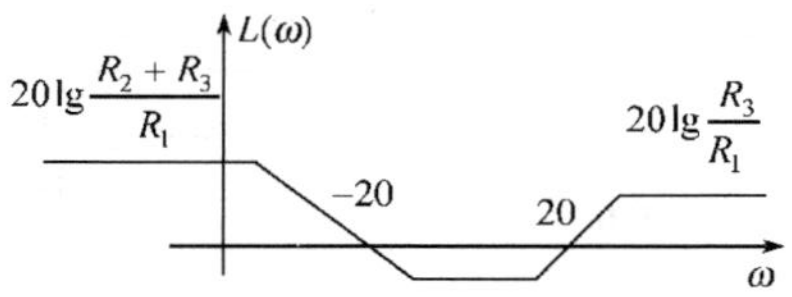
PID	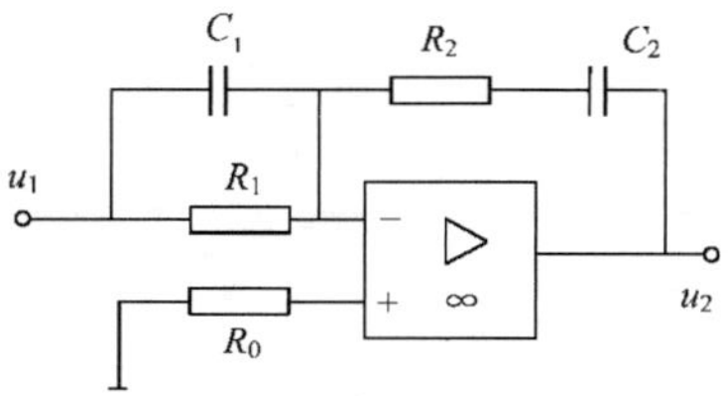	$\frac{U_2(s)}{U_1(s)}=-\frac{(R_1C_1s+1)(R_2C_2s+1)}{R_1C_2s}$	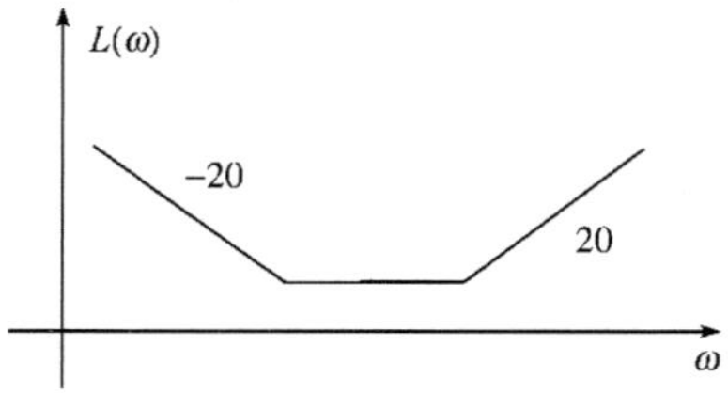
PD	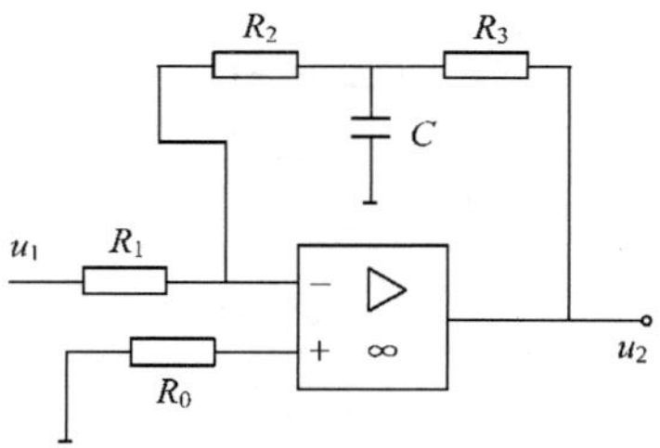	$\frac{U_2(s)}{U_1(s)}=-\frac{R_2+R_3}{R_1}\left(\frac{R_2R_3}{R_2+R_3}Cs+1\right)$	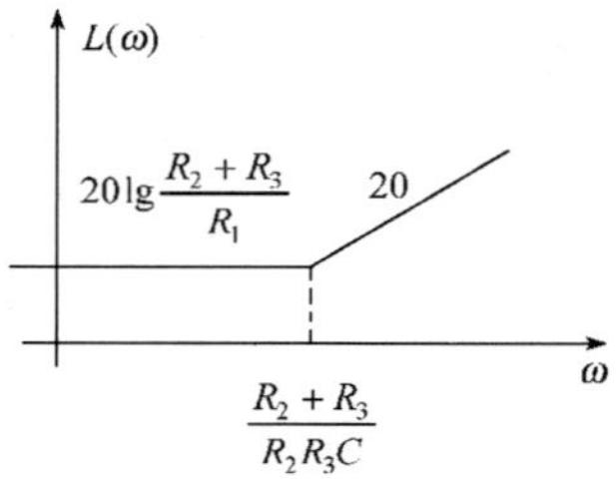

续表

补偿方式	线路图	传递函数	频率特性
滞后补偿	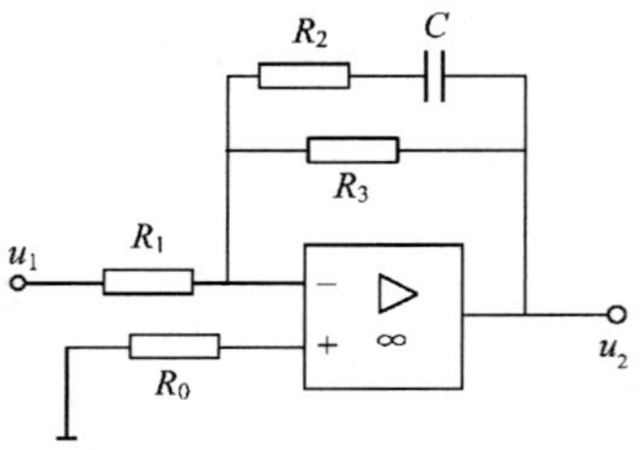	$\frac{U_2(s)}{U_1(s)}=-\frac{R_3}{R_1}\cdot\frac{R_2Cs+1}{(R_2+R_3)Cs+1}$	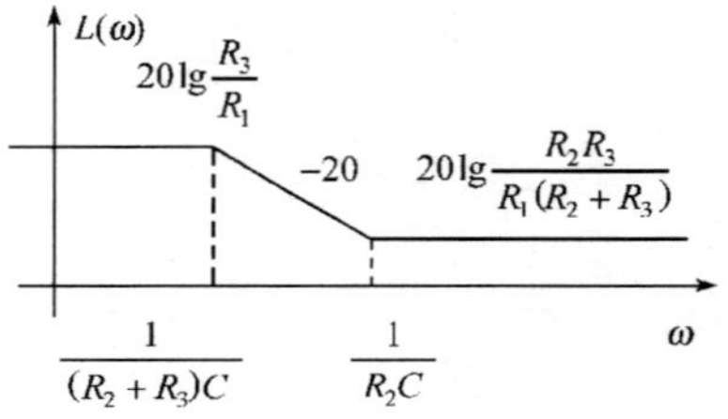
滞后或超前	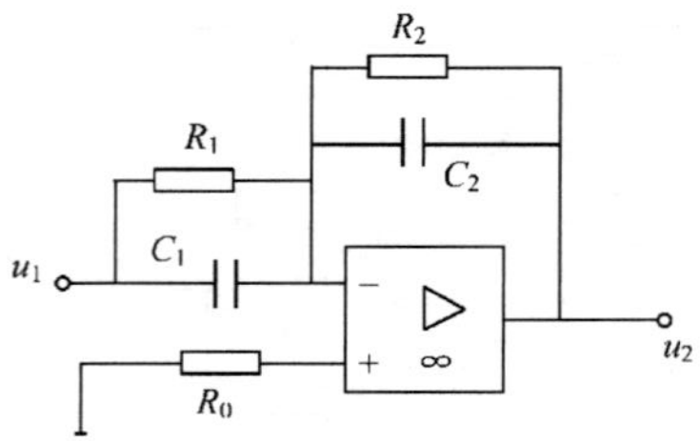	$\frac{U_2(s)}{U_1(s)}=-\frac{R_2}{R_1}\cdot\frac{R_1C_1s+1}{R_2C_2s+1}$	滞后 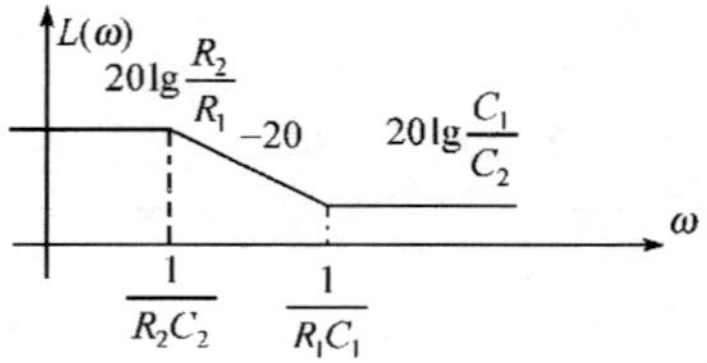 超前 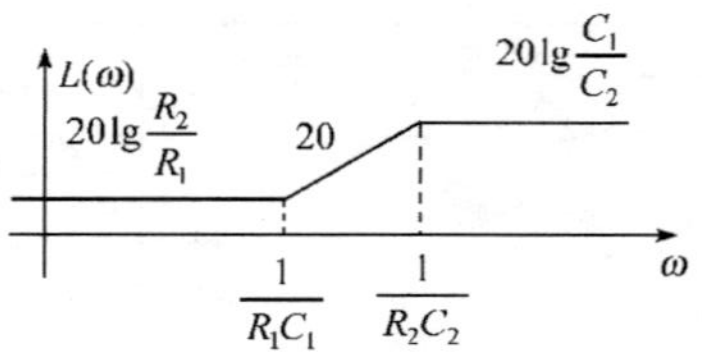

附录 4　本书所用的 MATLAB 命令

命令	意义	命令	意义
conv	多项式相乘	sym,syms	定义符号变量
roots	求多项式的根	eig	求特征值
poly	由根构造多项式	expm	求矩阵指数
residue	有理分式变为部分分式	lyap	连续 lyapunov 方程求解
	部分分式变为有理分式	det	求行列式
zpk	传递函数零极点形式	ctrb	求可控性矩阵
tf	传递函数的有理分式	obsv	求可观测性矩阵
tf2zp	有理分式化为零极点形式	rank	求矩阵的秩
rlocus	绘根轨迹	place	求极点配置的反馈阵,多变量
rlocfind	确定根轨迹一点的增益	acker	求极点配置的反馈阵,多重极点
rltool	根轨迹分析	inv	矩阵求逆
nyquist	绘 nyquist 图	lqr	求最优控制的反馈阵
bode	绘 Bode 图	int	积分
margin	绘 Bode 图并求稳定裕度与穿越频率		

参考文献

陈小琳,1982. 自动控制原理例题习题集 . 北京:国防工业出版社.

戴忠达,1991. 自动控制理论基础 . 北京:清华大学出版社.

傅佩琛,1988. 自动控制原理 . 哈尔滨:哈尔滨工业大学出版社.

胡寿松,2001. 自动控制原理 . 4 版 . 北京:科学出版社.

李友善,1989. 自动控制原理 . 北京:国防工业出版社.

李友善,梅晓榕,王彤,2003. 自动控制原理 470 题 . 哈尔滨:哈尔滨工业大学出版社.

楼顺天,于卫,1999. 基于 MATLAB 的系统分析与设计——控制系统 . 西安:西安电子科技大学出版社.

梅晓榕,2004. 自动控制原理学习与考研指导 . 北京:科学出版社.

梅晓榕,2006a. 自动控制原理考研大串讲 . 北京:科学出版社.

梅晓榕,2006b. 自动控制原理名师大课堂 . 北京:科学出版社.

梅晓榕,柏桂珍,张卯瑞,2005. 自动控制元件及线路 . 北京:科学出版社.

施阳,等,1997. MATLAB 语言精要及动态仿真工具 SIMULINK. 西安:西北工业大学出版社.

王彤,2000. 自动控制原理试题精选与答题技巧 . 哈尔滨:哈尔滨工业大学出版社.

吴麒,1990. 自动控制原理 . 北京:清华大学出版社.

夏德钤,1983. 近代控制理论引论 . 哈尔滨:哈尔滨工业大学出版社.

薛定宇,2000. 反馈控制系统设计与分析 . 北京:清华大学出版社.

鄢景华,1996. 自动控制原理 . 哈尔滨:哈尔滨工业大学出版社.

杨位钦,谢锡祺,1990. 自动控制理论基础. 北京:北京理工大学出版社.

余允初,1985. 自动控制基础 . 北京:国防工业出版社.

于长官,1996. 自动控制原理 . 哈尔滨:哈尔滨工业大学出版社.

于长官,1997. 现代控制理论 . 哈尔滨:哈尔滨工业大学出版社.

张铨,1986. 微计算机在自动控制中的应用 . 北京:国防工业出版社.

自动化名词审定委员会,1991. 自动化名词 . 北京:科学出版社.

Ogata K, 2000. 现代控制工程 . 3 版. 卢伯英,等译 . 北京:电子工业出版社.